工业和信息化部“十二五”规划教材
通 信 与 导 航 专 业 系 列 教 材

U0439643

导航原理

（第 2 版）

吴德伟　主编
陈树新　卢　虎　代传金　苗　强　编著

電子工業出版社
Publishing House of Electronics Industry
北京 · BEIJING

内 容 简 介

本书从大导航的理念出发，结合信息控制技术发展，着眼导航依托的各种物理基础，全面阐述导航的基本理论与方法，并将导航信息的使用纳入导航原理知识体系。全书共 9 章，具体内容包括：导航的基本概念和参量描述，导航的数学基础与物理基础，导航的测角、测距、测速、定位原理，组合导航原理，以及运行体的控制实现和应用。

本书作者根据多年的教学和科研经验，在内容上注重理论与实践的结合，强调理论教学与实践教学的并重。通过对课程内容优化和提炼，使内容讲述由浅入深，简明透彻，概念清晰，重点突出，既便于教师组织教学，又有利于学生自学。

本书可用作导航专业课程教学的教材，也可供其他相关专业学生和工程技术人员阅读参考，还可作为“导航”理论培训教材。

未经许可，不得以任何方式复制或抄袭本书之部分或全部内容。

版权所有，侵权必究。

图书在版编目（CIP）数据

导航原理 / 吴德伟主编. —2 版. —北京：电子工业出版社，2020.5

ISBN 978-7-121-38757-9

Ⅰ. ①导…　Ⅱ. ①吴…　Ⅲ. ①导航－高等学校－教材　Ⅳ. ①TN96

中国版本图书馆 CIP 数据核字（2020）第 041168 号

责任编辑：竺南直　　文字编辑：底　波

印　　刷：北京盛通商印快线网络科技有限公司

装　　订：北京盛通商印快线网络科技有限公司

出版发行：电子工业出版社

　　　　　北京市海淀区万寿路 173 信箱　　邮编：100036

开　　本：787×1 092　1/16　印张：18　字数：460 千字

版　　次：2015 年 3 月第 1 版

　　　　　2020 年 5 月第 2 版

印　　次：2023 年 1 月第 5 次印刷

定　　价：55.00 元

凡所购买电子工业出版社图书有缺损问题，请向购买书店调换。若书店售缺，请与本社发行部联系，联系及邮购电话：（010）88254888，88258888。

质量投诉请发邮件至 zlts@phei.com.cn，盗版侵权举报请发邮件至 dbqq@phei.com.cn。

本书咨询联系方式：davidzhu@phei.com.cn。

序

人类的生产劳作、社会交往，特别是大范围的商务贸易、战争行动，都需要解决在哪里，以及从出发地到目的地这样的基本问题，从而产生了导航这门科学。

在远古时代，人们从事生产活动需要穿越丛林、河流或草原，去往目的地或返回宿营地，日月星辰、特殊的山峰、叠起的石堆或刻痕的树木便是人们出行认路的参考点和方法。早在战国时代，我国就出现了指示方向的工具“司南”，北宋时期发明了指南针，是我国对导航技术的杰出贡献。导航的科学概念源自16世纪西方航海业，航海家利用六分仪和航海钟测定船的位置。随着无线电技术的发展，相继出现了“罗兰”“子午仪”、GPS 和我国的“北斗”导航系统。特别是1995年GPS达到完全运行能力后，给人类的生活带来了很大的便利，如今人们开车外出无论是工作、购物、会友，还是旅游都离不开基于卫星导航系统的导航软件。

在军事领域，导航技术构成了现代高技术战争的基石，不管是核潜艇、空间站，还是各类精确制导武器都依赖于导航技术和设备。为解决高精度自主导航，近年来发展出了基于“冷原子”导航技术的研究，并已取得重大进展，这将导致制导武器和导航装备出现革命性变革。

国内已出版的导航书籍大多以介绍导航系统原理为主，空军工程大学吴德伟教授等人撰写的《导航原理》把各类导航系统中的原理知识提炼出来，独立进行讲解论述，是我所见的国内第一部这样全面系统阐述导航基本理论和技术的教材，令人耳目一新。书中除说明了各项基本原理和实现方法外，还将导航信息如何在控制过程中使用的内容列入其中，适应了现代信息与控制科学融合发展的实际需求，更加完整地构建了导航专业的基础理论体系。

对《导航原理》一书出版感到欣慰！希望本书对导航专业的人才培养和学术交流有所裨益，对导航理论和技术发展有所贡献。

中国工程院院士：费爱国

前　言

导航是对运行体导引与控制的一项科学技术，作为一门应用性学科伴随着科技的发展而不断进步。初期使用目视推算和天文观测等方法，出现了磁罗盘、陀螺罗盘、天文六分仪、计程仪和计时器等导航装置。无线电技术的发明对导航技术产生了划时代的影响，20 世纪 20 年代出现了无线电罗盘和高度表等导航设备。第二次世界大战前后，由于民用航空与军用航空发展的需要，无线电导航迅速发展，仪表着陆系统、精密进场雷达、罗兰 A、台卡、伏尔、塔康、罗兰 C 和奥米伽等无线电导航系统相继问世，1964 年开始建成了子午仪卫星导航系统，此后相继建成了 GPS、GLONASS、BDS 等卫星导航系统。人类活动范围的不断扩展带来了对导航技术的巨大需求，各种新型导航体制不断出现，从卫星导航系统，到新一代地形辅助、天文导航等自主导航系统，再到全源导航、智能导航、量子导航等，导航的水平能力显著提高，不仅改善了运行体的航行保障功能，也为武器平台精确定位和制导系统的精确打击创造了条件。

技术的发展催生理论的形成。虽然导航是基于电、光、力、磁、声等各种物理基础的应用性技术，但它仍然伴随着科技的进步在不断延伸和完善，特别是向着多传感器组合、多信息融合、自主决策控制一体化方向迈进，具有了很强的多学科交叉运用的特性，使得导航在探测传感、航迹规划、制导控制等方面逐步形成了一套特有的方法理论体系，亟待专业人员总结凝练、系统完善。本书的出版正是适应这一实际需求，力图为导航理论体系的构建尽己之力。

目前，已经公开出版了一些导航原理与系统的教材和读物，但作者认为大多数原理性的书籍都只是在介绍导航系统的原理，缺乏方法论上的概括提升，没有全面、深入阐述导航的基本理论。而本书力图从大导航的理念出发，结合信息控制技术发展，从导航依托的各种物理基础着眼，全面阐述导航的基本理论与方法，并将导航信息的使用纳入导航原理知识体系，适应现代信息与控制学科交叉发展的实际要求，更加完整地构建起导航工程人才的专业基础理论知识体系。本书内容是在作者将导航原理与导航系统教学内容分开的基础上构建的，这在国内尚属首次。

《导航原理》一书作为阐述导航基础理论和导航技术基础知识的教材，2015 年 3 月第 1 版出版后受到国内外众多读者的关注，并于 2018 年获评“陕西省普通高等学校优秀教材一等奖”。为了进一步提升教材质量，结合课程建设和读者使用回馈的意见，在第 1 版内容的基础上进行了以下修订。

（1）内容体系进行了重新梳理。修改了部分章节的名称，调整了个别章节的编排结构，在第 1 章绪论里添加了全书的主要内容结构图，更清晰地展示了本教材内容之间的相互关系，以及理论知识与实际系统和实现技术间的联系。

（2）概念表述进行了统一规范。作者结合前期参与《中国大百科全书》测绘导航分支条目的编撰工作，进一步规范了全书的导航相关概念和术语，对部分章节的图表进行了规范处理和美化，为读者的学习提供了规范的内容。

（3）知识点进行了进一步凝练。通过已经上线“学堂在线”的《导航原理》慕课建设，进一步凝练了教材内容知识点，实现了线上线下教学内容的完美对接，为相关院校开展本课程的混合教学及“金课”建设打下了基础。

（4）对第 1 版中有些内容和印刷错误进行了调整和修正。

全书共 9 章。第 1 章是绪论，介绍了导航的基本概念、名词术语、发展与运用历史；第 2 章与第 3 章是导航原理学习的数学基础和物理基础；第 4 章至第 7 章介绍了导航的测角、测距、测速、定位原理，是本书的核心内容；第 8 章介绍的是组合导航原理；第 9 章介绍了运行体的控制实现。本书的撰写采取的是分工主笔、合作研讨、共同确定的方式，注重发挥集体智慧的作用。其中，吴德伟教授提出了全书的编写纲目并主笔了第 1 章、第 3 章、第 4 章、第 9 章，陈树新教授主笔了第 2 章、附录并编写了第 6 章、第 8 章部分内容，卢虎教授主笔了第 5 章、第 6 章、第 8 章，代传金副教授主笔了第 7 章并编写了第 9 章部分内容，苗强副教授担负了全书的制图编辑及文字校对，吴德伟、陈树新教授完成了全书的统编定稿工作。在编撰过程中，中国工程院费爱国院士、北京航空航天大学黄智刚教授审阅了书稿，给予了热情的指导和帮助，提出了许多宝贵的意见和建议，编写组成员在此深表感激和谢意！

希望本书的再版能够更好地为导航专业人员的学习和创新提供支持帮助，也希望能够更进一步促进导航理论与技术的进步发展。再版工作得到了何晶教授、王永庆副教授、李响博士等诸多同事、教师和学生们的支持，在此表示衷心的感谢！

受作者能力与水平的限制，本书所提供的导航理论知识，可能无法满足各类读者对导航基础理论知识全面认识的需求，内容编排方式可能更适合于大专院校导航专业教学及导航专业技术人员的学习，当然也力求照顾到便于非专业人员参考使用。

本书在撰写过程中参考了大量的文献资料，谨向文献资料的作者表示最诚挚的谢意。书中有部分内容源自作者承担的国家自然科学基金（61273048，61473308）研究成果。

本书是陕西省精品课程“导航原理”的主用教材，教材配套的教学辅助资料包括：供教师使用的《导航原理课程电子教案》，供实践教学使用的《导航原理实验讲义》，供课后学习和辅导使用的《导航原理习题集》和《导航原理习题解答》。欢迎各位教师及读者通过以下方式与我们联系：

E-mail：wudewei74609@126.com

对书中的错误与疏漏之处，敬请读者不吝批评指正。

作　者

2020 年 5 月

目　录

第1章 绪　论

导航是基于各种物理基础实现的技术，导航的发展史映射着科学技术的进步史。在导航的发展历程中，尤以惯性导航、无线电导航和天文导航的发展最为醒目，其他如地形辅助导航、地磁导航、重力导航、视觉导航及生物导航等也表现出勃勃生机，展现了导航在人类历史进程中的重要作用。

本章引入了导航的定义、对象、任务及导航的参量等基本概念和常用术语，对位置线、位置面及其应用进行了描述，给出了导航的发展与运用情况，是导航原理知识学习的基本内容。

1.1　导航的概念

1.1.1　定义

1．导航与制导

导航就是引导航行，其确切的定义就是引导运行体安全航行的过程。导航系统是运行体必备的部分，它与结构、动力等构成了运行体的基本组成。

导航是服务于运行体的一项专门技术，其基本目的是解决运行体“身在何处？取向哪里？”的问题，强调的是对继续运动的指引。导航之所以定义为一个过程，是因为它贯穿运行体行动始终，遍历各个阶段，直至确保运行达成目的。

人们经常将导航与定位并列提出。应当说，导航是针对运行体的运动控制技术，而定位则是一种公共的泛在信息服务。就导航而言，由定位系统获得的位置坐标是一种时空信息，可以通过转换获得角度、距离、速度等导航参量。定位系统可以用于导航、授时，而导航系统却不一定能用于定位和授时。

美国航空无线电委员会（RTCA）对航空导航的定义是：“导航是引导航空器从一个已知位置到另一个已知位置进行航行的技术，使用的方法包括给定航空器相对希望航线的真实位置。”从该定义可以明确看出，导航的基本任务之一是实时定位，需要解决的三个基本问题是：确定运行体的位置、航向以及飞行（待飞）时间。

所谓制导就是控制引导的意思，即保证运行体按照一定的运动轨迹或根据所给予的指令运动，到达预定的目的地或攻击预定的目标。制导是由导航发展延伸而来的，是针对无人驾驶运行体的导航技术。在最初运行体都是由人来操纵的情况下，导航主要是为驾驶员的操控提供导航信息。而当自动驾驶仪出现之后，导航信息通过自动控制系统就可直接作用于运行体受控部件，实现人退出回路的自主运行控制，这也是无人运行体的主要工作方式，这时的导航就成为制导。

导航与制导都包含测量与控制两部分。测量是通过传感器对参考点或运行体的运动状态进行观测，再通过信号变换和数据处理得到导航与制导信息；控制是在获取的导航与制导信息指示或直接作用下，由人或自动控制系统依据经验或一定的控制律算法对控制部件实施调节、动作，以达成任务所需的运动目的。作为导航服务的运行体，以往主要是以有人驾驶形式出现的，驾驶员作为测量与控制部分的界面，测量获得的导航信息主要是给驾驶员提供指示，再由驾驶员做出控制决策，实施操控运行体的控制动作，最终完成导航的引导控制过程。正因如此，传统的导航系统（又称人在回路的导航系统）通常分为信息获取和决策控制两部分，如图 1.1.1 所示。信息获取和决策控制两部分以驾驶员为纽带相对独立地联系在一起，这就导致除惯性导航系统外，其他导航系统的信息获取和决策控制两个部分基本处于独立发展的状态。伴随着运行控制自动化程度的提高，特别是无人化运行平台的发展，人逐渐退出回路，传统的按照信息获取和决策控制划分导航系统的界限被打破，两部分直接结合实现了一体化发展。

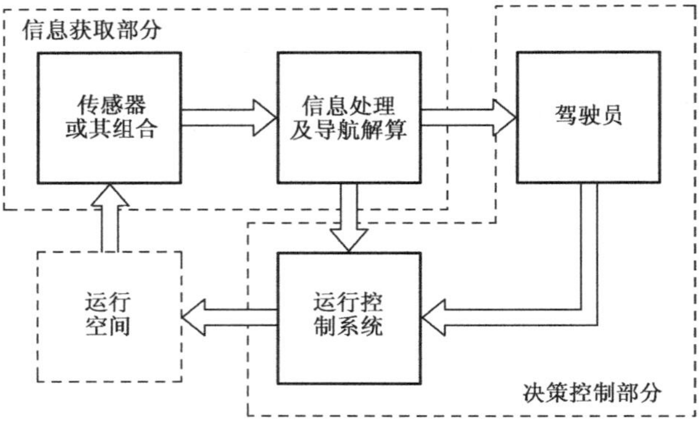

图 1.1.1 人在回路的导航系统组成部分

2．航线、航迹与航路

（1）航线

运行体从地球表面一点（起点）到另一点的预定航行路线叫航线，也称预定航迹。或者定义为给运行体预定的航行路线在水平面（或铅垂面）内的投影。该定义适用于近地空间的导航，而在深空导航情况下则要用三维坐标系下的导航点连线来描述航线。

（2）航迹

运行体重心实际的航行轨迹在水平面（或铅垂面）内的投影称为航迹或航迹线。同样，这种定义适用于近地空间的导航，而在深空导航情况下运行体航迹需要用三维坐标系下的实际航迹来描述。

（3）航路

航路是指为运行体航行划定的具有一定宽度和高度范围，设有导航设施或者对运行体有导航要求的运行通道。航路平面的中心线便是航线。

对于航线与航迹而言，前者是计划航行设计的路线在水平面（或铅垂面）内的投影，后者是实际航行得到的路线投影。导航的目的就是使航迹始终保持在航线上，以达到准确安全运行的目的。航线通常由连接两个相邻航路点之间的线段构成，这些线段称为航段。如果航段是处于包括两个航路点及地心在内的地球切面的圆弧线上，则该航段称为大圆航线。沿大圆航线运行是最短的距离，是最常用的航线形式。

1.1.2 对象

导航服务的对象是运行体，且主要是无轨运行体（有轨运行体有火车、卫星等）。运行体是人员和各类运动载体的统称，按其活动范围可分为五大类。

（1）舰艇或水面及水下运行体

这类运行体的主要活动环境是水中，如各类水面上的舰船和专用漂浮工具，水下潜艇及其他专用下潜运载工具等水中运行体。

（2）车辆或陆上运行体

这类运行体的主要活动环境是陆地表面，如各类人员、车辆和坦克等陆上运行体。

（3）航空器或航空飞行器

这类运行体的主要活动范围是在高度20km以下的近地空间，如各类飞机、导弹、飞艇、浮空气球等航空飞行器。

（4）临近空间飞行器

这类运行体的主要活动范围高度在20～100km的所谓临近空间，有静浮力的飞艇、低速的太阳能无人飞行器、超高声速无人飞行器等。

（5）航天器或宇航运行体

这类运行体活动范围的高度可达100km以上的太空空间，如宇宙飞船、航天飞机、深空探测器等宇航运载工具。

1.1.3 任务

运行即需要导航，以解决运动过程中必须解决的“身在何处？取向哪里？”的问题。那么，导航的任务都包括哪些内容呢？因为运动就是在时空中的位移，所以要实时了解这种位移就需要首先在运动空间设立或选择参考点，而后通过观测确定当前所处位置、前进的方向、与目的地的距离等数据，控制运行的方向和运行的速度，最终准确到达目的地。在群体运行当中还涉及相对位置信息的获取等相对导航要求，以满足协同配合完成任务的要求。

概括起来导航的任务由以下几项内容组成。

① 在导航系统工作区域内标志导航参考点，或者确定出自然参考点。

② 通过对导航参考点的观测或自身运动状态的感知获取角度、距离、速度等导航参量。

③ 利用导航计算机解算或推算当前坐标获取位置信息，实现导航定位。

④ 根据任务要求设定航线，保障运行体按照计划航线安全运行。

⑤ 引导运行体出发、归来或接近指定目标点。

⑥ 为编队、集群等协同运行控制提供间距、跟踪方向等相对导航信息。

⑦ 作为成员在协同导航中提供所属导航传感器观测数据，并能利用其他成员的观测数据和导航信息。

⑧ 如果导航系统拥有高精标准时间，还能够提供时间基准授时服务。

1.2 导航的参量

导航首先要通过传感器对参考点或运行体的运动状态进行测量，测量的目的是要获得运行控制所需的导航参量。通常导航参量的类型主要包括角度、距离、速度三种，其中，角度和距离属于几何参量。

1.2.1 角度参量

导航中常用的角度参量很多，例如，方位角、相对方位角、航向角、仰角、偏流角和姿态角等。

1. 方位角

方位角就是由观测点（见图 1.2.1 中的导航台 A 点或飞机所在位置 B 点）基准方向顺时针转到与目标点连线水平投影之间的夹角，是表示观测点与目标点两点间相对位置方向的量，简称为方位。观测点不同或基准方向不同，便引出不同名称的方位。在无线电导航中，通常 A、B 两点中的一点指的是导航台，另一点指的是运行体。

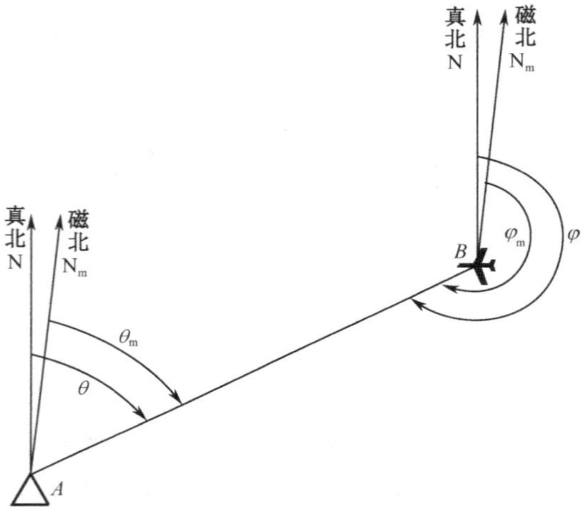

图 1.2.1 各种方位角示意图

（1）运行体真方位

由导航台（观测点）真北向为基准，顺时针转到导航台与运行体（目标）连线水平投影之间的夹角，称为运行体真方位（如飞机真方位，舰船真方位等），如图 1.2.1 中的 θ。

（2）运行体磁方位

由导航台磁北向为基准，顺时针转到导航台与运行体连线水平投影之间的夹角，称为运行体磁方位，如图 1.2.1 中的 θ_m。

（3）导航台真方位

由运行体真北向为基准，顺时针转到运行体与导航台连线水平投影之间的夹角，称为导航台真方位，如图 1.2.1 中的 φ。

（4）导航台磁方位

由运行体磁北向为基准，顺时针转到运行体与导航台连线水平投影之间的夹角，称为导航台磁方位，如图 1.2.1 中的 φ_m。

（5）相对方位

以指定的方向为基准方向，顺时针转到运行体与导航台连线之间夹角的水平投影称为相对方位，如图 1.2.2 中的 β_e 即为飞机与导航台之间的相对方位，它以飞机轴线首向为基准，有时也叫导航台相对方位。

需要指出的是，除相对方位外，在没有特定说明的情况下，一般所说的航向或方位都是指磁航向或磁方位，这是因为磁北是惯用基准的缘故。

2. 航向角

航向角由选定的基准方向顺时针转到运行体首向的夹角在水平面的投影来定量标度，也就是它表示运行体纵轴首端的水平指向，如图 1.2.2 所示。由于采用的基准方向不同，便引出了不同的航向概念。

（1）真航向

以地球地轴北向为基准方向定义的航向称为真航向，图 1.2.2 中的 β 为飞机真航向，即真子午线（地理经线）与运行体纵轴在水平面上的夹角为真航向角。真航向的 0°、90°、180°、

270°方向即为正北、正东、正南和正西。

（2）磁航向

以地磁场确定的磁北向为基准方向定义的航向称为磁航向，图 1.2.2 中的 β_m 为飞机磁航向，即磁子午线（地球磁经线）与运行体纵轴在水平面上的夹角。磁航向的 N（0°）、E（90°）、S（180°）、W（270°）分别代表磁北、磁东、磁南和磁西。因为磁子午线与真子午线方向不一致而形成的磁偏角称为磁差，图中的$\Delta\beta$是磁北与真北间的磁偏角。规定磁子午线北端与真子午线东侧磁差为正，西侧为负。地球磁差随时间、地点不同而异。

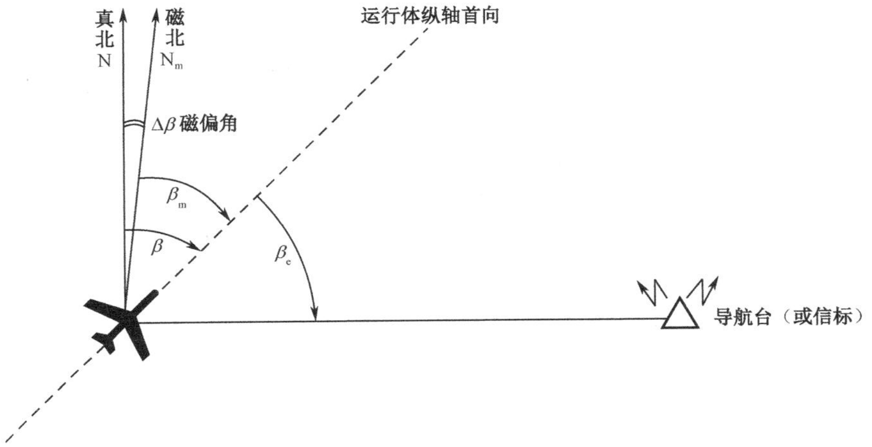

图 1.2.2 航向角示意图

例 1.2-1 已知某飞机航向角 60°，导航台方位角 240°，试计算导航台相对方位角和飞机方位角，并画图表示。

解： 如图 1.2.3 所示。

飞机方位角=导航台方位角−180°=240°−180°=60°

导航台相对方位角=导航台方位角−飞机航向角

=240°−60°

=180°

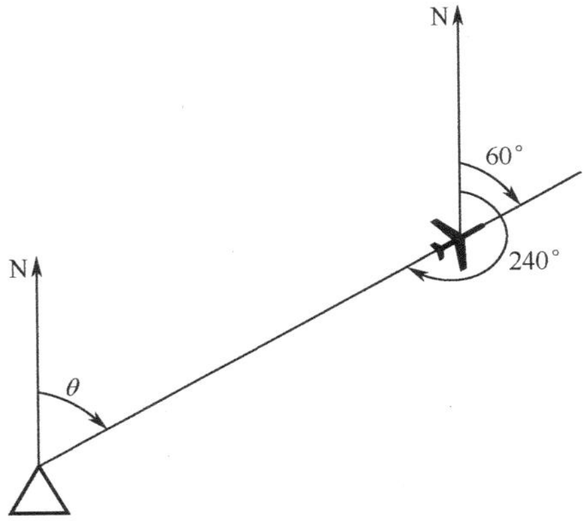

图 1.2.3 例 1.2-1 图

3．姿态角

飞行器的姿态角包括航向角、俯仰角和横滚角，用于表示飞行器的飞行姿态。其中，航向角的定义与前面相同，俯仰角和横滚角的定义如下。

（1）俯仰角

俯仰角指的是飞行器绕横轴（机翼两端连线）水平转动时，飞行器纵轴（首尾连线）和水平面的夹角，记为θ。俯仰角从水平面算起，向上为正，向下为负，其定义域为−90°～+90°。

（2）横滚角

横滚角是指飞行器纵轴对称平面与纵向铅垂平面之间的夹角，有时也称为倾斜角，记为γ。横滚角从铅垂平面算起，右倾为正，左倾为负，其定义域为−180°～+180°。

精确地测量飞机的姿态角，对于飞行器飞控系统控制飞行姿态，以及保证其他机载设备工作精确性等，都具有极其重要的意义。

4．偏流角

运行体纵轴首向的水平指向与其质心水平运动方向间的夹角称为偏流角。偏流角反映了运行体因受外力作用而使其不能按首向运行的程度。

1.2.2 距离参量

1．垂直距离（高度）

垂直距离或者高度主要包括绝对高度、相对高度和真实高度等，具体情况如图 1.2.4 所示。

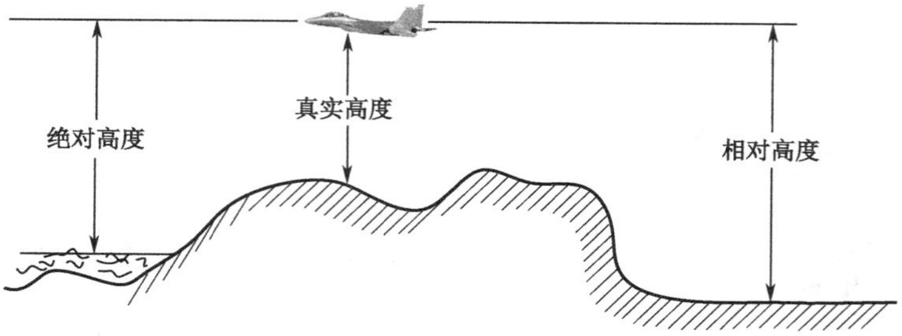

图 1.2.4　高度示意图

（1）绝对高度

运行体重心到海平面的垂直距离称为该运行体（或目标）的绝对高度。

（2）相对高度

运行体重心到某一指定参考平面（如机场跑道平面）的垂直距离称为该运行体的相对高度。

（3）真实高度

运行体重心到实际地面的垂直距离称为真实高度。

2．斜距

不在同一高度层或同一铅垂线上的两点（如飞机到地面导航台）之间的距离称为斜距。通常空中运行体到地面导航台之间的距离均为斜距。

3．距离差

距离差是指到两已知参考点（如两个地理位置精确已知的导航台）斜距的差值。

1.2.3 速度参量

1．空速

在大气层中运动的运行体（如飞机），相对于周围无扰动空气的速度称为空速。

2．地速

运行体相对于地球表面（或水平面）的运动速度称为地速，其方向和航迹一致。

3．风速（或流速）

大气（或水流）的流动速度称为风速（或流速）。

4. 航行速度三角形

在航行中，若空速矢量和风速矢量在地面的投影不重合（即存在非 0°或非 180°夹角），则对于一个运行体来说，空速、风速在地面的投影（或水平分量）与地速构成一个三角形，称为航行速度三角形，有时称为导航三角形，如图 1.2.5 所示。其中空速矢量与地速矢量间的夹角即为偏流角，它是由风速矢量影响造成的。导航中常利用这种三角形关系，由其中的已知量来导出未知量。

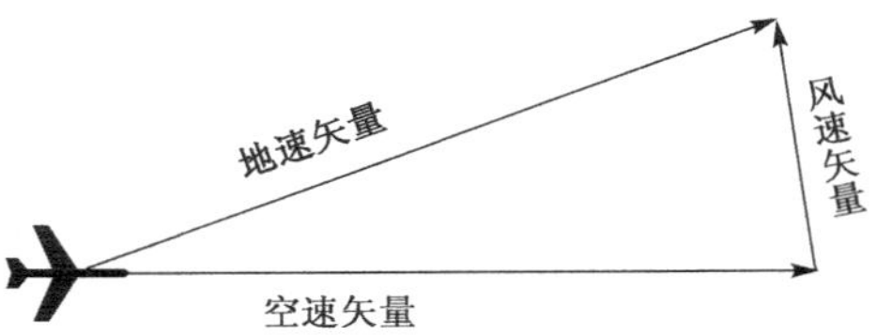

图 1.2.5　航行速度三角形

1.2.4　时空信息

时空信息是指运行体在某一确知时刻所处的实际位置坐标，它是用时间和空间坐标参量的数组来表达的，可见它包含时间和位置坐标两类参考量。导航参量可以由位置时空信息获取，也可以经过处理，转换成位置时空信息。

1. 时间

时间的度量单位来源于地球自转和公转。通常把地球自转一周的时间称为一日，公转一周的时间称为一年。一日分为 24 小时，1 小时分为 60 分，1 分分为 60 秒，秒还可分为毫秒、微秒、毫微秒。一日的起计时刻称为子夜零点零分零秒，按 24 小时进行循环。由于地球自转和公转同时进行，其周期虽然比较稳定，但也不是绝对不变的，因此引出各种时间概念。

（1）地方时

由于地球自转和公转，所以不同地方的子夜时刻是不同的，地球每一区域有一地方时。一个国家或地区的地方时通常是以其首都或中心城市的地方时作为基准的，如中国的北京时。

（2）世界时（或格林时 GMT）

零度经度线的地方时称为世界时，又叫格林时（GMT），世界时作为世界通用的时间基准。

（3）原子时（AT）

原子时是以原子秒作为秒单位的计时系统。一个原子秒等于 9 192 631 770 个铯周期（即“铯 133”谐振器的谐振周期），它和世界时的秒单位极接近，1972 年 1 月 1 日起采用原子时作为计时之用，1958 年 1 月 1 日零时零分零秒世界时和原子时相一致。当今作为原子时时间基准的计时系统统称原子钟，典型的原子钟有铯钟和铷钟，稳定度可达10^{-13}量级。

（4）协调世界时（UTC）

协调世界时简称为协调时，由于世界时与地球自转有关，地球自转速度的不均匀及变慢趋势导致世界时每年大约比原子时少 1 秒，原子时虽然非常稳定，但与世界时不能准确同步，因此国际天文学会和无线电咨询委员会于 1971 年决定采用“协调世界时”，该时统用原子时的秒作为秒单位，利用“1 整秒”的调整方法使协调时与世界时之差保持在±0.9 秒之间（小于 1 秒）。协调工作由国际标准时间局在二月之前通知各国授时台，一般情况下，在每年 6 月 30 日或 12 月 31 日最后 1 秒进行。

（5）系统时

某一个实用系统具体采用的（或规定的）统一时间基准称为该系统的系统时。一般来说，全球覆盖的系统要采用世界时或协调世界时，局部地域性的系统要采用地方时或专门为本系统设置的专用时间基准（或专用钟）。

2. 位置

导航中运行体的位置是用坐标参量来具体表示的。在实用导航系统中，为了使用方便，采用的坐标系也不一样，它们分别采用各自的坐标参量来标定位置，如在平面直角坐标系中采用 (X,Y) 值来表示位置；在空间直角坐标系中采用 (X,Y,Z) 值来表示位置；在地理坐标系中采用纬度、经度、高度值 (B,L,H) 来表示位置；在平面极坐标系中采用距离值和方位角 (ρ,θ) 来表示位置。

1.3 位置线与位置面

从以上角度、距离（差）等几何导航参量的定义可以看出，几何导航参量本质上是运行体所处空间的度量结果。我们把几何导航参量保持定值的运行体的轨迹称为位置线或位置面。

1.3.1 等角位置线、位置面

1. 直线位置线

在一个特定平面上（如导航台所在地或运行体所在地，或者某一指定参考点所在地的水平面或垂直面）相对某一个基准方向线夹角（方位角、航向角）恒定不变的点的轨迹是一条射线，在这条射线上的所有点相对基准线的方位保持不变，这条射线称为直线位置线，如图 1.3.1（a）所示。

2. 平面位置面

在一个特定空间（如机场跑道中心线及其延长线附近空域或某雷达有效探测空域等），保持和某一基准平面夹角恒定的点的轨迹是一个平面，称为平面位置面，如图 1.3.1（b）所示。

3. 圆锥面位置面

在一个特定空间，保持和某一指定基准线角度值不变的点的轨迹是一个圆锥面，该面称为圆锥面位置面，如图 1.3.1（c）所示。

可见，一切测角系统均可提供位置线或平面或圆锥面位置面。

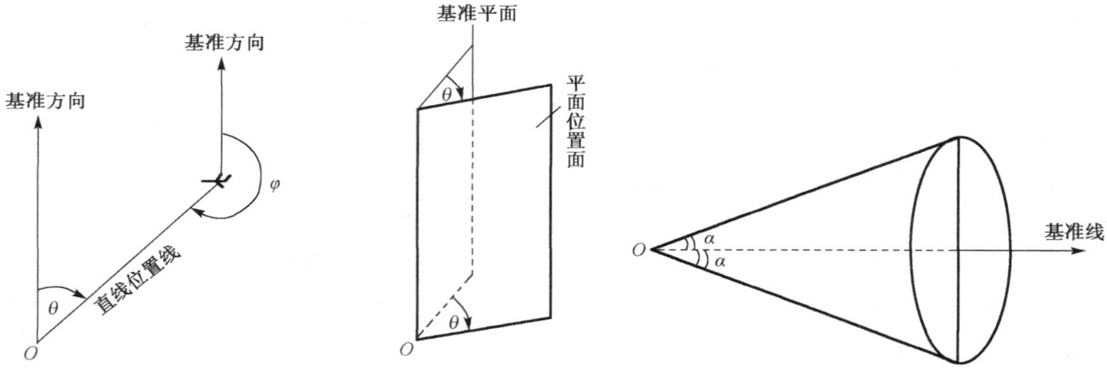

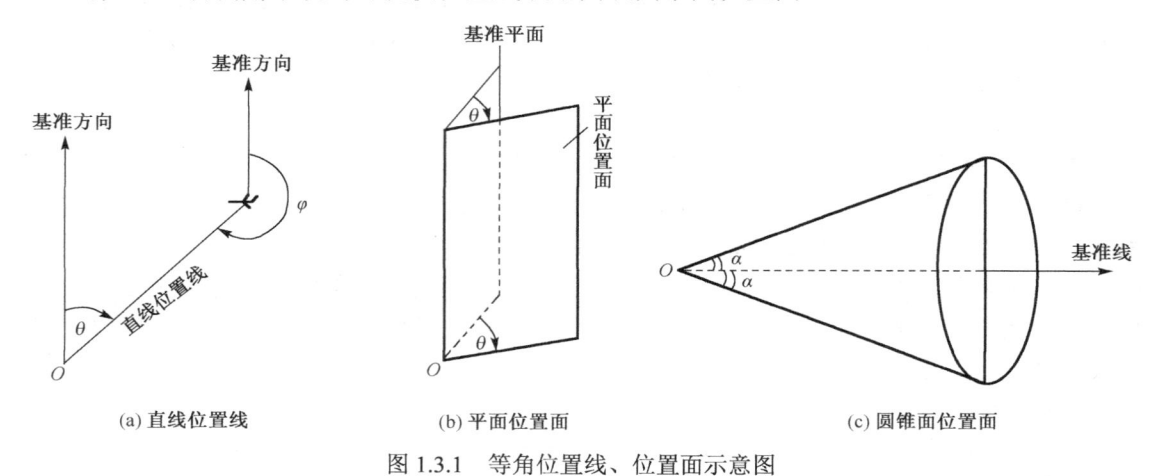

(a) 直线位置线　(b) 平面位置面　(c) 圆锥面位置面

图 1.3.1 等角位置线、位置面示意图

1.3.2　等距位置线、位置面

1. 圆位置线

在一个特定平面上和某一基准点保持距离相等的点的轨迹是一个圆，该圆称为圆位置线，如图 1.3.2（a）所示。

2. 圆球面位置面

在一个特定空间中，保持和某一指定参考点距离相等的点的轨迹是一个圆球面，该面称为圆球面（或球面）位置面，如图 1.3.2（b）所示。

3. 平行面位置面

在一个特定空间中，保持和某一指定平面（如机场跑道平面或海平面）距离相等的点的轨迹是一个平行面，该面称为平行面位置面，如图 1.3.2（c）所示。

4. 曲面位置面

在一个特定空间中，保持和某一个指定曲面基准面（如基准椭球面或大地水准面等）距离相等的点的轨迹是和基准曲面同曲率的曲面，该曲面称为曲面位置面，航空中的等绝对高度层就是这样的曲面位置面，如图 1.3.2（d）所示。

可见，一切测距系统均可提供圆位置线或圆球面、平行面、曲面位置面。

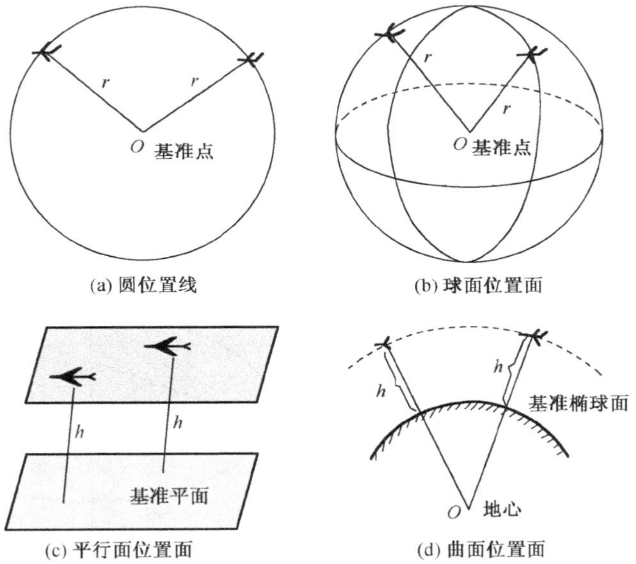

图 1.3.2　等距位置线、位置面示意图

1.3.3　等距差位置线、位置面

1. 双曲线位置线

在一个特定平面上，保持和两个指定基准点 A、B 距离差相等的点的轨迹，就是以 A、B

为焦点的双曲线，该线称为双曲线位置线，如图 1.3.3（a）所示。

2. 双曲面位置面

在一个特定的空间，保持和两个指定基准点 A、B 距离差相等的点的轨迹是以 A、B 两点为焦点的双曲面，该面称为双曲面位置面，如图 1.3.3（b）所示。

可见，一切测距差系统均可提供双曲线位置线或双曲面位置面。

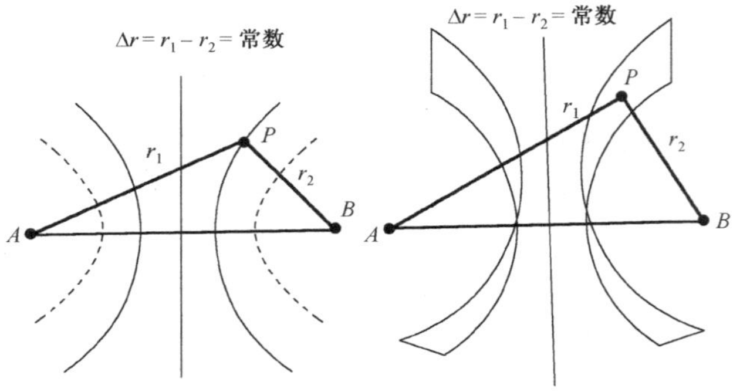

(a) 双曲线位置线　(b) 双曲线位置面

图 1.3.3　等距差位置线、位置面示意图

1.3.4　等距和位置线、位置面

1. 椭圆位置线

在一个特定的平面上，保持和两个指定基准点 A、B 距离和相等的点的轨迹是以 A、B 两点为焦点的椭圆，该椭圆称为椭圆位置线，如图 1.3.4（a）所示。

2. 椭球面位置面

在一个特定空间，保持和两个指定基准点 A、B 距离和相等的点的轨迹是以 A、B 为焦点的椭球面，该面称为椭球面位置面，如图 1.3.4（b）所示。

可见，一切测距和系统均可提供椭圆位置线或椭球面位置面。

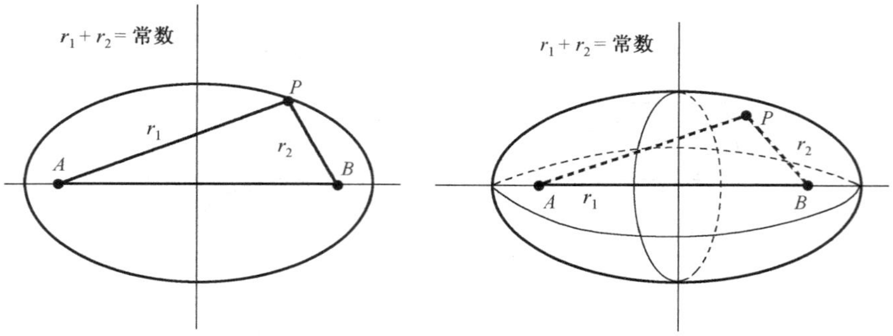

(a) 椭圆位置线　(b) 椭球面位置面

图 1.3.4　等距和位置线、位置面示意图

1.3.5 位置线典型应用

前面提到，实用无线电导航系统中，有的只提供一种类型的位置线，有的能同时提供两种类型的位置线。下面分四种情况来进行介绍：直线位置线的应用、圆位置线的应用、双曲线位置线的应用、直线位置线与圆位置线的组合应用。这几种情况概括了国内外绝大多数典型导航系统。

1. 直线位置线的应用

直线位置线是一切测角系统提供的位置线，它在导航中主要有两方面的应用。

（1）在近程导航中保持定向航行

保持定向航行又分两种情况：第一种是保持沿航线航行，因为近程导航中的航线常常是以点源系统信标台为结点的多折线段（每一段近似为直线段）航线，所以保持航线航行，对于在每一段上来说就是保持沿直线位置线航行，如图 1.3.5（a）所示；第二种是在飞机着陆引导（或进近）阶段，在这一阶段通常需要提供三个着陆进近参量，其中两个是角度参量。

（2）在近程导航中定位

众所周知，两条直线相交才能产生确定的交点，即定位。这就要求在同一时刻测出两个不同的角度获得两条相交的直线位置线方能实现定位，如图 1.3.5（b）所示，这种同时测两个角的定位方法又分两种情况：第一种是两个已知位置 A、B 的测角系统同时测得某运行体（如飞机）的方位角 θ_1，θ_2，利用这两个角度在航图上作图便可求出交点 P 的位置；第二种是由运行体上的测角设备同时（或在短时间内分时）测得两个已知位置点 A、B 的信标台的方位角 φ_1、φ_2，再通过 φ_1、φ_2 导出 θ_1、θ_2 后作图求得。但是不管哪一种，它们必须利用两个已知位置的地面台，因此称其为双台定位，即利用直线位置线定位必须双台，单台是不行的。

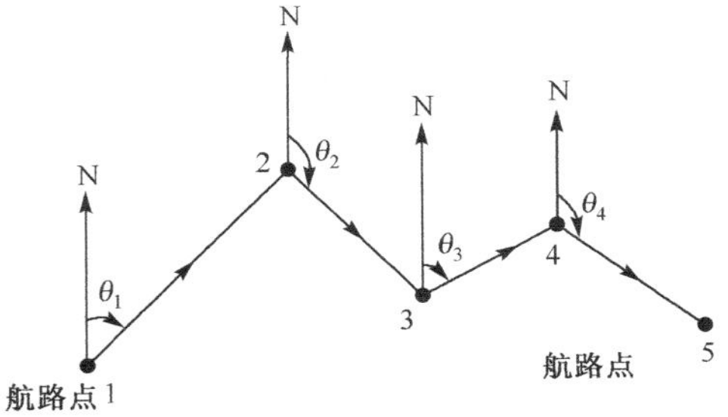

(a) 定向航行示意图

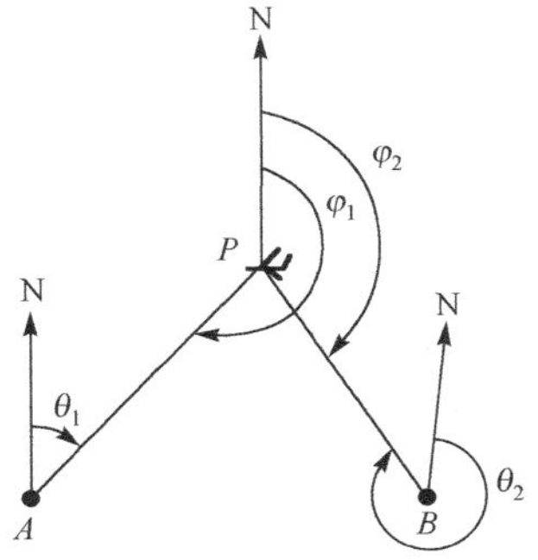

(b) 双台定位示意图

图 1.3.5 直线位置线应用示意图

2. 圆位置线的应用

圆位置线是一切测距系统提供的位置线，它也有两种应用情况：第一种是保持以某一特定参考点为圆心，进行圆周飞行；第二种是定位，即利用圆与圆相交的交点定位。众所周知，两个圆位置线相交通常是两个交点（除相切外），称为定位双值性（或多值性），要想确定这两个点中哪一个是要定的目标位置还必须附加其他判定措施，如三圆相交求共同交点则是唯一的（在同一平面上）或进行位置粗估排除多值点。可见圆位置线定位有以下特点：其一，必须双台才能定位，但存在多值性；其二，消除双台定位多值性的途径是三台定位或其他判别措施（见图 1.3.6）。

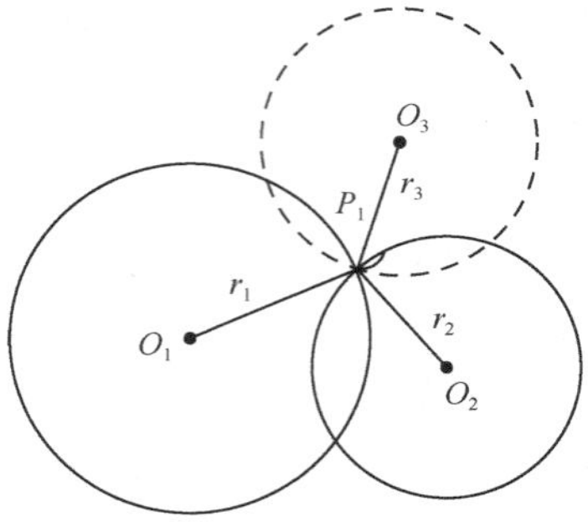

图 1.3.6　圆位置线定位

3. 双曲线位置线的应用

双曲线位置线是由测距差系统提供的，在位置线介绍中已经知道，要获得一簇双曲线必须有两个台（通常称为一个台对），而要在一个平面上获得交点又必须有两簇双曲线，这两簇双曲线有两种获得方法：第一种是两个台对共四个台；第二种是两个台对共三个台，其中一个共用。三台或四台定位中的台站，都是一个不可分的台组，称为一个台链，如图 1.3.7 所示。

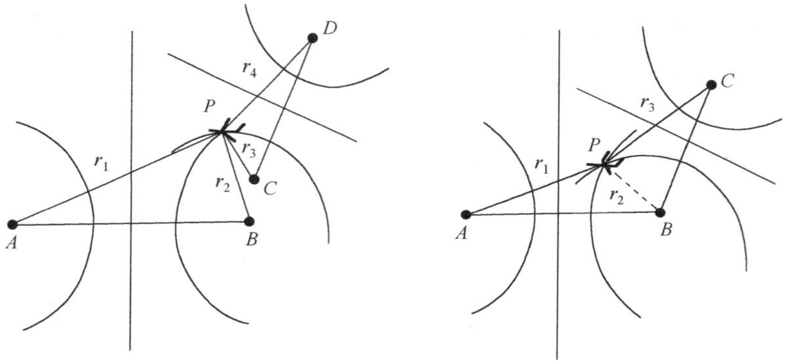

(a) 四台定位　(b) 三台定位

图 1.3.7　双曲线位置线定位

另外，双曲线位置线相交通常也是有多值性的。不过，一般情况下它的多值性交点相距较远，易于判别。可见这种位置线定位至少要有三个台，且还存在多值性。

4. 直线位置线与圆位置线的组合应用

这两种位置线的组合不是一般组合，而是共用基准点的组合。前面已经提到，所谓直线位置线实际上是射线位置线，是有起点的方向线（即所测角的顶点），圆位置线是有共用圆心的，它们的组合是将射线起点和圆心共用的组合，如图 1.3.8 所示。在这种组合条件下，它们必有交点，且是唯一的。它的特点是单台定位且无多值性。近程导航中的测距测角系统均采用这种组合位置线定位（如塔康、雷达、VOR/DME），这是极坐标定位系统的基础。

这种组合定位中，共用点“O”有两种情况：一种是“O”点位置已知，如图 1.3.8（a）所示，在“O”点测得两种位置线求交点 P；另一种是“O”点位置是待求的，需要测得两种位置线，其交点 P 是已知位置点，由此导出“O”点位置，如图 1.3.8（b）所示。

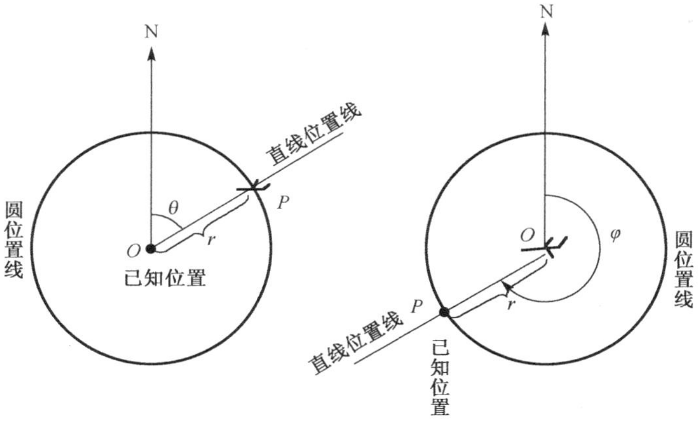

(a)“O”点位置已知　　(b)“O”点位置待求

图 1.3.8　直线位置线和圆位置线的组合定位

1.4　导航的发展与运用

随着导航技术的发展，导航的作用得到了扩展，除引导航行以外，还用于为运行体提供位置、时间、速度等多种信息。导航的进一步发展呈现“三化”趋势：一是系统化，从以往注重单系统性能向关注系统整体效能方向发展，从单一手段向多重手段方向发展，体系更加完整，能够满足各种导航定位要求；二是一体化，导航信息从仅服务于驾驶员向直接作用于运行体方向发展，导航与制导的界限越来越淡化，导航系统的作用不再限于保障作用，而是直接成为受控系统的组成部分；三是综合化，如通信与导航综合，使一种系统同时具备通信、导航、识别多种功能，导航信息与其他信息融合，实现指挥自动化。

导航技术伴随着运行体的发展而不断进步。初期使用目视推算、地磁指向和天文观测等方法，出现了磁罗盘、陀螺罗盘、天文六分仪、计程仪和计时器等导航装置。无线电技术的发明对导航技术产生了划时代的影响。20 世纪 20 年代出现了无线电罗盘和高度表等导航设备。第二次世界大战前后，由于民用航空与军用航空发展需要，无线电导航迅速发展，仪表着陆系统、精密进场雷达、罗兰 A、台卡、伏尔、塔康、罗兰 C 和奥米伽等无线电导航系统相继问世，1964 年开始建成了子午仪卫星导航系统，此后相继建成了 GPS、GLLONASS、BDS 等卫星导航系统。随着科学技术的不断进步，导航系统向着智能化、自主化、组合化方向发展，如惯性导航与卫星导航的组合等；导航体制不断更新，出现了卫星导航系统和新一代地形辅助、天文导航等自主导航系统。导航水平的提高，不仅改善了运行体的航行保障功能，也为武器平台精确定位和武器系统的精确打击创造了条件。

1.4.1 天文导航

天文导航是以确知空间位置的自然天体为基准，通过天体测量仪器被动探测天体位置，经解算确定运行体的位置信息。天文导航是一门既古老又年轻的技术，起源于航海，发展于航空，辉煌于航天。

天文导航系统（Celestial Navigation System，CNS）最早应用在航海上，通过海上观测星体引导船舶航行。到了18世纪，随着航海六分仪、天文钟的研制成功及等高度线的发现，天文导航成为一种常用的导航手段，但在船舶上仍普遍采用手持航海六分仪。第二次世界大战期间，潜艇威力显著，探潜、反潜手段迅速发展，常规手持航海六分仪已不能满足潜艇的隐蔽性要求，迫切需要潜艇在水下进行测天定位，因此促使天文导航在潜艇上的应用得以发展。随着电子学与自动控制技术的快速进步，天文定位过程逐渐走向自动化，使其在水面舰只及潜艇上的应用更为广泛，并向航空航天发展。

虽然天文导航在导航定位方法中是比较古老的，但是天文导航的自主性决定了它的不可替代性，即便是在无线电导航系统高度发展、舰船定位的准确性和及时性都得到较好解决的今天，其导航地位依然不容动摇。在STCW 78/95公约中仍要求航海人员必须具有利用天体确定船位和判断最终获得船位精度的能力及利用天体确定罗经差的能力。目前一些装备现代化的舰船也非常重视天文导航的应用，以GPS定位为值班系统，用天文定位为常备系统的趋势已在欧美兴起。俄罗斯“德尔塔”级弹道导弹核潜艇采用天文/惯性组合导航系统，定位精度为0.463km（0.25nmile）；法国“胜利”级弹道导弹核潜艇上装有M92光电天文导航潜望镜；德国212型潜艇上也装备了具有天文导航功能的潜望镜。美国和俄罗斯的远洋测量船和航空母舰上也装备了天文导航系统。

天文导航系统由于受地面大气的影响较大，因而其应用平台更适合于包括导弹在内的各种高空、远程飞行器。目前，美国中远程轰炸机、大型运输机、高空侦察机等都装备了天文导航设备，俄罗斯的战略轰炸机上也都装有天文导航设备。国外早在20世纪50年代就采用天文/惯性组合导航系统，利用天文导航设备得到的精确位置和航向数据来校正惯性导航系统或进行初始对准，尤其适用于修正机动发射的远程导弹。美国在20世纪50年代开始研制弹载天文/惯性组合制导系统，早期在空—地弹“空中弩箭”和地—地弹“娜伐霍”上得到应用，20世纪70年代在“三叉戟”Ⅰ型水下远程弹道导弹中采用了天文/惯性组合制导系统，射程达7400km，命中精度为370m。20世纪90年代研制的“三叉戟”Ⅱ型弹道导弹的射程达11 100km，命中精度为240m。苏联在弹载天文/惯性制导系统方面的发展也很快，SS2N28导弹射程达7950km，命中精度为930m，SS2N218导弹射程达9200km，命中精度为370m，这两型导弹都采用了天文/惯性组合制导方式。上述弹载天文导航设备仍为小视场系统，采用“高度差法”导航原理，也只能作为惯导的校准设备，而不能作为一种独立的导航手段使用。近些年，由于基于星光折射的高精度自主水平基准的出现，使天文导航技术再度成为弹载导航系统研究的热点。

天基平台是天文导航技术的最佳应用环境，国外从20世纪80年代开始研制，以美、德、英、丹麦等国较为突出，至今已有多种产品在卫星、飞船、空间站上得到应用。20世纪中叶，载人航天技术极大地促进了天文导航技术在航天领域的发展，阿波罗登月和苏联空间站都使用了天文导航技术。早在20世纪60年代，国外就开始研究基于天体敏感器的航天器天文导航技术，与此同时不断发展与天文导航系统相适应的各种敏感器，包括地球敏感器、太阳敏感器、星敏感器和自动空间六分仪等，如美国的林肯试验卫星-6、阿波罗登月飞船，苏联“和平号”空间站及与飞船的交会对接等航天任务都成功地应用了天文导航技术。

近年来，航天器自主天文导航技术的发展方向主要包括新颖的直接敏感地平技术和通过星光折射间接敏感地平技术。基于直接敏感地平的天文导航方法的第一种方案是采用红外地平仪与星敏感器和惯性测量单元构成天文导航定位系统，这种常用的天文导航系统成本较低、技术成熟、可靠性好，但定位精度不高，原因是地平敏感精度较低。研究表明当地平敏感精度为 0.02°（1σ）、星敏感器的精度为 2″（1σ）时，定位精度为 500～1000m，显然在有些场合这一定位精度不能满足要求。直接敏感地平进行空间定位的第二种方案是自动空间六分仪（天文导航和姿态基准系统 SS/ANARS，Space Sextant-Autonomous Navigation and Attitude Reference System），美国自 20 世纪 70 年代初开始研究，1985 年利用航天飞机进行空间试验，于 20 世纪 80 年代末投入使用。由于采用了精密而复杂的测角机构，利用天文望远镜可以精确测量恒星与月球明亮边缘、恒星与地球边缘之间的夹角，经过实时数据处理后三轴姿态测量精度达 1″（RMS），位置精度达 200～300m（1σ），但仪器结构复杂且成本很高、研制周期长。这种方案定位精度较高，原因是提高了地平的敏感精度。基于星光折射间接敏感地平的天文导航方法是 20 世纪 80 年代初发展起来的一种航天器低成本天文导航定位方案。这一方案完全利用高精度的 CCD 星敏感器，以及大气对星光折射的数学模型及误差补偿方法，精确敏感地平，从而实现航天器的精确定位。研究结果表明，这种天文导航系统结构简单、成本低廉，并能达到较高的定位精度，是一种很有前途的天文导航定位方案。美国于 20 世纪 80 年代初开始研制、1989 年进行空间试验、20 世纪 90 年代投入使用的 MADAN 导航系统（多任务姿态确定和自主导航系统，Multitask Autonomous Navigation System）便利用了星光折射敏感地平原理。试验研究的结果表明，通过星光折射间接敏感地平进行航天器自主定位，精度可达 100m（1σ）。美国 Microcosm 公司还研制了麦氏自主导航系统 MANS（Microcosm Autonomous Navigation System），利用专用的麦氏自主导航敏感器对地球、太阳、月球的在轨测量数据，实时确定航天器的轨道，同时确定航天器的三轴姿态，该系统是完全意义上的自主导航系统。1994 年 3 月，美国空军在范登堡空军基地发射“空间试验平台零号”航天器，其有效载荷为“TAOS（Technology for Autonomous Operational Survivability，自主运行生存技术）”飞行试验设备，通过飞行试验对 MANS 天文导航系统及其关键技术进行了检验，验证结果公布的导航精度为：位置精度 100m（3σ），速度精度 0.1m/s（3σ）。

近期，美国、法国、日本等国又重新掀起深空探测的热潮，随着抗空间辐射能力强、便于集成的 CMOS 器件的出现和 CMOS 敏感器技术的发展，基于 CMOS 天体敏感器的深空探测器自主定位导航技术正在被深入研究和广泛应用。我国也一直在进行航天器自主天文导航技术的研究和探索。北京航空航天大学、西北工业大学、哈尔滨工业大学、中国空间技术研究院、中国科学院等单位都在进行自主天文导航定位技术研究。脉冲星导航可以对近地轨道、深空探测及星际飞行器进行导航，从而实现航天器的长时间、高精度自主导航与精密控制。目前发现和录入目录的脉冲星达到 2000 多颗，其中 1000 多颗具有良好的 X 射线信号稳定辐射特性，可以作为导航候选星。我国已于 2016 年 11 月发射了世界首颗脉冲星导航试验卫星。

1.4.2 地磁导航

地磁场是地球的固有资源，为航空、航天、航海提供了天然的坐标系。自从 1989 年美国 Cornell 大学的 Psiaki 等人率先提出利用地磁场确定卫星轨道的概念以来，这一方向已成为国际导航领域的一大研究热点。地磁导航是通过地磁传感器测得的方向做指示，或者实时获得地磁数据与存储在计算机中的地磁基准图进行匹配定位来实现的导航技术。地磁导航具有无源、无辐射、全天时、全天候、全地域、能耗低等优良特征。地磁导航同样是一项古老的导航技术，伴随着现代地磁敏感技术的进步正在焕发新的生机。由于地磁场为矢量场，在地球近地空间内任意一点的地磁矢量都不同于其他地点的矢量，且与该地点的经纬度存在一一对应的关系，因此理论上只要确定该点的地磁场矢量即可实现全球定位。

近年来，地磁导航技术获得了快速的发展，其综合优势日益突出。利用地磁导航可以实现自主式的卫星导航和控制，从而减少地面设备的工作量，缓解因国土限制造成的地面测控站布点的困难，降低为保障卫星运行所提供的地面支持的费用；利用地磁导航可及时确定卫星的空间位置，提高了卫星测量数据的利用率，降低了卫星运行对地面站的依赖作用，增强了卫星生存能力，即使地面跟踪测量被迫中断，仍可保持飞行任务的连续性。地磁导航具有无源性，与其他有源导航和制导方式相比，地磁导航与制导在军事领域有着无可比拟的优势。使用地磁制导的导弹抗干扰性能强，突防能力得到大大提升。近年来，地磁导航在工业部门、航空航天等诸多领域发挥了重要作用，越来越成为学术界关注的对象。

目前，虽然对地磁导航的实现方法和导航算法做了大量研究，并利用真实磁测数据做了仿真验证，取得了一些有意义的成果，但仍有三大因素从根本上制约着地磁导航技术的发展和应用。

（1）精确的地磁场模型和地磁图

制备一个足够精确的地磁场模型或地磁图，可以为导航定位提供精确的基准。地磁场模型包括全球地磁场模型和局部地磁场模型，现有的全球地磁场模型仅是对主磁场部分的描述，精度有限且尚不能反映出复杂的地磁异常信息，因此在高导航精度要求的场合需要采用局部地磁场模型或局部地磁图。目前，许多国家和组织都在致力于建立或绘制本国的地磁场模型和地磁图，例如，IAGA 每 5 年对 IGRF 模型做修正，美国、日本、加拿大等国每 5 年绘制一次本国的国家地磁图，美、英和俄罗斯每 5 年出版一次世界地磁图。我国也十分重视此方面的研究，每 10 年绘制一次中国地磁图。即使这样，当前的地磁场模型和地磁图水平仍满足不了高精度导航的要求。

另外，仅有地磁场模型和地磁图还是不够完善的，还需要研究影响地磁导航效果的一些重要地磁场因素，这些因素包括变化磁场对匹配的影响、地磁场随高度和时间变化的规律和地磁场起伏规律等，而目前对于这些问题尚无太多的结论。其中地磁场随高度变化规律有望通过分析卫星、航空地磁场测量数据获得。

（2）测磁仪器的性能与测量信息处理技术

地磁导航首先要测量地磁特征，实际的应用对象如巡航导弹对测磁仪器的响应速度、分辨率、环境适应性和抗干扰性等均有很高的要求。另外，由于地磁场的频谱范围很宽，地磁场探测很容易受到如弹体、载体电子仪器等产生的磁场干扰。对此，首先必须研发高性能的弱磁性探测设备，然后要重点加强载体干扰磁场对磁敏感器的测量影响特性、干扰磁场消除和误差补偿技术、载体材料的选用技术等问题的研究，以保证地磁场测量不受各种因素的影响，从而为导航解算提供精确的测量值。目前已开发出多种精度很高的弱磁敏感器，但是对于干扰磁场消除和误差补偿方面尚未有有效的处理技术。

（3）航迹匹配的高精度导航算法

当测量噪声或初始误差较大时，由地磁滤波导航方法获得的精度普遍偏低。鉴于此，地磁匹配方法逐渐成为地磁导航技术的主流方向，虽然一些文献参照景象匹配相关法对此展开了初步研究，但是若考虑应用背景，载体上获得地磁信息图的方式并不能以“摄像”的形式获得二维图，而仅能获得依照其航迹上的一维“线图”。这种线图的方式比二维图携带的可用于匹配的信息更少，导致图的获取、匹配准则、寻优方法等方面产生了很大的不同，如何选择采样间隔以使线图包含足够信息且不失真？如何避免线图首尾相连下误差的积累？这些问题都有待进一步研究。因此，必须寻求新的匹配理论，才能够大幅度地提高导航精度，而仅借用地形匹配导航技术的匹配算法是不够的。

当前，围绕着解决上述三大关键问题成为地磁导航技术的主要研究方向，只有突破了这三大关键技术，才能够真正实现地磁导航技术的广泛应用。随着空间技术的飞速发展，地磁学和测绘学、空间物理学的交叉与综合不断加强，地磁测量技术发生了根本的变化。地磁导航在导航定位、地球物理武器、战场电磁信息对抗等领域展现出了巨大的军事潜力。

1.4.3　无线电导航

无线电导航主要是在 20 世纪发展起来的导航门类，特别是第二次世界大战期间至今，由于军、民用的需求和电子技术的发展，无线电导航成为各种导航手段中应用最广、发展最快的一种，是导航中的支柱门类。无线电导航是利用无线电波在均匀媒质和自由空间按直线和恒速传播两大特性实现的导航。

近一个世纪以来，先后诞生了几十种实用的无线电导航系统，至今在世界范围内得到广泛应用的就有十几种。如 20 世纪 20 年代投入使用的中波导航系统，20 世纪 40 年代研制的伏尔（VOR）系统、地美仪（DME）系统、罗兰 A（Loran-A）导航系统、仪表着陆系统（ILS）、多普勒导航系统等，20 世纪 50 年代开发的塔康（TACAN）系统、勒斯波恩（PCБH）系统、罗兰 C（Loran-C）导航系统等，20 世纪 60 年代研制的奥米伽（OMEGA）导航系统、子午仪（TRANSIT）卫星导航系统，20 世纪 70 年代开始研制的导航星全球定位系统（NAVSTAR-GPS）及微波着陆系统（MLS）等，它们在军、民用导航中都发挥了巨大的作用，有的早已成为国际民航组织的标准系统（如 VOR、DME、ILS、MLS），有的作为了军用标准系统（如 TACAN）。上述导航系统虽然有的已经被淘汰，但大部分仍在继续应用。

当今无线电导航的发展，特别是星基无线电导航系统的发展，如美国研制的全球定位系统（GPS），由于它可以提供全球覆盖能力的高精度三维位置、三维速度、时间基准等参量，其应用范围远远超出传统的航空、航海导航范畴，深入到航天器导航、武器制导、天文授时、大地测绘、物矿勘探、车辆行驶引导等十分广泛的军、民用领域。在军事应用中，飞机、舰艇、巡航武器和弹道武器、装甲车辆等离开了无线电导航几乎无法作战；民用航空航海运输离开了无线电导航也不能发挥其作用。总之，随着现代化的发展，无线电导航在军、民用中的地位越来越重要。

无线电导航具有精度较高、不受气候限制、覆盖范围广等突出优点，但也存在依赖导航台配合、电波易受干扰和截获、生存能力较弱等实际问题。

纵观无线电导航的历史，可归结为下述几个方面的发展趋势。

① 应用范围越来越广，其作用和地位随着现代化的进程越来越重要。

② 系统功能增强，自动化程度、精度和可靠性不断提高。

③ 系统间组合应用，如不同无线电导航系统之间的组合，无线电导航和非无线电导航系统之间的组合，尤其是卫星无线电导航系统 GPS、GLONASS 和惯导的组合具有无限的发展潜力，可使不同系统间取长补短，显著提高性能。

④ 无线电导航与通信的结合，实现通信导航识别（CNI）综合化。导航与电子地图参照，使导航定位引导自动化、直观化。

现今，无线电导航系统作为电子信息系统之一，正深入空天战场，浸透各种航空航天兵器，成为现代战争的行动向导，空天战场上的北极星。各种导航系统尽显神通，更迭交替，改进优化，组合并用，优势互补。导航技术如斗转星移，更新发展，飞速进步。导航战此起彼伏，波澜壮阔，尽显信息作战的神威。导航系统与 C4ISR 密切交融，战争巨人更加耳聪目明。

1.4.4 惯性导航

惯性导航是通过感知运行体单位时间内在直线和方向上的位移，获取运动速度以及转向角度，通过计算行进距离，依据测角、测距定位原理推算当前运行体位置的导航技术。1687 年，牛顿提出了经典力学定律和引力定律，奠定了惯性技术的基础。1765 年，俄国欧拉院士出版《刚体绕定点转动的理论》，奠定了陀螺仪理论的基础。经典力学和刚体转动理论成为惯性导航技术的理论基石。此后，德国著名科学家耐伯格发明了带有稳定平台的陀螺仪模型。1852 年，傅科发现陀螺效应，首次使用了“gyro-scope—转动+观察”这个名词，并发明了现代意义上的陀螺，为陀螺仪的实际应用奠定了技术基础。1939 年，苏联布尔佳科夫院士出版了陀螺仪实用理论的奠基性著作《陀螺仪实用理论》，由此奠定了陀螺仪应用于惯性导航技术的理论基础。而真正的惯性导航实现是在 1953 年，当时的美国麻省理工学院教授德雷伯将平台惯性导航系统安装到一架 B-29 远程轰炸机上，首次实现了横贯美国大陆的飞行，飞行时间长达 10h，证实了纯惯性导航在飞机上应用的技术可行性。

从 20 世纪 60 年代开始，惯性导航系统（Inertial Navigation System，INS，简称惯导）首先在航海（1958 年，美国的“鹦鹉螺”号核潜艇率先装备了液浮陀螺平台惯性导航系统），然后在航空领域大量投入使用。从 20 世纪 60 年代初起，军舰开始大量装备惯导，经过不断改进，达到了可以几小时才校准一次而仍能保持一定的定位精度的水平。几乎所有美国的核潜艇和大型海军舰只都装上了惯导，不仅用来为舰只导航，而且对舰载导弹的位置、速度和方位进行初始化，还作为舰炮的垂直和方位基准，或者为舰载飞机的惯导进行初始对准。虽然机载惯性导航系统在 20 世纪 50 年代初便表演过，但直到 20 世纪 60 年代初才开始装备军用飞机。1968 年以前，所有空用惯导都采用模拟计算机，再加上陀螺体积太大，因此只有少数飞机装备。20 世纪 70 年代由于数字计算机的使用，加上越南战争的刺激，以及宽体飞机的发展，航空惯导开始大发展。大型民航机和主要军用飞机都装上了惯导。当前空用平台式惯导平均故障间隔时间已超过 600h，定位误差漂移率为 0.5～1.5n mile/h（1n mile = 1.852km），速度精度 0.8m/s，准备时间 8min 左右。

20 世纪 80 年代以前所用的惯性导航系统都是平台式的，它以陀螺为基础形成一个不随载体姿态和载体在地球上的位置而变动的稳定平台，保持着指向东、北、天三个方向的坐标系。

固定在平台上的加速度计分别测量出在这三个方向上的载体加速度，将其对时间一次和二次积分，从而导出载体的速度和所经过的距离。载体的航向与姿态（俯仰和横滚）由陀螺及框架构成的稳定平台输出。加速度测量实际上是对力的测量，众所周知，按牛顿第二定律，力=质量×加速度。

惯性导航系统发展依靠两方面技术发展的支撑，一是新型惯性器件，二是新概念导航解算原理，其中惯性器件特别是陀螺技术的发展是关键。目前，航空惯性陀螺已从最初的液浮陀螺、挠性陀螺、静电陀螺等发展到激光陀螺和光纤陀螺。随着原子光学实验技术的进步，出现了一种全新的惯性测量传感器——原子陀螺仪，有望在新一代惯性导航技术中开辟全新的技术途径，在不使用卫星导航定位系统或其他外部辅助技术的情况下，就能实现误差低于每小时几米的导航精度。

惯性导航系统有许多优点：它不依赖于外界导航台和电波的传播，因此应用不受环境限制，包括海陆空天和水下；隐蔽性好，不可能被干扰，无法反利用，生存能力强；还可产生多种信息，包括载体的三维位置、三维速度与航向姿态。当然，惯性导航系统的缺点也是明显的，它的垂直定位信息不好，误差是发散的，不能单独使用。

1.4.5 其他导航

1. 重力导航

重力导航是利用重力敏感器获取重力数据，与存储在计算机中的数字重力图进行匹配定位来实现的导航技术。重力导航的研究始于 20 世纪 70 年代美国海军的一项绝密军事计划，其目的是提高三叉戟弹道导弹潜艇性能。20 世纪 80 年代初，美国贝尔实验室的洛克希德 • 马丁公司在美国军方资助下研制了重力敏感器系统（GSS），GSS 有一个当地水平的稳定平台，平台上有一个重力仪和三个重力梯度仪。重力仪是一个垂直安装的高精度加速度计，重力梯度仪输出两组正交的梯度分量，由安装在同一转轮上的四个加速度计组成。GSS 用于实时估计垂线偏差，以补偿 INS 的误差，并于 20 世纪 80 年代末在垂线偏差图形技术上取得成功。20 世纪 90 年代初，洛克希德 • 马丁公司在 GSS、静电陀螺导航仪（ESGN）、重力图和深度探测仪等技术的基础上，开发了重力导航系统（Gravity Aided Inertial Navigation System，GAINS），美国海军于 1998 年和 1999 年分别在水面 USNS 先锋号舰和战略弹道导弹核潜艇上对该系统进行了演示验证，演示时使用的重力图数据来源于卫星数据和船测数据。实验结果表明，重力图形匹配技术可将导航系统的经度误差和纬度误差降低至导航系统标称误差的 10%，能够有效延长惯性导航系统的重调周期。

基于重力导航显著的定位功能，美国将该技术应用在新一代核潜艇导航系统上。新一代核潜艇导航系统采用模块化结构，包括惯性导航模块、重力导航模块、地形匹配模块、精密声呐导航模块等。其中，惯性导航仪向其他模块提供数据，电磁计程仪用于阻尼惯性平台水平回路；重力敏感器可以测量重力异常，将其与以数字形式存储的重力分布图进行比较，就可以估计出惯性导航仪的误差，连续对惯性平台进行重调，即惯性导航仪模块和重力敏感模块一起就可以实现无源导航功能。20 世纪 70 年代中期，俄罗斯开始研究地球物理异常场的导航问题，20 世纪 80 年代彼得堡中央电气仪表所与俄罗斯地球物理所密切配合，重点开展海洋重力测量、舰艇海洋重力场导航研究。

惯性/重力组合导航系统长期精度取决于数字重力图的分辨率和精度，因此，必须建立高精度和高密度的海洋重力数据库。日前，海洋重力数据来自卫星和船的测量数据。卫星测量是利用卫星测高来确定地球重力场的，优点是覆盖性好，缺点是精度低，并且还需要进行复杂的转换和计算；船测方法实测精度较高，但缺点是效率低、覆盖性差。美国从 20 世纪 70 年代开始进行了一系列的卫星测高计划，卫星测高数据密集覆盖了全球大洋，其测量的重力场的精度和分辨率已经接近于海上船测数据的水平。20 世纪 90 年代，国内开展了重力导航技术的研究。中船重工集团公司七院 707 研究所、东南大学、哈尔滨工程大学和中国科学院开始对重力导航技术进行研究，主要集中在重力导航系统的组成、重力匹配算法和重力数据的处理方面。

重力导航系统由于具有长期、全天候、高度自主、隐蔽性好、抗干扰和精度高等诸多优点，在航空、航海、陆地导航和地球遥感测绘、自然资源的勘探和发现等军事、民用领域都有着广泛的应用前景，正越来越受到人们的重视，已逐步成为现代导航领域的研究热点和前沿。

2．地形辅助导航

地形辅助导航（Terrain Assistant Navigation，TAN）是近代出现的一种新型导航技术，于 20 世纪 90 年代中后期大量投入使用，其实质是由惯性系统与高度表和数字地图构成的组合导航系统。地形辅助导航系统采用当今电子技术的最新成果，从而把军事导航性能提高到一个新的高度。该系统有着广泛的应用前景，它不仅能用于低空飞行，而且还可用于海上和陆地航行。

地形辅助导航是利用地形和地物特征进行导航的总概念。在这个总概念下，西方几个发达国家研制出了各种不同的地形辅助导航系统，有的叫地形轮廓匹配（TERCOM），有的叫惯性地形辅助导航（SITAN），有的叫地形参考导航（TAN），有的叫地形剖面匹配系统（TERPROM），等等。地形辅助导航系统大致包括主导航系统（INS）、无线电高度表、气压高度表、大容量存储器、导航计算机、数字相关器、地形相关法和地图数据调度软件等。

地形辅助导航系统之所以能够迅速发展成熟，是由下列因素决定的。

① 研制出了能从有噪声和多值性的数据中提取精确信息的各种算法。

② 处理器体积的缩小、性能的提高，使其能在飞行器上实时地完成这些算法。

③ 新型存储装置（如大容量动态随机存取存储器芯片和光盘）的出现对作战来说，已经达到了实用的稳定程度。

随着上述技术和其他技术（如数据库技术）的发展，地形辅助导航系统还会得到进一步的提高和完善。

地形辅助导航系统是一种特别适用于在山区进行低空飞行的辅助导航系统，但在地形特征不明显的平原地区和海面上空使用时，导航定位精度难以满足要求。为了提高在平原地区和海面上空飞行时的导航定位性能，TAN 系统的发展还将在以下几个方面继续进行。

（1）多普勒技术

TAN 系统最初的扩展是用多普勒雷达的速度测量值补充无线电高度表数据。正如常规的连续定位方式使用无线电高度表一样，卡尔曼滤波器也能预测飞机的速度，并将其与多普勒雷达的实际输出进行比较，从而达到使估算的位置和速度等得以修正。卡尔曼滤波器对无线电高度表信息和多普勒雷达信息分别进行处理，所以在特征明显的地形上空可以关闭多普勒雷达，只使用无线电高度表信息。在起伏平缓的地形上空，可以独立或异步地使用两种信息。在平地上空多普勒雷达能提供各种信息，以减小只用无线电高度表时系统产生的漂移。

（2）GPS/TAN组合技术

GPS能以多种方式与TAN系统进行理想的结合。在海面和平地上空飞行时，TAN有产生漂移的趋向，而卫星不会被遮挡。在地形崎岖的地区，低空飞行的飞机导航定位可能会受卫星被遮挡的影响，但TAN的定位精度却十分高。这样，它们相互补充，达到完美的结合。

（3）场景匹配相关（SMAC）技术

场景匹配相关技术是改进TAN系统的另一种有效技术。它利用红外线扫描器（IRLS）产生正在飞越地区的地形图像，然后将其与所存储的基准场景进行比较，如果匹配，就获得了精确定位。

由于SMAC技术利用地面可辨认的结构特征（如道路、河流、边界等），而不是利用地形的上下起伏提供精确定位，因此在平地上空特别有效，其定位精度甚至比TAN还高。TAN系统则在地形崎岖的地区使用时特别有效，因此可以相互补充，完成整个航程的导航任务。

（4）地形特性匹配（TCM）技术

地形特性匹配是使地形的各种不同地物特性与所存储的基准进行匹配的技术。这种方法的依据是，无线电高度表反射信号的强度随反射表面特性而变，如水面的反射比刚耕过的土地大得多，因此有可能检测出公路、小道和沟渠等的不同特性。

如上所述，在地形辅助导航系统中常用的方法主要有两种：一种是比较图像系统，采用景象匹配相关法；另一种是使地面标高与地形标高模型相关系统，采用地形相关法。景象匹配相关法通过电视摄像机或图像红外传感系统获取图像，并将其与侦察所得图像基准信息或其他图像材料加以比较；地形相关法则将无线电高度表记录的地形标高数据与地形模型进行相关。这些方法的基本原理简单，但每种方法都有一些固有的缺陷。图像比较法以光频谱或红外频谱范围的照射或热辐射为基础，只有当所产生的图像和所存储的基准中包含有能够匹配（即尽可能相同）的信息时，系统才能满意地工作。然而，这样做与外部条件有很大关系，如图像采集时的气候变化、太阳位置和形成的阴影以及一年的时间变化，都会使图像上的信息要素发生变化，当基准或场景有雪覆盖时，差别特别明显。在某些条件下，场景和基准之间绝对没有可测定的类似性，因此这时便不能使用相关法。另外，地形相关法一般情况下能够对飞机和导弹进行足够精密的中途修正。当然，这种方法也存在一些原理性的缺点和不足之处。首先，难以连续地获得高精度的地形信息。影响地形信息精度的主要原因是高度测量受大气压力的影响很大，一般只限于低空飞行的运行体，当高度大于800m时，便有可能完全失去作用。其次，在高度变化较小的平坦地区难以确定地标的准确位置。

3. 视觉导航

根据统计，人类接收的信息90%来自视觉，视觉为人类提供了关于周围环境最详细可靠的信息。最近30年，随着传感器微型化及计算机性能的大幅提高，视觉导航几乎被应用在所有导航环境中，在组合导航系统中的重要性日益提升。早期的视觉导航解决方案是为自主地面机器人研发的，而近年来，视觉导航系统在无人飞行器（Unmanned Air Vehicles，UAV）、深空探测器和水下机器人上获得了广泛应用，并进一步刺激了基于视觉的组合导航算法研究。在国内，随着多型号UAV的研发和月球探测的展开，视觉导航方法的研究进展正在加速。

计算机视觉的研究目标，是使机器通过对二维图像的处理达到认知环境信息的目的，即能够感知环境中物体的形状或者位置、姿态等，它是研究用计算机模拟视觉功能的科学和技术。到目前为止，计算机视觉已经形成了一套独立的计算理论与算法，研究领域包括摄像机模型、视觉模型、视觉系统标定、视觉系统的数据管理、视觉系统的实时化技术和视觉系统的工程化技术等。计算机视觉系统所获得的场景图像一般是平面图像（二维空间在二维图像平面上的投影），它通过用二维图像创建或恢复现实世界模型，然后认知现实世界。在导航领域中，计算机视觉系统已经显示出广泛的应用前景。运行体通过视觉系统恢复二维或三维场景信息，并利用场景信息识别目标、识别道路、判断障碍物等，获得外界环境的位置、形状与运动速度等导航信息，实现航迹规划、自主定位及自主着降。鉴于视觉传感器轻便、功耗低，因此利用视觉传感器进行导航更具有优势，而且不需要惯导系统或卫星导航系统的辅助，工作在被动方式，具有隐蔽性。

图 1.4.1 给出了一个典型的视觉导航定位系统框图。视觉导航技术是通过对视觉传感器获得的图像进行各种几何参数和其他参数的测量，从而得到运行体导航参量的一种技术，它具有设备体积小、轻便、功耗低、获得信息量大、完全自主和无源性等优点。目前在视觉系统中获取图像应用较多的传感器主要有：以微波为载体的微波雷达和合成孔径雷达，以红外辐射为载体的热像仪，以光波为载体的微光、可见光相机，以紫外辐射为载体的紫外相机等。目前在军事上应用较多的是红外热像仪和可见光照相机。

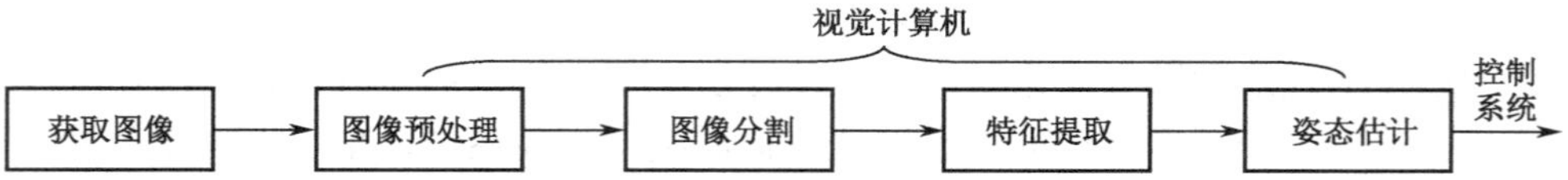

图 1.4.1 视觉导航定位系统框图

在导航的发展史上，还有一种基于仿生学的生物导航技术，如模仿海豚和蝙蝠的声呐导航、超声波导航，模仿鸟类迁徙过程中通过喙部分泌物感应磁力线的地磁导航，根据象鼻虫视动反应制成的“自相关测速仪”可测定飞行器着降速度，以及仿兔类嗅球神经系统导航、蜜蜂等昆虫使用光流法实现走廊或狭窄空间中保持居中飞行和障碍物回避等。目前，基于生物学鼠类和人类海马机理的认知导航研究正在兴起，运行体的智能自主导航将成为现实。

随着量子信息技术的发展，基于光量子纠缠和压缩特性的量子无线电导航，将突破传统无线电导航在测量精度和保密性方面的极限限制，使基于电磁场的光电导航达到前所未有的水平。

1.5 本书的结构

全书共 9 章。

第 1 章是绪论，介绍了导航的基本概念、发展与运用历史，是后续深入学习导航原理知识的一个引入和准备。

第 2 章与第 3 章是导航原理学习的数学基础和物理基础，一方面是对以往学习内容的回顾、提炼、巩固，另一方面是建立与导航相关的数学和物理分析研究基础，为后面导航方法的学习提供分析工具。

第 4 章至第 7 章介绍了导航的测角、测距、测速、定位原理，全面阐述了导航的方式方法，论述了各种导航的能力、误差因素、改进方向，这 4 章内容是本书的核心内容，是需要重点学习和掌握的部分。

第 8 章介绍的是组合导航原理，描述了组合导航的结构、功能及实现，据此给出了导航的发展方向及面临解决的相关问题。

第 9 章从导航的控制应用出发，以飞行器导航控制技术为实例，介绍了运行体的控制实现与导航信息的实际关系，是对导航与控制紧密结合的一种展示。

图 1.5.1 给出了本书内容组成的结构和相互关系。可以看出，核心的内容处于第 1、4、5、6 章，图上还表明了导航参量与时空信息、导航参量与运行控制等内容之间的相互关系，同时以虚框的形式给出了书中主要内容与实际系统及主要技术间的联系。

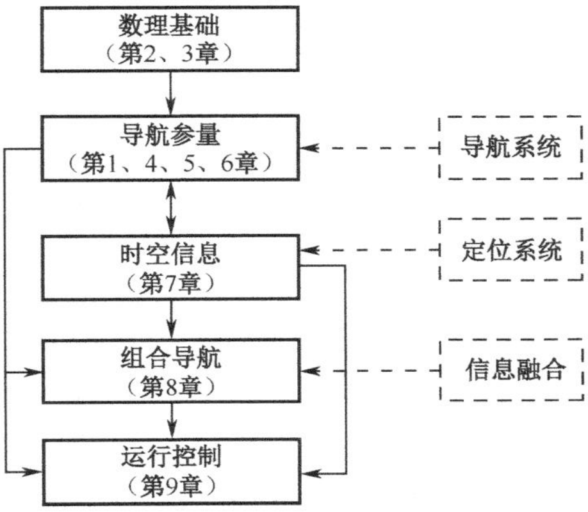

图 1.5.1 本书内容组成的结构和相互关系

复习和作业题 1

1．导航参量有哪些类型？各类型中的主要参量是如何定义的？

2．世界时和世界协调时有什么区别？它们之间的关系如何？

3．北京时属于什么时间？时间参考系是什么？原子时和世界时哪一个更准确？两者是否同步？如何实现同步？

4．导航中的航向和方位是如何定义的？它们之间的异同点是什么？有什么联系？

5．已知某飞机航向角为 120°，导航台方位角为 30°，试画图表示出飞机与导航台相对关系，并计算导航台相对方位角和飞机方位角。

6．已知飞机的航向角为 90°，飞机空速表指示速度为 200m/s，受风速为 30m/s、风向为正北的侧风影响，试计算飞机的偏流角大小及相对地面的运行速度，并画出航行速度三角形示意图。

7．导航中最常用的位置线有哪三种？它们是如何获得的？在导航中怎样使用这些位置线？

8．在什么情况下用到位置面的概念？试举一两个例子说明位置面的含义。

第 2 章　导航的数学基础

现代导航可以认为是从第二次世界大战开始发展，并伴随系统论、控制论和信息论的发展和完善逐步成熟起来的，这一过程中数学理论和应用的支撑作用不可忽视。新坐标系的建立为运行体提供了更为精确的位置信息，坐标系的转换则需要用到相关矩阵理论方面的知识和内容；运行体的运动状态需要利用数学建模等方面的理论，更为重要的是最小二乘和卡尔曼滤波技术在导航数据处理中的广泛应用，使导航误差得以极大地降低，拓展了导航技术的应用领域。

本章将围绕坐标及其变换、运行体多种运动模型等数学问题，同时在分析导航误差基础上，探讨导航参量的常规估计方法。

2.1　坐标及其变换

坐标系是由坐标原点、基本平面和基本平面中的主方向 3 个要素定义的。对于直角坐标系，可以直接通过定义坐标原点和 3 个坐标轴的方向来确定坐标系。在导航过程中，不同的应用需求会使用不同的坐标系，而坐标系的建立或选择应主要考虑以下两个方面的因素。

① 能否直观且完整全面地描述运行体的运动状态。

② 是否便于导航参量的数学描述和导航解算。

常用的坐标系主要有惯性坐标系、地球坐标系，以及地理坐标系、地平坐标系、载体坐标系、平台坐标系和计算坐标系等。

2.1.1　惯性坐标系

惯性坐标系是满足牛顿力学定律的坐标系，简称为 i 系。在经典力学中，研究物体运动时，均选取牛顿力学定律能够成立的静止或匀速直线运动的参考系。严格意义上说，绝对的惯性坐标系是不存在的，所建立的多为某种近似的惯性坐标系。常用的惯性坐标系有日心惯性坐标系、地心惯性坐标系和发射点惯性坐标系等。

1. 日心惯性坐标系

天文观测显示，太阳距银河系中心 $2.2\times10^{17}\,\text{km}$，太阳绕银河系的旋转周期为 2.2 亿～2.5 亿个地球年，旋转角速度为每年 0.001″，向心加速度为 $2.4\times10^{-11}g$。因此，尽管太阳本身不是绝对静止或匀速直线运动的，但由于太阳绕银河系中心的旋转角速度极低，所以太阳的运动对研究太阳系内导航精度的影响可以忽略。

日心惯性坐标系的定义如下：以太阳中心为坐标原点，从日心向银河系内的其他恒星引一系列的射线，由于恒星之间以及与太阳之间的相对位置几乎不变，因此射线彼此间的夹角几乎不变，将这些射线中两两垂直的三条射线构建坐标，即可组成一个日心惯性参考系或坐标系。通常，选取的日心惯性坐标系的 Z 轴垂直于地球公转的轨道平面，X 轴、Y 轴指向银河系内其他恒星，同时满足与 Z 轴在地球公转轨道平面内成右手坐标系，如图 2.1.1 所示。

2. 地心惯性坐标系

地球绕太阳公转，地心和日心距离为 $1.469\times10^{8}\,\text{km}$，公转周期为 365.2422 天，向心加速度为 $6.05\times10^{-4}g$。由于地球公转角速度很小，在研究地球表面或者近地空间运行体的导航时，地球的运动对导航的精度影响一般可以不考虑，如对卫星运行轨道的描述。通常可将惯性坐标系原点取在地心，且原点随地球移动。Z 轴是沿地球的自转轴，X 轴、Y 轴在赤道平面内，指向太阳系外的相应恒星，只要满足与 Z 轴构成右手坐标系即可，如图 2.1.2 所示。此时的惯性坐标系称为地心惯性（Earth-Centered Inertial，ECI）坐标系。

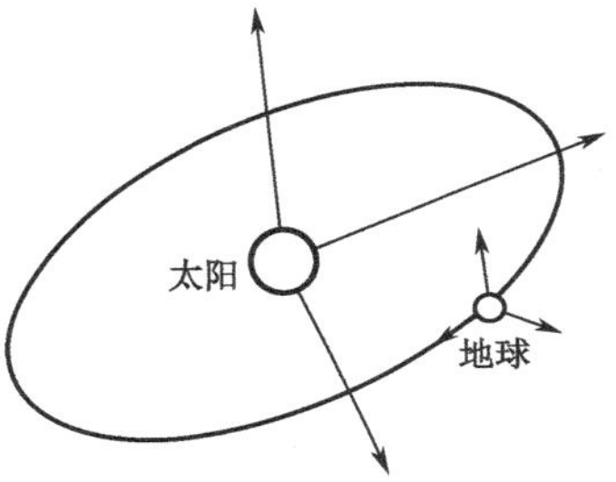

图 2.1.1　日心惯性坐标系

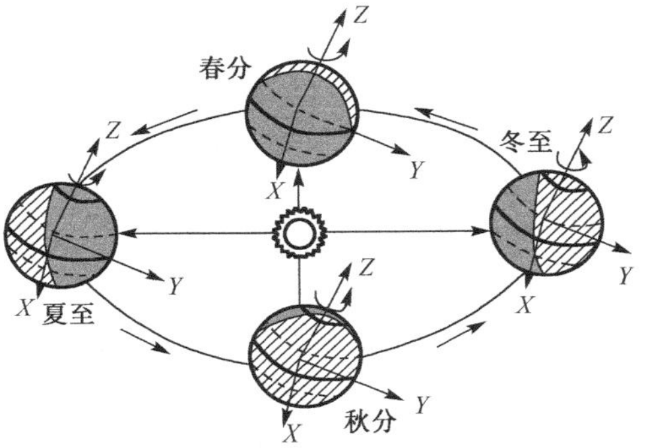

图 2.1.2　地心惯性坐标系

3. 发射点惯性坐标系

为了便于研究近地面/近地空间内的相关运行体运动，可以以地面某点为原点，选择坐标轴在惯性空间静止，并且不随地球转动的发射点构建惯性坐标系。发射点坐标系通常用于弹道导弹运行过程描述，其原点取在导弹的发射点，坐标轴的方向按发射时刻的弹体定义，Y 轴为过发射点的垂线，向上为正，X 轴垂直于发射时刻的 Y 轴指向目标，Z 轴与 X 轴、Y 轴构成右手直角坐标系。

2.1.2　地球坐标系

虽然在惯性坐标系中描述行星、卫星等空间运行体的运动轨道相当方便，但惯性坐标系与地球自转无关，所以地球上任一固定点，在惯性坐标系中的坐标会随着地球的自转而时刻改变，这使得惯性坐标系在描述地面上物体的位置坐标时显得极为不便。与惯性坐标系不同，地球坐标系是固定在地球上的，它随地球一起在空间做公转和自转运动，所以又称为地固坐标系。如此一来，地球上的任一固定点在地球坐标系的坐标，是不会由于地球旋转而变化的，这样的坐标系简称为 T 系。

1. 地心地固直角坐标系

该坐标系随地球一起转动，其原点在地心，其 Z 轴通常指向地球北极，X 轴在赤道平面内，与零度子午线相交，Y 轴与 X 轴、Z 轴构成右手直角坐标系。在导航定位中，运行体相对地球的位置也就是运行体在地球坐标系中的位置，既可以用地球坐标系的直角坐标表示，也可以用地球上的经

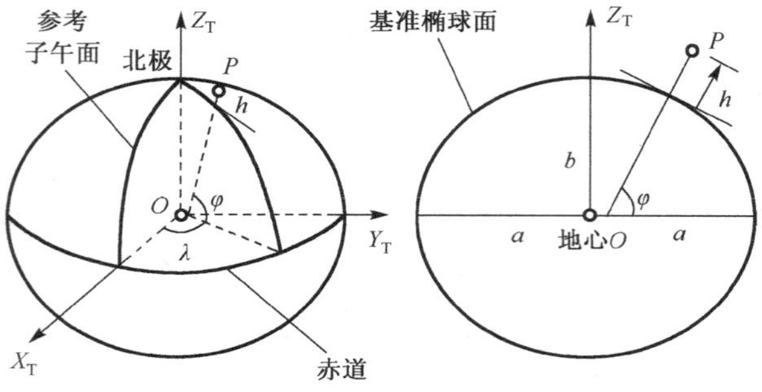

图 2.1.3　地心地固直角坐标系和大地坐标系

纬高表示，通常后者更为常用，图 2.1.3 给出了地心地固（Earth-Centered，Earth Fixed，ECEF）直角坐标系和大地坐标系。

地心直角坐标系通常称为地心地固直角坐标系，或者简称为地心地固坐标系，而地心大地坐标系则通常简称为大地坐标系。用下标“T”来代表地球坐标系，以区别于上述的惯性坐标系。

地球自转一周的时间约为 23h56min4s，通常将这个时间称为恒星日，一个恒星日地球相对于恒星自转 360°，因此，地球坐标系相对惯性坐标系的转动角速度为：

$$\omega_{ie} = 7.2921151647 \times 10^{-5}\ \text{rad/s} = 15.04108°/\text{h} \quad (2.1\text{-}1)$$

2．大地坐标系

大地坐标系可以说是一个最为广泛应用的地球坐标系，它通过给出一点的大地纬度、经度和高度而更加直观地告诉该点在地球坐标系中的位置，故它又称为经纬高坐标系。为了简便起见，以后经常省略大地坐标系三个分量名称中的“大地”修饰词，而将大地纬度、大地经度和大地高度分别简称为纬度、经度和高度（或高程）。

为了给出高度值，大地坐标系首先定义了一个与地球几何最吻合的椭球体来代替表面凹凸不平的地球，这个椭球体称为基准椭球体。如图 2.1.3 所示，基准椭球体的长半径为 a，短半径为 b，并呈以短轴为中心的旋转对称。这里所谓的“最吻合”，指的是在所有中心与地球质心 O 重合、短轴与协议地球自转轴一致的旋转椭球体中，基准椭球体的表面（即基准椭球面）与大地水准面之间的高度差的平方和最小。大地水准面是假想的无潮汐、无温差、无风、无盐的海平面，习惯上可用平均海拔平面来替代。

建立了基准椭球体，就可以定义大地坐标系的各个坐标分量了。如图 2.1.3 所示，假设点 P 在大地坐标系中的坐标记为 (φ,λ,h)，则：

① 大地纬度 φ 是过 P 点投影点的基准椭球线上切面法线与赤道面之间的夹角，纬度 φ 的值为 $-90°\sim90°$，赤道面以北为正，以南为负；

② 大地经度 λ 是过 P 点的子午面与格林尼治参考子午面之间的夹角，经度 λ 的值为 $-180°\sim180°$，格林尼治子午面以东为正，以西为负；

③ 大地高度 h 是从 P 点到基准椭球面间的法线距离，基准椭球面以外为正，以内为负。

3．大地坐标系到地心直角坐标系的相互转换

如图 2.1.3 所示，大地坐标 (φ,λ,h) 到地心直角坐标 (x,y,z) 的转换，可以表示为：

$$\begin{aligned} x &= (N+h)\cos\varphi\cos\lambda \\ y &= (N+h)\cos\varphi\sin\lambda \\ z &= [N(1-e^2)+h]\sin\varphi \end{aligned} \quad (2.1\text{-}2)$$

式中，N 为基准椭球体的卯酉圆曲率半径；e 为椭球偏心率。它们与基准椭球体的长半径 a 和短半径 b 存在如下关系：

$$e=\frac{\sqrt{a^2-b^2}}{a} \tag{2.1-3}$$

$$N=\frac{a}{\sqrt{1-e^2\sin^2\varphi}} \tag{2.1-4}$$

以 1984 年版的世界大地坐标系（WGS-84）为例，上述公式中的参数分别为：基准椭球体的长半径 $a=6378137\text{m}$；基准椭球偏心率 $e^2=0.00669437999013$。

例 2.1-1　已知某给定位置为北纬 34°、东经 108°、高度 0m，请以 1984 年版的世界大地坐标系（WGS-84）为例，计算地心直角坐标 (x,y,z)。

解：已知偏心率等参数，计算基准椭球体的卯酉圆曲率半径 N：

$$N=\frac{a}{\sqrt{1-e^2\sin^2\varphi}}=6\,384\,823(\text{m})$$

$\varphi=34°$，$\lambda=108°$，$h=0$，计算地心直角坐标：

$$x=(N+h)\cos\varphi\cos\lambda=6\,384\,823\times0.829\times(-0.309)=-1\,635\,632(\text{m})$$

$$y=(N+h)\cos\varphi\sin\lambda=6\,384\,823\times0.829\times0.951=5\,033\,959(\text{m})$$

$$z=[N(1-e^2)+h]\sin\varphi=6\,384\,823\times0.9933\times0.559=3\,546\,426(\text{m})$$

同样，地心直角坐标 (x,y,z) 到大地坐标 (φ,λ,h) 的转换可以表示为：

$$\begin{aligned}\lambda&=\arctan\left(\frac{y}{x}\right)\\ h&=\frac{p}{\cos\varphi}-N\\ \varphi&=\arctan\left[\frac{z}{p}\left(1-e^2\frac{N}{N+h}\right)^{-1}\right]\end{aligned} \tag{2.1-5}$$

式中，$p=\sqrt{x^2+y^2}$。需要注意式（2.1-5）的计算过程是一个迭代过程。

2.1.3　运行体及平台坐标系

1．地理坐标系（g 系）

地理坐标系也称为当地垂线坐标系，该坐标系的原点位于运行体质心，其中一个坐标轴沿当地地理垂线的方向，另外两个轴在当地水平面内分别沿当地经线和纬线的切线方向。根据坐标轴方向的不同，地理坐标系的 X 轴、Y 轴和 Z 轴的方向可选为东、北、天等右手直角坐标系。常用的地理坐标系取为东、北、天（ENU）构成坐标系，基于东、北、天方向构成的地理坐标系有时也称为站心坐标系，如图 2.1.4 所示。

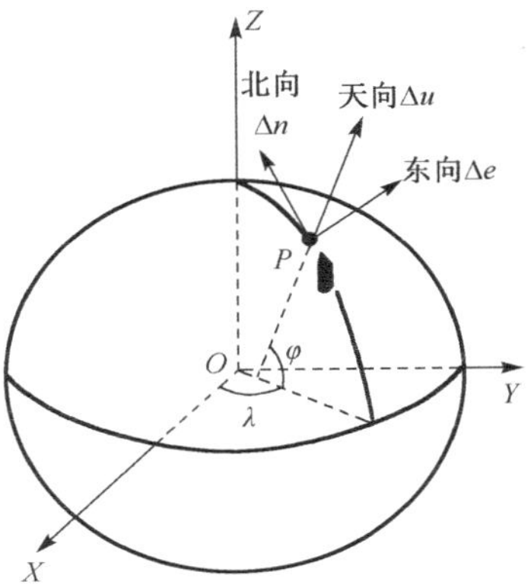

图 2.1.4　地理（站心）坐标系

如果一个在地心地固直角坐标系中的向量以 P 点为起点，那么将该向量表达在以 P 点为原点的站心坐标系中有十分重要的物理意义。例如，若以运行体前一个定位时刻的位置为站心坐标系的原点，则运行体在这一时段内的位移量就等同于这一时刻运行体在这个站心坐标系中的坐标。更重要的是，站心坐标系的各个分量比地心地固直角坐标系的 X、Y 和 Z 三个分量更具有物理意义。例如，若运行体在一个水平面上运动，则它在站心坐标系中的天向分量将保持不变，但是这种水平位移对于地心地固直角坐标系的 X、Y 和 Z 各分量来说，通常不具有特殊的含义。

站心坐标系的另一个重要应用，在于计算卫星在运行体处的观测向量。若运行体位置 P 点在地心地固直角坐标系中的坐标为 (x,y,z)，某空中运行体位置 S 点的坐标为 $(x^{(s)},y^{(s)},z^{(s)})$，则从运行体到空中运行体的观测向量为：

$$\begin{bmatrix}\Delta x\\ \Delta y\\ \Delta z\end{bmatrix}=\begin{bmatrix}x^{(s)}\\ y^{(s)}\\ z^{(s)}\end{bmatrix}-\begin{bmatrix}x\\ y\\ z\end{bmatrix} \tag{2.1-6}$$

该空中运行体在 P 点处的单位观测向量可以表示为：

$$\boldsymbol{I}^{(s)}=\frac{1}{\sqrt{\Delta x^2+\Delta y^2+\Delta z^2}}\begin{bmatrix}\Delta x\\ \Delta y\\ \Delta z\end{bmatrix} \tag{2.1-7}$$

而观测向量 $(\Delta x,\Delta y,\Delta z)^{\mathrm{T}}$ 可等效地表达在以 P 点为原点的站心坐标系当中，能够证明其变换关系为：

$$\begin{bmatrix}\Delta e\\ \Delta n\\ \Delta u\end{bmatrix}=\boldsymbol{S}\cdot\begin{bmatrix}\Delta x\\ \Delta y\\ \Delta z\end{bmatrix} \tag{2.1-8}$$

相应的坐标变换矩阵 $\boldsymbol{S}$ 可以表示为：

$$\boldsymbol{S}=\begin{bmatrix}-\sin\lambda & \cos\lambda & 0\\ -\sin\varphi\cos\lambda & -\sin\varphi\sin\lambda & \cos\varphi\\ \cos\varphi\cos\lambda & \cos\varphi\sin\lambda & \sin\varphi\end{bmatrix}$$

2．地平坐标系（t 系）

地平坐标系也称为航迹坐标系，其原点与运行体质心重合，其中一个坐标轴沿当地的垂线方向，另外两个轴在水平面内，X、Y 和 Z 三轴构成右手直角坐标系。地平坐标系各坐标轴方向与地理坐标系坐标轴方向相似，可以进行灵活选取。

3．运行体坐标系（b 系）

运行体坐标系的原点与运行体质心重合。对于飞机、舰船等巡航载体，X 沿载体横轴向右，Y 沿载体纵轴向前，Z 沿载体竖轴向上，即“右前上”坐标系，如图 2.1.5 所示。有时，运行体坐标系也定义为 X 沿载体纵轴向前，Y 沿载体横轴向右，Z 沿载体竖轴向下，即“前右下”坐标系。

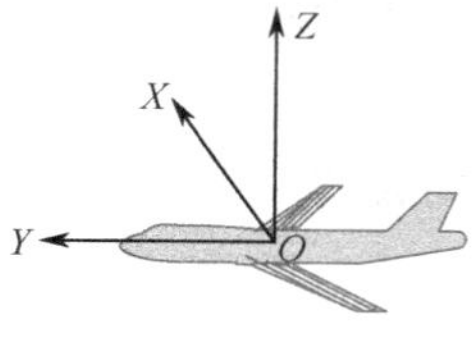

(a)“右前上”坐标系

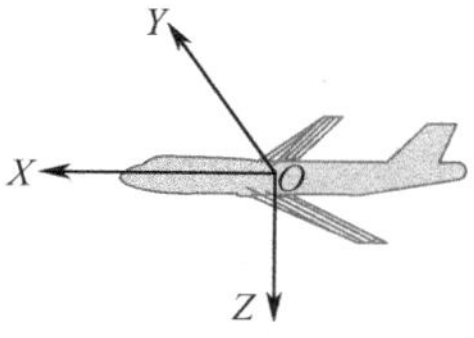

(b)“前右下”坐标系

图 2.1.5 运行体坐标系

4．平台坐标系（p 系）

平台坐标系是描述平台式惯性导航系统中平台指向的坐标系，它与平台固连。如果平台无误差，则指向正确，这样的平台坐标系称为理想平台坐标系。

5．导航坐标系（n 系）

导航坐标系是惯性导航系统在求解导航参量时所采用的坐标系，通常它与导航系统所在的位置有关。对于平台式惯性导航系统来说，理想的平台坐标系就是导航坐标系，一般选取地理坐标系；对于捷联式惯性导航系统来说，导航参量并不在载体坐标系内求解，它必须将加速度计信号分解到某个求解导航参量较为方便的坐标系内，再进行导航计算，这个方便求解导航参量的坐标系就是导航坐标系，一般选取地理坐标系。

6．计算坐标系（c 系）

计算坐标系是指惯性导航系统利用本身计算的载体位置来描述导航坐标系时所用的坐标系。计算坐标系因惯性导航系统含有误差而存在误差，它一般用于描述惯性导航误差和推导惯性导航误差方程。

2.1.4　直角坐标系间的旋转变换

在导航系统和技术中，经常需要将向量从一个坐标系变换到另一个坐标系中，坐标变换是导航技术中分析、处理问题不可缺少的方式。对于两个直角坐标系之间的变换，实质上就是通过一系列坐标旋转和坐标平移来实现的。例如，在任意时刻，地心直角惯性坐标系就可经过坐标旋转，得到地心地固直角坐标系。

对于两个原点重合的直角坐标系，它们之间的旋转关系如图 2.1.6 所示。

如图 2.1.6（a）所示，直角坐标系 (X,Y,Z) 绕其 Z 轴旋转 θ 后变成另一个直角坐标系 (X',Y',Z')，其中 Z 轴与 Z' 轴重合，Z 轴坐标没有发生变化，只是 X–Y 平面发生了旋转，为了便于理解图 2.1.6，给出 X–Y 平面旋转示意图，如图 2.1.7 所示。

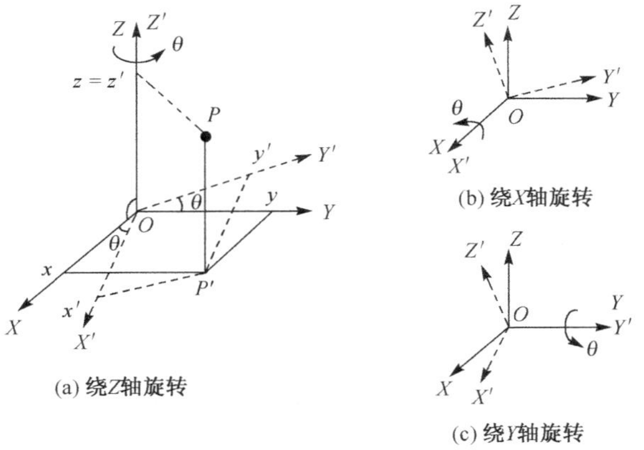

图 2.1.6　直角坐标系间的旋转变换

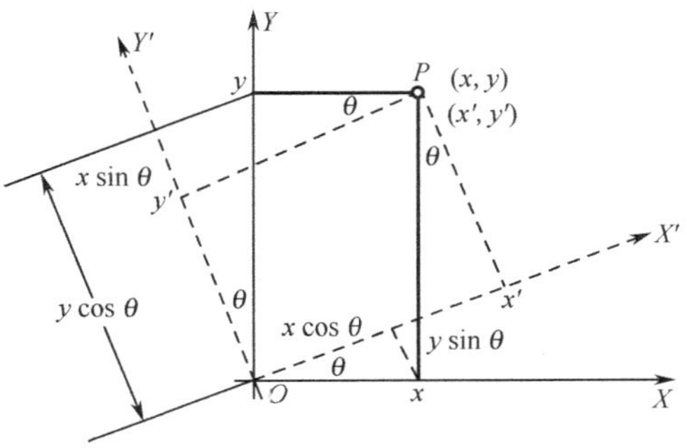

图 2.1.7　X–Y 平面旋转示意图

从图中可以得到 P' 点在坐标系 (X,Y) 中的坐标是 (x,y)，在新的坐标系 (X',Y') 中的坐标是 (x',y')，则两个坐标的数学关系为：

$$\begin{aligned} x' &= x\cos\theta + y\sin\theta \\ y' &= -x\sin\theta + y\cos\theta \end{aligned} \quad 或 \quad \begin{bmatrix} x' \\ y' \end{bmatrix} = \begin{bmatrix} \cos\theta & \sin\theta \\ -\sin\theta & \cos\theta \end{bmatrix} \begin{bmatrix} x \\ y \end{bmatrix} \tag{2.1-9}$$

若 P' 点拓展到三维 P 点，其在直角坐标系 (X,Y,Z) 中的坐标为 (x,y,z)，而 P 点在新的直角坐标系(X',Y',Z')中的坐标为(x',y',z')，则两者之间的对应关系为：

$$\begin{bmatrix} x' \\ y' \\ z' \end{bmatrix} = \begin{bmatrix} \cos\theta & \sin\theta & 0 \\ -\sin\theta & \cos\theta & 0 \\ 0 & 0 & 1 \end{bmatrix} \begin{bmatrix} x \\ y \\ z \end{bmatrix} \tag{2.1-10}$$

如图 2.1.6（b）所示，若新的直角坐标系(X',Y',Z')是由直角坐标系(X,Y,Z)绕 X 轴旋转 θ 后形成的，则相应的坐标变换公式为：

$$\begin{bmatrix} x' \\ y' \\ z' \end{bmatrix} = \begin{bmatrix} 1 & 0 & 0 \\ 0 & \cos\theta & \sin\theta \\ 0 & -\sin\theta & \cos\theta \end{bmatrix} \begin{bmatrix} x \\ y \\ z \end{bmatrix} \tag{2.1-11}$$

如图 2.1.6（c）所示，若新的直角坐标系(X',Y',Z')是由直角坐标系(X,Y,Z)绕 Y 轴旋转 θ 后形成的，则相应的坐标变换公式为：

$$\begin{bmatrix} x' \\ y' \\ z' \end{bmatrix} = \begin{bmatrix} \cos\theta & 0 & -\sin\theta \\ 0 & 1 & 0 \\ \sin\theta & 0 & \cos\theta \end{bmatrix} \begin{bmatrix} x \\ y \\ z \end{bmatrix} \tag{2.1-12}$$

在上述三个直角坐标旋转变换公式中，等号右边的一个 3×3 矩阵均称为坐标旋转变换矩阵。坐标旋转变换矩阵是一个单位正交矩阵，即它的逆矩阵等于它的转置矩阵，并且任何一个向量的长度在坐标变换前后保持不变。

坐标平移是在对应坐标方向上完成的，具体内容请参阅相关书籍。

2.1.5 极坐标系

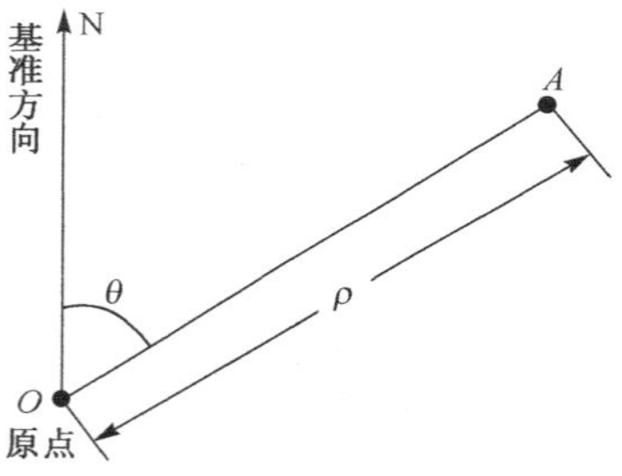

图 2.1.8 极坐标系示意图

由于导航系统具体服务的对象不同或同一个导航系统中运行体的要求不同，因此采用的坐标系也不同。对于卫星导航系统要用到地心直角坐标系，远程导航定位系统常用大地坐标系，而近程导航定位系统常采用极坐标系。

所谓极坐标系实际上是指平面极坐标系，简称极坐标系，它适用于多数近程无线电导航系统，特别是点源系统。极坐标系包含坐标原点及平面、极轴方向、极角和极径几个要素，具体描述如图 2.1.8 所示。

图 2.1.8 中各物理参量的描述如下。

① 坐标原点 O 通常选定为观测站无线电中心在地面上的投影点，坐标平面是过该点的水平面（或地球模型切平面）。

② 极轴方向为原点处坐标平面上的北向 ON，这里 ON 可为真北向，也可为磁北向，在航空导航应用中通常选为磁北向；当然有时也可选为其他特定基准方向，如运行体纵轴方向、跑道中心线方向等。

③ 极角定义为由极轴 ON 顺时针转到运行体极径 $\rho(OA)$ 的角度 θ。

④ 极径 ρ 是原点 O 至运行体 A 点的距离，在航海中一般为两点间地面距离，在航空中近似为 O 至 A 点的斜距。

由于在这个坐标系中，运行体 A 点的位置可用 θ 和 ρ 来标定，因此常把采用这种坐标系

的导航系统称为 $\rho-\theta$ 系统。由于极坐标系总是相对坐标原点来标定运行体位置的，所以有时也称其为相对坐标系，在与其他坐标系进行转换时，需要考虑原点 O 的绝对坐标值。

2.2　运动状态描述

不同特点的运行体其运动形式可用不同的运动模型来描述，运动模型就是按照牛顿运动定律来描述运行体的运动规律，这种数学模型实际上是把某一时刻的状态变量表示为前一时刻状态变量的函数。现代控制理论告诉我们，系统的状态变量定义为能够全面反映系统特性的数目最少的一组变量，如在导航过程中，状态变量就是与运行体位置和速度等因素有关的量。本节将主要介绍常用的微分多项式模型、匀速和匀加速模型，而其他模型如 Morkov 过程模型等请读者参阅相关文献。

2.2.1　微分多项式模型

任何一条运动轨迹都可以用多项式来逼近。在直角坐标系中，运行体运动轨迹可用 n 次多项式准确地描述，即：

$$\begin{cases} x(t)=a_0+a_1t+a_2t^2+\cdots+a_nt^n \\ y(t)=b_0+b_1t+b_2t^2+\cdots+b_nt^n \\ z(t)=c_0+c_1t+c_2t^2+\cdots+c_nt^n \end{cases} \tag{2.2-1}$$

式中，$x(t)$、$y(t)$、$z(t)$ 为运动轨迹分别在三个坐标轴上的投影。式（2.2-1）中的任一分量均可写成 n 阶微分方程式形式，其中 n 为运动模型的阶次，n 的大小反映运行体运动的特点，当 $n=1$ 时为匀速运动，$n=2$ 时为匀加速运动等。以 x 方向为例，为了便于表述，通常把系统的状态变量定义为：

$$\begin{cases} x_1(t)=x(t) \\ x_2(t)=\dfrac{\mathrm{d}x(t)}{\mathrm{d}t} \\ \qquad\vdots \\ x_{n+1}(t)=\dfrac{\mathrm{d}^n x(t)}{\mathrm{d}t^n} \end{cases} \tag{2.2-2}$$

它们构成 $n+1$ 维状态向量 $\boldsymbol{X}(t)$，即：

$$\boldsymbol{X}(t)=[x(t)\quad \dot{x}(t)\quad \cdots\quad x^n(t)]^{\mathrm{T}}=[x_1(t)\quad x_2(t)\quad \cdots\quad x_{n+1}(t)]^{\mathrm{T}} \tag{2.2-3}$$

状态方程形式为：

$$\dot{\boldsymbol{X}}(t)=\boldsymbol{A}(t)\boldsymbol{X}(t) \tag{2.2-4}$$

显然，系统矩阵 $\boldsymbol{A}(t)$ 为牛顿矩阵：

$$\boldsymbol{A}(t)=\begin{bmatrix} 0 & 1 & 0 & \cdots & 0 \\ 0 & 0 & 1 & \cdots & 0 \\ \vdots & \vdots & \vdots & \vdots & \vdots \\ 0 & 0 & 0 & \cdots & 1 \\ 0 & 0 & 0 & \cdots & 0 \end{bmatrix} \tag{2.2-5}$$

尽管可以用多项式逼近运行体的运动轨迹，且近似性能很好，但对于导航系统来说这种处理方式并不合适，这是因为导航系统所需要的是对运行体运动状态的估计，也就是滤波和预测，而不是轨迹曲线的拟合和平滑；同时，对于阶次过高的多项式来说，计算量太大，跟踪滤波器不易很快调整；除此之外，多项式模型未考虑随机干扰的影响，也不符合导航的实际情况。理论分析和大量的模拟计算表明，所选的模型阶数 n 越小，数据采集速率 k 越大，滤波收敛就越快，所需要的调整时间也越少。但收敛性的快慢只能作为选择 n 和 k 的一个因素，更为重要的是所选择 n 能否真实反映运行体的实际运动特性。例如，当运行体做匀加速运动时，如果选择 $n=1$，将会带来较大的模型误差；当运行体做匀速运动时，如果选择 $n=2$，不仅存在模型误差，而且增加了不必要的计算量，因此，需要建立比较符合实际的运动数学模型。

2.2.2 匀速运动模型

在考虑随机干扰情况的前提下，当运行体进行匀速直线运动时，可以考虑采用二阶常速模型描述运行体运动状态，即 CV（Constant Velocity）模型，CV 模型实际上是 $n=1$ 时的微分多项式模型。

1. 连续时间域的 CV 模型

在连续时间域内，CV 模型一般描述为：假设运行体做匀速直线运动，运行体位移记为 $x(t)$，速度记为 $\dot{x}(t)$，在考虑运行体速度可能存在随机扰动的条件下，假设速度随机扰动服从均值为零、方差为 σ^2 的高斯白噪声，用 $a(t)$ 来表示，取系统状态变量 $\boldsymbol{X}(t)=[x(t) \quad \dot{x}(t)]^{\mathrm{T}}$，根据牛顿运动定律，则有：

$$\begin{aligned}\dot{x}(t)&=\dot{x}(t)\\ \ddot{x}(t)&=a(t)\end{aligned} \tag{2.2-6}$$

写成矩阵形式为：

$$\dot{\boldsymbol{X}}(t)=\begin{bmatrix}\dot{x}(t)\\ \ddot{x}(t)\end{bmatrix}=\begin{bmatrix}0&1\\0&0\end{bmatrix}\boldsymbol{X}(t)+\begin{bmatrix}0\\1\end{bmatrix}a(t)=\begin{bmatrix}0&1\\0&0\end{bmatrix}\begin{bmatrix}x(t)\\ \dot{x}(t)\end{bmatrix}+\begin{bmatrix}0\\1\end{bmatrix}a(t) \tag{2.2-7}$$

即 CV 模型为：

$$\dot{\boldsymbol{X}}(t)=\boldsymbol{A}(t)\boldsymbol{X}(t)+\boldsymbol{B}(t)a(t) \tag{2.2-8}$$

其中：

$$\boldsymbol{A}(t)=\begin{bmatrix}0&1\\0&0\end{bmatrix} \qquad \boldsymbol{B}(t)=\begin{bmatrix}0\\1\end{bmatrix}$$

2. 离散时间域的 CV 模型

导航系统传感器的输出包括连续时间量和离散时间量，在某些情况下，需要对导航参量进行离散处理，因此，有必要建立离散时间域的 CV 模型。对于连续时间域的 CV 模型，可以用微分方程式（2.2-8）来描述，在离散时间域中 CV 模型则需要利用差分方程进行表示。

求解式（2.2-8）的微分方程，可以得到微分方程组的通解为：

$$\boldsymbol{X}(t)=\mathrm{e}^{\boldsymbol{A}(t-t_0)}\boldsymbol{X}(t_0)+\int_{t_0}^{t}\mathrm{e}^{\boldsymbol{A}(t-\tau)}\boldsymbol{B}(\tau)a(\tau)\mathrm{d}\tau \tag{2.2-9}$$

再进行离散化处理，取$t_0=(k-1)T$，$t=kT$，其中T为采样间隔，并在时间间隔$[(k-1)T,kT]$内认为$a(t)$保持不变，则式（2.2-9）可以写成：

$$\boldsymbol{X}(kT)=\mathrm{e}^{AT}\boldsymbol{X}((k-1)T)+\int_{(k-1)T}^{kT}\mathrm{e}^{A(kT-\tau)}\boldsymbol{B}(\tau)a(\tau)\mathrm{d}\tau \tag{2.2-10}$$

为了书写方便，忽略T，式（2.2-10）经过计算后可以得到CV模型的离散形式：

$$\boldsymbol{X}(k)=\boldsymbol{\Phi}(k,k-1)\boldsymbol{X}(k-1)+\boldsymbol{\Gamma}(k-1)a(k-1) \tag{2.2-11}$$

式中，状态转移矩阵$\boldsymbol{\Phi}(k,k-1)=\begin{bmatrix}1 & T\\0 & 1\end{bmatrix}$；系统噪声系数矩阵$\boldsymbol{\Gamma}(k-1)=\begin{bmatrix}T^2/2\\T\end{bmatrix}$。

2.2.3 匀加速运动模型

当运行体进行匀加速直线运动时，可以考虑采用三阶常加速模型描述运行体运动状态，即CA（Constant Acceleration）模型，而CA模型实际上是$n=2$时的微分多项式模型。

1. 连续时间域的CA模型

取系统状态变量$\boldsymbol{X}(t)=[x(t)\quad \dot{x}(t)\quad \ddot{x}(t)]^{\mathrm{T}}$，根据牛顿运动定律，则有：

$$\begin{aligned}\dot{x}(t)&=\dot{x}(t)\\\ddot{x}(t)&=\ddot{x}(t)\\\dddot{x}(t)&=a(t)\end{aligned} \tag{2.2-12}$$

写成矩阵形式为：

$$\dot{\boldsymbol{X}}(t)=\begin{bmatrix}\dot{x}(t)\\\ddot{x}(t)\\\dddot{x}(t)\end{bmatrix}=\begin{bmatrix}0&1&0\\0&0&1\\0&0&0\end{bmatrix}\boldsymbol{X}(t)+\begin{bmatrix}0\\0\\1\end{bmatrix}a(t)=\begin{bmatrix}0&1&0\\0&0&1\\0&0&0\end{bmatrix}\begin{bmatrix}x(t)\\\dot{x}(t)\\\ddot{x}(t)\end{bmatrix}+\begin{bmatrix}0\\0\\1\end{bmatrix}a(t) \tag{2.2-13}$$

即CA模型为：

$$\dot{\boldsymbol{X}}(t)=\boldsymbol{A}(t)\boldsymbol{X}(t)+\boldsymbol{B}(t)a(t) \tag{2.2-14}$$

其中：

$$\boldsymbol{A}(t)=\begin{bmatrix}0&1&0\\0&0&1\\0&0&0\end{bmatrix}\qquad \boldsymbol{B}(t)=\begin{bmatrix}0\\0\\1\end{bmatrix}$$

2. 离散时间域的CA模型

离散化连续时间域CA模型的方法，与离散化CV模型相类似，具体处理过程如式（2.2-9）和式（2.2-10）所示，同样可以得到：

$$\boldsymbol{X}(k)=\boldsymbol{\Phi}(k,k-1)\boldsymbol{X}(k-1)+\boldsymbol{\Gamma}(k-1)a(k-1) \tag{2.2-15}$$

式中，状态转矩阵，系统噪声系数矩阵可以分别表示为：

$$\boldsymbol{\Phi}(k,k-1)=\begin{bmatrix}1&T&T^2/2\\0&1&T\\0&0&1\end{bmatrix}\qquad \boldsymbol{\Gamma}(k-1)=\begin{bmatrix}T^3/6\\T^2/2\\T\end{bmatrix} \tag{2.2-16}$$

式（2.2-11）和式（2.2-15）分别描述了离散时间域的CV和CA模型，有时也将这类模型称为运动状态方程，或者简称为状态方程。

2.2.4 其他运动模型

实际的运行体运动特性要复杂得多，真正的匀速或匀加速运动情况是不多见的，因此，需要建立比较符合实际的运动状态数学模型。

1. 辛格模型

辛格（Singer）模型就是加速度均值为零的一阶时间相关模型，其中加速时间相关函数为指数衰减形式，即：

$$R_{\mathrm{a}}(\tau)=\sigma_{\mathrm{a}}^{2}\cdot \mathrm{e}^{-b|\tau|} \tag{2.2-17}$$

式中，σ_{a}^{2}为机动加速度方差；b 为机动时间常数的倒数，即机动频率，通常飞机机动转弯时的经验取值为 1/60，逃避机动时为 1/20，它的确切值只有通过实际测量才能确定。

2. 半马尔科夫模型

Singer 模型为零均值模型，这种零均值特性对于模拟机动过程似乎不太合理。为此，摩斯（Moose）等在 Singer 模型的基础上进行改进，提出了具有随机开关均值的相关高斯噪声模型，该模型把机动看作相应于半马尔科夫过程描述的一系列有限指令，该指令由马尔科夫过程的转换概率来确定，转移时间为随机变量。

3. “当前”模型

“当前”模型是加速度均值非零的一阶时间相关模型。当运行体以某一加速度机动时，下一时刻的加速度的取值是有限的，且只能在“当前”加速度的邻域内，为此提出机动运行体的“当前”统计模型。

4. 二维模型

绝大多数的二维和三维机动模型为转弯运动模型。与前面基于随机过程的模型不同，这些模型的建立主要基于运行体的运动学特性。这是因为随机过程适于对时间相关过程进行建模，而运动学模型适于描述空间轨迹。典型的二维模型在描述陆地、航海运行体的运动形式时十分有利。

5. 三维模型

对于航空、航天运行体需要利用三维模型进行描述。这些运行体的机动大多是在水平方向上进行匀速运动或转弯运动，而在垂直方向上很少发生机动，所以 z 方向可以建模成 CV 模型。但是，对于高度机动运行体，上述方法却远不能达到要求，因为此时机动并不仅仅发生在水平上，所以需要引出三维模型。

2.3 导航误差分析基础

运行体得到的实测导航参量与其真实参量之间的偏差称为导航参量误差，简称为导航误差。如果按产生导航误差的因素来分类，它主要包括：

① 系统体制在原理上引入的原理或方法误差；

② 设备不完善引起的设备误差；

③ 环境条件影响引起的状态误差；

④ 人为因素（如视觉观察、操作等）引起的人为误差等。

如果按导航误差特性分类，可以分为系统误差和随机误差。系统误差是指在测量中出现的系统性偏差，这种偏差具有较强的稳定性和规律性，可以通过大量实验或理论计算求得，并可进行有效校正。而随机误差则是某些随机因素引起的误差，如传播环境随机变化所产生的误差等，其属于典型的随机过程，需要用统计特性进行描述。本节将在统计特性描述基础上，结合典型导航参量获取方法，对导航误差进行描述和分析。

2.3.1　数字特征描述

导航误差产生因素众多，特性差异很大。利用数值大小来描述导航误差性能是一种较为直观且简单的表述方法，也是一种导航误差的数字特征描述。

1. 数学期望

数学期望是表征导航随机误差的一种方法，其定义为：

$$m=\frac{\sum\left|d_i\right|}{n},\quad i=1,2,\cdots,n \tag{2.3-1}$$

式中，n 为测量次数；d_i 为一组测量值与平均值的偏差。

假设第 i 组测量值为 $(x_i,\ y_i,\ z_i)$，平均值为 $(\hat{x},\ \hat{y},\ \hat{z})$，则

$$\sum\left|d_i\right|=\sum\left[\left|x_i-\hat{x}\right|+\left|y_i-\hat{y}\right|+\left|z_i-\hat{z}\right|\right] \tag{2.3-2}$$

2. 均方误差

将误差平方求和再平均得到的均方误差也是一种表征导航随机误差的常用方法，其定义为：

$$\sigma=\sqrt{\frac{\sum d_i^2}{n}},\quad i=1,2,\cdots,n \tag{2.3-3}$$

式中，n 为测量次数；d_i 为一组测量值与平均值的偏差。

假设第 i 组测量值为 $(x_i,\ y_i,\ z_i)$，平均值为 $(\hat{x},\ \hat{y},\ \hat{z})$，则：

$$\sum d_i^2=\sum\left[(x_i-\hat{x})^2+(y_i-\hat{y})^2+(z_i-\hat{z})^2\right] \tag{2.3-4}$$

3. 最大误差

在概率论中，习惯用 σ 符号表示测量值的均方误差，同时也可以利用它来表示测量值偏离数学期望值的程度，这里通常假设测量值误差服从正态分布。如给出某测距系统距离测量误差为 200m(σ)，这表明利用该系统测量距离实测误差值小于 200m 的概率可达到 68.26%；如给出测距误差为 200m(2σ)、200m(3σ)，则表明实测误差值小于 200m 的概率可达到 95.45%、99.73%。

通常定义均方误差的三倍（即 3σ）为最大误差，也就是说，在正态分布条件下，随机误差几乎均落在 $\pm3\sigma$ 范围之内。在导航系统进行精度评估或鉴定中，经常采用 2σ 的限定值。

2.3.2　统计特征描述

当不仅能给出导航误差数值大小，而且还能给出误差在空间变化的趋向时，这种导航

误差的描述方法就称为统计特征描述方法。与数字特征描述相比，统计特征描述更为完善、准确。

1．正态分布

在进行系统误差分析时，经常假定系统误差服从正态分布。这主要鉴于以下两个原因，第一，高斯型误差可用具体数学表达式进行表述，因此便于进一步分析、推导和运算；第二，高斯型误差能够基本准确地反映系统误差，比较真实地代表了导航误差的特性。

一维正态分布的概率密度函数可以表示为：

$$f(x)=\frac{1}{\sqrt{2\pi}\sigma}\exp\left\{-\frac{(x-m)^2}{2\sigma^2}\right\} \tag{2.3-5}$$

式中，m 表示误差 x 的均值；σ^2 表示方差。

通常可近似认为导航参量测量误差服从正态分布，因此其概率密度完全取决于它的二阶统计矩，即均值和方差。测量误差的均值实际上就是系统误差，可以通过系统校正得以消除，所以在分析导航随机误差时，通常把导航随机误差看成均值为零、方差为 σ^2 的正态随机变量。

2．三维正态分布

若空间分布的误差满足正态分布，则误差可以用下式表达它的空间概率密度分布，即：

$$f(\boldsymbol{x})=\frac{1}{(\sqrt{2\pi})|\boldsymbol{P}|^{1/2}}\exp\left\{-\frac{1}{2}(\boldsymbol{x}-\boldsymbol{m})^{\mathrm{T}}\boldsymbol{P}^{-1}(\boldsymbol{x}-\boldsymbol{m})\right\} \tag{2.3-6}$$

其中，误差矢量和均值矢量可以分别表示为：

$$\boldsymbol{x}=[x,\ y,\ z]^{\mathrm{T}},\ \boldsymbol{m}=[m_x,\ m_y,\ m_z]^{\mathrm{T}}$$

协方差矩阵 $\boldsymbol{P}$ 是一个对称的实矩阵，即：

$$\boldsymbol{P}=E\{(\boldsymbol{x}-\boldsymbol{m})(\boldsymbol{x}-\boldsymbol{m})^{\mathrm{T}}\}=\begin{bmatrix}\sigma_x^2 & \rho_{xy}\sigma_x\sigma_y & \rho_{xz}\sigma_x\sigma_z\\ \rho_{yx}\sigma_x\sigma_y & \sigma_y^2 & \rho_{yz}\sigma_y\sigma_z\\ \rho_{zx}\sigma_x\sigma_z & \rho_{zy}\sigma_y\sigma_z & \sigma_z^2\end{bmatrix}$$

式中，$\rho_{xy}=\rho_{yx}$，$\rho_{xz}=\rho_{zx}$，$\rho_{zy}=\rho_{yz}$。当误差分量在不同方向上两两不相关，也就是 $\rho_{xy}=\rho_{zx}=\rho_{yz}=0$ 时，协方差矩阵为对角阵：

$$\boldsymbol{P}=\begin{bmatrix}\sigma_x^2 & 0 & 0\\ 0 & \sigma_y^2 & 0\\ 0 & 0 & \sigma_z^2\end{bmatrix}=\mathrm{diag}[\sigma_x^2\quad \sigma_y^2\quad \sigma_z^2] \tag{2.3-7}$$

这时三维误差矢量的概率密度函数可以写为：

$$\begin{aligned}f(x,y,z)&=\frac{1}{(\sqrt{2\pi})^3\sigma_x\sigma_y\sigma_z}\exp\left\{-\frac{1}{2}\left[\frac{(x-m_x)^2}{\sigma_x^2}+\frac{(y-m_y)^2}{\sigma_y^2}+\frac{(z-m_z)^2}{\sigma_z^2}\right]\right\}\\&=f_x(x)\cdot f_y(y)\cdot f_z(z)\end{aligned} \tag{2.3-8}$$

式中，$f_x(x)$、$f_y(y)$、$f_z(z)$ 分别为误差 x、y、z 分量的分布函数。

3. 概率密度椭球（误差椭球）

设概率密度函数的某一取值为 N，则有：

$$f(x,y,z)=\frac{1}{(\sqrt{2\pi})^3\sigma_x\sigma_y\sigma_z}\exp\left\{-\frac{1}{2}\left[\frac{(x-m_x)^2}{\sigma_x^2}+\frac{(y-m_y)^2}{\sigma_y^2}+\frac{(z-m_z)^2}{\sigma_z^2}\right]\right\}=N \tag{2.3-9}$$

进一步写为：

$$\exp\left\{-\frac{1}{2}\left[\frac{(x-m_x)^2}{\sigma_x^2}+\frac{(y-m_y)^2}{\sigma_y^2}+\frac{(z-m_z)^2}{\sigma_z^2}\right]\right\}=N\left[(\sqrt{2\pi})^3\sigma_x\sigma_y\sigma_z\right] \tag{2.3-10}$$

式（2.3-10）的等号右边为常数，则式（2.3-10）可以进一步写为：

$$\frac{1}{2}\left[\frac{(x-m_x)^2}{\sigma_x^2}+\frac{(y-m_y)^2}{\sigma_y^2}+\frac{(z-m_z)^2}{\sigma_z^2}\right]=M \tag{2.3-11}$$

很显然，式（2.3-11）为一个椭球方程。

对于确定的 N 值，必有一个 M 与之对应，即概率密度函数 $f(x,y,z)$ 与式（2.3-11）表述的椭球面相对应，椭球体积则与 $f(x,y,z)$ 的积分即误差分布函数相对应，因此，这里称式（2.3-11）表述的椭球为误差椭球，椭球中心位于坐标 (m_x,m_y,m_z) 处，对应不同方向的主半轴长度分别为 $\sqrt{2M}\sigma_x$、$\sqrt{2M}\sigma_y$、$\sqrt{2M}\sigma_z$。

4. 落入误差球的概率

根据立体几何相关知识可知，误差椭球的体积为：

$$V_K=\frac{4}{3}\pi(\sqrt{2\pi})^3\sigma_x\sigma_y\sigma_z \tag{2.3-12}$$

应用概率论理论，能够得到误差落入椭球 V 内的概率，具体计算公式如下：

$$P(x,y,z\in V)=\iiint_V f(x,y,z)\mathrm{d}x\mathrm{d}y\mathrm{d}z \tag{2.3-13}$$

同样，上述情况也可以退化到平面上来描述，即将椭球投影到 X–Y 平面上，显然此时投影结果为一个椭圆，这个椭圆称为误差椭圆，其中心位于 (m_x,m_y) 处，X 和 Y 方向的主半轴长度分别为 $\sqrt{2M}\sigma_x$、$\sqrt{2M}\sigma_y$。而误差落入误差椭圆 S 内的概率，可以通过下式计算：

$$P(x,y\in S)=\iint_S f(x,y)\mathrm{d}x\mathrm{d}y \tag{2.3-14}$$

当误差椭球（圆）的各方向主半轴长度均相等时，误差椭球（圆）则退化为误差球（圆）。

5. 球概率误差和圆概率误差

假如在半径为 r 的误差球或圆内，误差出现的概率为 50%（有时也选择 95%），那么这个半径 r 就称为球概率误差（SEP）或圆概率误差（CEP，简称圆误差）。也就是说，在一组测量中，误差落在 $\pm r$ 之内的测量次数占总测量次数的 50%（95%）。例如，定位误差为 100m（CEP），则表示实测位置偏离真实位置小于 100m 的概率为 50%（95%）。

计算 SEP 或 CEP 的方法较为复杂，特别是计算 SEP，需要利用式（2.3-13），经坐标变换等复杂数学处理，才有可能计算出来，多数情况无法得到解析表达式。因此，为了简化在计算 SEP 或 CEP 时多采用经验公式。

经推导可以得到 CEP 经验计算公式：

$$\mathrm{CEP}=\begin{cases}0.59\cdot(\sigma_x+\sigma_y) & \dfrac{\sigma_y}{\sigma_x}\geqslant 0.5\\ \left[0.67+0.8\cdot\left(\dfrac{\sigma_y}{\sigma_x}\right)^2\right]\cdot\sigma_x & \dfrac{\sigma_y}{\sigma_x}<0.5\end{cases}\tag{2.3-15}$$

使用式（2.3-15）计算 CEP 时，其误差小于 1%。除此之外，还可以使用下列 CEP 经验计算公式：

$$\mathrm{CEP}=0.75(\sigma_x^2+\sigma_y^2)^{\frac{1}{2}}\tag{2.3-16}$$

$$\mathrm{CEP}=0.536\max(\sigma_x,\sigma_y)+0.614\min(\sigma_x,\sigma_y)\tag{2.3-17}$$

有关计算 SEP 采用的经验公式，请参考相关文献。

2.4 导航参量估计方法

导航实际上是通过测量导航信号的参数，建立起这些参数与导航参量的关系，实现由相应参数的估计来获得导航参量的过程。例如，可以通过估计无线电导航信号的振幅、频率、相位、传播时间等参数，确定运行体方位、距离和速度等导航参量。然后，再对这些导航参量进行融合处理，就能够为运行体提供时空信息。在这里对导航参量准确获取过程，以及导航参量的融合处理，实际上是一系列参数的估计问题，它涉及非线性方程的线性化、最小二乘法、卡尔曼滤波等运算。

在多数情况下，为了求解非线性方程，简化算法降低运算量通常需要对非线性方程进行线性化处理，而牛顿迭代就是利用线性方程或方程组求解非线性问题的很好方法。每一次牛顿迭代主要包括以下运算：

① 将各个方程式在一个根的估计值处线性化；

② 求解线性化后的方程组；

③ 再更新根的估计值。

上述牛顿迭代法的第一步就是非线性方程的线性化，第二步可以用最小二乘法进行估计。下面首先介绍非线性方程的线性化。

2.4.1 非线性方程的线性化

为简单起见，首先以一元非线性方程的求解为例进行分析。

1. 一元非线性方程线性化

假设需要求解的非线性方程式如下：

$$f(x)=0\tag{2.4-1}$$

其中，$f(x)$ 是一个关于未知数 x 的非线性函数。给定一个根的估计值 x_{k-1}，如果 $f(x)$ 在点 x_{k-1}

附近连续且可导，那么，$f(x)$ 在点 x_{k-1} 处的泰勒展开式为：

$$f(x)=f(x_{k-1})+f'(x_{k-1})\cdot(x-x_{k-1})+\frac{f''(x_{k-1})}{2!}\cdot(x-x_{k-1})^2+\cdots+\frac{f^{(n)}(x_{k-1})}{n!}\cdot(x-x_{k-1})^n+R_n(x) \tag{2.4-2}$$

保留式（2.4-2）中的一阶余项，忽略其他各个高阶余项，可得：

$$f(x)\approx f(x_{k-1})+f'(x_{k-1})\cdot(x-x_{k-1}) \tag{2.4-3}$$

而 $f'(x_{k-1})$ 表示 $f(x)$ 的一阶导数在 x_{k-1} 处的值，即：

$$f'(x_{k-1})=\left.\frac{\mathrm{d}f(x)}{\mathrm{d}t}\right|_{x=x_{k-1}} \tag{2.4-4}$$

这样，非线性方程式（2.4-1）就近似地转化为一个线性方程式：

$$f(x_{k-1})+f'(x_{k-1})\cdot(x-x_{k-1})=0 \tag{2.4-5}$$

如果一阶导数值 $f'(x_{k-1})$ 不等于 0，那么求解上述线性方程式就相当简单，牛顿迭代法是将线性方程式（2.4-5）的解 x 作为原非线性方程式（2.4-1）的解的更新值 x_k，即：

$$x_k=x_{k-1}-\frac{f(x_{k-1})}{f'(x_{k-1})} \tag{2.4-6}$$

有了更新后的解 x_k，然后重复上述计算，得到再次更新后的解 x_{k+1}。经多次这样的循环迭代后，就可以得到线性方程式（2.4-5）的数值解。这一求解过程就是所谓的牛顿迭代法，迭代计算的收敛速度与函数 $f(x)$ 和初值 x_0 的选取有关。牛顿迭代法数学实现过程如图 2.4.1 所示。

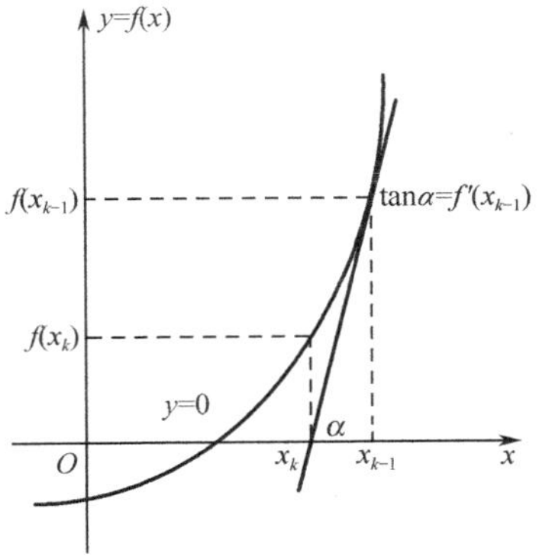

图 2.4.1　牛顿迭代法数学实现过程

2. 多元非线性方程线性化

当然，对一元非线性方程线性化方法进行推广，可以用来求解多元非线性方程组，它的求解过程与以上求解一元非线性方程的过程完全相同，即给出方程组解的初始估计值，将各个非线性方程在此估计值处线性化，然后求解线性化后的方程组而得到方程组解的更新值，接着重复这种运算，直到满足所要求的精度为止。

例如，一个非线性函数描述：

$$f(x,y,z,u)=0 \tag{2.4-7}$$

式中，x、y 和 z 为三个待定的未知数（通常是位置坐标）。为了确定这三个未知数，可以对该系统进行多次测定。假设共测定了 N 组数据 $(u_1,u_2,\cdots,u_n)$，那么这些数据集中在一起就可以组成以下的 N 个方程式：

$$\begin{cases} f(x,y,z,u_1)=0 \\ f(x,y,z,u_2)=0 \\ \qquad\vdots \\ f(x,y,z,u_N)=0 \end{cases} \tag{2.4-8}$$

式（2.4-8）是一个三元非线性方程组，即三个未知数 x、y 和 z。如果用牛顿迭代法求式（2.4-8）所示的非线性方程组，可以采取类似求解式（2.4-1）的方法。首先对式（2.4-8）给定方程组的每一个方程在$(x_{k-1},y_{k-1},z_{k-1})$处进行泰勒展开式，类似于式（2.4-3）的计算，差异在于对式（2.4-8）某个方程的展开需要求三个方向的偏导。以方程组中的第 n 个方程为例，该方程的泰勒展开式，在保留式中一阶余项，忽略其他各个高阶余项的条件下，可得：

$$\begin{aligned} 0 \approx f(x_{k-1},y_{k-1},z_{k-1},u_n) + \frac{\partial f(x_{k-1},y_{k-1},z_{k-1},u_n)}{\partial x}(x-x_{k-1}) + \\ \frac{\partial f(x_{k-1},y_{k-1},z_{k-1},u_n)}{\partial y}(y-y_{k-1}) + \frac{\partial f(x_{k-1},y_{k-1},z_{k-1},u_n)}{\partial z}(z-z_{k-1}) \end{aligned} \tag{2.4-9a}$$

近似对应的线性方程式为：

$$\begin{aligned} -f(x_{k-1},y_{k-1},z_{k-1},u_n) \approx & \frac{\partial f(x_{k-1},y_{k-1},z_{k-1},u_n)}{\partial x}(x-x_{k-1}) + \\ & \frac{\partial f(x_{k-1},y_{k-1},z_{k-1},u_n)}{\partial y}(y-y_{k-1}) + \\ & \frac{\partial f(x_{k-1},y_{k-1},z_{k-1},u_n)}{\partial z}(z-z_{k-1}) \end{aligned} \tag{2.4-9b}$$

式中，$\frac{\partial f(x_{k-1},y_{k-1},z_{k-1},u_n)}{\partial x}$ 代表函数 $f(x,y,z,u_n)$ 对 x 的偏导在点$(x_{k-1},y_{k-1},z_{k-1})$处的值，即：

$$\frac{\partial f(x_{k-1},y_{k-1},z_{k-1},u_n)}{\partial x} = \left.\frac{\partial f(x,y,z,u_n)}{\partial x}\right|_{\substack{x=x_{k-1}\\ y=y_{k-1}\\ z=z_{k-1}}} \tag{2.4-10a}$$

相应的，$f(x,y,z,u_n)$ 对 y 和 z 方向的偏导在点$(x_{k-1},y_{k-1},z_{k-1})$处的值可以表示为：

$$\frac{\partial f(x_{k-1},y_{k-1},z_{k-1},u_n)}{\partial y} = \left.\frac{\partial f(x,y,z,u_n)}{\partial y}\right|_{\substack{x=x_{k-1}\\ y=y_{k-1}\\ z=z_{k-1}}} \tag{2.4-10b}$$

$$\frac{\partial f(x_{k-1},y_{k-1},z_{k-1},u_n)}{\partial z} = \left.\frac{\partial f(x,y,z,u_n)}{\partial z}\right|_{\substack{x=x_{k-1}\\ y=y_{k-1}\\ z=z_{k-1}}} \tag{2.4-10c}$$

这样处理每一个方程，则非线性方程组即式（2.4-8）就可以基于式（2.4-9b）的表述，近似地转化为线性方程组，用矩阵形式表示为：

$$\boldsymbol{G}\cdot\Delta\boldsymbol{x}=\boldsymbol{b} \tag{2.4-11}$$

其中：

$$G=\begin{bmatrix}\frac{\partial f(x_{k-1},y_{k-1},z_{k-1},u_1)}{\partial x} & \frac{\partial f(x_{k-1},y_{k-1},z_{k-1},u_1)}{\partial y} & \frac{\partial f(x_{k-1},y_{k-1},z_{k-1},u_1)}{\partial z}\\ \frac{\partial f(x_{k-1},y_{k-1},z_{k-1},u_2)}{\partial x} & \frac{\partial f(x_{k-1},y_{k-1},z_{k-1},u_2)}{\partial y} & \frac{\partial f(x_{k-1},y_{k-1},z_{k-1},u_2)}{\partial z}\\ \vdots & \vdots & \vdots\\ \frac{\partial f(x_{k-1},y_{k-1},z_{k-1},u_N)}{\partial x} & \frac{\partial f(x_{k-1},y_{k-1},z_{k-1},u_N)}{\partial y} & \frac{\partial f(x_{k-1},y_{k-1},z_{k-1},u_N)}{\partial z}\end{bmatrix} \tag{2.4-12a}$$

$$\Delta \boldsymbol{x}=\boldsymbol{x}-\boldsymbol{x}_{k-1}=\begin{bmatrix}x\\y\\z\end{bmatrix}-\begin{bmatrix}x_{k-1}\\y_{k-1}\\z_{k-1}\end{bmatrix} \tag{2.4-12b}$$

$$\boldsymbol{b}=\begin{bmatrix}-f(x_{k-1},y_{k-1},z_{k-1},u_1)\\-f(x_{k-1},y_{k-1},z_{k-1},u_2)\\ \vdots\\-f(x_{k-1},y_{k-1},z_{k-1},u_N)\end{bmatrix} \tag{2.4-12c}$$

把方程组表达成矩阵形式，如式（2.4-11）所示，不但写起来简洁、方便，而且有助于运用成熟的矩阵理论知识来分析方程组的特性和求解方程组。

当利用式（2.4-11）求得 $\Delta \boldsymbol{x}$ 以后，非线性方程组式（2.4-8）的解就可以利用 $\boldsymbol{x}_{k-1}$ 到 $\boldsymbol{x}_k$ 反复迭代求得，即：

$$\boldsymbol{x}_k=\boldsymbol{x}_{k-1}+\Delta \boldsymbol{x} \tag{2.4-13}$$

3. 多元非线性方程线性化求解流程

若更新后的解 x_k 尚未达到求解精度，则 x_k 可作为第 $k+1$ 次迭代的起始点，继续进行上述牛顿迭代运算。上述多元非线性方程线性化求解过程如图 2.4.2 所示。

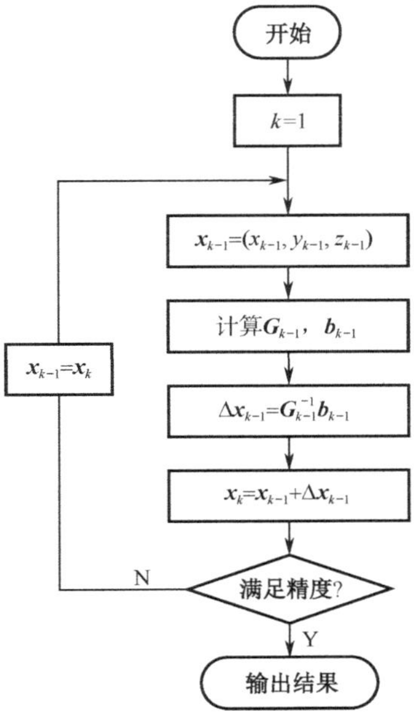

图 2.4.2　多元非线性方程线性化求解过程

2.4.2　最小二乘法

非线性方程组经线性化后，问题的关键变成了求解线性矩阵方程式（2.4-11）。

1. 问题的提出

由于 x、y 和 z 三个待定的位置坐标是利用式（2.4-11）进行求解的，因此矩阵 $\boldsymbol{G}$ 将直接影响未知数的求解。从式（2.4-12a）可以看出，$\boldsymbol{G}$ 是一个 $N\times 3$ 的矩阵，根据 N 的取值不同，这里存在以下几种解的可能。

① 情况 1：如果 $N<3$，也就是说式（2.4-11）中的方程式个数少于未知数个数，那么该方程组将有无数个解，此时式（2.4-11）称为欠定线性方程组。

② 情况 2：如果 $N\geqslant 3$，但矩阵 $\boldsymbol{G}$ 的秩仍小于矩阵 $\boldsymbol{G}$ 的列数，也就是小于 3，那么该方程组也有无数个解，这种情况出现在所罗列的方程存在相关性时。

③ 情况 3：如果 $N=3$ 且矩阵 $\boldsymbol{G}$ 满秩，即各方程之间不存在相关性，使得有效方程式的个数等于未知数个数，那么该方程组存在唯一解，此时式（2.4-11）称为适定线性方程组，可以利用常用的方法求解方程组，如果用矩阵表示，可以表示为：

$$\Delta\boldsymbol{x}=\boldsymbol{G}^{-1}\cdot\boldsymbol{b} \tag{2.4-14}$$

式中，$\boldsymbol{G}^{-1}$ 代表矩阵 $\boldsymbol{G}$ 的逆矩阵。

④ 情况 4：如果 $N>3$ 且矩阵 $\boldsymbol{G}$ 满秩，则有效不相关方程式的个数多于未知数个数，此时式（2.4-11）称为超定线性方程组，方程组不能直接求解。当存在测量误差时，需采用最小二乘等方法进行求解，此时可获得更高精度结果。

2．常规最小二乘法

情况 4 是工程上经常遇到的，例如，为了得到更加准确的导航参量，通常希望测定的数据组数越多越好，再如，在 GPS 卫星导航定位时为了求解 $(x,y,z,\Delta t)$，仅需要 4 颗卫星的观测量，而平时在开阔地带，却可以同时观测 10 颗甚至更多的卫星。

最小二乘法被认为是求解这类超定方程组非常有效的方法之一，它的思想基础是所得到的解 $\Delta\boldsymbol{x}$，能够使方程组式（2.4-11）中的各个方程式等号左右两边之差的平方和最小。例如，对于 $\boldsymbol{G}\cdot\Delta\boldsymbol{x}=\boldsymbol{b}$ 来讲，最小二乘法的解 $\Delta\boldsymbol{x}$ 使式（2.4-11）中各个方程式等号左右两边之差的平方和最小，该平方和如记为 $\boldsymbol{P}(\Delta\boldsymbol{x})$，则：

$$\begin{aligned}\boldsymbol{P}(\Delta\boldsymbol{x})&=\|\boldsymbol{G}\cdot\Delta\boldsymbol{x}-\boldsymbol{b}\|^2=(\boldsymbol{G}\cdot\Delta\boldsymbol{x}-\boldsymbol{b})^{\mathrm{T}}(\boldsymbol{G}\cdot\Delta\boldsymbol{x}-\boldsymbol{b})\\&=\Delta\boldsymbol{x}^{\mathrm{T}}\boldsymbol{G}^{\mathrm{T}}\boldsymbol{G}\Delta\boldsymbol{x}-2\Delta\boldsymbol{x}^{\mathrm{T}}\boldsymbol{G}^{\mathrm{T}}\boldsymbol{b}+\boldsymbol{b}^{\mathrm{T}}\boldsymbol{b}\end{aligned} \tag{2.4-15}$$

由于属于情况 4，即矩阵 $\boldsymbol{G}$ 满秩，则矩阵 $\boldsymbol{G}^{\mathrm{T}}\boldsymbol{G}$ 对称、正定、可逆，因此 $\boldsymbol{P}(\Delta\boldsymbol{x})$ 存在关于 $\Delta\boldsymbol{x}$ 的最小值，为此对 $\boldsymbol{P}(\Delta\boldsymbol{x})$ 求导可得：

$$\frac{\partial\boldsymbol{P}(\Delta\boldsymbol{x})}{\partial\Delta\boldsymbol{x}}=2\boldsymbol{G}^{\mathrm{T}}\boldsymbol{G}\Delta\boldsymbol{x}-2\boldsymbol{G}^{\mathrm{T}}\boldsymbol{b} \tag{2.4-16}$$

当上述导数值等于零时，$\boldsymbol{P}(\Delta\boldsymbol{x})$ 达到其最小值。根据式（2.4-16），能够得到使 $\dfrac{\partial\boldsymbol{P}(\Delta\boldsymbol{x})}{\partial\Delta\boldsymbol{x}}$ 等于零时的 $\Delta\boldsymbol{x}$ 值，即：

$$2\boldsymbol{G}^{\mathrm{T}}\boldsymbol{G}\Delta\boldsymbol{x}-2\boldsymbol{G}^{\mathrm{T}}\boldsymbol{b}=0 \tag{2.4-17}$$

经求解可以得到：

$$\Delta\boldsymbol{x}=(\boldsymbol{G}^{\mathrm{T}}\boldsymbol{G})^{-1}\boldsymbol{G}^{\mathrm{T}}\boldsymbol{b} \tag{2.4-18}$$

而式（2.4-18）中的 $\Delta\boldsymbol{x}$ 就是式（2.4-11）的最小二乘法解。当然如果矩阵 $\boldsymbol{G}$ 可逆，也就是 $N=3$ 且矩阵 $\boldsymbol{G}$ 满秩，那么式（2.4-18）实质上可简化成式（2.4-14）。

例 2.4-1 用卷尺测量地面 A 和 B 两点间距离 AB，因为各种原因会造成测量值的不准确，为此进行了多次测量，目的是得到一个比较准确的测量值。假设进行了 N 次测量，相应的测量值分别为 y_1，y_2，…，y_N。试用最小二乘法计算地面两点间距离 AB 测量误差的最优估计值。

解：如果 x 代表 AB 的真实距离，那么可以得到以下一组方程：

$$\begin{cases} x = y_1 \\ x = y_2 \\ \quad\vdots \\ x = y_N \end{cases}$$

写成矩阵形式：

$$\boldsymbol{G} \cdot \Delta \boldsymbol{x} = \boldsymbol{b}$$

其中：

$$\boldsymbol{G} = \begin{bmatrix} 1 \\ \vdots \\ 1 \end{bmatrix}_{N\times 1} \qquad \boldsymbol{b} = \begin{bmatrix} y_1 \\ \vdots \\ y_N \end{bmatrix}_{N\times 1}$$

利用式（2.4-18）进行计算，可得到 A、B 两点距离测量误差的最优估计值为：

$$\Delta \boldsymbol{x} = (\boldsymbol{G}^{\mathrm{T}}\boldsymbol{G})^{-1}\boldsymbol{G}^{\mathrm{T}}\boldsymbol{b} = \frac{y_1 + y_2 + \cdots + y_N}{N}$$

3．加权最小二乘法

在实际的工程应用当中，对于 $v = f(x, y, z, u)$，考虑到不同的输出值 v_i 有着不同大小的测量误差，可对每个输出测量值 v_i 设定一个权重 w_i，并希望权重 w_i 越大的输出值 v_i 在最小二乘法的解中起到越重要的作用，这就是加权最小二乘算法的理念。

需要注意各个输出测量值之间的权重大小是相对而言的，为了实现 v_i 的测量误差较小，其所对应的权重值 w_i 应较大，在实际应用中较为流行的实现方案是将权重 w_i 取值为相应输出值 v_i 的测量误差标准差 σ_i 的倒数，即：

$$w_i = \frac{1}{\sigma_i} \tag{2.4-19}$$

按照式（2.4-19）设置好各个测量值的权重后，式（2.4-11）中的各个方程式乘以相应的权重，则矩阵方程式（2.4-11）变成：

$$\boldsymbol{WG} \cdot \Delta \boldsymbol{x} = \boldsymbol{Wb} \tag{2.4-20}$$

其中，权重矩阵 $\boldsymbol{W}$ 为一个 $N \times N$ 的对角阵，即：

$$\boldsymbol{W} = \mathrm{diag}[w_1, w_2, \cdots, w_N] \tag{2.4-21}$$

当然，如果不同测量值的误差之间存在相关性，那么 $\boldsymbol{W}$ 就不再是一个对角阵。运用最小二乘法来求解矩阵方程式（2.4-20），经数学推导可以得到最小二乘法解：

$$\Delta \boldsymbol{x} = (\boldsymbol{G}^{\mathrm{T}}\boldsymbol{W}^{\mathrm{T}}\boldsymbol{WG})^{-1}\boldsymbol{G}^{\mathrm{T}}\boldsymbol{W}^{\mathrm{T}}\boldsymbol{Wb} = (\boldsymbol{G}^{\mathrm{T}}\boldsymbol{CG})^{-1}\boldsymbol{G}^{\mathrm{T}}\boldsymbol{Cb} \tag{2.4-22}$$

式中，$\boldsymbol{C} = \boldsymbol{W}^{\mathrm{T}}\boldsymbol{W}$。

若权重的取值按式（2.4-21）计算，则可以证明矩阵 $\boldsymbol{C}$ 相当于输出值的协方差矩阵 $\boldsymbol{Q}_{\mathrm{b}}$ 的逆：

$$\boldsymbol{C} = \boldsymbol{Q}_{\mathrm{b}}^{-1} \tag{2.4-23}$$

在这种情况下，经推导可以得到最小二乘法解 $\Delta \boldsymbol{x}$ 的协方差矩阵：

$$\boldsymbol{Q}_{\Delta x} = (\boldsymbol{G}^{\mathrm{T}}\boldsymbol{Q}_{\mathrm{b}}^{-1}\boldsymbol{G})^{-1} \tag{2.4-24}$$

为了深入理解加权最小二乘法的原理，这里引入一个实例。

例 2.4-2 在例 2.4-1 的基础上，假设每次测量值的误差分布是一样的，各个测量值的误差方差均为σ_y^2，测量值的误差不相关。试用加权最小二乘法计算地面两点间距离 AB 测量误差方差的最优估计值。

解：如果 x 代表 AB 的真实距离，那么可以得到以下一组方程：

$$\begin{cases} x = y_1 \\ x = y_2 \\ \quad\vdots \\ x = y_N \end{cases}$$

写成矩阵形式：

$$\boldsymbol{G} \cdot \boldsymbol{x} = \boldsymbol{b}$$

其中：

$$\boldsymbol{G} = \begin{bmatrix} 1 \\ \vdots \\ 1 \end{bmatrix}_{N\times 1} \qquad \boldsymbol{b} = \begin{bmatrix} y_1 \\ \vdots \\ y_N \end{bmatrix}_{N\times 1}$$

这里利用加权最小二乘法来求解该超定方程组。因为各个测量值的误差方差相等，所以它们的权重 w_i 也相等，同时测量值的误差不相关，则 $\boldsymbol{W}$ 是对角阵，利用式（2.4-23）可以得到：

$$\boldsymbol{C} = \mathrm{diag}[\sigma_y^{-2}, \sigma_y^{-2}, \cdots, \sigma_y^{-2}]_{N\times N}$$

这样，可直接套用式（2.4-22），得：

$$\Delta\boldsymbol{x} = (\boldsymbol{G}^{\mathrm{T}}\boldsymbol{C}\boldsymbol{G})^{-1}\boldsymbol{G}^{\mathrm{T}}\boldsymbol{C}\boldsymbol{b} = \frac{\sigma_y^2}{N}\boldsymbol{G}^{\mathrm{T}}\boldsymbol{C}\boldsymbol{b} = \frac{y_1 + y_2 + \cdots + y_N}{N}$$

上式表明，AB 长度测量问题的加权最小二乘法解，正好等于所有测量值的平均值。同时套用式（2.4-24），能够计算出该加权最小二乘法解的误差方差：

$$\boldsymbol{Q}_{\Delta x} = (\boldsymbol{G}^{\mathrm{T}}\boldsymbol{Q}_{\mathrm{b}}^{-1}\boldsymbol{G})^{-1} = \frac{\sigma_y^2}{N}$$

上式表明，尽管每个测量值的误差方差为σ_y^2，但是加权最小二乘法解的误差方差却降低至σ_y^2/N。

4．定位误差分析

从式（2.4-18）可以看到，运行体所需时空信息的位置坐标$[x \quad y \quad z]^{\mathrm{T}}$对应各个方向偏移量的最小二乘解$\Delta\boldsymbol{x} = \boldsymbol{x} - \boldsymbol{x}_{k-1} = [\Delta x \quad \Delta y \quad \Delta z]^{\mathrm{T}}$，显然与测量误差有关。下面进行简单的分析。

（1）误差关系分析

根据式（2.4-11）的关系，考虑测量误差项$\boldsymbol{\varepsilon}_{\mathrm{p}}$，那么式（2.4-11）就要改写成：

$$\boldsymbol{G}\begin{bmatrix} \Delta x + \varepsilon_x \\ \Delta y + \varepsilon_y \\ \Delta z + \varepsilon_z \end{bmatrix} = \boldsymbol{b} + \boldsymbol{\varepsilon}_{\mathrm{p}} \tag{2.4-25}$$

式中，ε_x、ε_y、ε_z 代表由误差向量 $\boldsymbol{\varepsilon}_{\mathrm{p}}$ 所引起的各个方向上的误差。应用最小二乘法进行处理，可以得到：

$$\begin{bmatrix}\varepsilon_x\\ \varepsilon_y\\ \varepsilon_z\end{bmatrix}=(\boldsymbol{G}^{\mathrm{T}}\boldsymbol{G})^{-1}\boldsymbol{G}^{\mathrm{T}}\boldsymbol{\varepsilon}_{\mathrm{p}} \tag{2.4-26}$$

式（2.4-26）表明了导航参量误差与定位误差之间的关系。在上述推导中，假定各个方向导航参量误差均很小，因此它们对方程组线性化的影响可忽略不计。为了计算定位误差的均值与方差，需要给出一个关于测量误差的模型。为了简化定位精度的理论分析，对测量误差的模型做了以下两点假设。

① 各个测量误差均为正态分布，且其均值为 0、方差为 σ_{p}^2，即：

$$E(\boldsymbol{\varepsilon}_{\mathrm{p}})=\boldsymbol{0},\quad \mathrm{Var}(\boldsymbol{\varepsilon}_{\mathrm{p}})=\sigma_{\mathrm{p}}^2 \tag{2.4-27}$$

② 不同测量误差之间互不相关，即：

$$\begin{aligned}E\{[\boldsymbol{\varepsilon}_{\mathrm{p}}-E(\boldsymbol{\varepsilon}_{\mathrm{p}})]\cdot[\boldsymbol{\varepsilon}_{\mathrm{p}}-E(\boldsymbol{\varepsilon}_{\mathrm{p}})]^{\mathrm{T}}\}=E(\boldsymbol{\varepsilon}_{\mathrm{p}}\boldsymbol{\varepsilon}_{\mathrm{p}}^{\mathrm{T}})&=\begin{bmatrix}\sigma_{\mathrm{p}}^2 & 0 & \cdots & 0\\ 0 & \sigma_{\mathrm{p}}^2 & \cdots & 0\\ \vdots & \vdots & \vdots & \vdots\\ 0 & 0 & \cdots & \sigma_{\mathrm{p}}^2\end{bmatrix}\\ &=\mathrm{diag}[\sigma_{\mathrm{p}}^2,\sigma_{\mathrm{p}}^2,\cdots,\sigma_{\mathrm{p}}^2]\end{aligned} \tag{2.4-28}$$

利用上述条件，定位误差协方差矩阵可以表示为：

$$\mathrm{cov}\left(\begin{bmatrix}\varepsilon_x\\ \varepsilon_y\\ \varepsilon_z\end{bmatrix}\right)=E\left(\begin{bmatrix}\varepsilon_x\\ \varepsilon_y\\ \varepsilon_z\end{bmatrix}[\varepsilon_x\quad \varepsilon_y\quad \varepsilon_z]\right)=(\boldsymbol{G}^{\mathrm{T}}\boldsymbol{G})^{-1}\sigma_{\mathrm{p}}^2=\boldsymbol{H}\sigma_{\mathrm{p}}^2 \tag{2.4-29}$$

其中的矩阵 $\boldsymbol{H}$ 定义为：

$$\boldsymbol{H}=(\boldsymbol{G}^{\mathrm{T}}\boldsymbol{G})^{-1} \tag{2.4-30}$$

式中，$\boldsymbol{H}$ 为权系数阵。由于 $\boldsymbol{G}$ 是非线性方程组各个方程在待求量方向上的偏导数矩阵，对于定位而言，$\boldsymbol{G}$ 意味着各观测量所对应的位置线或面在空间方向上的变化率情况，或者说是反映位置线或面的取向情况，这实质是导航参考点的几何分布的数值表现。式（2.4-29）表明了定位误差的方差 σ_{p}^2 被 $\boldsymbol{H}$ 放大后的方差，可见，定位的精度与以下两方面因素有关。

① 测量误差：测量误差的方差 σ_{p}^2 越大，导航参数误差的方差也就越大。

② 几何分布：矩阵 $\boldsymbol{G}$ 和 $\boldsymbol{H}$ 完全取决于测量方程的数量，以及相对于运行体的几何分布，$\boldsymbol{H}$ 中的元素值越小，定位误差被放大的程度就越低。

因此，为了提高定位精度，必须从降低测量误差和改善观测的几何分布这两方面入手。这里将 $\boldsymbol{H}$ 称为权系数阵。

（2）精度因子计算

在导航领域通常喜欢用精度因子（Dilution Of Precision，DOP）这个概念来表示误差的放大倍数，而精度因子可从权系数阵 $\boldsymbol{H}$ 中获得。式（2.4-29）的等号左边是导航参量误差协方差矩阵，其对角线上的元素分别是相应各个定位误差分量的方差，那么等号左右两边的对角元素存在如下关系：

$$\begin{pmatrix} \sigma_x^2 & & \\ & \sigma_y^2 & \\ & & \sigma_z^2 \end{pmatrix} = \begin{pmatrix} h_{11} & & \\ & h_{22} & \\ & & h_{33} \end{pmatrix} \sigma_{\mathrm{p}}^2 \tag{2.4-31}$$

上式表明定位误差各个分量的方差被 $\boldsymbol{H}$ 中相应的对角元素放大。例如，三维空间定位误差的标准差 σ_3 可以表示为：

$$\sigma_3 = \sqrt{\sigma_x^2 + \sigma_y^2 + \sigma_z^2} = \sqrt{h_{11} + h_{22} + h_{33}} \cdot \sigma_{\mathrm{p}} = \mathrm{PDOP} \cdot \sigma_{\mathrm{p}} \tag{2.4-32}$$

其中，空间位置精度因子（PDOP）的值为：

$$\mathrm{PDOP} = \sqrt{h_{11} + h_{22} + h_{33}} \tag{2.4-33}$$

由此可见，当测量误差一定时，精度因子越大，定位误差越大，反之亦反。控制精度因子的大小显然与位置线相关参数有关。

2.4.3 卡尔曼滤波

与前面介绍的最小二乘法相比，卡尔曼滤波技术的最大优势就是充分利用了系统状态方程，即将不同时刻系统状态联系起来，而不是像最小二乘法那样孤立地求解不同时刻的系统状态。1960 年卡尔曼滤波技术的诞生，使得阿波罗计划非线性轨道制导与导航等问题得以解决。以此为基础，麻省理工学院研制完成相应的导航系统。之后随着数字计算技术的迅速发展和对卡尔曼滤波器的深入研究，卡尔曼滤波技术逐渐成为导航领域最为重要的算法和技术。

1. 状态方程和测量方程

状态方程和测量方程是开展卡尔曼滤波的基础。在 2.2 节中给出了离散化系统运动方程，式（2.2-11）和式（2.2-15）分别给出 CV 和 CA 模型的离散形式。为了简化起见，在这里将系统运动状态方程简称状态方程，表示为：

$$\boldsymbol{X}_k = \boldsymbol{\Phi}_{k,k-1}\boldsymbol{X}_{k-1} + \boldsymbol{\Gamma}_{k-1}\boldsymbol{W}_{k-1} \tag{2.4-34}$$

式中，$\boldsymbol{X}_k$ 表示 k 时刻系统状态；$\boldsymbol{\Phi}_{k,k-1}$ 表示 $k-1$ 时刻到 k 时刻步进转移矩阵；$\boldsymbol{\Gamma}_{k-1}$ 是系统噪声系数矩阵；$\boldsymbol{W}_{k-1}$ 表示 $k-1$ 时刻的系统噪声序列。

对于 $\boldsymbol{X}_k$ 测量满足线性关系（或经过线性化处理），则测量方程（或称为观测方程等）为：

$$\boldsymbol{Z}_k = \boldsymbol{H}_k\boldsymbol{X}_k + \boldsymbol{V}_k \tag{2.4-35}$$

式中，$\boldsymbol{Z}_k$ 表示 k 时刻的测量值；$\boldsymbol{H}_k$ 表示 k 时刻测量矩阵；$\boldsymbol{V}_k$ 表示 k 时刻测量噪声序列。

这里假设 $\boldsymbol{W}_k$ 和 $\boldsymbol{V}_k$ 为相互独立的零均值白噪声序列，其统计特性为：

$$\left.\begin{aligned} E\{\boldsymbol{W}_k\} = 0,\quad & \mathrm{cov}[\boldsymbol{W}_k, \boldsymbol{W}_j] = E\{\boldsymbol{W}_k\boldsymbol{W}_j^{\mathrm{T}}\} = \boldsymbol{Q}_k\delta_{kj} \\ E\{\boldsymbol{V}_k\} = 0,\quad & \mathrm{cov}[\boldsymbol{V}_k, \boldsymbol{V}_j] = E\{\boldsymbol{V}_k\boldsymbol{V}_j^{\mathrm{T}}\} = \boldsymbol{R}_k\delta'_{kj} \\ & \mathrm{cov}[\boldsymbol{W}_k, \boldsymbol{V}_j] = E\{\boldsymbol{W}_k\boldsymbol{V}_j^{\mathrm{T}}\} = 0 \end{aligned}\right\} \tag{2.4-36}$$

式中，$\boldsymbol{Q}_k$ 表示系统噪声方差矩阵；$\boldsymbol{R}_k$ 表示测量噪声方差矩阵。

2．卡尔曼滤波的极值条件

假定在 $k-1$ 时刻已经获得关于系统状态量 $\boldsymbol{X}$ 的最优估计值 $\hat{\boldsymbol{X}}_{k-1}$，由于噪声本身是不可测量的，则依据系统方程，系统状态量 $\boldsymbol{X}$ 在 k 时刻的预测值为：

$$\hat{\boldsymbol{X}}_{k/k-1}=\boldsymbol{\varPhi}_{k,k-1}\hat{\boldsymbol{X}}_{k-1} \tag{2.4-37}$$

假定在 k 时刻已经获得关于系统状态量 $\boldsymbol{X}$ 的最优估计值 $\hat{\boldsymbol{X}}_k$，由于噪声本身是不可测量的，则依据测量方程，可以得到：

$$\boldsymbol{V}_k=\boldsymbol{Z}_k-\boldsymbol{H}_k\hat{\boldsymbol{X}}_k \tag{2.4-38}$$

卡尔曼滤波的极值条件为：

$$\varOmega=\boldsymbol{V}_k^{\mathrm{T}}\boldsymbol{V}_k+(\hat{\boldsymbol{X}}_k-\hat{\boldsymbol{X}}_{k/k-1})^{\mathrm{T}}(\hat{\boldsymbol{X}}_k-\hat{\boldsymbol{X}}_{k/k-1})=\min \tag{2.4-39}$$

3．卡尔曼滤波基本方程

利用卡尔曼滤波的极值条件可以推导出卡尔曼滤波基本方程，具体推导过程请参阅相关文献。卡尔曼滤波基本方程可以描述如下。

（1）状态步进预测

假定在 $k-1$ 时刻已经获得关于系统状态量 $\boldsymbol{X}$ 的最优估计值 $\hat{\boldsymbol{X}}_{k-1}$，由于噪声本身是不可测量的，则依据系统方程，系统状态量 $\boldsymbol{X}$ 在 k 时刻的预测值为：

$$\hat{\boldsymbol{X}}_{k/k-1}=\boldsymbol{\varPhi}_{k,k-1}\hat{\boldsymbol{X}}_{k-1} \tag{2.4-40}$$

（2）状态估计

由于存在系统噪声，$\hat{\boldsymbol{X}}_{k/k-1}$ 上对 k 时刻的系统状态量 $\boldsymbol{X}$ 的预测值是不准确的。当获得 k 时刻的系统状态量 $\boldsymbol{X}$ 的测量值 $\boldsymbol{Z}_k$ 时，由于存在测量噪声，$\boldsymbol{Z}_k$ 对 k 时刻的系统状态量 $\boldsymbol{X}$ 的观测值也是不准确的。但在 $\hat{\boldsymbol{X}}_{k/k-1}$ 和 $\boldsymbol{Z}_k$ 中都已包含了 k 时刻的系统状态量 $\boldsymbol{X}$ 的信息，因此可以根据测量值 $\boldsymbol{Z}_k$ 与预测值 $\hat{\boldsymbol{X}}_{k/k-1}$ 的差异，对 $\hat{\boldsymbol{X}}_{k/k-1}$ 进行修正，以获取在 k 时刻已经获得的关于系统状态量 $\boldsymbol{X}$ 的最优估计值 $\hat{\boldsymbol{X}}_k$，故有：

$$\hat{\boldsymbol{X}}_k=\hat{\boldsymbol{X}}_{k/k-1}+\boldsymbol{K}_k(\boldsymbol{Z}_k-\boldsymbol{H}_k\hat{\boldsymbol{X}}_{k/k-1}) \tag{2.4-41}$$

（3）滤波增益

$\boldsymbol{K}_k$ 为卡尔曼增益，显然 $\boldsymbol{K}_k$ 需要求取，$\boldsymbol{K}_k$ 的求取过程是一个递推过程：

$$\boldsymbol{P}_{k/k-1}=\boldsymbol{\varPhi}_{k,k-1}\boldsymbol{P}_{k-1}\boldsymbol{\varPhi}_{k,k-1}^{\mathrm{T}}+\boldsymbol{\varGamma}_{k-1}\boldsymbol{Q}_{k-1}\boldsymbol{\varGamma}_{k-1}^{\mathrm{T}} \tag{2.4-42}$$

$$\boldsymbol{K}_k=\boldsymbol{P}_{k/k-1}\boldsymbol{H}_k^{\mathrm{T}}(\boldsymbol{H}_k\boldsymbol{P}_{k/k-1}\boldsymbol{H}_k^{\mathrm{T}}+\boldsymbol{R}_k)^{-1} \tag{2.4-43}$$

$$\boldsymbol{P}_k=(\boldsymbol{I}-\boldsymbol{K}_k\boldsymbol{H}_k)\boldsymbol{P}_{k/k-1} \tag{2.4-44}$$

式中，$\boldsymbol{P}_{k/k-1}$ 表示步进预测均方误差；$\boldsymbol{P}_k$ 表示估计均方误差。

4．运算流程

在一个滤波周期内，从卡尔曼滤波在使用系统信息和测量信息的先后次序来看，卡尔曼滤波具有两个明显的信息更新过程，即时间更新过程和测量更新过程，卡尔曼滤波处理流程如图 2.4.3 所示。

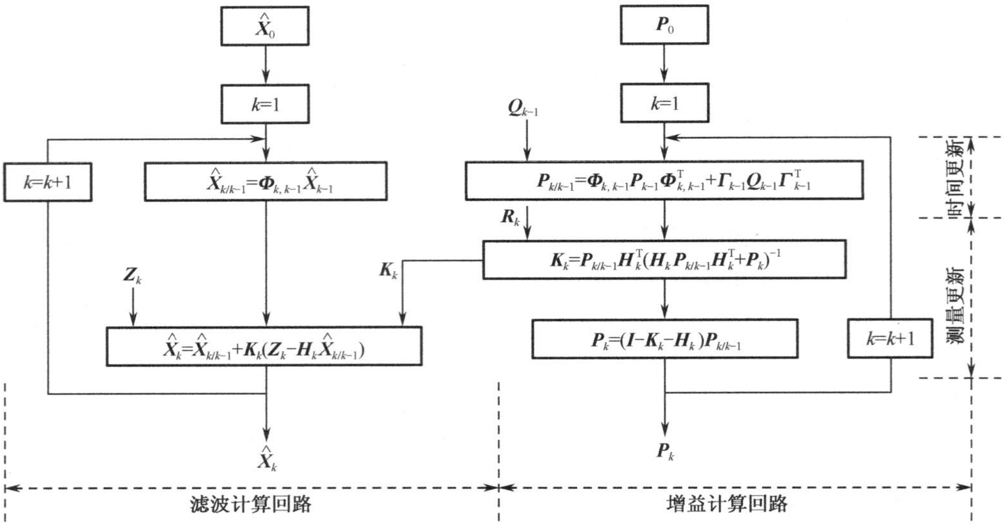

图 2.4.3 卡尔曼滤波处理流程

① 时间更新过程。这个过程包括式（2.4-40）和式（2.4-42）。式（2.4-40）说明根据 $k-1$ 时刻的状态预测 k 时刻状态的估计方法，式（2.4-42）对这种预测的质量优劣进行了定量描述，该两式的计算中仅使用了与系统动态特性有关的信息，如步进转移矩阵、系统噪声方差矩阵等，从时间的推移过程来看，该两式利用系统动态特性，将时间从 $k-1$ 时刻推进到 k 时刻，所以该两式描述卡尔曼滤波的时间更新过程。

② 测量更新过程。这个过程包括式（2.4-41）、式（2.4-43）和式（2.4-44），这些公式用来计算时间更新的修正量，该修正量由时间更新的质量优劣（$\boldsymbol{P}_{k/k-1}$）、测量信息的质量优劣（$\boldsymbol{R}_k$）、测量与状态的关系（$\boldsymbol{H}_k$），以及具体的测量值 $\boldsymbol{Z}_k$ 来确定，所有这些方程均围绕一个目的，就是正确合理地利用测量值 $\boldsymbol{Z}_k$，所以，这一过程描述了卡尔曼滤波的测量更新过程。

2.5 小　　结

数学理论和应用对于研究现代导航原理起着至关重要的作用。本章重点围绕导航原理中的相关数学问题进行描述，其中部分内容（如随机过程等）由于相关课程已经进行了较为深入的讨论，这里就不再讲解了。本章讨论的具体内容如下。

① 坐标及其变换。在详述惯性坐标系和地球坐标系基础上，研究了大地坐标系到地心直角坐标系的转换，以及直角坐标系间的旋转变换问题；同时，围绕导航的主要应用需求，分别介绍了站心坐标系和极坐标系。

② 运动状态描述。以牛顿运动定律和微分方程为基础，建立了任意运动轨迹典型微分多项式表述模型，在这个模型的 n 阶微分方程中，n 为运动模型的阶次，n 的大小反映运行体运动的特点，当 n=1 时为匀速运动，在此建立了匀速运动模型，即 CV 模型；当 n=2 时为匀加速运动，建立了匀加速运动模型，即 CA 模型。除此之外，结合运行体实际运动情况分别简要介绍了数学模型辛格（Singer）模型、半马尔科夫模型、“当前”模型，以及二维和三维模型等。

③ 导航误差分析。利用数值大小来描述导航误差性能是一种较为直观且简单的表述方法，被称为导航误差数字特征描述，具体描述包括误差数学期望、均方误差、最大误差、累积分布函数等。当导航误差不仅给出了数值大小，而且给出了误差的分布时，这种导航误差的描述方法就称为统计特征描述方法，具体描述包括三维正态分布、等概率密度椭球、落入误差球的概率、球概率误差及圆概率误差等。

④ 导航参量估计方法。在多数情况下，测量参量是导航参量的非线性方程，为了简化算法降低运算量，通常需要对非线性方程进行线性化处理，而牛顿迭代就是利用线性方程或方程组求解非线性问题的很好方法。最小二乘法则是求解超定并带有误差的线性方程的有效手段，所求得的导航参量误差与测量误差和几何分布关系密切；当顾及系统运动状态时，则可以利用状态方程和测量方程，构建出卡尔曼滤波算法，其运算流程包括时间更新和测量更新两个过程。

复习和作业题 2

1．导航中常用的坐标系有哪几种？每种坐标系的基本要素是什么？

2．导航中为什么要采用多种坐标系？

3．什么是惯性坐标系、地球坐标系、地理坐标系和机体坐标系？

4．举例说明在一个水平面上两个不同原点的极坐标系标定同一个目标 A 点时，两坐标参量之间的转换关系（两坐标系原点之间距离和方向自定，目标 A 点在其中一个坐标系中的 ρ、θ 值自定）。

5．已知某给定位置为北纬 38°、东经 110°、高度 200m，以 1984 年版的世界大地坐标系（WGS-84）为例，计算地心直角坐标 (x, y, z)。

6．已知地球表面某点地心直角坐标为 $x = -2\,548\,780\text{m}$、$y = 4\,587\,573\text{m}$、$z = 3\,612\,559\text{m}$，以 1984 年版的世界大地坐标系（WGS-84）为例，计算地心大地坐标。

7．x、y、z 方向分别旋转 a、b、c 角度，求坐标转换的结果，编写 MATLAB 程序。

8．假设测量误差为正态分布，且不同测量误差之间互不相关，推导定位误差协方差矩阵可以表示为式（2.4-29）。

9．进行定位误差分析的目的是什么？

10．根据误差特性，导航误差有哪两类？它们之间的主要区别是什么？各有哪几种表达方式？

11．观测导航台基线长度参量，假设建立非线性的观测方程 $x^2 + x - 6 = 0$，使用牛顿迭代的思想确定导航台基线长度，并讨论初值和步长的选择对计算结果的影响。

12．简述卡尔曼滤波的原理，以及它与最小二乘估计的差异。

第3章　导航的物理基础

导航是基于电、光、力、磁、声等物理基础的应用性学科。导航系统的功能就是要提供导航参量。导航参量的获取，本质上就是通过对导航方式所依托的物理场进行探测，得到这种物理场提供的某个参量后，依据数学基础经转换而实现的。因此，对导航原理的学习，必须首先认识和了解导航所依托的各种物理基础。

3.1　导 航 信 号

导航所依托的物理基础就是各类信号场，通过对这些信号场中的信号参数测量实现导航参量的获取。常用的导航信号有无线电信号、光信号、声信号等。导航信号场可以由人工建立，如无线电信号场，也可以是自然环境建立的，如地磁场、重力场、星光场等。这些场中的信号经过一定的路径传播，到达探测传感设备，并经过适当处理能够转换为导航所需的参量。无论基于何种物理基础实现导航参量的获取，都可以归结为对具有波动性质的信号的测量，这种波动信号可以用幅值、周期（频率）、相位、传播时间等参数进行描述。导航参量的获取，就是通过对描述信号的各种参数的测量，在建立了这些信号参数与导航参量一一对应关系的基础上，依据某一数学模型把信号参数转换为导航参量，从而完成导航任务的。

本节将以幅值、频率、相位和传播时间等参数，以及单脉冲和脉冲序列等形式，对导航信号进行描述。

3.1.1　描述方法

导航所利用的信号一般都具有波动形式，可以用幅值、周期（频率）、相位、传播时间等参数描述。如无线电信号场中的信号在接收端天线上表现为感应电动势，表示为：

$$e(t) = E_m(t - r/c)\sin[\omega(t - r/c) + \varphi_0] \tag{3.1-1}$$

式中，$E_m(t - r/c)$ 为振幅部分，它是时间的函数；r 为收发之间距离（传播距离）；c 为传播速度，在空气或真空中即为光速；r/c 为传播延迟时间；ω 为角频率；φ_0 为初相角。

当 $r = 0$ 时（在发射天线处）：

$$e(t) = E_m(t)\sin[\omega t + \varphi_0] \tag{3.1-2}$$

式（3.1-2）是最通用的交变信号表达式，从中看不出导航信息包含在哪里。其实，该式中的每一个参量都可携带导航信息。

1．幅值部分

信号幅值部分 $E_m(t)$ 包含导航信息的形式是多种多样的，这和 $E_m(t)$ 的表达式有关（有时称调制方式）。下面把导航中的实际应用简述如下：

$$E_m(t) = A[1 + m\sin(\Omega t + \Phi_0)] \tag{3.1-3}$$

式中，A 为常数；m 为调制指数（或调幅值）；Ω 为调制信号角频率；Φ_0 为初相角。这是单音调幅的一种形式。一般来说，m、Ω、Φ_0 均可包含相应的导航信息，如早期测向中利用听"哑音"的最小值测向中，就利用了"Ω"的单音声，现在许多导航信标中发射台的识别莫尔斯码也利用了单音调幅中的音频；无线电测向设备常利用"m"参量即调幅值测角，实际上调幅值测角不仅利用了"m"参量，也利用了"Ω"参量，它是"m"与"Ω"参量的复合应用；Φ_0 在相位式测角中应用到，如将式（3.1-3）变换一下写法，且令其为 $E'_m(t)$，则：

$$E'_m(t) = A[1 + m\sin(\Omega t - \Phi)] \tag{3.1-4}$$

其中，Φ 在 0°～360°变化，则它便是相位式测角中的可变相位信号的一种表达形式，Φ 隐含着方位角信息。

$E_m(t)$ 还可以表达为复合调幅形式：

$$E_m(t) = A[1 + m_1\sin(\Omega_1 t + \Phi_1) + m_2\sin(\Omega_2 t + \Phi_2)] \tag{3.1-5}$$

式中，各参数定义如上类似，m_1、m_2（或 $\Delta m = m_1 - m_2$）及 Ω_1、Ω_2、Φ_1、Φ_2 均可包含相应的导航信息。通常令 $\Phi_1 = \Phi_2 = 0$，主要利用 m_1、m_2、Ω_1、Ω_2 参量。

$E_m(t)$ 的第三种常用表达形式为：

$$E_m(t) = A\left[1 + m\sin\left(\Omega_1 t + \frac{\Delta\Omega_1}{\Omega_2}\sin\Omega_2 t\right)\right] \tag{3.1-6}$$

式中，$\dfrac{\Delta\Omega_1}{\Omega_2}$ 为调制指数，表示最大相位偏移值；其余参量定义同上。这是一个调幅、调频复合的调制形式，导航信息主要隐含在 Ω_1、Φ_1 和 Ω_2 的调频信号中。

2．载频部分

① 载频为常数。一个固定载频也可代表一种信息，导航中的频分波道制，就是用一个固定载频代表一个特定的导航波道（或一个导航台）。

② 载频为变数。无线电导航中利用载频变化传递信息的方式有两类：一类是利用多普勒效应反映有关导航信息，如多普勒测向、测速、测距差及推算定位等；另一类是将载频进行人为调制，其调制信号反映导航信息。

3．相位部分

导航中常使用的相位分为两类：一类是前面介绍的幅值或频率调制信号中的相位；另一类是载频相位。这两类要严格区分。载频相位又分为两部分，初始相位 φ_0 和瞬时相位 $\varphi = \omega t + \varphi_0$（或 $\varphi = \omega t + \varphi_0 - 2\pi n$，$n = 1,2,\cdots,n$，$n$ 为 $\dfrac{\omega t + \varphi_0}{2\pi}$ 的整数部分）。因为相位是有周期的，相差整周期的两信号可认为是同相信号。

利用载频相位携带导航信息有两种情况：一种是变化初相，即信号初相交替变换为0°或180°（正、反相变化），并将其作为"0""1"信号进行相位编码，以携带有关导航信息；另一种是利用瞬时相位延迟量或两同步信号相位差来反映导航信息。

4．传播时间

式（3.1-2）中的参量 $E_m(t)$、ω、φ_0 只要被某一导航信息调制，它便成为时间的函数，

即 $E_m(t)$、$\omega(t)$、$\varphi_0(t)$。在某些特定条件下，时间可携带导航信息。如在电波传播速度一定、传播路径为直线时，电波从一点传到另一点的时间延时，就含两点间距离信息；两同步信号分别由两点到同一观测点的传播时间延迟差，就包含这两点到观测点的距离差信息。

从上面的分析中可以看出，导航信号参数可以利用不同的方式携带和传递导航信息。在一个实用系统中有的侧重利用其中的一个参数，有的同时利用几个参数。一般情况下，利用的参数少，系统实现起来简单，但信息量小。利用参数多，系统实现起来就复杂，但传递的信息量大，现代新系统大多数利用多参数调制。

应用中有各种各样的导航信号，也就产生了各种形式的导航系统，每个系统的导航信号都有自己的特点和明确的规范要求。导航信号格式是导航系统体制的核心表征。

3.1.2 伪随机序列

导航信号还可以使用不同形式的脉冲来描述，如对信号幅值部分进行调制的单脉冲或编码脉冲（包括简单的编码脉冲对、编码脉冲组），对信号相位部分进行调制的伪随机序列编码信号等。在早期系统中，如地基双曲线导航定位系统、极坐标定位系统（通用雷达和塔康等）基本上均采用比较简单的幅值调制的脉冲信号。在现代的新型系统中，如卫星导航系统中则采用复杂的伪随机序列编码信号。下面重点介绍这种伪随机序列编码信号。

20 世纪 40 年代末，信息论的奠基人香农（Shannon）首先指出，白噪声形式的信号是一种实现有效通信的最佳信号。但因产生、加工、控制和复制白噪声的困难，香农的设想没有实现。直到 20 世纪 60 年代中期，伪随机噪声编码技术的问世，使得噪声通信得以实际的应用，并随即被扩展到雷达和导航等技术领域，而伪随机序列的生成出现了多种形式，其中 m 序列就是伪随机序列中最重要的一种，其易于实现，有优良的自相关特性。N 级 m 序列的生成多项式可记为：

$$f(x)=\sum_{n=0}^{N}c_n x^n \tag{3.1-7}$$

图 3.1.1 给出了生成多项式为 $f(x)=1+x+x^3$ 的三级移位寄存器 m 序列的产生电路。

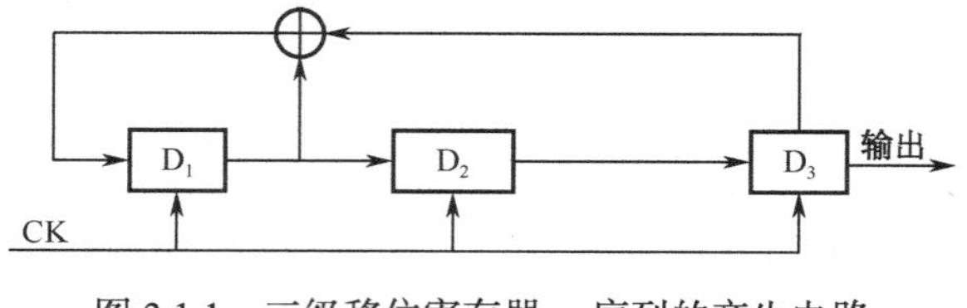

图 3.1.1　三级移位寄存器 m 序列的产生电路

该三级移位寄存器产生的 m 序列为：111010011101001110100111010011101001110100。N 级移位寄存器序列 $X(n)$ 之所以被称为“伪随机”序列，是因为它具有以下特性：

① 码元宽度等于时钟周期 τ_0；

② 序列为周期序列，序列周期 $T=(2^N-1)\tau_0$；

③ 与其移位序列的模 2 和仍是该序列的移位序列；

④ 若将各个移位寄存器的输出定义为移位寄存器序列的状态，则在一个序列周期中，能够遍历除全“0”之外的所有状态，而当移位寄存器状态为全“0”时，移位寄存器序列也为全“0”；

⑤ 在一个序列周期中，“1”的数目比“0”的数目多 1，若定义映射序列 $G(n)$：

$$G(n)=\begin{cases}1 & X(n)=1\\ -1 & X(n)=0\end{cases} \tag{3.1-8}$$

则 $G(n)$ 的自相关函数满足：

$$R_G(\tau)=\begin{cases}1-\dfrac{T+\tau_0}{T\tau_0}\left|\tau-iT\right| & \left|\tau-iT\right|\leqslant\tau_0 \quad i=0,1,2,\cdots\\ -\dfrac{\tau_0}{T} & 其他\end{cases} \tag{3.1-9}$$

其自相关函数如图 3.1.2 所示。当 $T\to\infty$ 时，伪随机序列的自相关函数接近 δ 函数，所以，又称之为伪噪声序列。

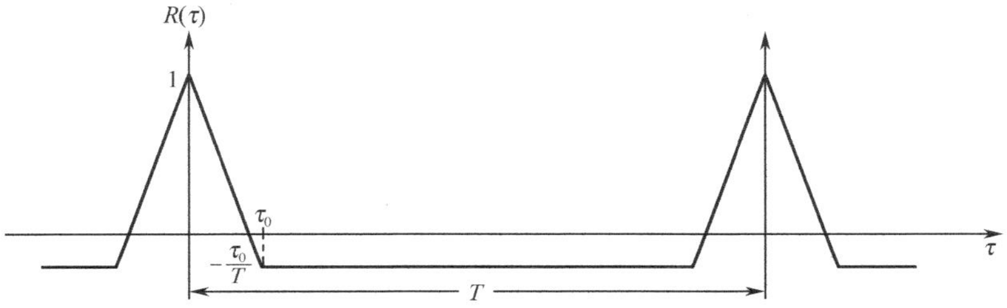

图 3.1.2　*m* 序列的自相关函数

伪随机序列类型有很多，它们因为具有良好的自相关和互相关特性，所以在扩频通信、码分多址通信、码相关测距等方面得到广泛应用。

3.2　多普勒效应

前面提到，导航信号主要是以幅值、周期（频率）、相位、传播时间等参数描述的波动信号，这种波动信号在收发过程中有一种常见的物理现象，就是所谓的多普勒效应。

多普勒效应是由物理学家多普勒（Doppler）首先发现的。一般人常见的多普勒效应是火车对开时鸣笛变调现象，一辆火车的鸣笛在另一辆火车上的乘客听来（或在路旁火车下人）有明显的变调，趋近时变高，远离时变低，而且相对速度越快，这种现象越明显。这种现象的物理本质是由于发声端和收声端存在相对速度，收到的声谱已不再是源发的声谱，即产生了多普勒频移。

正是由于多普勒效应能够反映信号收发双方运动的情况，因此在导航中得到广泛的应用。

3.2.1　收发一方运动的多普勒效应

首先，假定发射源运动，接收端固定，且发射源只发射一个固定频率 f_t 的正弦波，发射源的运动速度 V 恒定不变（包括量值和方向）。显然，运动方向可能有两种情况：一种是运动方向和收发两点间连线及延长线重合；另一种就是不重合的情况，其夹角为 θ。把前一种称为径向相对运动情况，后一种称为非径向相对运动情况。

1. 径向相对运动情况

图 3.2.1（a）是径向相对运动情况示意图，其中 A 点是发射源，面向固定不变的接收端 B 进行匀速 V_r 直线运动。发射源信号周期为 T_t（频率为 $f_t=\dfrac{1}{T_t}$，波长为 λ）。现在来观察信号传到接收端 B 点时，周期发生了什么变化。

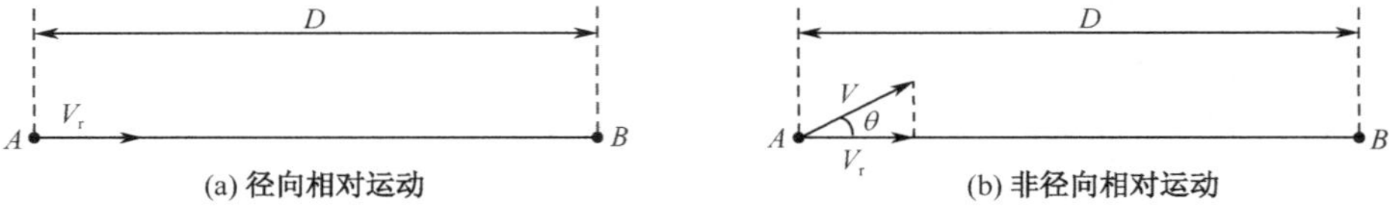

图 3.2.1　发射源运动而接收端不动的多普勒效应

很显然，发射信号不仅以波的传播速度 v 向 B 点传播，而且还附加有发射源的运动速度 V_r，结果是发射信号按照 $(v+V_r)$ 的速度传播到 B 点，其结果是发射信号的周期 T_t 在接收端 B 点被压缩，接收信号的周期变为 T_r：

$$T_r=\frac{\lambda}{v+V_r} \tag{3.2-1}$$

式（3.2-1）是在不考虑相对论影响（见 3.8 节）情况下给出的，即发射钟频保持不变，接收频率的变化仅是由相对运动速度 V_r 带来的。由式（3.2-1）可知，只要 $V_r\neq 0$，则 $T_r\neq T_t$。将周期转化为频率，则：

$$f_r=\frac{1}{T_r}=\frac{v+V_r}{\lambda}=f_t+\frac{V_r}{\lambda} \tag{3.2-2}$$

我们假定 A 向 B 接近运动时，$V_r>0$，即正向速度，A 背向 B 运动（远离时），$V_r<0$，即反向速度。由式（3.2-2）可见：当 $V_r>0$ 时，$f_r>f_t$，即接收端接收频率高于发射源频率；反之，$f_r<f_t$。为了定量描述多普勒效应，通常把接收频率和发射频率之差定义为多普勒频移 f_d：

$$f_d=f_r-f_t=\frac{V_r}{\lambda}=\frac{V_r}{v}\cdot f_t \tag{3.2-3}$$

对于电磁波和光波传输产生的多普勒频移，使用上式时传播速度 $v=C$（光速）。

2. 非径向相对运动情况

非径向相对运动是指运动速度矢量 V 与收发两点之间的连线及其延长线不重合，它们之间的夹角为 θ，见图 3.2.1（b）。这种情况下，只要把 V 的径向分量 V_r 算出来，便和径向运动情况一样了。

$$V_r=V\cos\theta \tag{3.2-4}$$

将式（3.2-4）代入式（3.2-3），考虑采用无线电波，得：

$$f_d=\frac{V\cos\theta}{C}\cdot f_t \tag{3.2-5}$$

式（3.2-5）是无线电波多普勒效应通用表达式。当 $\theta=90°$ 时，因为 $\cos\theta=0°$，所以使得 $f_r=f_t$、$f_d=0$，这说明 A、B 之间径向速度 V_r 为零时，即使存在切向速度也不会产生多普勒效应

（若 A 以 B 为圆心、D 为半径进行圆周运动时，则 $f_r = f_t$、$f_d = 0$）。因此，两点间存在径向运动分量是产生多普勒效应的基本条件。当 $\theta = 0$ 时，$V_r = V\cos 0 = V$，这便是完全径向运动的情况。

前面是假定发射源运动、接收端固定所发生的多普勒效应情况。对于发射源固定而接收端运动的情况，很显然同样会因为相对运动速度 V_r 带来与前面分析相同的多普勒频移效果，这里不再赘述。

3.2.2　收发双方同时运动的多普勒效应

这种情况实际上是上述两种情况的组合结果。为了便于分析，假定收发双方同处于运行体 A 点上，接收的则是静止不动目标 B 点的反射信号，运行体向目标做径向运动。可以把它分解成两种情况，以套用前面介绍过的公式。

一是由 A 点发射信号在 B 点引起的反射信号所产生的多普勒效应。这种情况同图 3.2.1（a），可套用式（3.2-2）。为了区别，将 T_r、f_r 分别用 T_B、f_B 代换，得：

$$f_B = \frac{1}{T_B} = \frac{C + V_r}{\lambda} = f_t + \frac{V_r}{\lambda} \tag{3.2-6}$$

二是 B 点的反射信号作为发射源在 A 点接收时产生的多普勒效应。这种情况同样可套用式（3.2-2），得：

$$f_r = \frac{1}{T_r} = f_B + \frac{V_r}{\lambda} = f_t + \frac{2V_r}{\lambda} \tag{3.2-7}$$

故：

$$f_d = f_r - f_t = \frac{2V_r}{C} f_t \tag{3.2-8}$$

同样，当考虑速度 V 与 AB 连线有夹角 θ 时，则：

$$f_d = \frac{2V\cos\theta}{C} f_t \tag{3.2-9}$$

式（3.2-9）是收发均在同一运行体上且接收目标反射信号产生的多普勒效应计算公式。由式（3.2-8）与式（3.2-9）可明显看出：如果相对运动速度相同，发射频率也相同，则收发在同一运行体上且接收目标反射信号，此条件下产生的多普勒频移是收、发分离条件下的两倍。

上面分析的情况都是假定一点在动，而另一点不动条件下的多普勒效应，实际上许多情况是两点（如 A、B）都在动，这种情况看起来似乎复杂，其实从两点之间的相对运动来说，只要将它们各自的径向运动速度矢量分解出来，并把它们等效叠加后赋予某一点，而把另一点视为不动，仍然可保持相对运动等效结果。对此，读者可以自行分析计算。

3.2.3　多普勒效应在导航中的应用

前面分两种情况介绍了产生多普勒效应的结果及相应计算公式，为了说明方便，以表格形式将其小结（见表 3.2.1）。

表 3.2.1　多普勒效应结果及计算公式

序号	相对运动情况	多普勒效应结果
1	收发一方运动	$f_d = \frac{V\cos\theta}{C} \cdot f_t$
2	收发同时运动	$f_d = \frac{2V\cos\theta}{C} \cdot f_t$

从表中可以看出，虽然两种情况的多普勒频移表达式有区别，但它们中的所含参量（如 f_d、V、θ、f_t、C）却是相同的。而且在一般情况下 f_t、C 是已知数，f_d 是观测量（测量值），V、θ 是待求相关量。由此可见，在导航中可以利用多普勒效应进行测角、测速；另外，前面提

到，如果能够感测到运行体的速度和初始位置，就可以进行推算定位；还有，如果对速度进行定时积分，得到的便是在这一时间段内（积分时段）运行体移动的距离，或该距离两端点到某一观测点（多普勒效应感测点）的距差；此外，多普勒效应既然是相对运动产生的，当然它也能用于识别静目标和动目标。总之，多普勒效应在无线电导航中的应用是十分广泛的，归结起来有下列几点。

① 多普勒测速和测地速。这在推算定位中是不可缺少的，是多普勒推算定位的基础，也是卫星导航测速的基础。

② 多普勒测角，包括测方位角、偏流角。测方位角的典型设备有多普勒伏尔（DVOR）、多普勒定向机。测偏流角是多普勒推算定位所必需的。

③ 多普勒推算定位，典型的设备有机载多普勒导航雷达。

④ 多普勒测距差，第一代卫星导航系统子午仪就是采用多普勒积分测距差定位原理的。

对以上应用的具体理解，需要专门学习与此相关的知识，其中有些将在后面加以介绍。

3.3 无线电信号

无线电导航所依托的物理基础就是无线电信号及其传播特性，通过对无线电信号的发射、传送、探测来获取导航信息，即导航信号先由导航发射机（或台）通过发射天线向空间辐射出去，经过一定的路径传播，到达导航接收机天线的信号被接收下来，并经过适当处理转换为所需导航参量。无线电导航一经出现便占据了主导地位，因此无线电信号可以看成最典型的导航信号。

无线电导航信号的具体形式多种多样，在时域中表现为不同的波形形状和序列格式，在频域中表现为特定的信号幅值谱和相位谱。无线电导航信号依据所利用的导航信号参数进行设计并构形，该信号需要由发射机发出，并经由开放空间的传播信道到达接收方，经接收处理获得所需导航参量。其中，开放空间内的不同传播环境将对无线电导航信号产生巨大的影响，是导致导航系统产生较大测量误差的主要原因，因此对这种影响的分析也显得尤为重要。而这种影响分析主要涉及的是在信道环境中电磁波与相关物质相互作用的效果研究，是一种物理效应的剖析。

本节将在分析无线电信号特性的基础上，分析不同传播环境对无线电导航信号的影响情况。概括起来可把影响分为三种状况：一是对导航信号传播速度的影响；二是对传播路径的影响；三是对信号电平的影响（干扰噪声含在其中）。

3.3.1 信号特性

1. 导航使用的无线电频率范围

到目前为止，无线电导航主要使用的频率范围为 10kHz～20GHz，导航使用的无线电频率范围及应用系统如表 3.3.1 所示。

表 3.3.1 导航使用的无线电频率范围及应用系统

序号	频率范围	导航系统	研制时间	原理	备注
1	（10～14）kHz	奥米伽（Omega）	1960 年	相位双曲线	超远程
2	（70～130）kHz	台卡（Decca）	1944 年	相位双曲线	近程

续表

序号	频率范围	导航系统	研制时间	原　理	备　注
3	（90～110）kHz	罗兰-C（Loran-C）	1957 年	脉冲/相位双曲线	远程
4	（1750～1950）kHz	罗兰-A（Loran-A）	1943 年	脉冲双曲线	中程
5	（100～1750）kHz	中波导航系统	1912 年	振幅式	近程
6	（108～118）MHz	伏尔系统（VOR）	1946 年	振幅相位式	近程
7	航向（108～118）MHz 下滑（329～335）MHz	仪表着陆系统（ILS）	1939 年	调制度差	着陆引导
8	（962～1213）MHz	地美仪系统（DME）	20 世纪 40 年代	脉冲测距	近程
9	（962～1213）MHz	塔康系统（TACAN）	1952 年	极坐标定位	近程
10	149.988MHz 399.968MHz	子午仪卫星导航系统（Transit）	1964 年	多普勒测距差	全球定位
11	1575.42MHz 1227.60MHz	全球定位系统（GPS）	1994 年	定时、测距 多普勒测速	全球定位
12	（5031～5090.7）MHz	微波着陆系统（MLS）	（1970—1980）年	时间基准波束扫描	着陆引导
13	（8000～13500）MHz	多普勒导航系统	1954 年	多普勒测速、推算	自主式
14	9370MHz	精密进场雷达（PAR）		测角/测距	着陆引导
15	（300～20000）MHz	各种雷达		测角/测距	近程/中程

2．无线电波的极化形式

无线电波的极化形式以其电场矢量的空间取向随时间变化的方式来区分，通常有线极化、圆极化、椭圆极化三类，而线极化又分为垂直极化和水平极化两种。

① 垂直极化波——电场矢量在参考平面法线方向上的电波称为垂直极化波。通常参考平面选为地平面（或水平面），所以垂直极化波的电场矢量垂直于地平面。利用垂直于地面的线天线辐射的电波为垂直极化波，当然接收这类波的天线也应是直立天线。

② 水平极化波——电场矢量平行参考平面的电波称为水平极化波，平行于参考平面（如地平面）的对称振子天线辐射的电波为水平极化波，同样接收水平极化波的天线也应是水平极化天线。

③ 圆极化波——电场矢量端点随时间变化的轨迹为圆的电波称为圆极化波，它可以由两个相互垂直、幅值相等且相位相差 90°的线极化波合成，也可以用专用天线产生。

④ 椭圆极化波——电场矢量端点随时间变化的轨迹为椭圆的电波称为椭圆极化波，它不是专门产生的，而是产生圆极化的条件不理想（如正交的两个线极化波幅值不相等或相位变化）导致的。

不同的极化形式需要不同的收发天线，不同的极化形式其传播特性也有所区别，如在某些频段和气象条件下，圆极化波或椭圆极化波损耗小；在地下或水面下，水平极化波比垂直极化波衰减慢；等等。

3.3.2　天线方向图

在无线电导航测角中，经常使用具有特定方向性的天线，这样才能具备测角的基础条件。所谓方向性天线是指该天线辐射信号场强在远区场空间相同距离的不同方向上具有大小不等的特性。天线方向图形象描绘了天线辐射场型在空间分布的情况。方向图有二维和三维之分，二维方向图有极坐标和直角坐标方向图两种形式，三维方向图有球坐标和直角坐标两种形式。

实际上，无论发射或接收，天线就是一个进行高频电流能量和电磁波能量转换的装置。理论上说，一个天线既可以发射信号，也可以接收信号，无论用作发射或接收，天线的基本特征参量保持不变。根据使用场合、工作频段等的不同，天线的结构有较大差异。天线工作原理分机械式、电扫式、相控式等，使用何种天线要根据具体电子设备加以整体考虑。此外，由于角度是两条射线相交来确定的，导航中的角度均由相对某一基准方向而定义，有时代表基准方向的信息要用专门的天线来发射，因此一个无线电测角系统中可能需要几套天线。总之，在无线电导航测角中，天线发挥着重要的作用。

目前，振幅式无线电导航测角系统应用的天线方向图主要有“8”字形、心脏形和窄波束形等。

1．“8”字形天线方向图

具有“8”字形天线方向图的归一化方向性函数为：

$$F(\theta)=\sin\theta \tag{3.3-1}$$

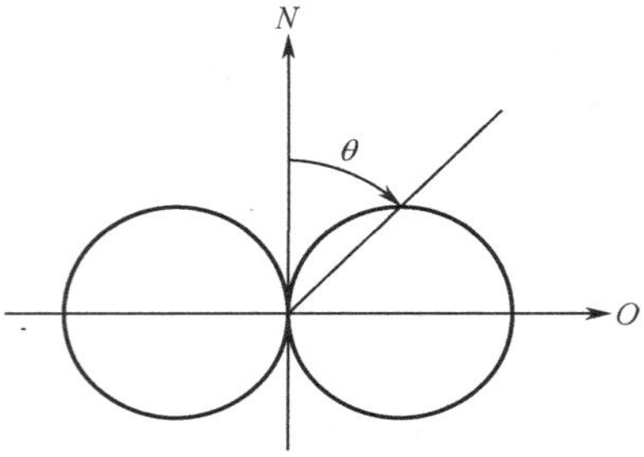

图 3.3.1 “8”字形方向图

式中，θ是以“8”字形对称轴为基准，顺时针为正向的夹角，如图 3.3.1 所示。

环状天线、H 形天线、分集天线都是具有“8”字形方向图的常用导航天线。下面以环状天线接收信号为例分析其方向特性。

环状天线特性分析如图 3.3.2 所示，垂直边高为 h，宽边长为 b，来波方向与环面法线方向 N 在水平面夹角为θ。在环状天线中所感应的电动势，等于天线各边感应电动势之和。

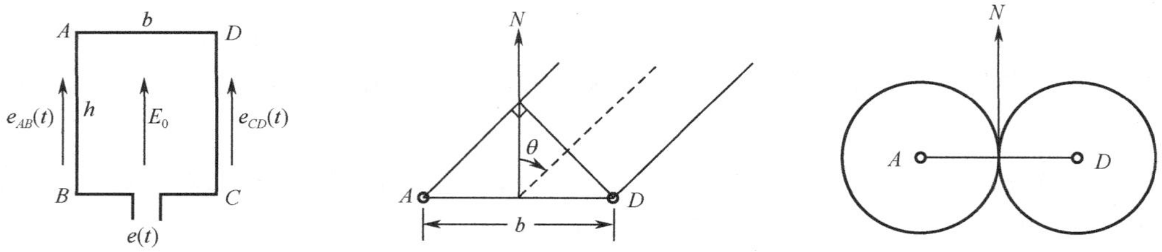

(a) 环状天线正视图 (b) 俯视图 (c) 水平方向图

图 3.3.2 环状天线特性分析

设来波信号为垂直极化波，环状天线平面垂直于地面放置。由于水平边 AD、BC 与电场矢量垂直，故其感应电动势为零，这样，环状天线感应电动势就等于 AB 和 CD 边内感应电动势之和：

$$e(t)=-e_{AB}(t)+e_{CD}(t)$$

如以天线几何中心处的信号相位为零，则$e_{AB}(t)$取“－”号是考虑到来波信号到达 AB、CD 边感应电动势的相位差，有：

$$e_{AB}(t)\approx E_0 h\sin\left(\omega t-\frac{b\pi\sin\theta}{\lambda}\right)$$

$$e_{CD}(t)\approx E_0 h\sin\left(\omega t+\frac{b\pi\sin\theta}{\lambda}\right)$$

式中，E_0 为天线外部电场强度；λ 为工作波长，代入 $e(t)$ 后得：

$$\begin{aligned} e(t) &\approx E_0 h\left[\sin\left(\omega t+\frac{b\pi\sin\theta}{\lambda}\right)-\sin\left(\omega t-\frac{b\pi\sin\theta}{\lambda}\right)\right] \\ &= 2E_0 h\sin\frac{b\pi\sin\theta}{\lambda}\cdot\cos\omega t \end{aligned} \tag{3.3-2}$$

若令：

$$E_m = 2E_0 h\sin\frac{b\pi\sin\theta}{\lambda} \tag{3.3-3}$$

则得：

$$e(t) = E_m\cos\omega t \tag{3.3-4}$$

式（3.3-3）就是环状天线感应电动势与电波传播方向间夹角 θ 的关系。在通常情况下，$\lambda >> b$，则：

$$\begin{aligned} E_m &\approx 2E_0 h\sin\frac{b\pi\sin\theta}{\lambda}\approx\frac{2E_0 hb\pi}{\lambda}\sin\theta \\ &= E_{m\max}\cdot\sin\theta \end{aligned} \tag{3.3-5}$$

可见环状天线在水平面的方向图呈“8”字形，如图 3.3.2（c）所示，其环面中心法线方向为最小值方向。为使用方便，常将“8”字形方向特性表示为归一化函数形式：

$$F(\theta)=\sin(\theta) \tag{3.3-6}$$

与环状天线有相同水平方向性的分集天线、H 形天线省去了水平边，分析方法与上述内容类似，但它们对消除极化误差很有利。

2. 心脏形天线方向图

具有心脏形天线方向图的方向性函数为：

$$F(\theta)=1+m\sin\theta \quad (0<m\leqslant 1) \tag{3.3-7}$$

心脏形天线方向图如图 3.3.3 所示。利用机械方式获得水平面上静止的心脏形方向图一般有两种方法：一种是由一个全向天线［$F(\theta)=1$］再加一个反向器或引向器构成的；还有一种是由一个全向天线与一个“8”字形方向图天线复合而成的，如图 3.3.3 所示。随着电子技术和天线设计水平的提高，还可以利用多振子天线，通过各振子馈电幅值或相位的不同，使信号在空间合成后形成如心脏形这样特定的方向图。

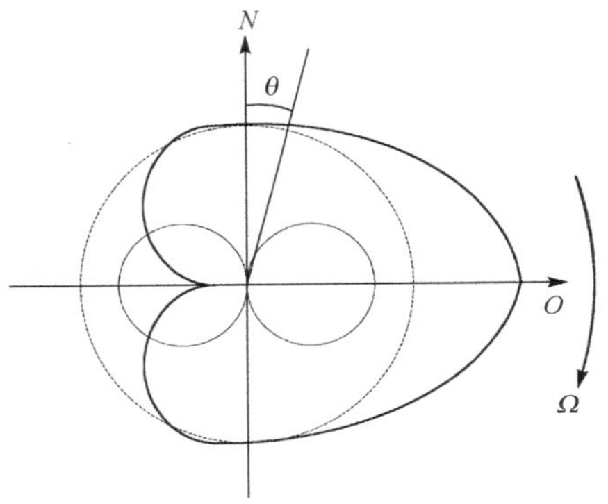

图 3.3.3　心脏形天线方向图

在无线电导航实际应用时，常常是将心脏形天线方向图以 Ω 角速度顺时针旋转，旋转的实现有机扫和电扫两种方式。这样，在天线周围任何一点观察，其接收信号幅值都是受调制的，包络信号表示为：

$$e(t)=E_m[1+m\sin(\Omega t-\varphi)] \tag{3.3-8}$$

式中，E_m 为载波信号振幅；Ω 为天线旋转角速率；φ 为调幅包络信号相位，与观察点的角位置 θ 有对应关系。后面将会了解到，这就是所谓的旋转天线方向图法测角原理。

3. 窄波束形天线方向图

利用窄波束形天线指向性强的特点，以获得无线电辐射源或反射体较为精确的方位（角度），是无线电导航测角常用的方法。有时以窄波束形天线进行信号发射，有时进行接收，有的则边发射边接收。

窄波束形天线的方向性函数根据天线结构及具体用途而有所不同，常用的几种表达式如下。

余弦函数：

$$F(\theta) \approx \cos\left(\frac{\pi}{2} \cdot \frac{\theta}{\theta_{0.5}}\right) \tag{3.3-9}$$

高斯函数：

$$F(\theta) \approx \mathrm{e}^{-1.4}\frac{\theta^2}{\theta_{0.5}^2} \tag{3.3-10}$$

辛克函数：

$$F(\theta) = \frac{\sin\left(\dfrac{2\pi\theta}{\theta_0}\right)}{\dfrac{2\pi\theta}{\theta_0}} \tag{3.3-11}$$

式中，$\theta_{0.5}$ 为半功率波束宽度；θ_0 为零功率波束宽度。窄波束形天线方向性函数 $F(\theta)$ 的直角坐标和极坐标形式如图 3.3.4 所示。

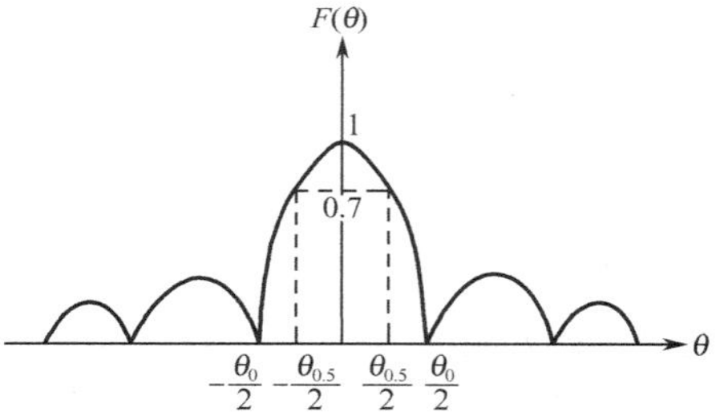

(a) 直角坐标形式

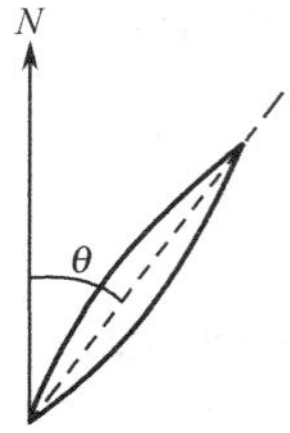

(b) 极坐标形式

图 3.3.4　窄波束形天线方向图

在实际使用中，窄波束形天线一般也以旋转扫描的方式工作，天线波束扫描方式分机械扫描和电扫描两大类。对于机械扫描方式来说，波束宽度取决于天线机械结构，通过电动机（液压马达）等带动天线体运动而实现天线波束扫描，它结构简单，但测角精度、扫描范围和速度受到限制；电扫描是采用电子技术使天线波束在空间扫掠，又可分为相位扫描、频率扫描等，目前采用较多的是相位扫描法，下面以 N 元直线阵为例对其原理进行介绍。

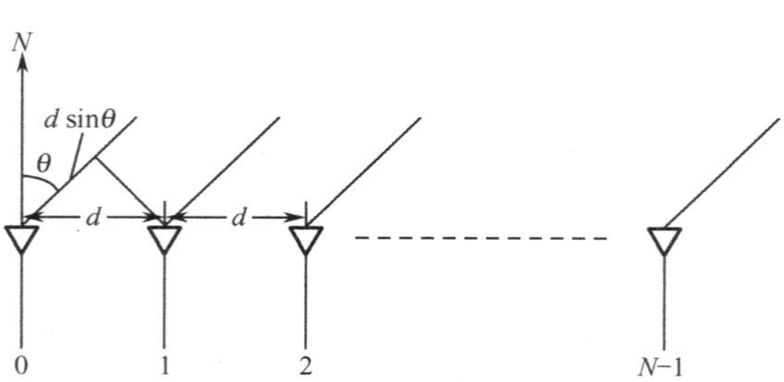

图 3.3.5　N 元直线阵天线结构示意图

相位扫描法采用移相器天线阵，利用控制移相器相移量来调整天线阵中各单元辐射场相位分布，从而实现波束扫描。在图 3.3.5 中，天线由 N 个间距均为 d 的辐射元阵列组成，设各辐射源为无方向性的点辐射源，且同相等幅馈电。以 0 号单元馈电信号相位为基准，在远区某一点的接收信号为各单元辐射场的矢量和，即：

$$E(\theta)=\sum_{k=0}^{N-1}E_k \mathrm{e}^{\mathrm{j}k\psi} \tag{3.3-12}$$

式中，E_k 为各单元在远区辐射场强的大小；ψ 为两相邻单元间波程差引起的相位差：

$$\psi=\frac{2\pi}{\lambda}d\sin\theta$$

因等幅馈电，故远区各单元的辐射场强基本相等，E_k 可用 E 表示，将式（3.3-12）按等比级数求和并运用欧拉公式，得：

$$\begin{aligned}E(\theta)&=E\frac{\mathrm{e}^{\mathrm{j}N\psi}-1}{\mathrm{e}^{\mathrm{j}\psi}-1}=E\frac{\mathrm{e}^{\mathrm{j}\frac{N}{2}\psi}}{\mathrm{e}^{\mathrm{j}\frac{\psi}{2}}}\frac{\mathrm{e}^{\mathrm{j}\frac{N}{2}\psi}-\mathrm{e}^{-\mathrm{j}\frac{N}{2}\psi}}{\mathrm{e}^{\mathrm{j}\frac{\psi}{2}}-\mathrm{e}^{-\mathrm{j}\frac{\psi}{2}}}\\&=E\frac{\sin\left(\frac{N}{2}\psi\right)}{\sin\frac{\psi}{2}}\mathrm{e}^{\mathrm{j}\left(\frac{N-1}{2}\psi\right)}\end{aligned} \tag{3.3-13}$$

将式（3.3-13）取绝对值并归一化，得归一化方向性函数：

$$F(\theta)=\frac{\sin\frac{N\psi}{2}}{N\sin\frac{\psi}{2}}=\frac{\sin\left(\frac{\pi Nd}{\lambda}\sin\theta\right)}{N\sin\left(\frac{\pi d}{\lambda}\sin\theta\right)} \tag{3.3-14}$$

显然，此天线最大辐射方向为天线法线方向（$\theta=0$）。当 θ 很小时：

$$\sin\left(\frac{\pi d}{\lambda}\sin\theta\right)=\frac{\pi d}{\lambda}\sin\theta$$

式（3.3-14）近似为：

$$F(\theta)=\frac{\sin\left(\frac{\pi Nd}{\lambda}\sin\theta\right)}{\frac{\pi Nd}{\lambda}\sin\theta} \tag{3.3-15}$$

由式（3.3-15）可得半功率波瓣宽度：

$$\theta_{0.5}\approx\frac{0.886}{Nd}\lambda(\text{弧度})=\frac{50.8}{Nd}\lambda(\text{度})$$

当 $d=\frac{\lambda}{2}$ 时，$\theta_{0.5}\approx\frac{100}{N}$。可见，要产生一个平面波瓣宽度为 $1°$ 的波束，需要用 100 个间隔 $\frac{\lambda}{2}$ 的辐射源组成天线阵。

为了使波束在空间迅速扫描，可在每个辐射源后面接一个可变移相器，如图 3.3.6 所示。

设各单元移相器的相移量分别是 0，φ，2φ，…，$(N-1)\varphi$，此时在天线阵法线方向上各单元的辐射场不能同相相加，因此不是最大辐射方向，而在偏离法线一个 θ_0 角的方向上，由于天线单元之间波程差引起的相位差抵消了移相器引入的相移，从而在远区接收点电场同相叠加而获得最大值，即这时波束就由天线阵法线方向（$\theta=0$）变为θ_0方向。控制各移相器的相移可改变同相波前的角度位置，从而改变波束指向，达到扫描的目的。

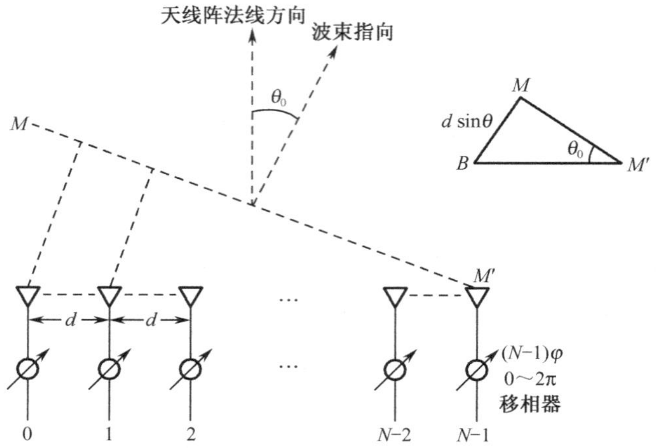

图 3.3.6　相扫天线简图

接收信号场强可表达为：

$$E(\theta)=E\sum_{k=0}^{N-1}\mathrm{e}^{\mathrm{j}k(\psi-\varphi)}$$

令$\varphi=\dfrac{2\pi}{\lambda}d\sin\theta$，式（3.3-14）变为：

$$F(\theta)=\frac{\sin\left[\dfrac{\pi Nd}{\lambda}(\sin\theta-\sin\theta_0)\right]}{N\sin\left[\dfrac{\pi d}{\lambda}(\sin\theta-\sin\theta_0)\right]} \tag{3.3-16}$$

由式(3.3-16)看出：在$\theta=\theta_0$方向上，$F(\theta)=1$，有主瓣存在，主瓣方向由$\varphi=(2\pi/\lambda)d\sin\theta_0$决定，只要控制移相器的相移量$\varphi$，就可控制最大辐射方向$\theta_0$，从而形成波束扫描。

应提及的是，天线阵除主瓣外，还存在副瓣（栅瓣），它是对窄波束的使用有害的部分。为消除栅瓣，对天线单元间隔要加以限制。当θ_0在±90°范围内扫描时，应使$d<\lambda/2$；当θ_0扫描范围减小时，对天线单元间距的限制可稍放宽。另外，在波束扫描时，扫描的偏角越大，波束越宽，天线增益越小，天线性能变坏。为了不使天线性能变得很坏，也应限制扫描角度范围。

3.3.3　传播方式

无线电信号的传播方式主要包括地波传播、天波传播和直达波传播三种形式。

地波传播是指信号自发射天线辐射出来后沿近地面的传播，它包括地表面波、地面直达波和地表面绕射波。频率比较低的电波如长波或超长波一般都利用地波为基本传播形式，地波传播的场强和相位比较稳定。

天波传播是指信号自发射天线辐射出来后，被高空电离层反射回来的传播形式。一般只有短波波段的电波才被电离层反射导致天波。利用天波可扩大导航工作区，但精度比地波差，因为天波受电离层变化影响大。

直达波传播是指信号自发射天线辐射出来后，按直线路径直达接收点的传播形式。超短波段以上的导航系统一般均利用直达波。

1. 电波在自由空间（或在真空中）的传播

自由空间是一个无限大、无任何介质的空间，这是电波传播的理想空间。在这种条件下，电波传播的基本特性有下列三点：

① 电波传播的速度是恒定不变的，其数值等于光速 C（$C = 3\times10^8 \text{m/s}$）；

② 电波传播路径是直线；

③ 电波传播的路径损耗（或衰减）与功率密度的发散有关。

通常定义自由空间的传输损耗 L_{dB} 为：

$$L_{\text{dB}} = 10\lg\frac{P_{\text{t}}}{P_{\text{r}}} = 20\lg\left(\frac{4\pi r}{\lambda}\right) \tag{3.3-17a}$$

L_{dB} 的单位为 dB。由此可见，自由空间电波传播的损耗只与路径 r 和波长 λ 有关。而在工程上自由空间的传输损耗则可以表示为：

$$L_{\text{dB}} = 32.44 + 20\lg f + 20\lg r \tag{3.3-17b}$$

式中，L_{dB} 的单位为 dB；f 的单位为 MHz；r 的单位为 km。

电波传播的基本特性是无线电导航实现的根本依据。利用电波传播速度是恒定不变的性质，可以通过测量波达时间（TOA）来获取电波传播距离或者发射源的距离；对以视线传播方式发出的直达波，通过测量波达方向（DOA）就能够获得发射源所在方位信息。因此，电波传播的恒速性和直线性就分别成为无线电导航测距、测角的物理基础和应用的根本依据。

2. 电波在非自由空间的传播

非自由空间中的电波传播情况比较复杂，为了便于分析，将其分成均匀媒质和非均匀媒质两种情况。在均匀媒质中电波传播路径是直线，传播速度 V 是恒定不变的，其值为：

$$V = \frac{C}{\sqrt{\varepsilon_{\text{r}}\mu_{\text{r}}}} \tag{3.3-18}$$

通常一般媒质中相对磁导率 μ_{r} 为 1，所以 V 为：

$$V = \frac{C}{\sqrt{\varepsilon_{\text{r}}}} \tag{3.3-19}$$

式中，ε_{r} 为媒质相对介电常数，一般 $\varepsilon_{\text{r}} > 1$。可见电波在均匀媒质中的传播速度要低于光速 C。

在均匀媒质中传播的损耗主要是由两方面因素引起的：一是和自由空间中传播一样，有功率密度的扩散性损耗；二是媒质吸收性损耗，由它引起的衰减因子 A 定义为：

$$A = E/E_0 = A_m \text{e}^{-\text{j}\varphi_A} \tag{3.3-20}$$

式中，$A_m = \dfrac{|E|}{|E_0|}$ 是 A 的模；φ_A 是其相位；E、E_0 分别是在相同距离、相同发射功率与工作频率条件下，同一接收点接收的均匀媒质传播的场强和自由空间传播的场强。所以均匀媒质中的传输损耗 $L_{A\text{dB}}$ 为：

$$L_{A\text{dB}} = 20\lg\left(\frac{4\pi r}{\lambda}\right) - 20\lg A_m \tag{3.3-21}$$

在非均匀媒质中，电波传播的速度、路径损耗都是随媒质的特性变化而变化的，其速度变化由式 $V = C/\sqrt{\varepsilon_{\text{r}}\mu_{\text{r}}}$ 决定，而路径损耗变化复杂得多。媒质的不均匀可能是同一媒质的不均匀，也可能是通过不同的媒质；可能是缓变性的不均匀，也可能是突变性的不均匀，还可能是随机变化的不均匀。在这种条件下，电波传播的路径肯定不是直线的，它可发生折射、散射、绕射、反射等类似光学中的现象，其折射和反射的规律如图 3.3.7 所示，折射角 θ_1 与入射角 θ_2 的关系为：

$$\frac{\sin\theta_1}{\sin\theta_2}=\frac{\sqrt{\varepsilon_{r2}}}{\sqrt{\varepsilon_{r1}}} \tag{3.3-22}$$

反射角 α_2 与入射角 α_1 的关系为： $\alpha_1=\alpha_2$ 。

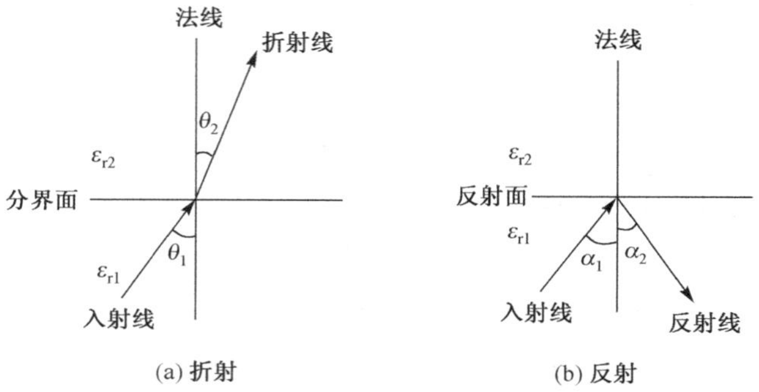

图 3.3.7 电波折射与反射情况

绕射一般在波长比较长的频段内发生，其绕射能力可用菲涅耳效应分析。散射只有在媒质中出现局部区域不均匀突变情况下发生，导航中不能利用这种传输方式（通信中可用）。

3. 地波传播特性

地波是沿地球表面传播的电波，其一侧是空气介质，另一侧是半导电的地面（或近似导体的海水面），界面两侧的电磁场要符合边界条件。

地波传播方式是中长波段电波的主要传播方式，且以横磁波模式传播，即在传播方向上只有纵向电场分量而无纵向磁场分量，波长越长（或频率越低），衰减越慢，传播距离越远。另外，根据理论分析，横磁波的边界面空气部分其电场垂直分量远大于水平分量，合成场是椭圆极化，且波阵面和地面有一个倾斜角，地面上空气中用直立天线接收为好；界面以下的地下部分（或水下部分，有限深度）则电场的垂直分量衰减很快，而导致水平分量大于垂直分量，所以在地下或水下采用水平接收天线为宜，如图 3.3.8（a）、（b）所示。

另外，地面波在经过陆/海或海/陆交界处传播时，会产生海岸效应，主要表现在两个方面：一是路径发生折射；二是场强发生突变。这是由于海岸线两边的传播媒质不同，边界条件发生突变导致的（一边的边界条件是空气/陆地，另一边的则是空气/海水），上述两种现象如图 3.3.8（c）、（d）所示。

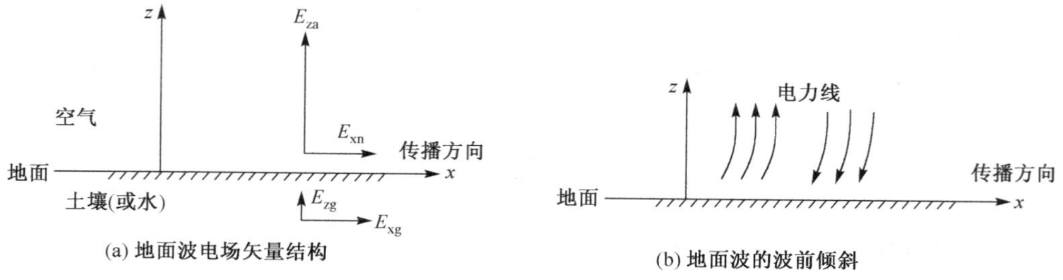

图 3.3.8 地面波传播示意图

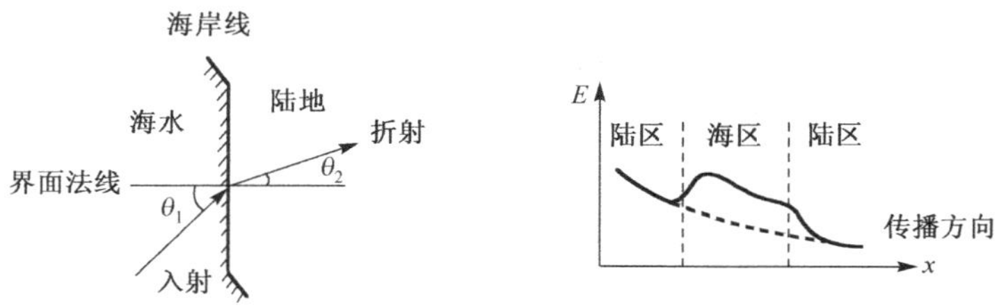

(c) 海岸折射现象　　(d) 不同路段电场文化

图 3.3.8 地面波传播示意图（续）

4. 直达波传播特性

直达波有时也称视距波，是超短波和微波的主要传播方式，它除了易受障碍物遮挡反射外，其传输距离不仅与信号场传输损耗有关，还与可视距离有关。在距地面高度有限的两点间，可视距离或最大作用距离 D_{max}（见图 3.3.9）通常用下面的经验公式计算：

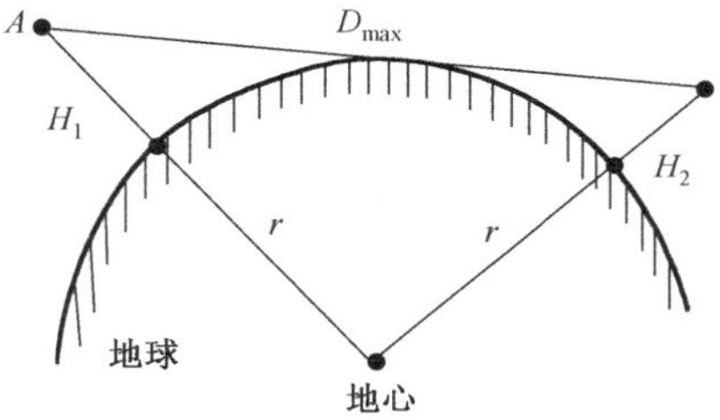

图 3.3.9 直达波最大可视距离

$$D_{max} = 3.57(\sqrt{H_1} + \sqrt{H_2}) \tag{3.3-23}$$

或

$$D_{max} = 4.12(\sqrt{H_1} + \sqrt{H_2}) \tag{3.3-24}$$

式中，D_{max} 的单位为 km；H_1、H_2 分别为收发天线离地面高度，单位均为 m。

式（3.3-23）是以地球平均物理半径为半径的地球模型推出来的，计算结果在一般情况下与实际相比偏小一点；式（3.3-24）是以标准大气条件下，考虑了大气对电波产生的标准折射后，利用等效半径作半径的地球模型推出来的，其计算结果和实测数据很接近（标准折射条件下等效半径是物理半径的 4/3 倍）。

3.3.4 信道特性分析

无线电导航建立的基础是无线电波在均匀媒质（或真空）中的直线传播和恒速传播，尽管实际环境既不是绝对均匀的，也不是真空的，但它是可近似或可测算的。任何一种无线电导航系统，不管是自主的还是他备的，测距的还是测角的、脉冲式的还是相位式的，它们都是基于这两个基本特性。如果传播路径未知，传播速度也未知，无线电导航就无从谈起，这也是无线电导航（或无线电测量）和无线电通信相区别的关键之处。因此，研究信道及其对电波传播影响就显得尤为重要。

1. 大气层结构

人们普遍认为，大气层的最高限度可达 16000km，但由于 100km 是航天器绕地球运动的最低轨道高度，所以人们一般以距离地球表面 100km（也有 80km 和 120km 等多种提法）的高度作为“空”与“天”的分水岭，100km 以下称为大气空间。

飞机一般都有一个最高飞行高度，即静升限，对于普通军用和民用飞机来说，静升限一般为 18～20km，这个高度同时也是对流层与平流层分界的高度，通常将这一空间称为航空空间。在飞机最高飞行高度与航天器绕地球运动的最低轨道高度之间有一层空域，对应高度为 20～100km，这层空域被称为临近空间，该空间自下而上包括大气平流层区域、中间大气层区域和部分电离层区域。随着技术和应用需求的发展，人们将传统的航空空间进一步向上扩展，将临近空间定义为航空空间的超高空部分。图 3.3.10 给出了大气空间分布示意图。

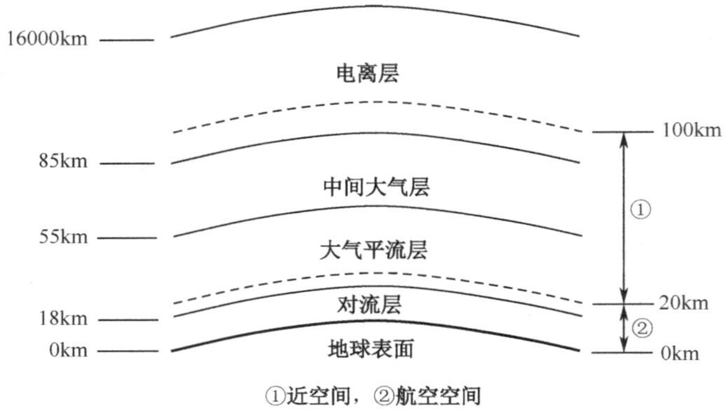

图 3.3.10 大气空间分布示意图

大气空间在垂直空间范围内包括对流层和平流层。对流层是地球大气中最低的一层。对流层中气温随高度增加而降低，空气的对流活动极为明显。对流层的厚度随纬度和季节而变化，它集中了大气中约 3/4 的质量和几乎全部水汽，是天气变化最复杂和对航空活动影响最大的层次。风暴、浓雾、低云、雨雪、大气湍流等对飞行构成较大影响的天气现象都发生在对流层中。平流层位于对流层之上，空气稀薄，底部距离地面 20km 左右，顶部距离地面 85km 左右，在平流层中，空气的垂直运动较弱，水气和尘埃较少，气流平稳，能见度好。

2. 晴空大气（对流层）信道

大气中含有大气分子，当无线电波通过它们时将会被吸收，引起衰落。带有极性的分子造成的衰落最大，如水分子，这些分子排列起来形成一个电场，而电场方向会随着电波发生变化，分子持续不断地重新排列，因此引起明显的损耗。频率越高，这种分子重新排列将会进行得更迅速，因此，吸收损耗随着频率增加将会大大加强。而没有极性的分子，如氧气，由于磁矩的存在也会吸收电磁能。对于氧气分子和水分子的吸收衰减分析，有专门的文献对此进行阐述，读者可查阅参考。

3. 雨衰信道

对流层主要由各种小颗粒的混合物构成，这些颗粒的尺寸变化范围很大，小到组成大气的各类分子，大到雨滴和冰雹。电磁波通过由很多小微粒组成的介质会产生两种损耗，也就是吸收衰减和散射衰减。

当无线电波能量转换成热能时就产生了吸收衰减，这种转换是由于大气分子或雨滴造成的。而散射衰减是由于电波沿着不同的方向传播，所以仅仅一小部分能量到达了接收机。散射过程具有极强的频率选择性，当波长比微粒大时，其散射衰减就会变小。

当频率高于 10GHz 时，雨水是影响大气中电磁波传播的决定性因素，且频率越高、降雨量越大，雨水产生的衰减量越大。而无线电波传播路径上的雨滴数量、雨滴大小和雨程长度都会使信号传播产生衰减。

雨水除了产生的功率衰减外，对无线电波产生的另一个影响是去极化作用，在双极化系统中尤为突出，即每个极化波的部分能量被转化成了正交极化的能量，结果是交叉极化泄漏引入了互极化干扰，其详细影响效果的分析读者可参考相关资料。

3.3.5　电波传播对无线电导航信号的影响

1. 传输失真

传输失真是指信号波形通过媒质传播后发生的波形形状非线性变化。它是由色散效应和多路径效应两种因素中的一种或两种共同导致的。

色散效应指的是媒质的等效相对介电系数与频率有关（随频率不同而不同）的现象。无线电导航信号一般均有特定带宽（包含许多不同频率），因此导致带内各频率成分传播速度不一致，不能保持原来的幅相关系，引起传播后波形失真，这种失真就是色散效应。对流层对20GHz 以上的无线电波、电离层对 30MHz 以下的电波存在色散效应。

多路径效应指的是同一信号通过不同路径（如直达的、不同方向反射的）到达某一共同点相互叠加产生的效应。这种情况通常认为不同路径的传播速度是相同的，但走的路径长度不同，所以路径传播延时也就不同。另外，反射信号一般在反射点处发生相位突变，电平也有变化（与反射系数幅相有关），所以多径信号在一点叠加时或改变原信号波形（非色散直达信号），或引起虚假信号跟随（脉冲波在延时差大于脉宽时），图 3.3.11 是脉冲信号多路径干涉示意图。从图中可见，波形改变将影响隐含在波形中信息的准确性。例如，若用脉冲沿作为定时点，就会影响定时精度；若脉冲是编码的，严重时可造成码间串扰无法译码；虚信号跟随的，可引起错误跟踪（或捕获）。这些均对导航信号会造成干扰或破坏。

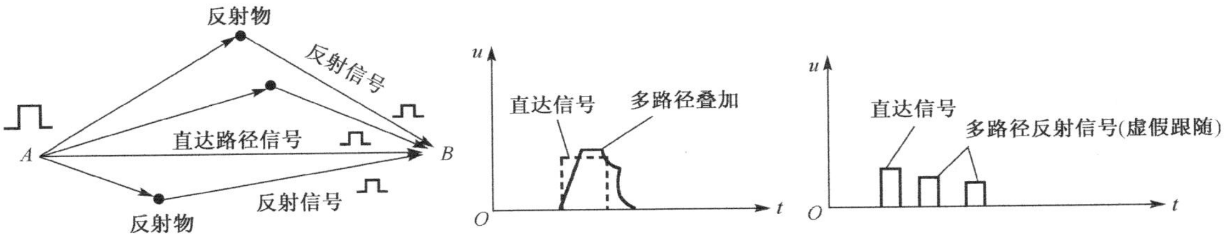

(a) 多路径信号示意图　(b) 多路径时间差较小时　(c) 多路径时间差超过脉宽时

图 3.3.11　多路径干涉示意图

2. 对无线电导航测距（含测距差）信号的影响

不管什么方式的无线电测距，归根到底是测电波从一点到另一点的传播时间，其基础是电波的直线和恒速传播。由此可见，上面提到的信号失真会导致测时不准，虚假跟随可导致测时错误（或虚假），路径弯曲（折射效应）和速度变化都可引起计算距离的偏差。这三点是电波传播对测距信号的主要影响。在近程导航中或其传播媒质特性无显著变化时，通常把速度视为恒定，路径弯曲有时也可忽略，色散也不考虑，但多径效应（主要指超短波以上频段）影响是绝对不能忽略的。在远程或媒质发生突变（如从空气中进入水下）则上述各因素都必须予以考虑。对于测距差来说，路径弯曲和速度变化的影响比测距要弱一些，因为它只影响距差部分，实际路径相同部分只要媒质影响效果一致则互相抵消了。

3．对无线电测角信号的影响

无线电测角实现的基础是电波传播的直线性，因此传播路径的弯曲特别是明显的界面折射、反射都会对测角产生严重影响。另外，波形失真对某些测角系统的信号检测也有一定影响（主要对相位式测角）。而传播速度的不恒定对测角信号影响不大，可忽略不计。

4．对无线电导航测速信号的影响

无线电导航中的测速主要是利用多普勒效应进行，实用系统有两类；一种是多普勒导航雷达，信号传输路径较短，这一种情况传播路径是直线，速度是恒速，但多路径影响很明显；另一种是卫星导航系统的无线电测速，其信号传播路径很长，媒质变化很大（如整个电离层、平流层、对流层），这时电波传播中的几乎全部现象都会发生，如色散效应、路径弯曲（折射）、速度变化等，其中比较明显的是路径弯曲和速度变化，它们将引起测速误差。

总之，电波传播对导航信号的具体影响很复杂，除上面概括性的介绍之外，具体影响还与实际系统信号形式有关，需要在学习导航系统的知识时进一步认识或阅读专门资料。

3.3.6 场地环境对无线电导航信号的影响

前面介绍的电波传播中的一些基本特性对无线电导航信号的影响问题，有些已涉及场地环境的因素，这里将在此基础上进一步讨论场地环境对地基导航系统特别是台站性能的主要影响问题。因为地基导航系统（或离地面不很高的空基系统同样存在类似问题）的地面台站和用户设备在实际应用中，不可能处于一个理想自由空间环境中，必然会存在各种不同形态和特性的地物（如山、楼房、建筑物、地面等）影响，这些影响也是很复杂的，这里也只能就其主要的几种类型进行概要介绍。

因为长波和超长波波长都相当长，一般地物的尺寸和其波长相比较小，所以这类信号绕射能力很强，除高大山脉和宽广湖海对其有明显影响外，一般地物影响不大；而中波、短波特别是超短波以上频段的导航信号，则场地环境影响很明显，主要可归结为地物对信号的遮挡影响及反射与二次辐射影响两种。

1．地物对信号的遮挡分析

超短波以上频段的信号主要以直线传播为主，其绕射能力很弱，而且波长越短，绕射能力越差。概括地说，地物对信号的遮挡程度和地物尺寸与波长之比及地物所处位置有关，这种现象可以借助于菲涅耳效应来进行分析。

（1）菲涅耳效应及菲涅耳区

① 菲涅耳效应。

菲涅耳原理认为，电磁波由辐射源“O”向某一点 A 传播时，除沿 $\overline{OA}$ 直线传播的信号之外，还有无穷多二次辐射源到 A 点的信号，因此 A 点的信号是直达信号和二次辐射信号的总叠加结果。所谓菲涅耳原理提及的二次辐射源是图 3.3.12（a）所示的假设源，它是这样假设的：在 O、A 两点间作一个垂直 $\overline{OA}$ 的平面 S，该平面把 $\overline{OA}$ 分成两段：一段是 ρ_0，另一段是 r_0。发射源“O”发出的信号首先照射 S 平面，平面上的每个单位面积都分布一定能流（或功率）密度，它作为二次辐射源向 A 点辐射，A 点收到的信号则是直达信号和这些二次辐射源信号的总和，也可以说是直达信号和多路径信号的总和。从图中可以看出，由“O”辐射经二次源

辐射的信号到达 A 点的路径和由 O 点直接到达 A 点的路径正好构成一个三角形，一个是经历了一边长度，另一个是经历了两条边的长度，显然两边之和大于第三边，对沿直达信号和二次辐射信号在 A 点观察比较，前者幅值大，相位超前。

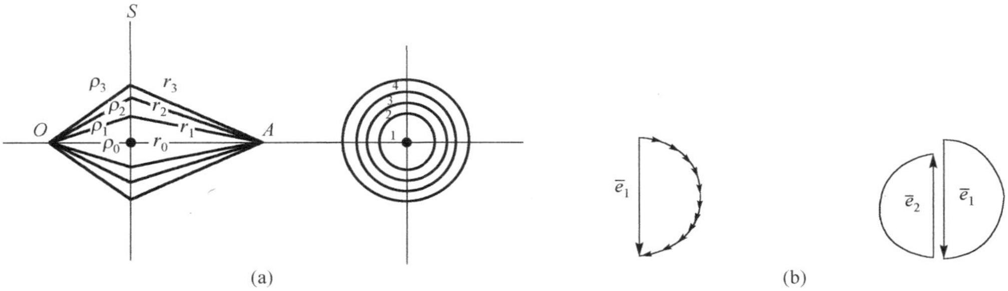

图 3.3.12　菲涅耳效应示意图

众所周知，正弦型信号在叠加时，只要互相之间相位差在180°之内（相当于路程差在半波长之内），则叠加后仍为加强，但当相位差在等于或大于180°而又小于360°期间，它便与前者相反。将 S 平面上画出不同半径的圆，它们到“O”“A”的距离分别为 ρ_1，ρ_2，ρ_3，…，ρ_n；r_1，r_2，r_3，…，r_n，它们之间的关系如下：

$$\left.\begin{aligned}\rho_1+r_1-(\rho_0+r_0)&=\frac{\lambda}{2}\\ \rho_2+r_2-(\rho_1+r_1)&=\frac{\lambda}{2}\\ \rho_3+r_3-(\rho_2+r_2)&=\frac{\lambda}{2}\\ &\vdots\\ \rho_n+r_n-(\rho_{n-1}+r_{n-1})&=\frac{\lambda}{2}\end{aligned}\right\}\tag{3.3-25}$$

也可以表达为：

$$\rho_n+r_n-(\rho_0+r_0)=n\cdot\frac{\lambda}{2}\tag{3.3-26}$$

式中，λ 为波长；n 为 1，2，3，4，…，∞的整数，通常 n 越大，由二次源来的信号越弱，工程上一般取到 3 就可以了。

② 菲涅耳区。

式（3.3-25）已经基本上给出了菲涅耳区的边界表达式，在特定平面 S 上，最里边的圆面积标号为“1”，称为第一菲涅耳区；在第二个圆和第一个圆之间包围的圆环带称为第二菲涅耳区；以此类推。S 平面向左或向右无限移动，可以证明每个菲涅耳区的边界面是一个以 O、A 为两个焦点的椭球面，由表达式（3.3-26）得：

$$\rho_n+r_n=\rho_0+r_0+n\frac{\lambda}{2}\tag{3.3-27}$$

当 n 一定时，ρ_n+r_n 为常数（椭球模型）。由此可见，第一菲涅耳区实际上是以 O、A 为焦点，由$\rho_1+r_1=\frac{\lambda}{2}+\rho_0+r_0$的椭球体所包容的整个区域，而第二菲涅耳区则为$\rho_2+r_2=\lambda+\rho_0+r_0$椭球体与$\rho_1+r_1=\frac{\lambda}{2}+\rho_0+r_0$椭球体之间包容的区域或两椭球面之间的夹层带，其余类推。每个区域信号在A点的叠加见图3.3.12（b），若令第一区的叠加结果为$\overline{\boldsymbol{e}_1}$，第二区的为$\overline{\boldsymbol{e}_2}$，第$n$区的为$\overline{\boldsymbol{e}_n}$，则合成信号$\overline{\boldsymbol{e}}$为：

$$\overline{\boldsymbol{e}}=\overline{\boldsymbol{e}_1}-\overline{\boldsymbol{e}_2}+\overline{\boldsymbol{e}_3}-\overline{\boldsymbol{e}_4}-\cdots=\sum_{n=1}(-1)^{n-1}\overline{\boldsymbol{e}_n} \tag{3.3-28}$$

式中，n为菲涅耳区序号。从图3.3.12中可以看出：其一，信号波长越短（或频率越高），则椭圆越扁，当波长趋近无穷小时，$\rho_1+r_1\approx\rho_0+r_0$，第一菲涅耳区近似成一条线。反之，当波长增大时，椭圆增宽。其二，每个菲涅耳区中到达A点的合成信号强度不同，即$\overline{\boldsymbol{e}_1}$，$\overline{\boldsymbol{e}_2}$，$\overline{\boldsymbol{e}_3}$，…幅值不同，且随序号的增强而递减，所以不同区对$A$点中的合成信号场的影响是不同的，其中第一菲涅耳区影响最大。

菲涅耳区的尺寸可以根据下述公式计算，令R_n为第n号菲涅耳区外椭球面和参考平面相截半径，当$n=1$时，$R_n=R_1$，则有：

$$\rho_1=\sqrt{\rho_0^2+R_1^2}=\rho_0+\frac{R_1^2}{2\rho_0} \tag{3.3-29}$$

$$r_1=\sqrt{r_0^2+R_1^2}=r_0+\frac{R_1^2}{2r_0} \tag{3.3-30}$$

$$\rho_1+r_1-(\rho_0+r_0)=\frac{R_1^2}{2}\left(\frac{1}{\rho_0}+\frac{1}{r_0}\right)=\frac{\lambda}{2} \tag{3.3-31}$$

$$R_1=\sqrt{\frac{\lambda\rho_0 r_0}{\rho_0+r_0}} \tag{3.3-32}$$

对于第n菲涅耳区，则：

$$R_n=\sqrt{\frac{n\lambda\rho_0 r_0}{\rho_0+r_0}} \tag{3.3-33}$$

由式（3.3-33）可见，ρ_0+r_0为两参考点O、A之间距离，通常为已知尺寸，ρ_0和r_0的大小与所取的参考平面位置有关，一但参考平面取定后，则R_n的大小仅与“$n\lambda$”有关。若令$R=\frac{\rho_0 r_0}{\rho_0+r_0}$，它的大小仅与两参考点距离和参考平面位置有关，则式（3.3-33）可写为：

$$R_n=\sqrt{n\lambda R} \tag{3.3-34}$$

利用式（3.3-34）可对菲涅耳区的横向尺寸进行定量计算。

（2）地物对信号的遮挡分析

地物对信号的遮挡是指地物已深入到主要菲涅耳区，特别是第一区，如图3.3.12（a）所示。对于同一尺寸的地物，遮挡情况和O、A之间距离、地物相对O与A的位置、工作波长三者有关，这可以由式（3.3-34）定量计算。如当$n=1$、$\lambda=9\text{m}$、$\rho_0+r_0=900\text{m}$时，则$R_1=\frac{1}{10}\sqrt{\rho_0 r_0}$，若

$\rho_0 = 1\text{m}$、$r_0 = 900 - 1 = 899\text{m}$，则 $R_1 = 3\text{m}$，这就是说如果在 O、A 之间离 O 点（发射源）1m 处垂直 $\overline{OA}$ 放置一个直径为 $2R_1 = 6\text{m}$ 的圆面屏蔽物，就可以把第一区的信号遮挡；而同样这个面积的遮挡物若放在 $\rho_0 = 450\text{m}$ 处，则 $R_1 = 45\text{m}$，直径为 $2R_1 = 90\text{m}$，它是 6m 的 15 倍，所以它仅遮挡了一小部分。

众所周知，地物一般是拔地而起的，O、A 点都是地面以上即离地面一定高度的点，地物遮挡首先从下边高序号区进入主要区，通常是局部遮挡，而且只有进入 1、2 区且横向尺寸较大的地物才有明显影响。

2. 地物对信号的反射与二次辐射

（1）地物对信号的反射

地物对信号的反射在前面已提到，它遵循光学反射原理。反射的情况是很复杂的，它与入射信号的入射角、信号波长及极化类型、反射面情况（含起伏情况、尺寸大小、电特性等）有关。一般来说，信号在反射面处发生反射，除改变传播方向外，还要在反射处发生幅值和相位的突变（具体与反射系数幅相特性有关）。另外，如果某一接收点的接收信号是直达波和反射波合成时，则还要考虑两信号的路径差引起的相位差问题。

为便于分析，一般的反射通常分解成水平面和垂直面两类，前者有时叫镜面反射，后者称为侧反射。不管是哪一类反射，当要分析主要反射面部位和尺寸时，都要考虑菲涅耳效应和区域问题。图 3.3.13 所示是镜面反射时的菲涅耳效应示意图，图中 T 点是发射信号源，R 点是接收点，T 点信号经由两个路径到达 R 点：一路是直达信号（也要经 T、R 两点为焦点的菲涅耳区传过去），另一路是由 T 点沿入射角 ψ 在地面形成反射信号到 R 点，这种反射现象可用镜像法进行分析。

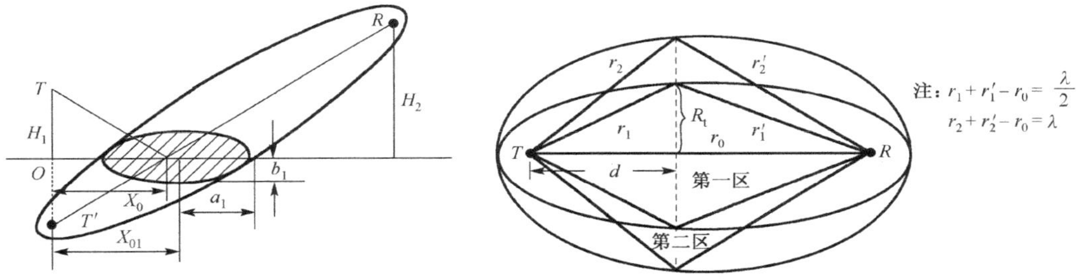

图 3.3.13 镜面反射时的菲涅耳效应示意图

将 T' 看成 T 点相对地面的镜像点，然后将 T'、R 作为两焦点形成反射信号的菲涅耳区，这个菲涅耳区与地面的相交面则为菲涅耳效应反射面，特别是第一菲涅耳区对应的反射面将是重要反射区，实际应用中常常需要确定它的位置和边界尺寸。令 x_0 为 T 点的信号沿 ψ 角入射的反射点至 T 在地面上的投影点 O 的距离，x_n 为第 n 个菲涅耳区对应的反射椭圆面的中心点到 O 点的距离，a_n 为该椭圆的长半径，b_n 为椭圆短半径，H_1 为 T 点离地面高度，λ 为工作波长，在 $H_2 = H_1$ 时，则得：

$$x_n = x_0 \left(1 + \frac{n\lambda}{2H_1 \sin\psi}\right) \tag{3.3-35}$$

$$a_n = \frac{1}{\sin\psi}\left[\frac{n\lambda H_1}{\sin\psi}\left(1 + \frac{n\lambda}{4H_1 \sin\psi}\right)\right]^{\frac{1}{2}} \tag{3.3-36}$$

$$b_n = a_n \sin\psi \tag{3.3-37}$$

当只考虑第一菲涅耳区时，则：

$$x_1 = x_0\left(1+\frac{\lambda}{2H_1\sin\psi}\right) \tag{3.3-38}$$

$$a_1 = \frac{1}{\sin\psi}\left[\frac{\lambda H_1}{\sin\psi}\left(1+\frac{\lambda}{4H_1\sin\psi}\right)\right]^{\frac{1}{2}} \tag{3.3-39}$$

$$b_1 = a_1 \sin\psi \tag{3.3-40}$$

其中：

$$x_0 = H_1\cot\psi \tag{3.3-41}$$

对于侧反射可用类似的方法进行分析。

镜面反射（平坦地面或水面）将影响信号场在垂直面内的分布，使信号场在垂直面内出现多波瓣，而且 H_1 越高，则在垂直面内形成的波瓣越多，这是因为垂直面内任何一点的信号场均可以看成直达波和反射波叠加的结果。在叠加时，反射信号场和直达信号场相比幅相均有差别，通常反射信号幅值较小（因路径长，反射时有衰减），相位发生两种变化，即路径差引起的相位延迟和反射时的相位突变。因而叠加后有时是加强，有时是削弱，加强和削弱是随仰角变化而有规律地变化，同相叠加时对应波瓣最大值方向，反相叠加时对应波瓣最小值方向，这些最小值方向通常称为多波瓣零区，且由最靠近地面的一个开始向上随仰角增加排序分别为第一零区、第二零区、……（见图 3.3.14）。这些信号零区有时会在系统有效工作区内存在多处，它会影响这些区域的工作可靠性，甚至出现局部信息丢失现象。

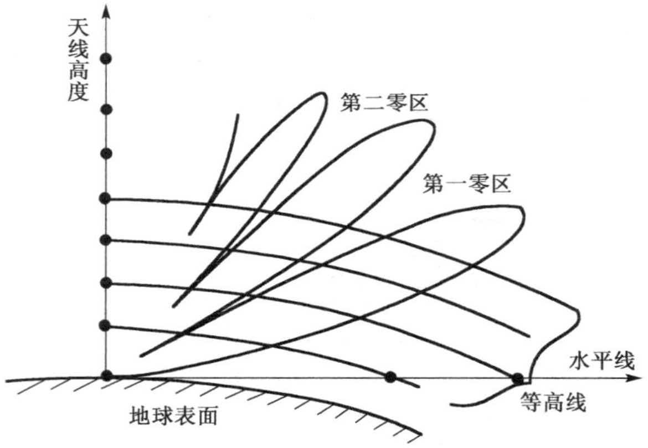

图 3.3.14　镜面反射引起垂直面场型变化示意图

另外，侧反射也会改变场形分布，它主要影响信号场在水平面内的分布。

（2）地物对信号的二次辐射

导电类地物在受到无线电信号场激励时会产生感生电流，该感生电流又会使该导电物产生辐射，当导电物的电长度（即物理尺寸与信号波长之比）足够大或等于谐振长度时，则第二次辐射最明显。下面主要介绍两类二次辐射地物，即类天线和类回路。

① 类天线二次辐射。

类天线二次辐射是指那些长度比其横截面尺寸大得多的不闭合导体产生的二次辐射，其辐射场的特性与导体本身的电参数及所处的位置状态有关。由于二次辐射场的存在，在任何一次场（指直达波）和二次场共存的区域，两者必然存在叠加，它像前面介绍的反射一样将改变场的分布，这对于振幅式测角来说将会导致测角误差。

② 类回路二次辐射。

在电气上形成闭合或未闭合回路的导体受电磁波的激励将产生类回路二次辐射场。该场的幅值和相位与回路电特性参量及所处位置状态有关，一般可将闭合回路看作感性回路，将未闭合的看作容性回路。

类回路二次辐射和类天线二次辐射相类似，它将影响场形分布或信号特性，引入导航系统的环境影响误差。

3.4　光探测基础

光场就是电磁场，光波就是电磁波。利用光波进行导航，不论是利用自然光场还是人工建立的光场，首先都要实现光场的探测。就如同利用接收机接收处理无线电信号一样，和接收机一样性质的光接收机就是对光波进行接收处理的传感器。

光学导航物理基础，主要是依托光束的极强方向性，利用光电探测系统对目标进行相对方位角的测量。这时，无论是有源发光的目标还是无源反光的目标，都可被看作信号源，光电探测系统接收机接收处理目标发出的光信号，运用透镜成像技术将标志目标方向的光束投射到焦平面上，通过光电探测系统测量到的目标成像位置，即可获得目标所在的方位或仰角。

透镜成像是利用光经过薄厚不均的镜片能够聚焦成束的原理，将一个点源目标以艾里斑的形式显示在焦平面上。依据目标出现所在位置，以透镜中心所处的法线轴向为基准方向，就可以判断出光源方向（包括相对方位角信息和俯仰角信息）。这个过程类似于无线电探测技术中的空间谱估计测向原理，在这里，薄厚不均的透镜就如同具有移相器组的阵列天线，目标的像就是接收机中获得的功率谱。

3.4.1　光电探测系统

光电探测系统是指以光波作为信息和能量载体，实现传感、传输、探测等功能的测量系统。与无线电系统相比，光电探测系统最大的不同在于信息和能量载体的工作波段发生了变化。可以认为，光电探测系统是工作于电磁波波谱图上最后一个波段——光频段的无线电系统。电磁波波谱图如图 3.4.1 所示。与无线电系统载波相比，光电探测系统载波的频率提高了几个量级。这种频率量值上的变化使光电探测系统在实现方法上发生了质变，在功能上也发生了质的飞跃。主要表现在载波容量、角分辨率、距离分辨率和光谱分辨率大为提高。应用于通信、雷达、制导、导航、观瞄、测量等领域的光电探测系统尽管具体构成形式各不相同，但都有一个共同的特征，即都具有光发射机、光学信道和光接收机这一基本构型，称为光电探测系统的基本模型，如图 3.4.2 所示。

光电探测系统通常分为主动式和被动式两类。在理解模型时应注意到：主动式光电探测系统中，光发射机主要由光源（如激光器）和调制器构成；被动式光电探测系统中，光发射机则理解为被探测物体的热辐射发射。光学信道和光接收机对两者是完全相同的。对于导航系统来讲，光学信道主要是指大气、空间和水下等。

光接收机用于收集入射的光场并处理、恢复光载波的信息，其基本模型如图 3.4.3 所示，包括三个基本模块（部分）。

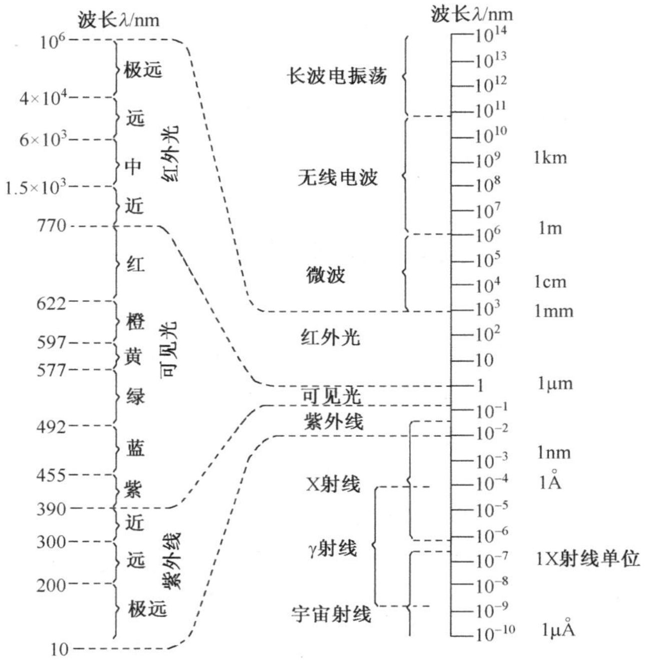

图 3.4.1 电磁波波谱图

图 3.4.2 光电探测系统基本模型

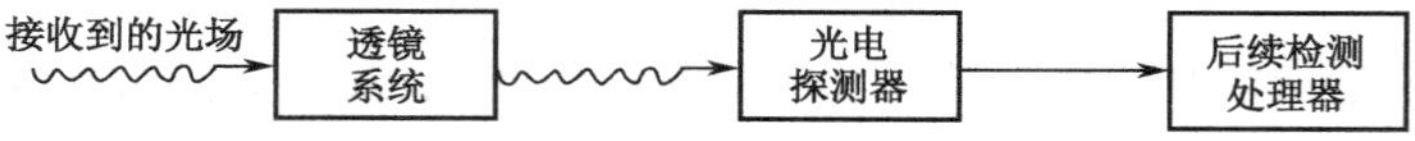

图 3.4.3 光接收机基本模型

第一部分是光接收前端（通常包括一些透镜或聚光部件），第二部分是光电探测器，第三部分为后续检测处理器。透镜系统把接收的光场进行滤波和聚焦，使其入射到光电探测器上，光电探测器把光信号变换为电信号，后续处理器完成必要的信号放大、信号处理及过滤处理，以从探测器的输出中恢复所需要的信息。

光接收机可以分为两种基本类型，即功率探测接收机和外差接收机。功率探测接收机也称为直接探测或非相干接收机，它的前端系统如图 3.4.4（a）所示。透镜系统和光电探测器用于检测所收集到的到达光接收机的光场瞬间光功率。这种光接收机的工作方式是最简单的，只要传输的信息体现在接收光场的功率变化之中，就可以采用这种接收机。外差接收机的前端系统如图 3.4.4（b）所示。本地产生的光波场与接收到的光场经前端镜面加以合成，然后由光电探测器检测这一合成的光波。外差接收机可接收以幅值调制、频率调制、相位调制方式传输的信息。外差接收机实现起来比较困难，它对两个待合成的光场在空间相干性方面有严格的要求，因此，外差接收机通常也称为空间相干接收机。不论是哪一种接收机，前端透镜系统都能把接收光场或合成后的光场聚焦到光电探测器的表面，这就使得光电探测器的面积可以比接收透镜的面积小很多。

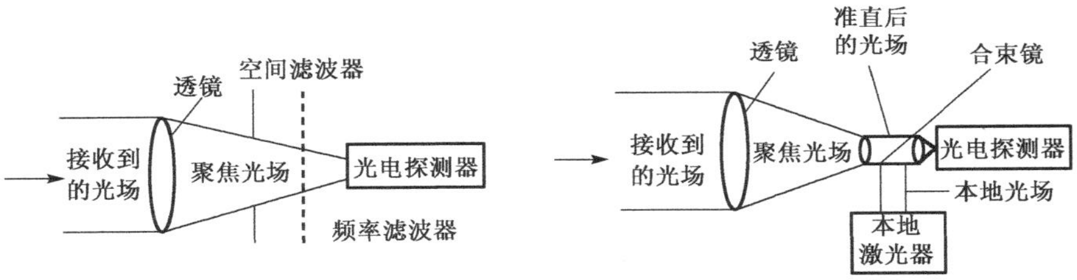

(a) 功率探测接收机　　(b) 外差接收机

图 3.4.4　光接收机的两种基本类型

3.4.2　光接收机原理

在光接收机内，输入光场一般都是由前端面上的光学元件收集并汇聚到探测器表面，如图 3.4.4 所示。很显然，这些接收到的光场经过光学元件——透镜的变换后到达探测器表面。

1. 透镜变换

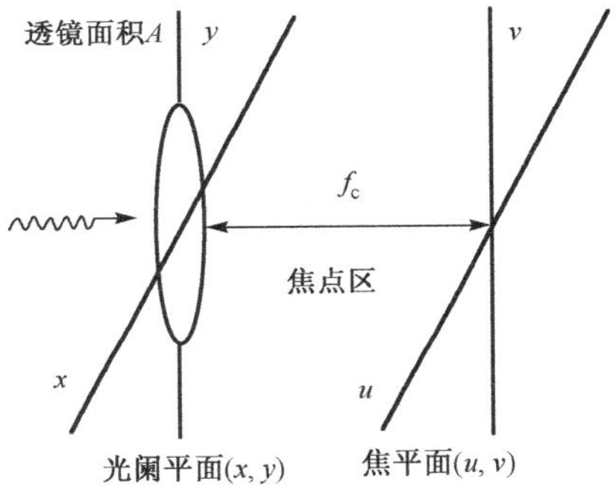

图 3.4.5　光接收机的成像几何图形

光学透镜对光场的聚焦可以用图 3.4.5 来描述。收集到透镜输入端的光场汇聚在光阑（接收机）平面上，聚焦场聚焦在焦（探测器）平面上。焦平面位于光阑后距离为 f_c 处，f_c 为透镜的焦距。放置在光阑平面上的光学透镜将输入光场变换到探测器所在的焦平面上。在焦平面上产生的光场常称为衍射场。

适当设计的接收机透镜可以在其焦平面上得到夫琅禾费（Fraunhofer）衍射。这样，如果用 $f_r(t,r)$ 表示在整个透镜光阑上接收到的光场，用 $f_d(t,u,v)$ 表示焦平面上的衍射场，则二者由下式相联系：

$$f_d(t,u,v)=\frac{\Gamma(u,v)}{\lambda f_c}\int_A f_r(t,x,y)\exp\left[-j\frac{2\pi}{\lambda f_c}(xu+yv)\right]dxdy \tag{3.4-1}$$

式中，

$$\Gamma(u,v)=\frac{1}{j}\exp\left[j\frac{\pi}{\lambda f_c}(u^2+v^2)\right] \tag{3.4-2}$$

为相因子；(x,y) 为光阑平面上的场坐标；(u,v) 为焦平面上的场坐标。式（3.4-1）描述了接收到的场与焦平面上的场之间的关系。注意 $f_d(t,u,v)$ 还与 $f_r(t,x,y)$ 的二维傅里叶变换相联系，即如果定义：

$$F_r(t,\omega_1,\omega_2)=\int_A f_r(t,x,y)\exp[-j(x\omega_1+x\omega_2)]dxdy$$

为 $f(t,x,y)$ 的二维空间傅里叶变换，则有：

$$f_d(t,u,v)=\frac{\Gamma(u,v)}{\lambda f_c}F_r\left(t,\frac{2\pi u}{\lambda f_c},\frac{2\pi v}{\lambda f_c}\right) \tag{3.4-3}$$

这样，光接收机内的衍射图案就可以简单地借助于变换理论得到。这是一个非常有用的结果，意味着许多对光接收机的分析直接简化为线性系统理论。

2．垂直入射成像

考虑一平面波垂直入射到面积为 A 的接收机透镜上，接收到的光场为：

$$f_{\mathrm{r}}(t,x,y)=\begin{cases}a(t)\mathrm{e}^{\mathrm{j}\omega_0 t} & (x,y)\in A\\ 0 & 其他\end{cases} \tag{3.4-4}$$

焦平面上得到的衍射图案可直接由式（3.4-1）得出：

$$f_{\mathrm{d}}(t,u,v)=a(t)\exp(\mathrm{j}\omega_0 t)\varGamma(u,v)f_{\mathrm{d0}}(u,v) \tag{3.4-5}$$

式中，$f_{\mathrm{d0}}(u,v)$ 为空间积分，表示为：

$$f_{\mathrm{d0}}(u,v)=\frac{1}{\lambda f_{\mathrm{c}}}\int_A \exp\left[-\mathrm{j}\frac{2\pi}{\lambda f_{\mathrm{c}}}(xu+yv)\right]\mathrm{d}x\mathrm{d}y \tag{3.4-6}$$

注意，衍射图案简单地为随时间变化的包络函数以及由相因子 $\varGamma(u,v)$ 定义的空间函数和二维变换 $f_{\mathrm{d0}}(u,v)$ 的乘积，这样，由垂直入射平面波产生的焦平面上的场分布可以通过完成式（3.4-6）中的积分给出，这个积分依赖于接收机光阑区域 A 的形状。

（1）矩形光阑透镜

如果假定光阑区域是线度为 (d,b) 的矩形，式（3.4-6）中的积分限成为 $|x|\leqslant d/2$，$|y|\leqslant b/2$。积分可分解为分别对 x 和 y 积分的乘积，其结果为：

$$\begin{aligned}f_{\mathrm{d0}}(u,v)&=\frac{1}{\lambda f_{\mathrm{c}}}\int_{-d/2}^{d/2}\int_{-b/2}^{b/2}\exp\left[-\mathrm{j}\frac{2\pi}{\lambda f_{\mathrm{c}}}(xu+yv)\right]x\mathrm{d}x\mathrm{d}y\\&=\left(\frac{bd}{\lambda f_{\mathrm{c}}}\right)\left[\frac{\sin\left(\frac{\pi bu}{\lambda f_{\mathrm{c}}}\right)}{\left(\frac{\pi bu}{\lambda f_{\mathrm{c}}}\right)}\frac{\sin\left(\frac{\pi du}{\lambda f_{\mathrm{c}}}\right)}{\left(\frac{\pi du}{\lambda f_{\mathrm{c}}}\right)}\right]\end{aligned} \tag{3.4-7}$$

沿 b 轴的结果绘于图 3.4.6（a）中，沿 d 轴存在相似的结果。二者结合起来产生一个中心位于 (u,v) 平面原点上的单一“主峰”。

（2）圆形光阑透镜

如果采用的是一个直径为 d 的圆形透镜，式（3.4-6）的变换可以转换到极坐标下进行，得到：

$$f_{\mathrm{d0}}(u,v)=\frac{1}{\lambda f_{\mathrm{c}}}2\pi\int_0^{d/2}r\mathrm{J}_0\left(\frac{\pi r\rho}{\lambda f_{\mathrm{c}}}\right)\mathrm{d}r=\left(\frac{\pi d^2/4}{\lambda f_{\mathrm{c}}}\right)\left[\frac{2\mathrm{J}_1\left(\frac{\pi d\rho}{\lambda f_{\mathrm{c}}}\right)}{\frac{\pi d\rho}{\lambda f_{\mathrm{c}}}}\right] \tag{3.4-8}$$

式中，$\rho=(u^2+v^2)^{1/2}$；$\mathrm{J}_1(x)$ 为贝塞尔函数。衍射图案的振幅作为径向距离 ρ 的函数绘于图 3.4.6（b）中，它与矩形透镜的衍射图案相似。

图 3.4.6 中的衍射场是在光学理论中熟悉的艾里斑图样。注意在式（3.4-7）和式（3.4-8）这两种情况下，焦平面上衍射图案的高度近似为 $A/(\lambda f_{\mathrm{c}})$，宽度近似为 $2\lambda f_{\mathrm{c}}/d$（即最大峰的宽度）。由于这个宽度非常小，输入平面波光场在焦平面上成像为一个极其微小的光斑。在实际情况中，聚焦场图案比接收机的透镜线度小很多。通常，大多数透镜的焦距 f 设计为与透镜的宽度 d 相当的值（f_{c}/d 为透镜的 f 数），使艾里斑图样占据大约 2λ 的宽度，大小在微米量级。

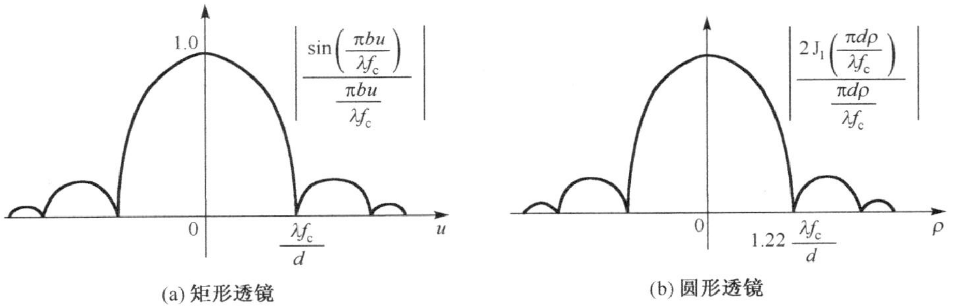

图 3.4.6　衍射（艾里斑）图案

用图 3.4.7 所示的整体模型来考虑这种透镜成像是有帮助的。远处的一个点光源产生式（3.4-4）的调制平面波，并入射到接收机透镜光阑上。透镜将光场按照前面的公式聚焦成艾里斑，其中包含与接收到的光场变化完全相同的时间变化包络。焦平面上的光斑可以看成点光源的像。换句话说，焦平面将光源的空间图案再现于衍射图案内，可以说点光源被成像在探测器平面上。注意，位于焦平面上的任何探测器只需要收集艾里斑图案以“看到”点光源及其包络调制即可，因此焦平面上的检测面积可以比接收机透镜光阑小很多。

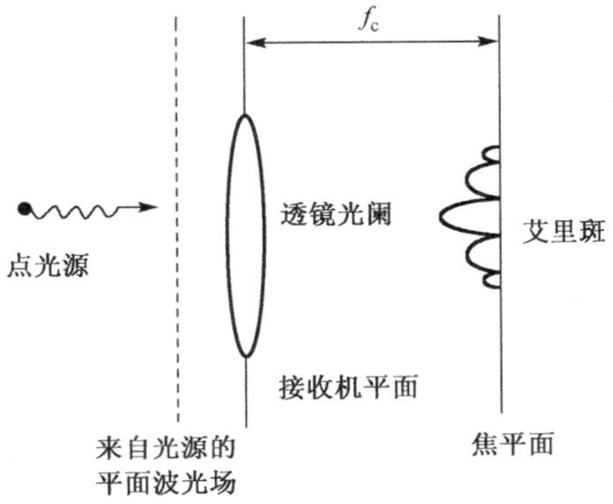

图 3.4.7　成像于接收机上的点光源

3. 非垂直入射

假定平面波在到达接收机时偏离垂直入射方向，波矢为 $\boldsymbol{k}$，如图 3.4.8（a）所示。此时接收机透镜上的接收场由下式描述：

$$\begin{aligned} f_{\mathrm{r}}(t,x,y) &= a(t)\exp(\mathrm{j}\omega_0 t)\exp(-\mathrm{j}\boldsymbol{k}\cdot r) \\ &= a(t)\mathrm{e}^{\mathrm{j}\omega_0 t}\exp[-\mathrm{j}(xk_x+yk_y)] \end{aligned} \tag{3.4-9}$$

式中，$r=(x,y)$ 为光阑平面上的场坐标；k_x 和 k_y 分别为 $\boldsymbol{k}$ 的 x 和 y 分量。用小角度近似，可以写出 $k_x=(2\pi/\lambda)\theta_x$，$k_y=(2\pi/\lambda)\theta_y$，这里 (θ_x,θ_y) 为波矢 $\boldsymbol{k}$ 相对于垂直入射方向的偏离角。此时的空间衍射图样为：

$$\begin{aligned} f_{\mathrm{d}}(t,u,v) &= a(t)\exp(\mathrm{j}\omega_0 t)\left(\frac{\Gamma(u,v)}{\lambda f_{\mathrm{c}}}\right)\times \\ &\quad \int_A \exp\left[-\mathrm{j}\left(\frac{2\pi}{\lambda}\right)(x\theta_x+y\theta_y)\right]\exp\left[-\mathrm{j}\left(\frac{2\pi}{\lambda f_{\mathrm{c}}}\right)(xu+yv)\right]\mathrm{d}x\mathrm{d}y \\ &= a(t)\exp(\mathrm{j}\omega_0 t)\Gamma(u,v)f_{\mathrm{d0}}(u+u_0,v+v_0) \end{aligned} \tag{3.4-10}$$

式中，$f_{\mathrm{d0}}(u,v)$ 由式（3.4-6）给出；$u_0=f_{\mathrm{c}}\theta_x$；$v_0=f_{\mathrm{c}}\theta_y$。这样，入射平面波的角偏离使得衍射斑在焦平面上发生移位。移位后图样的位置可以由平面波的入射方向通过透镜光阑中心的延长线与焦平面的交点来确定。因为光场来自位于这条线上的一个点光源，又一次看到透镜将点光源成像在一个移动了的位置上，如图 3.4.8（b）所示。

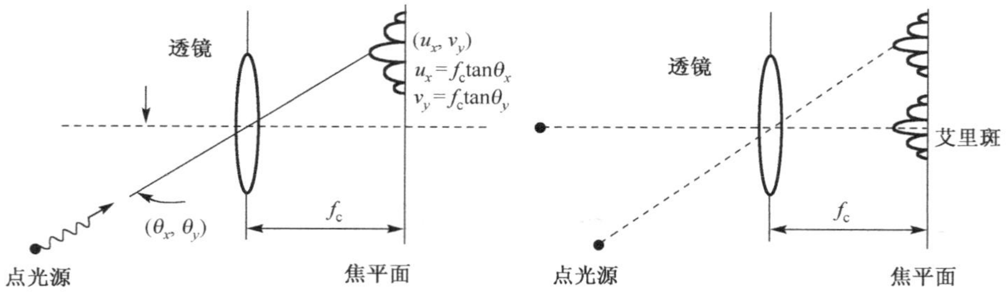

(a) 单个点光源　　(b) 多个点光源

图 3.4.8　偏离垂直入射时的成像

3.5　陀螺仪与加速度计

陀螺仪和加速度计是惯性导航系统的两个核心传感器件。其中，陀螺仪是测量物体在空间角运动的角速度或角量程变化的器件；加速度计则是测量物体线运动的变化和地球重力的器件。

陀螺（Gyroscope）一词来源于古希腊语，意为旋转敏感器，也含有“对称和旋转”的意思。陀螺和陀螺仪是两个不同的概念。陀螺是绕自身对称轴高速旋转的刚体，如图 3.5.1 所示。陀螺仪则是陀螺附加支撑及辅助装置，实现某种测量功能的仪器。

经典陀螺仪都有高速旋转的机械转子。现代陀螺仪的外延有所扩大，已经推广到没有机械转子而功能与经典陀螺仪相同的固态陀螺仪。经典陀螺仪是一个高速旋转的对称刚体，它的转子轴能够改变在空间所指的方向，如图 3.5.2 所示。所谓高速旋转，即转子的自转角速度远大于刚体绕其他轴的旋转角速度；所谓转子轴能够改变方向，即有一套框架支撑结构保证转子轴的旋转自由度不少于两个。陀螺仪一般由转子、内环和外环组成，转子是一个由内环支撑的对称飞轮，可在内环中高速旋转，其旋转轴称为自转轴。内环由外环支撑，可以绕内环轴相对外环自由转动。外环由基座支撑，可以绕外环轴相对基座（如飞机机体）自由转动。自转轴、内环轴和外环轴的轴线相交于一点，称为陀螺支点，陀螺可以绕支点做多自由度转动。

图 3.5.1　陀螺示意图

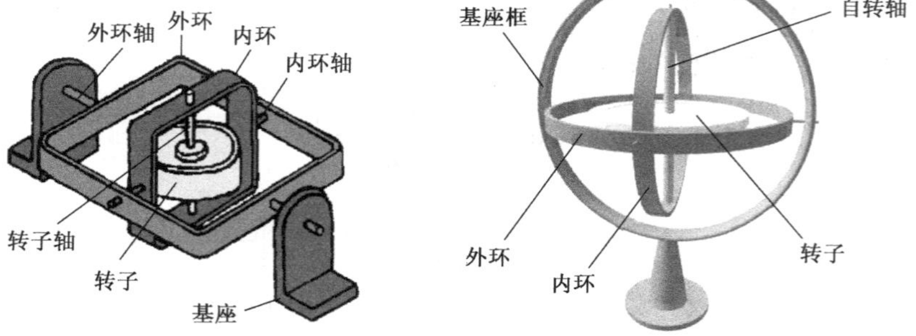

图 3.5.2　陀螺仪示意图

加速度计（Accelerometer）是测量运行体线加速度的仪器。在惯性导航系统中，高精度的加速度计是最基本的敏感器件之一。依靠加速度计对比力（单位质量上作用的非引力外力）的测量，完成惯性导航系统确定载体位置、速度以及产生跟踪信号的任务。

3.5.1　力学基础

陀螺仪具有两个特殊的运动特性，即定轴性和进动性。为了解释陀螺仪的定轴性和进动性，需要掌握相关力学知识。

经典陀螺仪的运动，不过是定点转动刚体的一种特例。下面给出针对研究陀螺原理的定点转动刚体的一些力学理论基础，主要是角动量和角动量定理。

1．角动量

（1）质点的角动量

质点的动量 $m\boldsymbol{V}$ 对点 O 的矩（矢量），定义为质点的矢径 $\boldsymbol{R}$ 与该质点的动量 $m\boldsymbol{V}$ 的矢积，并用记号 $\boldsymbol{h}_o$ 表示，如图 3.5.3 所示，即：

$$\boldsymbol{h}_o = \boldsymbol{R} \times m\boldsymbol{V} \tag{3.5-1}$$

角动量 $\boldsymbol{h}_o$ 也规定为矩心 O 画出，垂直于矢径 $\boldsymbol{R}$ 和动量 $m\boldsymbol{V}$ 所决定的平面，并按右手定则确定指向。角动量又称为动量矩。

（2）陀螺转子的角动量

陀螺转子绕自转轴做高速自转，是绕定轴转动的刚体，如图 3.5.4 所示，刚体内各质点的动量与自转轴的距离之乘积的总和，也即刚体内各质点的动量对自转轴之矩的总和，称为刚体对该轴的角动量，其表达式为：

$$\boldsymbol{H}_l = \sum r_i m_i \boldsymbol{V}_i \tag{3.5-2}$$

式中，$\boldsymbol{H}_l$ 为刚体对转轴 L 的角动量；m_i 为刚体内任意质点的质量；r_i 为该质点到转轴 L 的距离；$\boldsymbol{V}_i$ 为该质点的速度。该刚体绕转轴 L 的角速度为 $\boldsymbol{\omega}_l$，则刚体内任意质点的速度 $\boldsymbol{V}_i = r_i\boldsymbol{\omega}_l$，所以：

$$\boldsymbol{H}_l = \sum m_i r_i^2 \omega_l = \omega_l \sum m_i r_i^2 = J_l \boldsymbol{\omega}_l \tag{3.5-3}$$

式中，$J_l = \sum m_i r_i^2$，是刚体对转轴 L 的转动惯量。J_l 是衡量刚体转动时惯性大小的一个物理量，它和平动物体的质量 m 一样，是一个标量。角速度 $\boldsymbol{\omega}_l$ 是一个矢量，其方向可用右手法则确定，如图 3.5.4 所示，四指握向旋转方向，则大拇指的指向即代表角速度矢量方向。角动量 $\boldsymbol{H}_l$ 也是一个矢量，其方向沿转轴并与角速度 $\boldsymbol{\omega}_l$ 的方向一致。

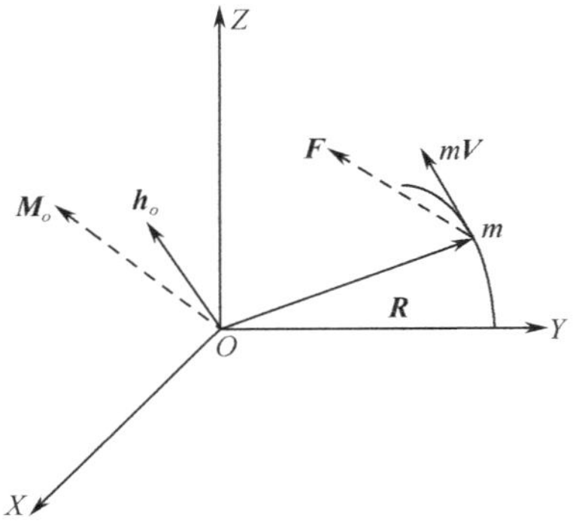

图 3.5.3　质点的角动量

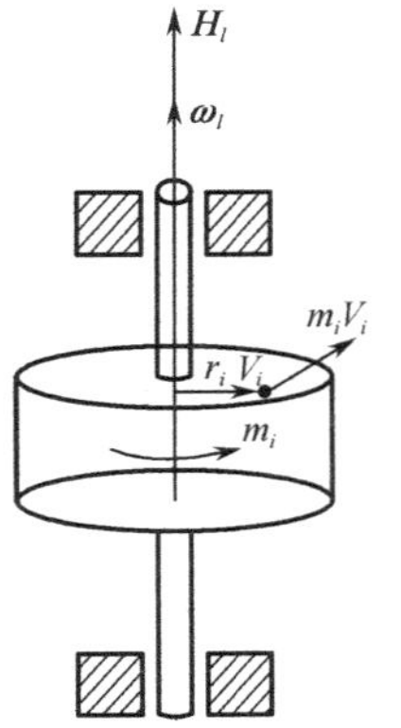

图 3.5.4　陀螺转子的角动量

在实际陀螺仪中，陀螺转子角动量包含自转角动量和非自转角动量，但因为绕自转轴的自转角速度 $\boldsymbol{\omega}_l$ 要远远大于其绕赤道轴的转动角速度（一般绕自转轴的自转角速度为 24000 r/min 左右，而绕赤道轴的角速度仅在 1°/min 以下），因此陀螺转子自转角动量远大于非自转角动量，方向上也非常接近于自转角动量。我们可以忽略非自转角动量，把陀螺转子角动量看成对于自转轴的角动量，即陀螺转子角动量为：

$$\boldsymbol{H}_l = J_l\boldsymbol{\omega}_l \tag{3.5-4}$$

由此可见，当陀螺仪转子高速旋转时，转子具有角动量 $\boldsymbol{H}_l$。角动量 $\boldsymbol{H}_l$ 与自转轴重合，方向与自转角速度 $\boldsymbol{\omega}_l$ 方向相同。角动量 $\boldsymbol{H}_l$ 的大小等于转子对自转轴的转动惯量 J_l 与角速度 $\boldsymbol{\omega}_l$ 的乘积。

2. 角动量定理

角动量定理反映了刚体角动量的变化率与作用在刚体上的外力矩之间的关系，是分析刚体定点转动的一条主要定理。

（1）质点的角动量定理

如图 3.5.3 所示，质点 m 对于 O 的角动量 $\boldsymbol{h}_o$ 为：

$$\boldsymbol{h}_o = \boldsymbol{R}\times m\boldsymbol{V} \tag{3.5-5}$$

将 $\boldsymbol{h}_0$ 相对惯性坐标系 $I(OXYZ)$ 求导：

$$\begin{aligned} P_I\boldsymbol{h}_o &= P_I(\boldsymbol{R}\times m\boldsymbol{V}) \\ &= P_I\boldsymbol{R}\times m\boldsymbol{V} + \boldsymbol{R}\times P_I m\boldsymbol{V} = \boldsymbol{V}\times m\boldsymbol{V} + \boldsymbol{R}\times\boldsymbol{F} \\ &= \boldsymbol{R}\times\boldsymbol{F} = \boldsymbol{M}_o \end{aligned} \tag{3.5-6}$$

即有：

$$P_I\boldsymbol{h}_o = \boldsymbol{M}_o \tag{3.5-7}$$

上式说明：质点对某固定点的角动量对时间的导数，等于作用在质点的力对该点的矩，这就是质点的角动量定理。式中，$\boldsymbol{M}_o = \boldsymbol{R}\times\boldsymbol{F}$ 为作用在质点上的外力对 O 点的矩，称为外力矩。

（2）定轴转动刚体的角动量定理

刚体相对于 O 点的角动量 $\boldsymbol{H}_o$，为刚体上所有质点相对于 O 点的角动量的矢量和：

$$\boldsymbol{H}_o = \sum m_i\boldsymbol{r}_i\times\boldsymbol{V}_i \tag{3.5-8}$$

为了确定刚体相对于 O 点的角动量 $\boldsymbol{H}_o$ 的变化规律，我们对它进行求导：

$$P\boldsymbol{H}_o = \sum m_i P\boldsymbol{r}_i\times\boldsymbol{V}_i + \sum m_i\boldsymbol{r}_i\times P\boldsymbol{V}_i \tag{3.5-9}$$

式中，$P\boldsymbol{r}_i\times\boldsymbol{V}_i = \boldsymbol{V}_i\times\boldsymbol{V}_i = 0$，$\sum m_i\boldsymbol{r}_i\times P\boldsymbol{V}_i = \sum\boldsymbol{r}_i\times\boldsymbol{F}_i = \boldsymbol{M}_o$，因此有：

$$P\boldsymbol{H}_o = \boldsymbol{M}_o \tag{3.5-10}$$

上式为刚体的角动量定理，可叙述为：刚体对某点的角动量对时间的导数等于作用在刚体上所有外力对同一点的总力矩。

3.5.2　陀螺仪原理

1．陀螺仪定轴性

转子高速旋转的陀螺仪具有定轴性（Gyroscopic Inertia），即在受到外力干扰力矩后，它的自转轴在惯性空间有较强的保持初始方向不变的性质。如图 3.5.5 所示，陀螺转子的转速越快，定轴性越强。

2．陀螺仪进动性

如图 3.5.6 所示陀螺仪，若一定量的常值外力矩 $\boldsymbol{M}$ 绕内环轴作用在陀螺仪上，则角动量 $\boldsymbol{H}$ 绕外环轴相对惯性空间转动，见图 3.5.6（a）；若外力矩 $\boldsymbol{M}$ 绕外环轴作用在陀螺仪上，则角动量 $\boldsymbol{H}$ 绕内环轴相对惯性空间转动，见图 3.5.6（b）。

图 3.5.5　陀螺仪定轴性

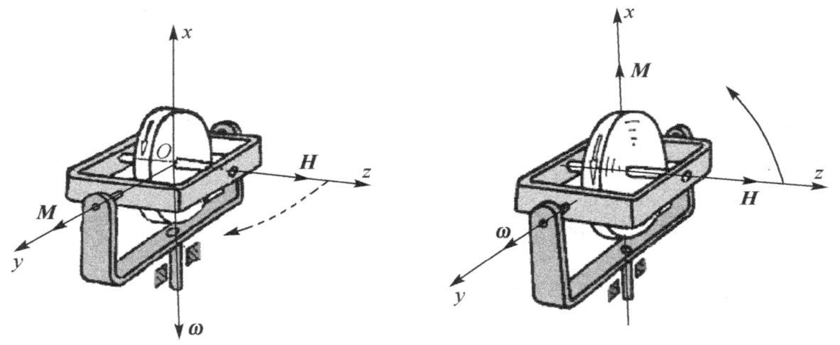

(a)　(b)

图 3.5.6　陀螺仪进动性

可见，高速自转的陀螺仪在受到垂直于自转轴的外力矩 $\boldsymbol{M}$ 作用时，陀螺自转轴将转动。但陀螺自转轴的运动并不发生在力的作用平面内，而与此平面垂直。当施加绕内环轴的力矩时，自转轴绕外环轴转动；当施加绕外环轴的力矩时，自转轴绕内环轴转动。陀螺的这种运动就称为进动。其转动角速度 $\boldsymbol{\omega}$ 称为进动角速度。进动性（Gyroscopic Precession）是二自由度陀螺仪的基本性质。

进动角速度 $\boldsymbol{\omega}$ 的方向，取决于陀螺角动量 $\boldsymbol{H}$ 和外力矩 $\boldsymbol{M}$ 的方向。其方向判断是陀螺自转角动量矢量 $\boldsymbol{H}$ 沿最短途径趋向外力矩 $\boldsymbol{M}$ 的方向（ $\boldsymbol{H}$ 跟着 $\boldsymbol{M}$ 跑），三者关系符合右手规则（见图 3.5.7）。

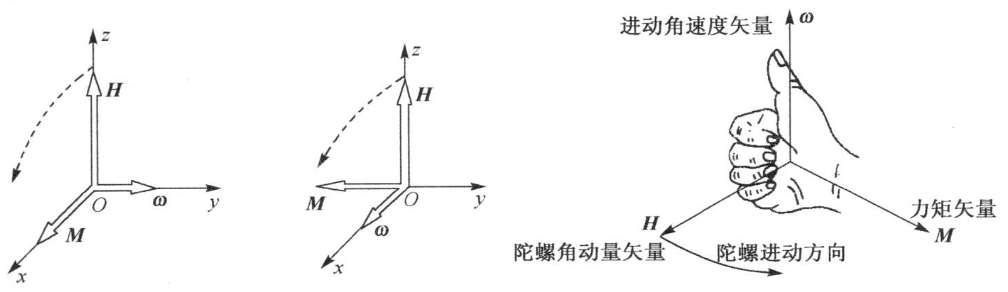

图 3.5.7　进动方向的判定

进动角速度 $\boldsymbol{\omega}$、陀螺自转角动量 $\boldsymbol{H}$ 和外力矩 $\boldsymbol{M}$ 的关系为：$\boldsymbol{M}=\boldsymbol{\omega}\times\boldsymbol{H}$ 。当自转轴角动量

$\boldsymbol{H}$ 和外力矩 $\boldsymbol{M}$ 垂直时，则进动角速度：$\boldsymbol{\omega} = \dfrac{\boldsymbol{M}}{\boldsymbol{H}}$。

进动性说明如下。

① 陀螺进动是由于自转角动量和外力矩的共同存在。

② 陀螺进动也是相对惯性空间的。

③ 陀螺进动的“无惯性”，即进动角速度的出现与外力矩的作用几乎同时发生和同时消失、同时增大和同时减小，进动运动是一种没有时间延迟的“无惯性运动”（条件 $\boldsymbol{H}$ 足够大）。

④ 进动角速度与外力矩成正比，与角动量成反比。当 $\boldsymbol{H}$ 一定时，外力矩越大，进动角速度越大；转子角动量越大，进动角速度越小；转子自转角速度越大，进动角速度越小。

⑤ 陀螺进动所绕的轴称为进动轴，进动角速度只允许绕外、内环轴转动。而且进动角速度与环架间的夹角有关。环架只能保证转子轴和内环轴垂直，内环轴和外环轴垂直，而无法永远保证转子轴和外环轴垂直（因为有进动）。

⑥ 一般来说，进动角速度是“缓慢”的。

3. 陀螺仪定轴性和进动性的数学解释

陀螺仪的定轴性可用角动量定理加以说明。当陀螺仪不受外力矩作用时，根据角动量定理 $P\boldsymbol{H} = \boldsymbol{M} = 0$，由此表明陀螺角动量 $\boldsymbol{H}$ 在惯性空间中既无大小的变化，也无方向的改变，即自转轴在惯性空间中保持原来的初始指向不变。下面推导陀螺进动方程：

由角动量定理：

$$P\boldsymbol{H} = \boldsymbol{M} \tag{3.5-11}$$

和矢量导数的定义：

$$P\boldsymbol{H} = \boldsymbol{V} \tag{3.5-12}$$

式中，$\boldsymbol{V}$ 是角动量矢量 $\boldsymbol{H}$ 的矢端速度矢量，可以得到，角动量矢量的矢端速度等于外力矩矢量，此为来查定理，即 $\boldsymbol{V} = \boldsymbol{M}$。如果用陀螺角动量 $\boldsymbol{H}$ 在惯性空间的转动角速度 $\boldsymbol{\omega}$ 来表示 $\boldsymbol{H}$ 的矢端速度 $\boldsymbol{V}$，则有：

$$\boldsymbol{V} = \boldsymbol{\omega} \times \boldsymbol{H} \tag{3.5-13}$$

再根据来查定理，即可得陀螺进动方程：

$$\boldsymbol{\omega} \times \boldsymbol{H} = \boldsymbol{M} \tag{3.5-14}$$

4. 陀螺仪的分类

从广义上讲，凡是能测量载体相对惯性空间旋转的装置都可以称为陀螺仪。随着技术的发展，已研制出了许多不同原理和类型的陀螺仪。总的来说，陀螺仪可分为两大类：一类以经典力学为基础，如刚体转子陀螺仪、振动陀螺仪等；另一类以近代物理学为基础，如激光陀螺仪、光纤陀螺仪等。

刚体转子陀螺仪是把绕自转轴高速旋转的刚体转子支承起来，使自转轴获得转动自由度。按转子支承方式不同，可分为框架陀螺仪、液浮陀螺仪、气浮陀螺仪、动力调谐陀螺仪和静电陀螺仪等。

振动陀螺仪是基于哥氏（Coriolis）振动理论的陀螺仪。振动陀螺仪的共同机理是利用高频振动的质量在被基座带动旋转时所产生的哥氏效应来敏感角运动。振动陀螺仪按结构分为音叉、振梁、振动环和半球等结构；按工艺又分为传统加工工艺和微机械工艺方式。

以近代物理学为基础的陀螺仪中，最为突出的代表是激光陀螺仪和光纤陀螺仪，其基本原理是依据萨格奈克（Sagnac）的理论，利用光的干涉原理测量旋转运动。另外，目前引人注目的还有原子陀螺仪。原子陀螺仪主要基于玻色—爱因斯坦凝聚态的物理特性，它同样利用类似光学陀螺的 Sagnac 效应，但它以原子束为光源，利用原子干涉原理敏感角速度信息。由于原子物质波的波长远比光的波长小，而且原子的运动速度远比光速要慢等原因，使得原子干涉测量转动相比光学方法灵敏度要高出近 10 个数量级。其理论精度可达10^{-12}(°)/h，远高于现有光学陀螺仪10^{-4}(°)/h的精度极限。由于原子陀螺仪超高精度和超高分辨率的优异特性，原子陀螺仪将主导下一代惯性导航技术。

此外，若按陀螺仪的基本功能，陀螺仪又可分类为角位置陀螺仪和角速度陀螺仪。前者用于敏感角位置或角位移，常称为位置陀螺仪；后者用于敏感角速度，常称为速率陀螺仪。

3.5.3　加速度计原理

1. 加速度计模型

陀螺仪是用来感测载体的角运动信息，而加速度计则用来感测载体的线运动信息。加速度计是按惯性原理相对惯性空间工作的。加速度（即速度的变化率）本身很难直接测量，实际上现有的加速度计都是借助敏感质量变成力进行间接测量的。

加速度计测量原理基于牛顿第二定理：作用于物体上的力等于该物体的质量乘以加速度。换句话说，加速度作用在敏感质量上形成惯性力，测量该惯性力，间接测量载体受到的加速度。在惯性空间，加速度计无法区分惯性力和万有引力。因此加速度计输出的是单位敏感质量所受的惯性空间合力，即惯性力和万有引力之和。在惯性技术领域将单位敏感质量所受的力称为比力。加速度计实际输出的是比力，因此加速度计也称为比力传感器。

图 3.5.8 所示是线性加速度计的力学基本模型，通常由四部分组成：一是感受输入加速度的质量块 m；二是机械弹簧 C，用来产生弹簧反力矩；三是阻尼器 D，用来改善加速计的动态品质，提高输出的稳定性；四是输出或显示装置（如显示标尺）。

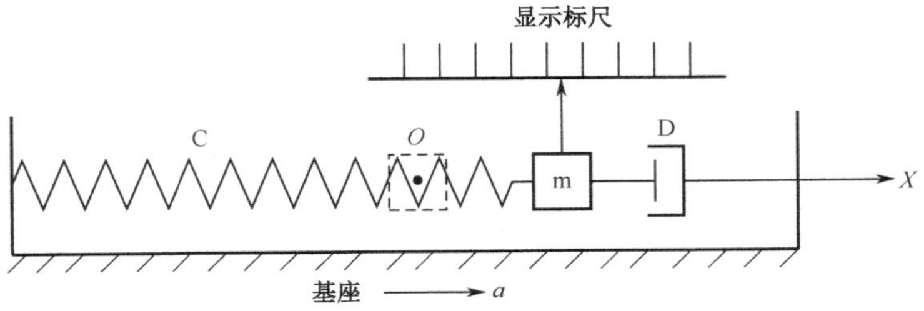

图 3.5.8　线性加速度计的力学基本模型

加速度计本质上是一种利用“检测质量”的惯性来测量载体加速度的一种测量装置。检测质量受支承的约束只能沿一条轴线移动，这个轴常称为输入轴或敏感轴。当仪表壳体随着运行体沿敏感轴方向进行加速运动时，根据牛顿定律，具有一定惯性的检测质量力图保持其原来的运动状态不变，它与壳体之间将产生相对运动，使弹簧变形（压缩），于是检测质量在弹簧力的作用下随之加速运动。当弹簧力与质量块加速运动时产生的惯性力相平衡时，质量块与壳体之间便不再有相对运动，这时弹簧的变形反映被测加速度的大小。稳定后，显示标尺输出与惯性加速度成比例的刻度数。

2. 加速度计分类

加速度计按照不同的分类方法，可分为几种类型。

① 按检测质量的运动方式，可分为线加速度计和摆式加速度计。

② 按支承方式，可分为宝石支承加速度计、挠性支承加速度计、气体悬浮加速度计、液体悬浮加速度计、磁力支承加速度计和静电支承加速度计。

③ 按工作原理，可分为振弦式加速度计、静电式加速度计和摆式陀螺加速度计等。

④ 按精度高低，可分为高精度（高于$10^{-4}g$）加速度计、中等精度（$10^{-4}g \sim 10^{-3}g$）加速度计和低精度（$10^{-3}g \sim 10^{-2}g$）加速度计。

⑤ 按量限（输入极限），可分为高过载（可达$10^{4}g$以上）加速度计、大过载（$10^{2}g \sim 10^{4}g$）加速度计、中过载（$1g \sim 10^{2}g$）加速度计和小过载（小于$1g$）加速度计。

3.6 重力场基础

美国从20世纪70年代开始，进行了一系列的卫星测高计划，从SKY-LAB、GEOS-3、SEASAT，到已经获广泛应用的GEOSAT、ERS-1/2和JasOn-1，卫星测高数据密集覆盖了全球大洋，其测量的重力场的精度和分辨率已经接近于海上船测数据的水平。1994年我国武汉测绘科技大学研制了根据全球和我国$30' \times 30'$平均空间重力异常数据的360阶WDM94模型，该模型以GEMT3和OSU91A为重力场模型，增加了中国局部重力场数据，理论上更适合我国局部重力场。目前世界上公开发表的、最好的全球地球重力场模型是美国NASA/GSFC和国防制图局联合研制的360阶EGM96重力模型，其全球分辨率为$30' \times 30'$。我国学者根据重力场模型EGM96和OSU9lA以及我国$15' \times 15'$及$5' \times 5'$重力异常数据，得到了更高阶次的重力场模型DQM99。改进后的高分辨率重力场模型DQM99在表示局部重力场时精度明显提高，而在其他地区重力场精度几乎与EGM96相同。

重力敏感器包括重力梯度仪和重力仪。重力梯度仪测量重力梯度即重力在三维上的变化率；重力仪则测量重力异常或重力矢量的大小相对标准地球模型的偏差。

重力梯度仪由安装在同一转轮上的四个加速度计组成。重力梯度仪的输出为两组正交的梯度分量，它们在与旋转轮垂直的平面内。以正交方式安装的三个重力梯度仪，可提供六组实际重力梯度场分量。加速度计重力梯度仪：直接用加速度计也可进行重力异常的测量。美国已经用振梁式加速度计和电磁加速度计（EMA）成功地对重力异常进行了测量。

重力仪是一个垂直安装的高精度加速度计。

1. 基于动基座的重力实时测量

目前的重力传感器不能直接用来进行重力实时测量，需要增加滤波、测高、稳定模块和各种补偿、修正模块，有的甚至需要针对动基座进行专门的设计和开发，如贝尔实验室用于重力辅助导航的重力梯度仪。现有的重力传感器正在向精度高、体积小、质量轻、成本低、易维护的方向发展，单轴测量向三轴测量发展，并且集成度越来越高，如全张量重力梯度仪系统（Full Tensor Gradiometer，FTG）以及超导重力仪的研究与应用。

关于运动基座重力仪的研究较少，主要有美国洛克希德·马丁公司的通用重力模块（Universal Gravity Module，UGM），日本 Tohoku 和 Tokyo 大学联合研制的用于水下机器人 R-One 的重力仪，水下运动基座重力仪是 UGM 的一部分，具体精度未知。机器人 R-One 上的水下重力仪是以加拿大先达公司某种特定型号重力仪 CG-3M 为基础研制的实时重力测量系统，精度可达 1mGal 的数量级，用于地球物理地质勘探的绝对重力仪目前已经达到了非常高的精度（微伽级），航空重力测量系统的研制也已取得突破性进展，实时测量精度可达 1～5mGal，这为海底重力实时测量系统的研制奠定了基础。

2．高精度的重力场电子地图

要进行重力场图形匹配，其首要条件就是要有高精度、高分辨率的重力背景场，从目前情况看，这个条件也已基本具备。首先，各种高精度测高卫星的发射，如 TOPEX、ERS-2、Envisat 和 Jason，使得利用测高数据反演高精度和高分辨率的海洋重力场异常成为现实，目前已可以通过反演获得分辨率 $2' \times 2'$ 的较高精度的海洋重力异常；其次，海军测绘部队近年来也完成了中国海域的许多测量任务，特别是国家相关专项任务，获取了许多重点海区高质量、高分辨率、高精度重力数据；国家海洋局、中石油等部门也对许多海域进行了详细的重力调查，收集了大量的相关重力数据。所有这些数据通过进一步的精化和融合，利用精确的插值技术进行加密处理，获取满足重力匹配导航需要的重力数据基础将会大大增强。

3.7 地磁场基础

地磁场是一个矢量场，在地球近地空间内任意一点的地磁矢量都不同于其他地点的矢量，且与该地点的经纬度存在一一对应的关系，因此理论上只要确定该点的地磁场矢量即可实现全球定位。同时地磁场具有丰富的总强度、矢量强度、磁倾角、磁偏角和强度梯度等特征，为基于地磁场的导航测角、匹配定位提供了物理基础。

1．地磁场描述

地磁图和地磁模型是描述或逼近地球磁场的主要手段，是开展地磁匹配导航及其军事应用的技术工具。在地图上将某一地磁要素具有相同数值的各点用光滑曲线连接起来，这些曲线称为该要素的等值线，一系列具有不同数值的等值线就构成了一幅地磁图，如等偏线图、等倾线图、水平强度等值线图、垂直强度等值线图、总强度等值线图等，而地磁模型就是适用于计算机或导弹使用的数字式地磁图。

地磁场按其起源可分为内源场和外源场，内源场由地球内部结构产生，外源场由地球附近的电流体系产生，如电离层电流、环电流、磁层顶电流等，它受诸如太阳活动、磁暴等多种因素的影响而不断变化。因此地磁场随空间 r 和时间 t 的不同而变化，其场强 $\boldsymbol{B}(r,t)$ 可以表示为：

$$\boldsymbol{B}(r,t) = \boldsymbol{B}_{\mathrm{m}}(r,t) + \boldsymbol{B}_{\mathrm{a}}(r,t) + \boldsymbol{B}_{\mathrm{d}}(r,t)$$

式中，$\boldsymbol{B}_{\mathrm{m}}(r,t)$ 为主磁场（又叫地核场），由处于地幔之下、地核外层的高温液态铁镍环流引起，随时间缓慢变化，全球平均变化幅值为每年 80nT；$\boldsymbol{B}_{\mathrm{a}}(r,t)$ 为异常场（也叫地壳场），产生于磁化的地壳岩石，几乎不随时间变化；$B_d(r,t)$ 为干扰场，源于磁层和电离层，既包含规则的日变和年变干扰，又包含磁暴、亚磁暴等不规则干扰，非磁暴时期干扰磁场一般为数十纳特，磁暴时可超过1000nT。一般地磁场的总强度为$3\times10^4 \sim 7\times10^4$nT，在两极地区最大，赤道地区最小。

迄今为止，国外已提出很多地磁场模型分析方法，但在研究全球磁场时空变化时，从19世纪30年代高斯理论问世以来，球谐分析一直是被采用的主要方法。在地球物理学中，表示地球主磁场的国际标准叫作"国际参考地磁场"（International Geomagnetic Reference Field，IGRF），它以球谐级数的形式表达，其最高阶通常为10，共120个球谐系数。2000年以后的模型，球谐级数截断到13，共195个球谐系数，能够表示的最短波长为3000km。目前最新的是2005年修订的第十代，即IGRF-10。然而对于区域地磁场模型研究，球谐分析法已不再适用，各国学者应用泰勒多项式、矩谐分析、球冠谐分析、曲面样条分析、自然正交等多种方法，得到了各个国家与区域的地磁场模型。

地磁场模型与地磁图是研究地磁匹配导航制导技术的基础，地磁场建模和地磁图的精确程度是决定地磁导航技术是否可行的关键因素。

2. 地磁场探测

近30年来，磁场测量技术有了很大发展，早已出现了高灵敏度、高可靠性、小体积、易于安装、廉价的地磁传感器。其最突出的特点是成本低、精度高、便于使用。近年来，部分国家研制出了尺寸更小、分辨率更高、响应速度更快、功耗更低的巨磁阻抗微磁传感器，测量仪器的灵敏度不断提高，技术发展逐渐成熟，对于地磁匹配导航的磁力仪选配来说，已有充分的选择余地。

（1）磁阻效应

某些金属或半导体材料的电阻会因外加磁场而增加或减小，电阻的变化量称为磁阻（MagnetoResistance），物质在磁场中电阻率发生变化的现象称为磁阻效应。磁阻效应是1857年由英国物理学家威廉·汤姆森发现的，广泛用于磁传感、磁力计、电子罗盘、车辆探测、GPS导航、仪器仪表等领域。

磁阻效应原理如图3.7.1所示，当半导体处于磁场中时，导体或半导体的载流子将受洛仑兹力的作用发生偏转，在两端产生积聚电荷并产生霍耳电场。如果霍耳电场作用和某一速度载流子的洛仑兹力作用刚好抵消，那么小于或大于该速度的载流子将发生偏转，因此沿外加电场方向运动的载流子数量将减少，电阻增大，表现出磁阻效应。

磁阻效应（物理）方程为：

$$\rho_B = \rho_0(1+0.273\mu^2B^2) \tag{3.7-1}$$

式中，ρ_B 为存在磁感应强度为 B 时的电阻率；ρ_0 为无磁场时的电阻率；μ 为电子迁移率；B 为磁感应强度。电阻率的变化为：

$$\Delta\rho = \rho_B - \rho_0$$

电阻相对变化率为：

$$\frac{\Delta\rho}{\rho_0} = 0.273\mu^2B^2 = K\mu^2B^2 \tag{3.7-2}$$

由式（3.7-2）可知，在磁场作用下，磁阻元件电阻相对变化率正比于磁感应强度 B 的平方。

（2）磁阻传感器

单轴磁阻传感器一般由磁阻元件（MR）及相关电桥电路构成，如图 3.7.2 所示。

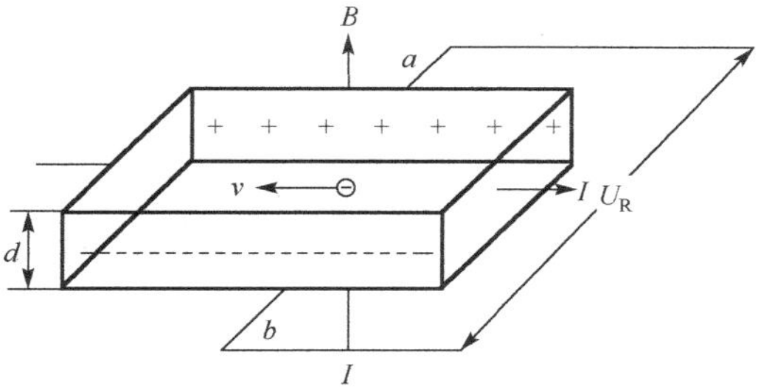

图 3.7.1　磁阻效应

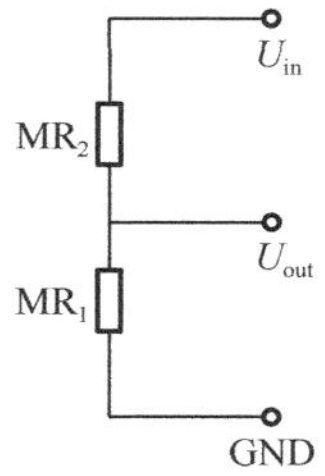

图 3.7.2　磁阻传感器电桥电路

这种传感器的输出电压与两个磁敏电阻的阻值有关，在外加磁场的作用下，磁敏电阻阻值变化，传感器输出随之改变为：

$$U_{\text{out}} = \frac{\text{MR}_1}{\text{MR}_1 + \text{MR}_2} U_{\text{in}} \tag{3.7-3}$$

随着空间技术的飞速发展，地磁学与测绘学、空间物理学的交叉与综合不断加强，地磁测量技术发生了根本的变化。与其他有源制导和导航方式相比，地磁制导与导航在军事领域有着无可比拟的优势。使用地磁制导的导弹抗干扰性能强，突防能力得到大大提升。近年来，基于地磁场基础的地磁导航在航空航天等诸多领域发挥了重要作用，越来越成为学术界关注的对象。

3.8　相对论影响

相对论是近代物理学的重要基础理论之一，爱因斯坦为其做出了开创性贡献。

相对论分为狭义相对论和广义相对论两大分支。狭义相对论从运动物体的电动力学（电磁波的传播速度与运动参照系的关系）出发，提出了新的时空观，建立了高速运动物体的力学规律和电动力学规律；广义相对论从加速参照系与引力场等效的原理出发，提出了新的引力理论，探索了引力场中的时空结构。总之，相对论的时空观和经典时空观明显不同。经典时空观是一种“绝对时空观”，它承认与外界无关的绝对数学时间和绝对空间的存在，承认绝对静止不动的参照系的存在，所以它把时间和空间看成彼此独立、互相无关、独立于物质和运动之外的绝对参量。而相对论的时空观可以称为“相对时空观”，它认为一切参照系都是相对的、等价的，不存在绝对静止、与外界无关的所谓绝对参照系，因此也就不存在所谓绝对空间、绝对时间的概念。相对论认为时间和空间是相互关联的，且与物质和运动态势密切相关。

众所周知，导航是为各种运行工具服务的，现代运行工具活动空间很大，相对运动速度很高，新的导航系统（如卫星导航系统）各组成部分之间分布在广阔的空间之中，且有的相互间相对运动速度很大，有的还具有加速度，所处的引力场也有很大区别，在这种条件下要解决统一的时、频问题，必须用相对论的时空观来观察和分析问题。

1. 狭义相对论影响

根据狭义相对论原理，在一个参照系中静止放置的钟 A 和一个相对 A 做匀速直线运动的 B 钟之间，即使 A、B 钟结构性能完全一样，由于它们之间存在相对速度 V，则两钟的走时快慢也不一样，其结论是静止不动的钟走得快，运动中的钟走得慢，它们之间的走时关系可用下式表达：

$$\Delta t_A = \gamma \cdot \Delta t_B \tag{3.8-1}$$

式中，Δt_A、Δt_B 分别为 A、B 钟走过的时间；γ 为由于相对运动引入的变换系数（或洛仑兹变换系数），其值为：

$$\gamma = \frac{1}{\sqrt{1 - V^2 / C^2}} \tag{3.8-2}$$

式中，V 为相对运动速度；C 为光速。在一般情况下，$C \gg V$，$\gamma \doteq 1$，所以在时间精度要求不很高时，则 $\Delta t_A \doteq \Delta t_B$；但是，如果相对速度 V 很大，而时间精度又要求很高时，就不得不考虑两钟之间的差别。

2. 广义相对论影响

根据广义相对论原理，若两钟之间存在加速度或所处的重力场位不同，则即使两钟结构性能完全一样，其走时也不同。根据等效原理，重力场对物体的作用，等效于在无重力场条件下，物体做加速运动，其方向和重力场方向相反，大小与重力加速度相等。假如两相同的时钟在一个参照系中只是所处的重力场位不同（A 钟所处的重力场位为 ϕ_A，B 钟的为 ϕ_B，且 $\phi_B > \phi_A$），则两钟的走时也不同，处在重力场位高的 B 钟走得快，而处在重力场位低的 A 钟走得慢，它们之间的时间转换关系可用下式表达：

$$\Delta t_B = k \cdot \Delta t_A \tag{3.8-3}$$

式中，Δt_B、Δt_A 分别为 B 钟和 A 钟的走时时间；k 为转换系数，k 为：

$$k = \left(1 - \frac{\phi_B - \phi_A}{C^2}\right) \tag{3.8-4}$$

在一般情况下，若两钟所处的高度差较小时，即 $\phi_B = \phi_A$，则 $k \doteq 1$，$\Delta t_B \doteq \Delta t_A$，若两钟所处的高度差很大，且时间精度要求较高时，则 ϕ_B 和 ϕ_A 的差别不容忽视，因此 Δt_B 与 Δt_A 之间的差别也就不容忽视。

3. 时钟相对论效应

在导航特别是现代导航中，时钟是一个实用导航系统的心脏，它既是时间基准源，又是频率基准源，因此它的稳定性和准确度是至关重要的。根据相对论原理，即使是完全相同的时钟源，如果它们所处的参照系之间有很大的相对速度或加速度，或者相处的引力场有显著差别，则它们提供的时频参量也有明显区别，这就是所谓的时钟相对论效应，具体地说就是相对运动和引力场对时频源的影响。

时钟的相对论效应在卫星导航系统中最为明显（在星基系统和为宇航运载工具服务的无线电通信导航系统中均如此），在这种条件下，星基钟（或处于高空中的运行体上的钟）和地面钟之间，既存在相对运动速度，又存在重力场位的明显差别，因此狭义相对论效应和广义相对论效应同时存在。若令 S 钟为星上钟，所处的重力场位为 ϕ_S，相对地心参考系的速度为 V_S，而地面站的钟为 G 钟，因地球自转导致的相对地心参考系的速度为 V_G，所处的重力场位为 ϕ_G，则由于相对论效应，星上钟的走时 Δt_S 和地面钟走时 Δt_G 的转换系数 β 可推导如下。

先令两钟 S、G 处在同一重力场位（即忽略重力场位不同的影响）条件下，且静止钟的走时为 Δt_0，则根据狭义相对论，则地面钟 G 的走时 Δt_G 为：

$$\Delta t_G = \frac{1}{\gamma_G} \cdot \Delta t_0 = \frac{\Delta t_0}{\gamma_G} \tag{3.8-5}$$

式中，$\gamma_G = \dfrac{1}{\sqrt{1 - V_G^2 / C^2}}$。星上钟 S 的走时 Δt_S 为：

$$\Delta t_S = \frac{\Delta t_0}{\gamma_S} \tag{3.8-6}$$

式中，$\gamma_S = \dfrac{1}{\sqrt{1 - V_S^2 / C^2}}$。当考虑到星上钟和地面钟的重力场位差时，根据广义相对论，则星上钟的实际走时 Δt_{SL} 应为：

$$\Delta t_{SL} = k \cdot \Delta t_S = \left(1 - \frac{\phi_S - \phi_G}{C^2}\right) \cdot \Delta t_0 \cdot \sqrt{1 - V_S^2 / C^2} \tag{3.8-7}$$

式中，$k = \left(1 - \dfrac{\phi_S - \phi_G}{C^2}\right)$。若令 $\beta = \Delta t_{SL} / \Delta t_G$，分别将 Δt_{SL} 和 Δt_G 的表达式代入后得：

$$\begin{aligned}\beta &= \left[\left(1 - \frac{\phi_S - \phi_G}{C^2}\right) \Delta t_0 \cdot \sqrt{1 - V_S^2 / C^2}\right] / (\Delta t_0 \cdot \sqrt{1 - V_G^2 / C^2}) \\ &= \left[\left(1 - \frac{\phi_S - \phi_G}{C^2}\right) \cdot \sqrt{1 - V_S^2 / C^2}\right] / \sqrt{1 - V_G^2 / C^2}\end{aligned} \tag{3.8-8}$$

因为 $C >> V_S$，$C >> V_G$，所以该式可近似为：

$$\beta \doteq 1 - \frac{1}{2}(V_G^2 - V_S^2) / C^2 + (\phi_S - \phi_G) / C^2 \tag{3.8-9}$$

对于一个时钟来说，它既是时间源，也是频率源，众所周知，信号的周期和频率互为倒数关系，由此得地面钟频 f_G 和星上钟频 f_S 之比也等于 β，即：

$$\beta = \frac{f_G}{f_S} = \frac{\Delta t_{SL}}{\Delta t_G} \doteq 1 - \frac{1}{2}(V_G^2 - V_S^2) / C^2 + (\phi_S - \phi_G) / C^2 \tag{3.8-10}$$

可见，β 值是考虑到狭义和广义相对论的综合效应结果，它是可以计算的，由此便可定量分析计算处于不同状态下（含相对运动和引力场位差异）的时频源的相对论效应。

相对论效应对卫星导航影响的结果是：星上钟比用户钟走得快，这在消除星上钟与用户钟差时必须考虑到，这就意味着在实现星上钟与用户钟同步时，还需要加上一个因相对论效应产生的钟差，具体数值视卫星轨道高度而定。

3.9 小　　结

导航是对运行体的指引或引导，导航的实现需要依托运行体所处环境的人工或自然物理场，因而对导航所依托的物理场的学习和认识就显得十分重要。本章对电、光、力、磁、声等物理基础内容在读者具有大学物理基础的前提下进行了回顾和进一步阐述，重点描述了典型波动信号——无线电信号特性，以及光信号的探测，并扩充介绍了作为惯性传感器件的陀螺仪和加速度计原理，以及重力场、地磁场等基础知识。很好地了解和掌握这些物理基础内容，是深入学习后续导航原理知识所必备的。

复习和作业题 3

1. 简述导航信号的主要特点，并说明为什么学习无线电导航首先要重视电信号参量与导航参量的对应关系。

2. 简述多普勒效应在导航中的主要应用形式。

3. 飞机与导航信标相向而行，导航信标发射的导航信号频率为 500MHz，飞机速度为 600km/h，导航信标运动速度为 450km/h，问机载设备接收到的无线电导航信号频率为多少？

4. 心脏形和“8”字形水平方向性天线以 Ω 角频率顺时针旋转时，各自方向特性如何表达？

5. 无线电导航基于电波传播的哪几个基本特性？为什么？

6. 电波传播会给无线电导航信号带来哪些主要影响？

7. 一部导航信标天线离地面高度为 9m，飞机飞行高度为 900m，问在只考虑地球曲率影响情况下实现导航的最大作用距离约为多少？

8. 菲涅耳效应用于什么条件下的场地影响分析？举例说明。

9. 依据光电探测的艾里斑形成原理，试估计光学测角的粗略精度水平。

10. 陀螺仪和加速度计测量的是惯性空间的什么物理量？怎样应用于导航？

11. 重力场与地磁场是如何描述的？其用于导航的潜力在哪里？

12. 时钟的相对论效应在什么条件下发生？如何设法补偿？

第 4 章　导航测角原理

导航的主要任务之一就是要为运行体指引方向。我国古代四大发明之一指南针就是利用地球磁场来确定方向的，是最早应用的导航测向装置。另外，借助天空中的星体，通过观察不同时期星座的位置来确定前进的方向，也是导航活动的初始表现，如在北半球的人们，夜晚利用北斗七星做参考，可以大致了解自己运动的方向。随着人类活动范围的扩展，以及观测手段的提高，人们逐渐学会利用肉眼或借助观测仪器，通过对自然地物或人为设置的标志物进行观察，来确定运动位置或方向，从而实现导航。可以说，测角是人们有意识地进行导航的最早形式。

4.1　概　　述

要想指出方向，首先就要找到所要前往的地点，以这个地点和运行体的连线作为行进的方向线；其次还要选择一个固定的方向线作为参考（基准）线。通常，将所选定的参考线与行进方向线间的顺时针夹角，定义为前进的方向。很显然，运行体要通过一种测量活动实时获得一个角度信息，才能达到在运动中时刻了解运行方向的目标。因此，需要在运行体的运动空间里利用或建立一个自然或人工环境，满足实时进行角度测量的要求。目前，基于电、光、力、磁、声等各种物理基础，已经出现了多种测量角度的导航技术或方法，尤其以基于无线电技术和光电探测技术的测角系统应用更为普遍。

通过测量各种角度，能够基本满足确定运动方向和位置的导航需要，如图 4.1.1 所示。图 4.1.1（a）中，通过测量 P 点相对确知位置 M_1、M_2 两点的方位角（磁方位或真方位）φ_1、φ_2，就可以通过计算或作图的方式确定 P 点位置，任何 φ_1、φ_2 值的改变，都意味着 P 点位置的不同或改变，这也就是利用测角定位的例子。

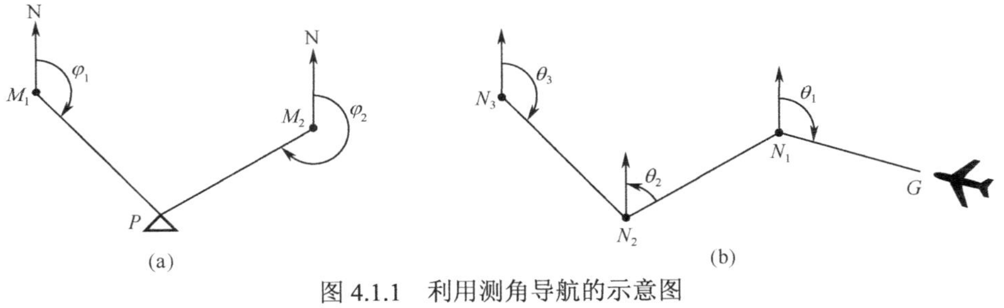

图 4.1.1　利用测角导航的示意图

图 4.1.1（b）中，位于 G 点的运行体，首先测量与 N_1 间的方位角 θ_1，并依此调整自己的航向角（暂不考虑测量误差），并保持不变，就可以运动到 N_1；到达 N_1 之后，再测量此时与 N_2 之间的方位角 θ_2，调整航向角，在保持新航向角不变的情况下，就可以运动到 N_2 点；以此类推，可在位于不同位置时，依照与相应导航点的方位角调整航向角，完成对运行体从一地到另一地行进过程的引导。利用测角也可以在着降时引导飞机沿着地面信标发射信号所提供的

下滑路线对正跑道，安全降落；利用测角还可使舰船进出港口时沿规定的港道出入；等等。另外，利用测角与测距的配合，还能够进行导航定位。

尽管导航所依赖的物理基础形式很多，但无论基于何种物理基础实现导航参量的获取，都可以归结为对具有波动性质的信号的测量。导航参量的获取，就是通过对导航信号参数的测量，在建立了这些信号参数与导航参量一一对应关系基础上，依据某一数学模型把信号参数转换为导航参量，从而完成导航任务的。根据导航测角的不同方法，它又可以进一步划分为振幅式、相位式、时间式和频率式。

4.2 振幅式导航测角

振幅式导航测角就是将导航所依托的物理场中的信号振幅值与所测角度建立起一一对应关系，来实现导航测角的方法。目前，振幅式导航测角的最典型应用是在电磁场中，即利用无线电信号或光信号的强度建立与空间某一角度值的对应关系，通过测量与信号强度成正比的信号幅值来获得所需的角度导航参量。可见，在电磁场中的测角，就是要建立具有角度信息的特定电磁环境，或者是无线电导航测角信号场型。这个特定电磁环境的建立，对无线电导航测角而言，依赖的是专门设计的导航天线，其方向图直观描述了信号场型的空间形态。

振幅式无线电导航测角是把角度信息载于振幅电参量中，通过对振幅的测量实现角度信息提取。根据是在发射方采用方向性天线，还是在接收方采用方向性天线，将测量方式分为两类。

（1）有向信标无向探测类型

这是由发射端（也称信标）产生角度信息，接收端设法将角度信息恢复出来的一种测角方式。一般在发射端利用具有特定方向性的天线，将含有角度信息的电信号辐射到一个范围较大的工作区域，用户或接收一方利用无方向性天线，使用接收设备接收处理该信号，从中获得角度参量。

根据所提供的工作区域大小，有向信标有全向信标和扇形信标之分，全向信标可在0°～360°范围内全向发射含有角度信息的信号，而扇形信标仅向特定扇区内发射含有角度信息的信号，即信号的有效覆盖范围只限定在某一扇形区域内。

（2）无向信标有向探测类型

这是由发射端利用无方向性天线向空间辐射信号，作为被测信号源。接收端则要利用有方向性的天线接收，并经过一定的变换处理，测出无向信标的信号来向达到测角目的。

4.2.1 振幅式无线电导航测角

一个无线电信号具有多个可携带角度信息的电参量，对于下面所示的信号表达式来说：

$$e(t)=E\left[1+m\sin(\Omega t+\phi_0)\right]\sin\omega(t-\tau) \tag{4.2-1}$$

其振幅 E、调制度 m 分别代表高频信号幅值和调制信号幅值，都可以被用于与某个角度或导航参量建立起对应转换关系。因此，按利用的信号电参量可以把振幅式无线电导航测角进一步分为两种形式。

1. 振幅式 E 型测角方法

这是利用无线电信号振幅 E 和所测角度参量 θ 建立起对应关系实现的测角方法。依据利用信号的幅值特征，振幅式 E 型测角方法还可分为最大值法、最小值法、等值（比值）法三种，本质上都是利用方向性天线接收由无向性信标发射的信号，依天线方向性和判定准则确定被测角度，如图 4.2.1 所示。

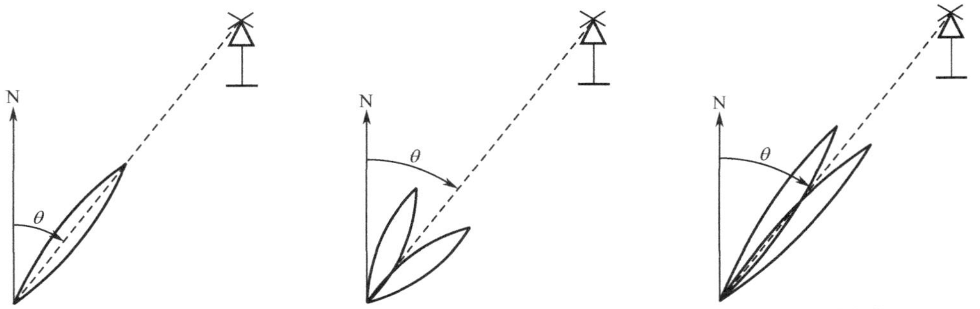

(a) 最大值法　(b) 最小值法　(c) 等值法

图 4.2.1　三种测角方法

最大值法是利用所测信号振幅最大时，测量所得角度为所求值的方法。通常使用窄波束方向性天线，天线最大值方向相对某一基准方向（如真北或磁北）转动，当其最大值对准所测方向时，接收信号幅值最大，以此时基准方向与天线最大值方向的夹角 θ 为所测方向的角度值。最大值法测角通常应用于雷达或时间式导航测角系统中。

最小值法是利用所测的信号振幅最小时，测量所得角度为所求值的方法。通常使用双波瓣方向性天线，两波瓣之间的零值或最小值对准来波方向时，接收信号幅值最小。以此时基准方向与双波瓣最小值的指向间夹角 θ 为所测方向的角度值。无线电导航最早应用的中波导航系统，其无线电罗盘的测角就是采用的最小值法原理。

等值（比值）法是利用两个可识别（可区分）的信号振幅相等时，测量所得角度为所求值的方法。通常是利用两个信号覆盖区域有一定重叠的方向性天线，以参考方向与两天线波瓣等值方向间的夹角，作为被测角度值。这种测角方法在飞机着陆时经常使用，用于引导飞机对准跑道，指示飞机偏离跑道的程度和方向。俄罗斯体制的分米波仪表着陆系统采用的测角方法就是振幅式 E 型等值法，它是利用具有两种重复频率的射频脉冲序列，通过天线辐射场型在系统作用区域辐射脉冲序列信号，以比较两射频脉冲序列幅值的形式来提供飞机着陆时所需的方位角或俯仰角信息。等值法测角必须提供两个交叠的天线方向图，并且为区分两种信号需要采用不同的载频，也可以在载频相同的情况下，采用两种不同重复频率的脉冲调制载频。

振幅式 E 型测角的三种方法各有优缺点：利用最大值法测角信噪比高，但要求天线具有尖锐的方向性，在一定工作频率和天线尺寸下，方向图最大值附近信号幅值变化率较小，使最大值判定困难，测角精度不高；利用最小值法测角，在相同情况下，方向性图最小值处附近的信号幅值变化率一般均比最大值处大，在信噪比相同时易于判定，但因采用最小值测角，通常难以保证有较高的信噪比，因此受噪声干扰大；等值法则比最大值法灵敏，比最小值法信噪比高，是一种折中方法，但由于需要进行两信号识别区分和振幅比较，因此系统构成和信号处理较复杂。

振幅式 E 型测角的最大值、最小值和等值法，均以判断信号幅值为基础。一般来说，以无方向性发射、方向性接收为主，这时发射方是信标，接收方就成了测角器。也就是说，利用载波信号幅值，信标台只需发射等幅信号，这样，测角器接收的信号为：

$$e(t) = EF(\theta)\cos\omega t = E_m(\theta)\cos\omega t \tag{4.2-2}$$

测角器需要利用 $E_m(\theta)$ 并按照判断准则，测量输出所测信号的某种角度值。

若信标台还具有识别、通信功能，则此时发射的将是调幅波，测角器接收信号为：

$$e(t) = E_m(\theta)(1 + m\cos\Omega t)\cos\omega t \tag{4.2-3}$$

图 4.2.2 给出了信标辐射等幅或调幅信号时的信号频谱。由图可知，即使信标辐射调幅信号，接收信号载波幅值仍随角度 θ 改变，而调制系数 m 保持不变。在信标辐射调幅信号时，从频域看，如果滤除边频信号，将不影响振幅式测角；但从时域看，载波幅值随时间在改变，此时就不便于利用瞬时载波幅值进行测角。因此，虽然 E 型测角中信号振幅与角度建立起对应关系，但如何利用这种关系，则需要采取一些措施，经过一定的处理。

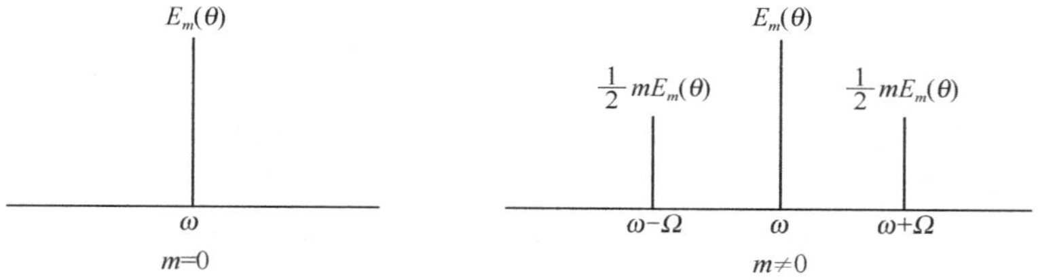

图 4.2.2　信标辐射等幅或调幅信号时信号频谱

E 型测角由于空间电磁环境影响，信号振幅测量易受干扰，测角精度不高。而 M 型测角是在 E 型测角的基础上发展起来的，克服了 E 型测角存在的主要问题。

2．振幅式 M 型测角方法

利用无线电信号幅值调制指数 m，使 m 与所测角度值 θ 建立起对应关系，通过测量信号的 m 来实现测角的方法就称为 M 型测角方法。

M 型测角的被测信号具有如下形式：

$$e(t) = E_m[1 + m(\theta)\cos\Omega t]\sin\omega t \tag{4.2-4}$$

M 型测角本质上也是一种对信号振幅测量来实现角度测量的方法，只不过这时所测量的信号振幅已不是 E 型测角中的高频信号幅值，而是对高频信号进行调制的低频信号幅值，这样做的结果就使得测量更易实现，受干扰影响小，测量精度得到提高。

M 型测角也同样分为最大值法、最小值法、等值（比值）法三种，这就要求将 m 与角度的关系等效为天线方向图。例如，无线电罗盘工作原理中的 M 型“8”字形方向图，仪表着陆系统航向/下滑信标工作原理中的 M 型双波束方向图，等等。

同样，M 型测角也不一定要在发射信号时将调制度与角度建立某种联系，通常也可由无方向性信标发射等幅波信号，由测角器利用一个方向性天线和一个无方向性天线共同接收并经处理后，实现从包含角度信息的调制度测量中得到角度数据。

由于信标发射的是等幅信号，则无方向性天线接收并输出的信号为等幅波，即：

$$e_1(t) = E_{1m}\sin\omega t$$

方向性天线接收的信号考虑到载波相移和方向性，为：

$$e_2'(t) = E_{2m}F(\theta)\cos\omega t$$

为实现 M 型测角，将方向性天线接收的信号进行 90° 移相，并用一个低频信号（ Ω ）对其平衡调制，可得到：

$$e_2(t) = E_{2m}F(\theta)\cos\Omega t\sin\omega t$$

此时，$e_2(t)$ 中仅有 2 个边频分量而没有载频分量，再将 $e_1(t)$ 作为载频分量与 $e_2(t)$ 相加，就合成为一个完整调幅波，即：

$$e(t) = e_1(t) + e_2(t) = E_{1m}[1 + m(\theta)\cos\Omega t]\sin\omega t \quad (4.2\text{-}5)$$

式中，$m(\theta) = \dfrac{E_{2m}}{E_{1m}}F(\theta)$，显然，它的取值与来波角度具有对应关系。

合成信号 $e(t)$ 的频谱如图 4.2.3 所示，经过一系列处理后，新的信号调制系数 M 随来波角度 θ 而变化，换句话说，这时的 $m(\theta)$ 具有了和 E 型测角中天线方向性函数 $F(\theta)$ 一样的方向特性。

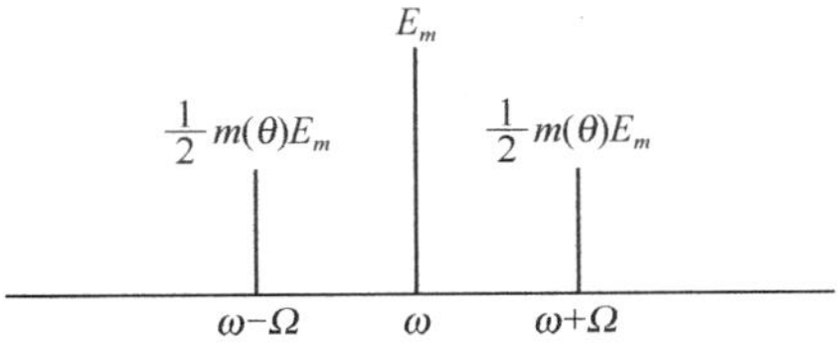

图 4.2.3　合成信号 $e(t)$的信号频谱

以仪表着陆系统航向信标测角原理为例，看如何利用调制度差（DDM）指示角度偏离信息，实现差值法测角。这时，航向信标测角利用了两个单音调制信号对同一载频调幅，通过特定的方向性天线向工作区辐射。需要着陆引导的飞机，由机载接收机接收信号后，求两单音调制信号的调制度差，根据差值大小，可以获得接收机偏离跑道中线延长线的角度值，提供左右修正指示信息。方向性天线发射的航向信号为：

$$e(t) = E_m(1 + m_1\sin\Omega_1 t + m_2\sin\Omega_2 t)\sin\omega t \quad (4.2\text{-}6)$$

式中，E_m 为载波振幅；m_1、m_2 分别为两个单音调制信号的调制系数；Ω_1、Ω_2 分别为调制信号角频率。航向信号在工作区内的分布（场型）如图 4.2.4（a）所示，它由航向天线阵给出。可以看出，$e(t)$ 以其 m_1 和 m_2 的大小来反映偏离跑道中线延长线的情况。当 $m_1 = m_2$ 时，$\text{DDM} = 0$，表明处于延长线上；当 $m_1 > m_2$ 时，表明偏向了 Ω_1 调制占优的一边；当 $m_2 > m_1$ 时，表明偏向了 Ω_2 调制占优的一边。

要利用 m_1 和 m_2 相对大小（即 DDM 值）定量反映航向偏离情况，需要在天线辐射信号时采取一定的措施。若实现图 4.2.4 的信号场型，给航向天线的馈电并不是式（4.2-6）形式的信号，而是分别辐射的载波加边带信号 $e_{\text{CSB}}(t)$ 和纯边带信号 $e_{\text{SBO}}(t)$，由两者在空间合成为 $e(t)$，即：

$$e(t) = e_{\text{CSB}}(t) + e_{\text{SBO}}(t) \quad (4.2\text{-}7)$$

其中的 $e_{\text{CSB}}(t)$ 和 $e_{\text{SBO}}(t)$ 分别是载波加边带（CSB）信号和纯边带（SBO）信号，采用不同的方向性天线辐射，建立水平面上如图 4.2.4（b）所示的航向信号场型。读者可以自行分析在航向信号覆盖区内，接收机获得的合成信号表达式（图中以频谱叠加的形式给出了结果），从而得到如图 4.2.4（a）所示的 $m_1(\theta)$ 和 $m_2(\theta)$ 等效方向性图，以此实现 M 型等值法测角。

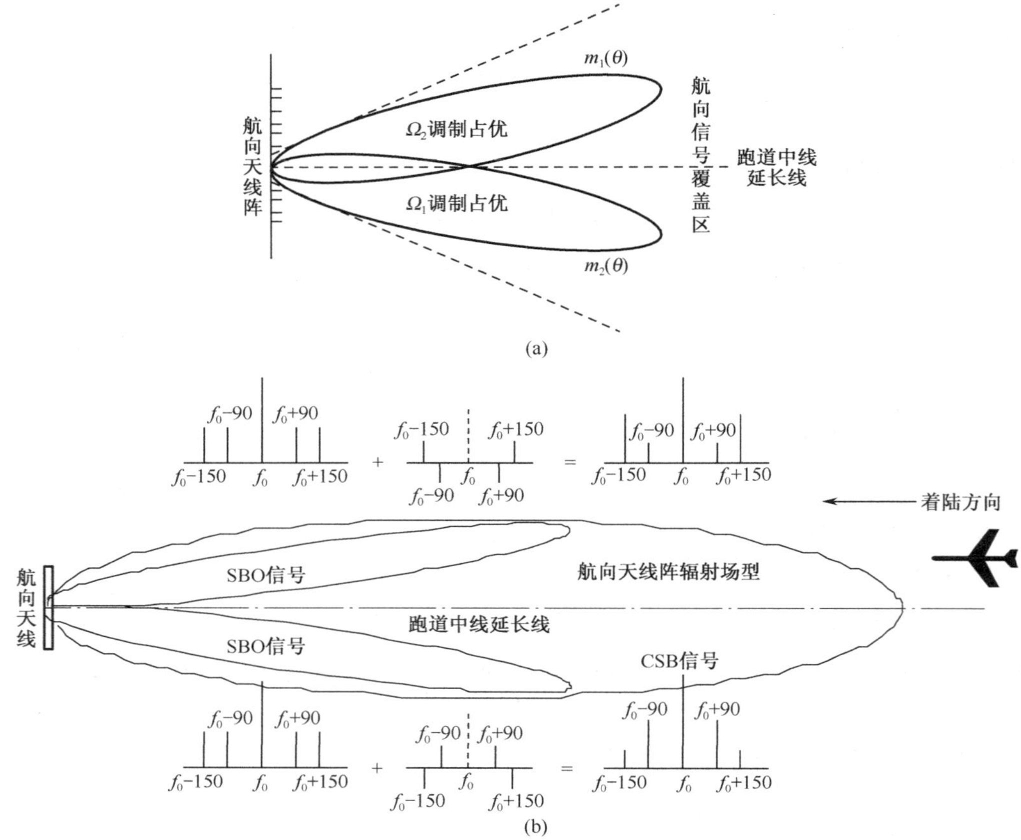

图 4.2.4　等值法测角信号场型示意图

4.2.2　振幅式无线电导航测角误差分析

无线电导航测角从广义上说是一种测量过程，必然存在测量的误差，这其中有无线电信号产生、传播、恢复过程中产生的各种误差，也有测量方法、设备因素造成的误差，尤其是利用无线电信号进行导航参量测量，是在一种开放的环境下进行的，环境的影响是形成误差的重要原因。下面重点就电波传播过程中的各种因素对振幅测角的影响进行讨论。

1．二次辐射引起的测角误差

振幅式无线电测角器周围的金属物体，在入射电磁波到来时受到激励产生二次辐射场，此二次辐射信号也传到接收方，与直射波叠加，使测向产生误差，这称为二次辐射误差。在实际环境中，测角天线周围的物体是多种多样的，但可把它们的影响分为两类辐射器：类天线辐射器和类回路辐射器。

（1）类天线辐射器的影响

通常将长度比其截面线径大很多倍的不闭合的导体称为类天线辐射器，其二次辐射场的特性与导体本身的电气参量以及所处的位置有关。假定在 A 点放置一部无线电信标，而 B 点是具有环状天线的测角器，如图 4.2.5 所示，在任一点 C 处（与子午线北向的夹角为 β ）存在一个类天线辐射器。下面分析存在类天线二次辐射时，对环状天线接收的影响。

若直射到达的信号按正弦规律变化，则在 B 点的接收信号可表示为：

$$\boldsymbol{h}_1 = \boldsymbol{H}_1 \sin \omega t \tag{4.2-8}$$

类天线辐射器的二次辐射场用矢量 H_2 表示，它与直达信号 $\boldsymbol{H}_1$ 在空间的夹角为 α_1，而在相位上相差为 $\Delta\varphi$，则：

$$\boldsymbol{h}_2 = \boldsymbol{H}_2 \sin(\omega t - \Delta\varphi) \tag{4.2-9}$$

式中，$\Delta\varphi = \varphi_r + \varphi_i$；$\varphi_r$ 是由于传播路径的行程差引起的相移，而 φ_i 则是二次辐射场的电流相对于激励场的相位移。接收点的信号将是 $\boldsymbol{H}_1$ 与 $\boldsymbol{H}_2$ 合成场的矢量和。因为这两个场间既存在空间的夹角，又存在电相位差，为此又将 $\boldsymbol{H}_2$ 分解为两个分量，一个分量是与 $\boldsymbol{H}_1$ 同相的 $\boldsymbol{H}_2'$，另一个分量是与 $\boldsymbol{H}_1$ 相差 90° 的异相分量 $\boldsymbol{H}_2''$，可由式（4.2-9）得：

$$\begin{aligned} \boldsymbol{h}_2 &= \boldsymbol{H}_2 \cos\Delta\varphi \sin\omega t + \boldsymbol{H}_2 \sin\Delta\varphi \cos\omega t \\ &= \boldsymbol{H}_2' \sin\omega t + \boldsymbol{H}_2'' \cos\omega t \end{aligned} \tag{4.2-10}$$

式中，$\boldsymbol{H}_2' = \boldsymbol{H}_2 \cos\Delta\varphi$；$\boldsymbol{H}_2'' = \boldsymbol{H}_2 \sin\Delta\varphi$。虽然 $\boldsymbol{H}_2'$ 与 $\boldsymbol{H}_1$ 在相位上同相，但两者在空间有 α_1 的夹角，故两者合成场的表达式为：

$$\boldsymbol{h} = \boldsymbol{H}\sin\omega t = \sqrt{\boldsymbol{H}_1^2 + (\boldsymbol{H}_2')^2 + 2\boldsymbol{H}_1\boldsymbol{H}_2'\cos\alpha_1}\,\sin\omega t \tag{4.2-11}$$

如图 4.2.6 所示，合成矢量 $\boldsymbol{H}$ 相对 $\boldsymbol{H}_1$ 移动了一个角度 $\Delta\theta_1$。

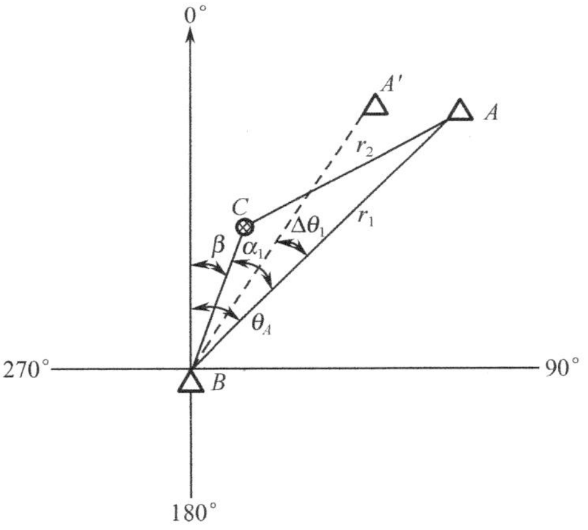

图 4.2.5　类天线辐射器的影响

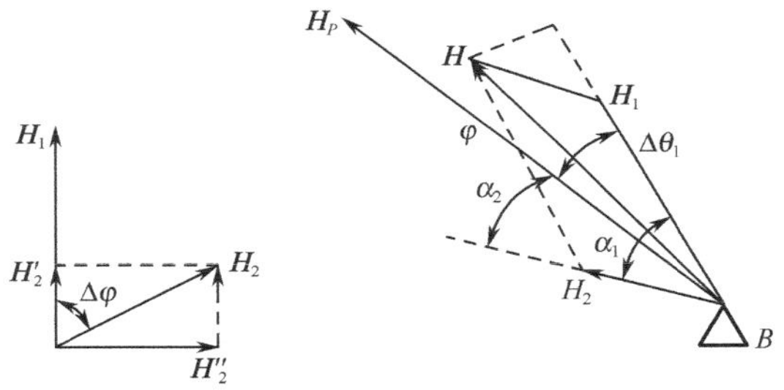

图 4.2.6　$\boldsymbol{H}_1$ 与 $\boldsymbol{H}_2$ 的几何与电相位关系

$$\Delta\theta_1 = \arg\tan\frac{\sin\alpha_1}{m_1 + \cos\alpha_1}, \quad m_1 = \frac{\boldsymbol{H}_1}{\boldsymbol{H}_2'} \tag{4.2-12}$$

显然，此时环状天线的最小值方向与合成矢量重合，以此进行测向将使测出的角度与 A 点所处实际角度有一个偏差 $\Delta\theta_1$，也就是出现了测角的二次辐射误差，$\Delta\theta_1$ 的大小和变化规律与比值 m_1、β 取值有关（假设信标 A 固定不动）。

为估计异相分量的影响，也需要将合成矢量 $\boldsymbol{H}$ 与异相分量 $\boldsymbol{H}_2''$ 进一步叠加起来。由于两者有 90° 的相位差，这样两个在空间上有夹角 $\alpha_2 = \alpha_1 - \Delta\theta_1$，而在相位上又差 90° 的矢量叠加，将形成一个类椭圆极化场，总的矢量表达式为：

$$\boldsymbol{H}_P = \sqrt{\boldsymbol{H}^2\sin^2\omega t + (\boldsymbol{H}_2'')^2\cos^2\omega t + 2\boldsymbol{H}\boldsymbol{H}_2''\cos\alpha_2\sin\omega t\cos\omega t} \tag{4.2-13}$$

这一矢量的瞬时位置相对 $\boldsymbol{H}$ 矢量的角度可由下式确定：

$$\varphi = \arg\tan\frac{\sin\alpha_2}{m_2\tan\omega t+\cos\alpha_2},\quad m_2=\frac{\boldsymbol{H}}{\boldsymbol{H}_2''} \tag{4.2-14}$$

上式说明幅值在变化的合成矢量还将以所接收信号的角频率旋转。

由于二次辐射场同相分量和异相分量造成的影响，引起测角的误差为两者各自引起误差之和，即：

$$\Delta\theta=\Delta\theta_1+\Delta\theta_2 \tag{4.2-15}$$

其中，$\Delta\theta_2$在考虑m_2>>1（实际情况基本如此）时，该误差是一个较小的数值，可得其表达式：

$$\Delta\theta_2=\frac{1}{2{m_2}^2}\sin 2(\theta_A-\Delta\theta_1-\beta) \tag{4.2-16}$$

异相分量除造成测角误差$\Delta\theta_2$外，还会引起接收最小值钝化，分析方法可参照后面的极化误差分析。

（2）类回路辐射器的影响

类回路辐射器的影响是因为在测角天线周围形成电气上闭合或未闭合回路的导体，在外来电波照射下产生幅值和相位与回路本身的电参量及所处位置有关的二次辐射场。该二次辐射场的强度与回路的固有频率和入射信号频率的接近程度有关。一般认为，回路的固有波长等于它的固有长度的 2 倍。此外，二次场的振幅将随所测角的变化而变化，这是因为回路在其平面上具有方向性，而二次场的相位则与类天线辐射器的不同，这时基本场在回路感应的电动势与基本场有 90° 相移，因此调谐了的回路产生的是与基本场差 90° 相位的二次场。但在该回路失谐很大的情况下基本场的相位与二次场的相位将是一致的，一般可将闭合回路辐射器看作感性回路，而将未闭合的类回路辐射器看作容性回路。

类回路辐射器对测角的影响与特点及分析方法，与类天线的情况相似，读者可自行分析，在此不再赘述。

2．极化改变对测角的影响

无线电波在传播过程中由于某种影响使电波极化发生了改变，如垂直极化波（振幅式测角主要利用垂直极化）在到达接收点时，变成椭圆长轴为任意倾斜的椭圆极化波，它作用于环状天线时，与仅有垂直极化波的情况相比，必然造成接收信号的改变，从而形成测角误差，称此类误差为极化误差。

假设电波波前面相对于正常波波前面倾斜了β，极化椭圆的长轴相对于传播面的倾角为γ，如图 4.2.7 所示。此时可以将椭圆极化波分解为两个互相垂直的分量$e_1(t)$和$e_2(t)$，分别等于椭圆的长半轴和短半轴，相位彼此相差$90°$，即：

$$\begin{aligned}e_1(t)&=\boldsymbol{E}_1\sin\omega t\\ e_2(t)&=\boldsymbol{E}_2\cos\omega t\end{aligned} \tag{4.2-17}$$

它们分别作用到环状天线上，天线输出为各自产生的感应电动势的叠加。

对于$\boldsymbol{E}_1$矢量来说，可分解到 3 个坐标轴上的分量E_{1X}、E_{1Y}、E_{1Z}，每个分量又使环状天线产生感应电动势，E_{1Z}作用到环状天线垂直边上，而E_{1X}和E_{1Y}作用到它的水平边上，可证明其所产生的电动势分别为：

$$e_{1X}=\boldsymbol{E}_1h\cos\theta\cos\gamma\sin^2\beta\cos\omega t$$

$$e_{1Y}=\boldsymbol{E}_1 h\sin\theta\sin\gamma\sin\beta\cos\omega t$$

$$e_{1Z}=\boldsymbol{E}_1 h\cos\theta\cos\gamma\cos^2\beta\cos\omega t$$

其中的θ是相对于环状天线环面的来波方向。总感应电动势为：

$$e_\Sigma=e_{1X}+e_{1Y}+e_{1Z}=\boldsymbol{E}_1 h(\cos\gamma\cos\theta+\sin\gamma\sin\beta\sin\theta)\cos\omega t \quad (4.2\text{-}18)$$

由上式可知，环状天线中总感应电动势振幅由两部分叠加：

$$e_{1\Sigma}=\boldsymbol{E}_1 h\cos\gamma\cos\theta$$

$$e_{2\Sigma}=\boldsymbol{E}_1 h\sin\gamma\sin\beta\sin\theta$$

在γ、β都不变的情况下，每部分均与来波角度θ有关，且前者为余弦关系，后者为正弦关系，显然e_Σ与按正常极化波接收的感应电动势变化规律不同，无论按最小值或最大值判定来波方向，都会带来测角误差，图 4.2.8 给出了$e_{1\Sigma}$、$e_{2\Sigma}$及e_Σ随θ角度变化的极坐标曲线关系方向性图，由图可知，方向性图的最小值偏离了环状天线平面法线一个角度δ。

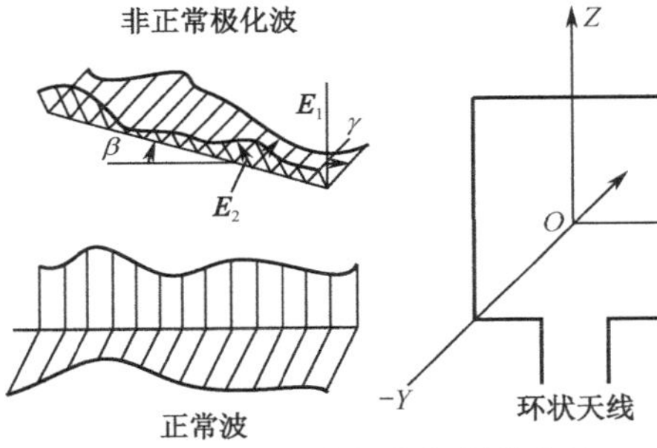

图 4.2.7　发生极化倾斜的电波

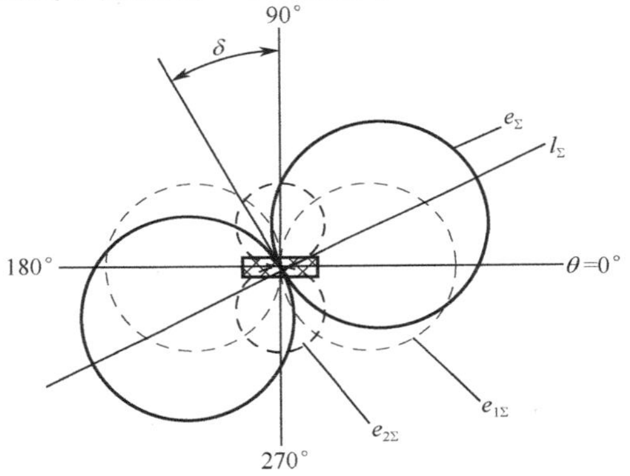

图 4.2.8　方向性图

当环状天线的总电动势等于零时，环状天线平面与电波传播方向的角度为：

$$\theta=90^\circ+\delta \quad (4.2\text{-}19)$$

由式（4.2-18）知，$e_\Sigma=0$时，有：

$$\cos\gamma\cos\theta+\sin\gamma\sin\beta\sin\theta=0$$

将式（4.2-19）代入上式，得：

$$\tan\delta=\tan\gamma\sin\beta$$

可见，e_1分量产生的极化误差，只是在电波波前面发生倾斜的同时，还出现极化平面转动的情况下才出现，如图 4.2.7 所示。

如果倾斜入射的波是正常极化的，或者非正常极化波但波前面没有倾斜时，极化误差都将等于零。

对e_2分量或$\boldsymbol{E}_2$矢量来说，在波前面内，相对于传播平面倾斜一个角度$90^\circ-\gamma$，并相对$\boldsymbol{E}_1$电场有 90°相移。同样可将$\boldsymbol{E}_2$分解为在三个坐标轴上的分量E_{2X}、E_{2Y}、E_{2Z}，然后求出每一个分量在环状天线中产生的电动势。为此，将式（4.2-18）中的γ用$90^\circ-\gamma$代替，则可直接求出由$\boldsymbol{E}_2$引起的总感应电动势为：

$$e'_\Sigma=\boldsymbol{E}_2 h(\sin\gamma\cos\theta+\cos\gamma\sin\beta\sin\theta)\sin\omega t \quad (4.2\text{-}20)$$

按照对 $\boldsymbol{E}_1$ 的类似分析，可知由 $\boldsymbol{E}_2$ 引起方向性天线最小值方向有一个偏移 δ'，可推出其表达式：

$$\tan\delta' = \cot\gamma \sin\beta \tag{4.2-21}$$

由于 e_{Σ} 和 e'_{Σ} 是正交的，所以环状天线中的电动势在任何 θ 角下都不等于零，这将导致环状天线方向图最小值钝化，给测向带来误差。

3. 其他因素的影响

无线电信号传输过程中不可避免地将受到噪声的干扰，噪声干扰将使振幅测角出现不灵敏区，在这个范围内测角器不能分辨出角位移（变化），同样会产生测角误差。同时在接收机内部存在的噪声干扰，干扰特性与外部大气中的噪声干扰不一样，但干扰的效果是类似的，也将会引起测角误差。

另外，信标或测角器使用的方向性天线安装不当，尤其需要外部基准信号的情况下，也将直接造成测量时的误差，但这类误差属于固定误差，经过精心检验或校正是可以避免和修正的。

由于数字技术的普及，许多设备都采用了模数转换方法，以及一些数值处理技术，这些变换实际上也都存在一定的误差，都可以根据具体情形进行分析。

总之，影响振幅测角的因素有很多，可以从信号处理的各个环节去分析，尤其在实际应用中，应根据不同情况及时分析和发现问题并加以解决，从而确保角度测量的精度。

4.2.3 振幅式光学导航测角

光场也是一种电磁场，对光波的探测如同对无线电波的探测一样。光学测角利用的是光场中的光波信号。尽管光场也是一种电磁场，但因其光波频率已经非常之高，使得利用光信号进行频率、相位等参数的测量已经变得非常困难，因此，在光场中主要测量的信号参量是光强，即光波信号的幅值。

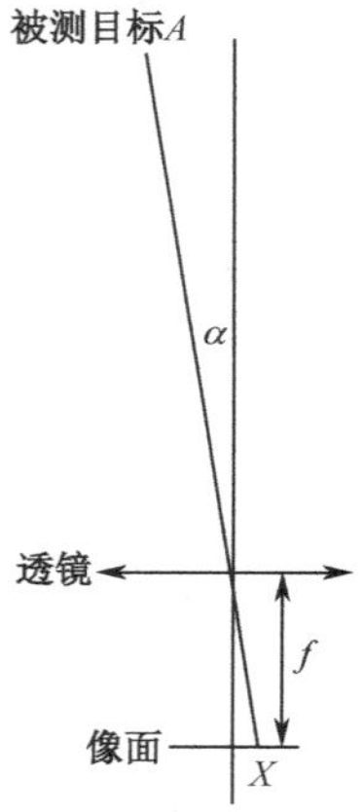

图 4.2.9 光学测角原理

利用光波的测角可以分为主动式与被动式两种，前者需要光源发射光信号，而后者则只是利用目标对其他光源的反射光信号，从而实现对目标所处方位的测量。像在无线电信号场中的幅值测量一样，在光场中对光强的探测也有发射激光的主动式探测，以及借助目标反射光波的被动式探测（相当于无线电信标发射信号）。

光学测角的基本原理是利用带有透镜的装置，通过目标成像位置获取所测角度参量，如图 4.2.9 所示。被测目标出射或反射的光线，经焦距为 f 的透镜在像面上距中心 X 的位置成像，被测目标和镜头的连线与透镜法线方向间的夹角 α 为：

$$\alpha = \arctan\frac{X}{f} \tag{4.2-22}$$

实际应用中通常是调整透镜法线指向位置，使目标成像在像面中心，然后测量法线转过的角度，从而获得目标所在方位角。由此可见，光学测向的本质与利用窄波束天线方向图实现的振幅式无线电导航测角是相同的。

4.3　相位式导航测角

相位是指周期信号在其循环中的位置，或指任意信号某一强度（或幅值）所对应的时刻。导航所利用的信号通常具有周期性，这种周期性信号能够用每个周期的重复率（信号频率）和一个周期内的相位值（不同幅值点对应的时刻）精确描述。这样，就有了将信号相位与角度导航参量建立起对应关系的相位式导航测角方法。相位式导航测角就是将导航信号（载频或调制信号）的相位与角度参量之间建立确定的关系，对信号相位进行测量得到角度导航信息的方法。

典型的无线电相位式导航测角，是利用无线电信号的射频载波信号相位或调制信号相位与所测角度值 θ 建立特定函数关系，通过测量相位值来实现测角的方法。电波传播时，其射频载波信号相位每通过一个波长的行程变化 360°。利用载波相位测角，由于其波长较短（载频频率较高），在同样的空间距离范围内信号相位的变化率就相对较高，这样可以大大提高角度分辨力，但此时易造成多值性，且测量精度受干扰影响大；而利用调制信号的相位，被测信号频率较低，测量较易实现，但角度分辨力相对较低。

相位测量必须提供基准（参考）相位。基准相位提供的方式有很多种，归结起来可以分为由其他系统（如航向罗盘等）提供，以及利用本系统其他信号（如脉冲编码信号、调制信号相位与方位无关的调幅信号、对调幅调制信号调频的信号等）提供两大类。

4.3.1　相位式无线电导航测角

要进行绝对相位测量，就要求产生和测量信号的双方具有同一时钟（或高精准时标）。对于变化极快的信号，要求采用更高分辨力的时钟。

一般需要测量的都是相对相位，故需要以另一信号形式提供基准（参考）相位，通过测量两种信号的“幅值和”获得它们的相位差。“幅值和”的测量可以通过干涉实现，这也就是射频干涉法相位式测角的由来。

1. 射频干涉法

射频干涉法相位式测角是一种直接测量载波信号相位进行测角的方法。不过这种方法并非直接测量射频载波相位获取角度信息，而是通过采用两个分置天线接收远方同一辐射源传来的信号，将两天线接收信号的相位差 $\Delta\varphi$ 与目标方位角 θ 建立起对应关系实现角度测量的，如图 4.3.1 所示。

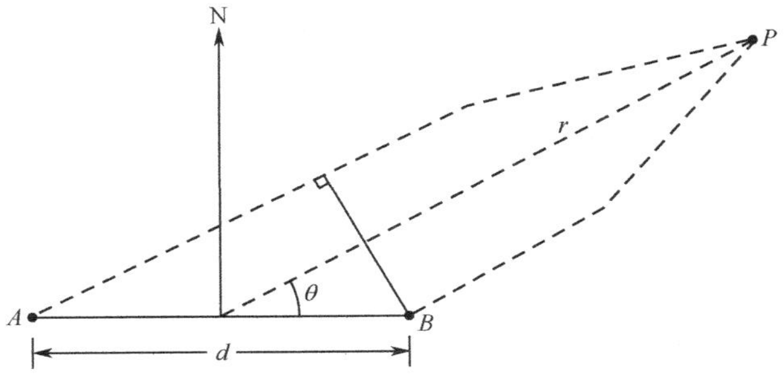

图 4.3.1　射频干涉法相位式测角

相距为 d 的天线 A、B，接收相距 r 的辐射源 P 发射的信号，在 $r \gg d$ 时，可以视信号到达 A、B 的入射路径是平行的，且与基线 AB 的夹角为 θ，两天线接收信号的相位差为 $\Delta\varphi$，与角 θ 的关系为：

$$\theta = \arccos\frac{\lambda\Delta\varphi}{2\pi d} \tag{4.3-1}$$

式中，λ为信号的波长，由于λ、π、d均为已知量，故只要测得相位差$\Delta\varphi$，便可求得角度θ。

2．调制信号法

由于射频载波频率较高，其相位变化很快，不便于利用，所以就出现了利用调制信号进行相位式测角的方法，即利用方向性或无方向性天线旋转，产生调幅信号或调相信号，以调幅（相）信号的相位来表征角度信息。

（1）旋转方向性天线法

就如M型测角使用调幅信号的调制度一样，这里是利用了调制信号的相位而已。用于调制信号相位式测角的信号一般表达式为：

$$e(t) = E_m\{1 + m\sin[\Omega t - \varphi(\theta)]\}\sin\omega t \tag{4.3-2}$$

式中，$\varphi(\theta)$是调制信号（又称方位信号）的相位，含有角度信息，不同角度上其值是不同的，它不随时间的变化而改变，只和所反映的角度有关。

为测量信号的相位，需要有一个参考相位或相位基准信号。因此，在相位式测角中一般还要利用或提供一个与方向无关的相位基准信号$e_0(t)$，如可以是与方位信号同频率的调制信号，其初相位与处于某一特定角度位置（如信标正南方或正北方）时的方位信号相位一致，通过两同频信号相位差的比较，获得测量点的某种角度值。如$e_0(t)$可以是一个标准的载波调幅信号：

$$e_0(t) = E_0(1 + m\sin\Omega t)\sin\omega t$$

它的调制信号相位与方向无关，$e_0(t)$也可以是一个调频调幅信号：

$$e_0(t) = E_0\left[1 + m\sin\left(\Omega_1 t + \frac{\Delta\Omega_1}{\Omega_2}\sin\Omega_2 t\right)\right]\sin\omega t$$

即用一个调频信号再对载波调幅，调频的调制信号就可以用作相位基准信号。

相位基准信号只要便于与含有角度信息的方位信号区分开即可，$e_0(t)$甚至可以是一个脉冲。具体采用何种方式的基准信号，需要与方位信号的形式及测角处理方法结合考虑。

为建立信号相位与角度之间的关系，可利用旋转方向性天线的方法。如信标利用具有心脏形方向函数的天线，该天线按某一固定频率Ω旋转，在以天线为中心的360°范围发射测角信号，属于有向信标式测角。通常给天线馈入的是等幅载频信号$e_T(t) = E_T\sin\omega t$，而在远方某一固定接收点接收到的则是载频包络按正弦规律变化的调幅信号，即：

$$e_R(t) = E_R[1 + A\sin(\Omega t - \theta)]\sin\omega t \tag{4.3-3}$$

$e_R(t)$中的θ就是与接收点方位有关的角度值。

根据相位基准信号形式的不同，有同频比相测角和脉冲基准比相测角两种常用的全向信标式无线电测角方法。

（2）旋转无方向性天线法

上面的旋转方向性天线测角，主要是利用了天线特有的方向性，产生载频包络调制，利用包络信号的相位测量实现角度测量。

此外，还可利用旋转无方向性天线进行相位式测角，这时主要是利用天线运动所带来的无线电波多普勒效应，形成信号某部分的电相位与目标方位的对应关系实现角度测量。根据天线运动时发射或接收信号，主要有两种旋转无方向性天线的测角方式。

① 旋转无方向性天线发射信号。

利用一个旋转的无方向性天线发射信号，将使得远方接收机接收信号中因多普勒效应产生多普勒频移。当这个旋转运动为圆周形式时，对于某一固定接收点来说，多普勒频率是周期性变化的，实际上是一种对载波的调频。在不同方向上接收，载频的调频信号相位不同。

如图 4.3.2 所示的一个沿半径为 R 的圆周进行运动的无方向性天线 A，如馈给 A 等幅载频信号 $e_A(t)=E_A\sin\omega t$，设 $t=0$ 时天线 A 位于方位角 θ 为零处，在 t 时刻运动到 A' 处，天线做圆周运动的切向速度为 V，则由于天线与接收点 B 发生相向运动，接收信号会产生多普勒频移，多普勒频移为：

$$f_{\mathrm{d}} \doteq f_t \cdot \frac{V\cos\left(\dfrac{\pi}{2}-\alpha\right)}{C} = -f_t \cdot \frac{V\sin(\Omega t-\theta_B)}{C} = \Delta f\sin(\Omega t-\theta_B) \tag{4.3-4}$$

式（4.3-4）表明，接收信号是载频随天线旋转角速度 Ω 按正弦规律变化的调频信号，通过鉴频（或鉴相）方式即可解调出调制信号 $\Delta f\sin(\Omega t-\theta_B)$，该信号的初相即包含了接收点所在的方位信息 θ_B。其幅值（调制频偏）由下式决定：

$$\Delta f = \frac{f_t V}{C} = \frac{f_t \Omega R}{C} = \frac{\Omega R}{\lambda} \tag{4.3-5}$$

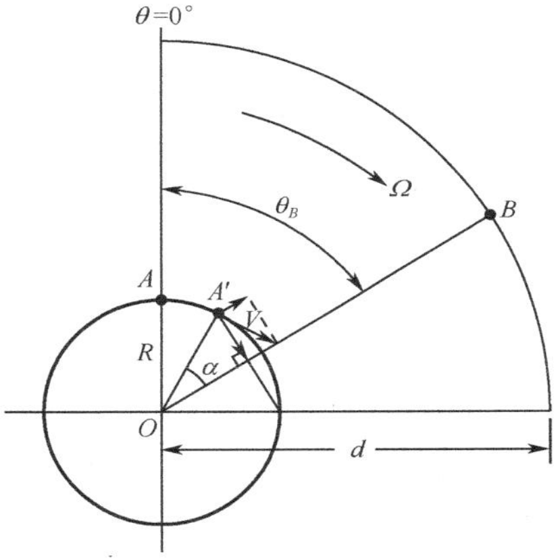

图 4.3.2　旋转无方向性天线发射信号测角

为了实现角度测量，还必须产生方位基准信号。可利用天线辐射一个以 Ω 为调制频率的调幅信号提供，这样在任一方向上接收方均可得到具有调频、调幅特性的合成的信号，通过检波可得到调幅包络相位基准信号，通过鉴频（鉴相）得到方位测量信号。接收到的信号可以表示为：

$$e(t)=E_m(1+m\sin\Omega t)\sin[\omega-\Delta\omega\sin(\Omega t-\theta)]t$$

为实现无方向性天线 A 的旋转，实际中往往采用圆环形固定天线阵，利用电子开关控制各天线振子步进切换依次馈电，达到等效旋转的效果。图 4.3.3 所示是一种多普勒全向信标（DVOR）天线阵及馈电控制图。圆环阵中心是无方向性天线 A，圆环上均匀分布 48 个天线阵子 B_1、B_2、…、B_{48}，这些天线的馈电并不是等幅载频信号，而是馈给以圆心为对称点上的成对天线上、下边带信号，其结果是在接收点形成一个调频调幅的合成信号，调频调制信号为方位信号，调幅调制信号为相位基准信号。读者可自行分析合成信号形式。

② 旋转无方向性天线接收信号。

利用旋转无方向性天线接收信号，也可以测量来波的方向角。由于接收天线的运动，同样产生多普勒效应，使得运动天线输出的信号形成调相波，与接收同一信号的固定天线输出进行鉴相，得到调相解调信号，其相位随来波的方位不同而改变，利用基准信号测量这个相位差，就可以达到测角的目的。

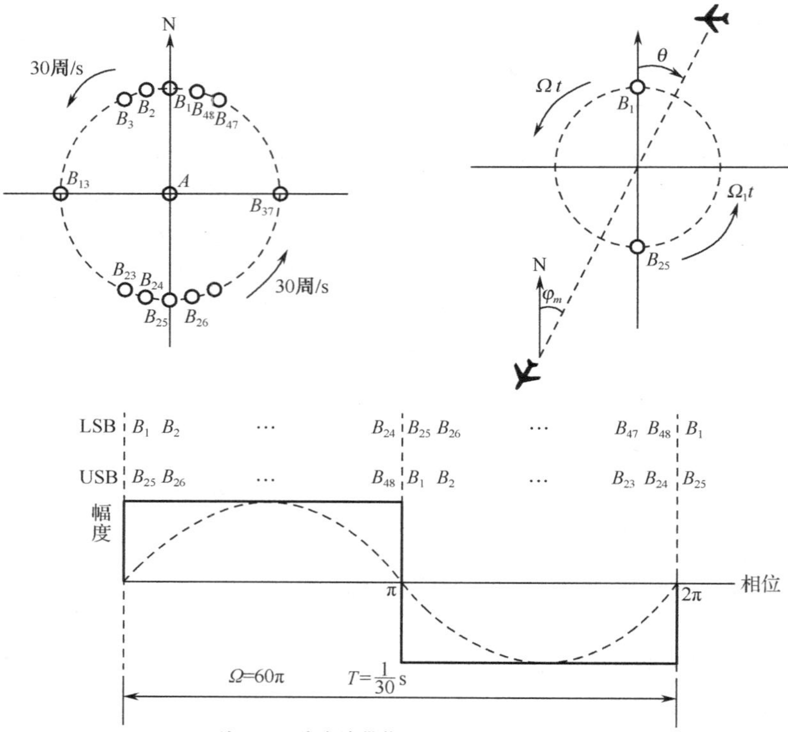

注：USB为上边带信号，LSB为下边带信号

图 4.3.3 DVOR 天线阵及馈电控制图

一无方向的接收天线以 O 点为圆心、沿半径为 R 的圆周按角速度 Ω 进行旋转，接收天线相对发射点（信标或目标）的径向运动速度 v_R。如果发射点位于磁方位角 θ 方向上，并假设发射点静止不动，发射的信号为等幅载波信号，其表达式为：

$$e_T(t) = E_T \sin \omega t \tag{4.3-6}$$

由于发射点离接收天线相距很远，电磁波到达接收天线的波前面可看作一平行面，即在圆周上旋转的接收天线与发射点的径向均视为圆心 O 与发射点的连线方向。这样，当接收天线以磁北为起点运动到图 4.3.4 所示的 A 位置时，则由接收天线运动引起的多普勒频移为：

$$f_\mathrm{d}(t) = \frac{v_R(t)}{c} f_0 = \frac{R\Omega}{\lambda}\sin(\theta - \Omega t) \tag{4.3-7}$$

式中，f_0 为发射信号频率。由式（4.3-7）可知，接收天线相对发射点的径向速度随时间的变化，导致多普勒频移也随时间发生变化，也就是说接收信号是一个调频（或调相）信号。如果对该信号进行鉴相，则可得到调制信号。在$(t, t+\mathrm{d}t)$很短时间内多普勒频移可看成一个不变的量，则在该时间内由多普勒频移引起的相位变化可表示为：

$$\mathrm{d}\varphi = 2\pi f_\mathrm{d}(t)\mathrm{d}t = \frac{2\pi}{\lambda} R\Omega \sin(\theta - \Omega t)\mathrm{d}t \tag{4.3-8}$$

在任意 t 时刻多普勒频移引起的接收信号相位变化为：

$$\Delta\varphi = \varphi(t) - \varphi(0) = \int_0^t \mathrm{d}\varphi = \int_0^t \frac{2\pi}{\lambda} R\Omega \sin(\theta - \Omega t)\mathrm{d}t = \frac{2\pi}{\lambda} R[\cos(\Omega t - \theta) - \cos\theta]$$

$$= \frac{2\pi}{\lambda} R\cos(\Omega t - \theta) - \varphi(0) \tag{4.3-9}$$

则任意 t 时刻对应的 A 点处接收信号可表示为：

$$\begin{aligned} e_A(t) &= E_0\sin[\omega t+\varphi(t)] = E_0\sin[\omega t+\Delta\varphi+\varphi(0)] \\ &= E_0\sin\left[\omega t+\frac{2\pi}{\lambda}R\cos(\Omega t-\theta)\right] \end{aligned} \tag{4.3-10}$$

可见，通过鉴相可以得到一个角频率为 Ω 的信号，把这个信号称为方位信号，该信号的初始相位与发射点所在方位角 θ 有关，换句话说，无论发射点位于什么方位上，虽然所接收的方位信号形式相同，但其信号的初始相位各不相同，从而建立了方位信号与发射点即信标或目标所在方位的一一对应关系。

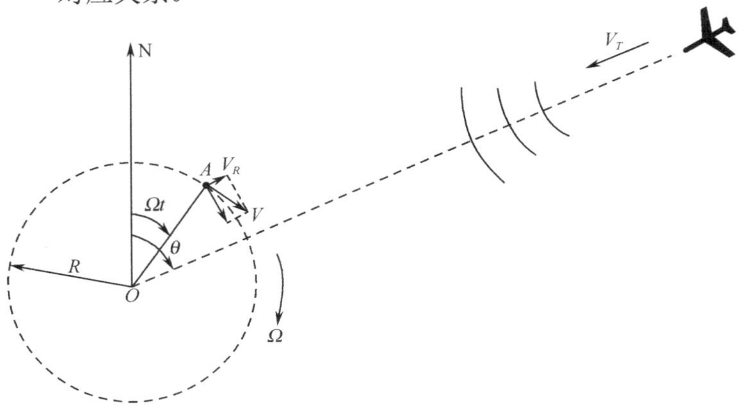

图 4.3.4　多普勒相位式测角原理图

4.3.2　相位式无线电导航测角误差分析

相位式无线电测角主要利用电信号的相位，对于调制信号法来说，就是利用调制信号与基准信号的相位差，将检测出的相位差转换为角度值。

由于信号发射传输过程中各种干扰因素的存在，不可避免地会对正常信号产生影响，尤其是对有用信号相位的影响，会造成相位差测量准确度降低。同时，具体比相形式和方法不同，造成误差的因素也多种多样。下面就传输环节出现的干扰及影响进行简要分析和说明。

1. 非调制信号相互作用的影响

由于多径效应等因素存在，干扰信号与正常信号叠加，形成合成信号：

$$u_\Sigma = \boldsymbol{U}_{m\Sigma}\cos[\omega t+\varphi_\Sigma(t)] \tag{4.3-11}$$

其中的振幅 $\boldsymbol{U}_{m\Sigma}$ 和相位 φ_Σ 可从图 4.3.5 所示的信号叠加示意图中求出。

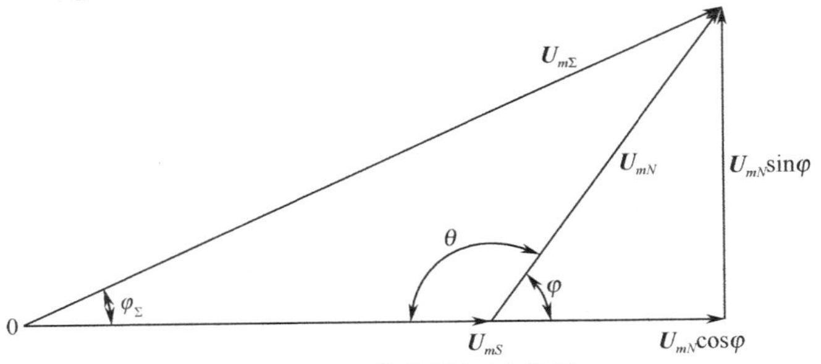

图 4.3.5　信号叠加示意图

因为：

$$\boldsymbol{U}_{m\Sigma} = \boldsymbol{U}_{mS} + \boldsymbol{U}_{mN}$$

$\boldsymbol{U}_{mS}$、$\boldsymbol{U}_{mN}$ 分别是正常信号和干扰信号振幅矢量，所以：

$$\boldsymbol{U}_{m\Sigma}^2 = \boldsymbol{U}_{mS}^2 + \boldsymbol{U}_{mN}^2 + 2\boldsymbol{U}_{mS}\boldsymbol{U}_{mN}\cos\varphi \tag{4.3-12}$$

其中，φ 为正常信号与干扰信号的瞬时相位差，令：

$$M_y = \frac{\boldsymbol{U}_{mN}}{\boldsymbol{U}_{mS}}$$

为干扰信号比，可得：

$$\boldsymbol{U}_{m\Sigma} = \boldsymbol{U}_{mS}\sqrt{1 + M_y^2 + 2M_y\cos\varphi} \tag{4.3-13}$$

$$\varphi_\Sigma = \arctan\frac{M_y\sin\varphi}{1 + M_y\cos\varphi} \tag{4.3-14}$$

由式（4.3-13）、式（4.3-14）可看出，干扰信号使正常接收信号的幅值和相位都发生了改变。信号相位 φ_Σ 与 M_y、φ 有关，图 4.3.6 绘出了几条 0～2π 范围内的 $\varphi_\Sigma(M_y,\varphi)$ 的曲线，它们分别对应于不同的干扰信号比 M_y。

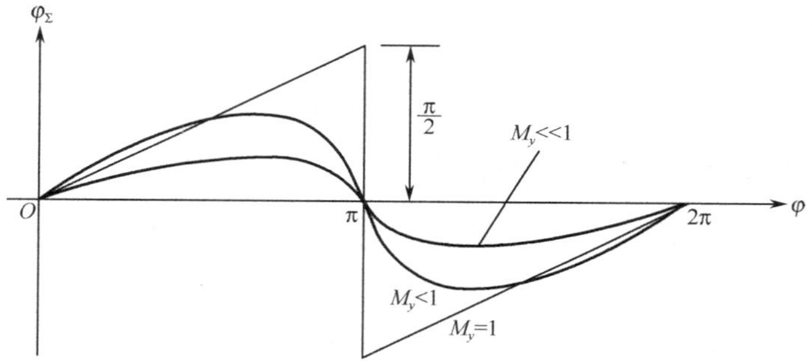

图 4.3.6　φ_Σ 与 M_y、φ 关系示意图

2. 调制信号相互作用的影响

这里主要考虑的是方位信号在受到同频异相信号干扰时的情形。设正常信号为：

$$u_1(t) = U_{1m}\sin(\Omega t - \varphi)$$

干扰信号为：

$$u_2(t) = U_{2m}\sin(\Omega t - \varphi_0)$$

其中 φ 为反映所测方位角的正常信号相位，φ_0 为相对基准信号相位的干扰信号相位。当两信号相加时，有：

$$u_p(t) = u_1(t) + u_2(t) = U_{1m}\sin(\Omega t - \varphi) + U_{2m}\sin(\Omega t - \varphi_0)$$

整理后，可得：

$$u_p(t) = A\sin\Omega t - B\cos\Omega t = C\sin(\Omega t - \alpha) \tag{4.3-15}$$

式中，$A = U_{1m}\cos\varphi + U_{2m}\cos\varphi_0$；$B = U_{1m}\sin\varphi + U_{2m}\sin\varphi_0$；$C = \sqrt{A^2 + B^2}$；$\alpha = \arctan B/A$。

如干扰信号初相角 φ_0 固定，则对某一方向来波，A、B、C、α 又均为定值，可见合成信号还是一个正弦信号，但其幅值和相角都发生明显变化，均是 φ 的函数。

因一般情况下 $\varphi \neq \alpha$，则以此测角将会带来测角误差。若令 $\Delta\varphi = \alpha - \varphi$，为简化分析，令 $\varphi_0 = 0$，则：

$$\Delta\varphi = \arctan\frac{U_{1m}\sin\varphi}{U_{1m}\cos\varphi + U_{2m}} - \varphi \tag{4.3-16}$$

令 $\frac{\mathrm{d}\Delta\varphi}{\mathrm{d}\varphi} = 0$，可求出使 $\Delta\varphi$ 取极值时的方位角（这里用 φ 代替 θ），即：

$$U_{1m}\cos\varphi_m + U_{2m} = 0$$

$$\cos\varphi_m = -\frac{U_{2m}}{U_{1m}}$$

$$\varphi_m = \pi \pm \arccos\frac{U_{2m}}{U_{1m}} \tag{4.3-17}$$

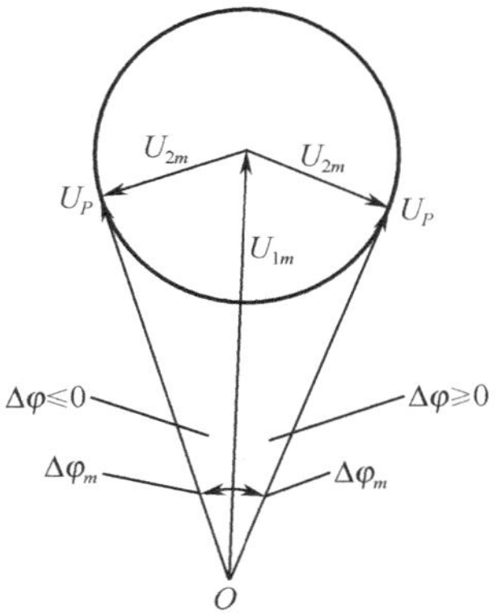

图 4.3.7　合成信号相位变化情况的示意图

上式说明，存在调制信号干扰时，在某一方位处测角误差将达到最大值，其值与 U_{2m}/U_{1m} 有关。图 4.3.7 所示为 u_1 相位固定、u_2 相位变化时（即两者有相位差），合成信号相位变化情况的示意图。

另外，噪声对正常接收信号的干扰也是不容忽视的，由于噪声的随机性，只能从统计规律上用概率密度来反映其影响，这里就不做详细分析了。

上面仅就信号传输中的干扰情况为例，分析了造成相位测角误差的机理。在实现相位测角过程中，还有许多环节都会带来测角误差，在实际应用中还要依据具体情况进行分析。

4.4　时间式导航测角

4.4.1　时间式无线电导航测角

时间式无线电导航测角实际是利用天线窄波束在圆周或某一扇区内扫描，接收方通过测量由接收窄波束形成的脉冲信号与某一基准信号之间的时间差获得角度信息的方法。时间式导航测角使用的方向性天线波束都十分尖锐，目的是获得准确标定时间的窄脉冲信号。这实际上是定向信标式测角，是把取得方向性辐射信号的时间与角度建立起对应关系，以脉冲形式标记时间，测量脉冲之间的时间间隔进而得到角度信息的方法。同时，为了测量时间，通常还需提供时间基准信号。

由于利用脉冲的形式发射和接收信号，使得天线不像振幅式和相位式测角中那样具有核心作用，但对天线方向性提出了新的要求，那就是应具备在其相应工作平面内极窄的波束宽度。无论在圆周或扇形区域扫描旋转，天线波束宽度对测角的分辨力或精度都有很大影响。因此，天线窄波束的形成是实现时间式测角的关键问题。一方面许多情况下仍采用传统的机械式天线，通过天线结构设计（反射面、馈源）等形成窄的方向特性；另一方面通过采用相控阵技术，可以实现高速扫描和尖锐的窄方向波束。

如图 4.4.1 所示的一种时间式波束扫描测角方法示意图。在波束最大值通过正北向时（时间参考点）利用全向天线发射基准信号，代表着基准方向，此信号均能被各方位的接收机接收。而在窄波束天线旋转扫描过程中，只有其波束扫过目标时，目标才能接收到脉冲状信号，在天线扫描速度已知的情况下，该脉冲信号与基准信号的时间差就代表了不同角度值。

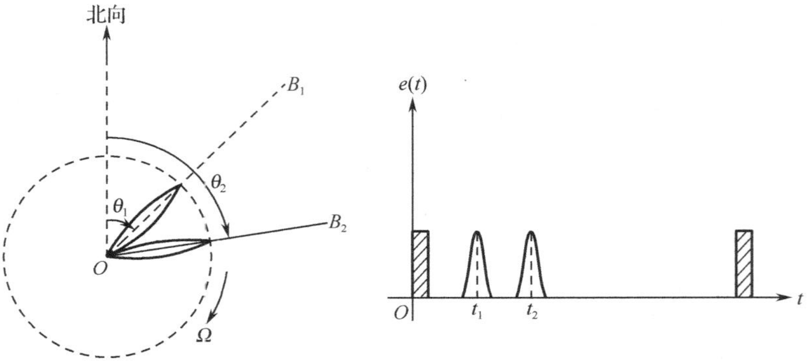

图 4.4.1　一种时间式波束扫描测角方法示意图

图中的矩形脉冲代表测角基准，钟形脉冲为窄波束天线扫过时接收到的信号。假设此天线波束最大值指向北向时发射基准信号，位于 B_1、B_2 处的目标接收到窄波束天线发射的测角脉冲时间分别为 t_1、t_2，则可以根据天线扫描角速度 Ω 和测量获得的矩形脉冲与钟形脉冲时间间隔 t_1、t_2，求出 B_1、B_2 各自的方位角 θ_1、θ_2。即：

$$\begin{aligned}\theta_1 &= \Omega t_1 \\ \theta_2 &= \Omega t_2\end{aligned} \tag{4.4-1}$$

根据时间式导航测角采用的窄波束形式，有最大值时间式测角和最小值时间式测角方法之分。

1．最大值时间式测角

这是依靠窄波束方向性天线的旋转，在圆周或某一扇区往返扫描，把取得最大辐射方向信号的时间与所测角度建立对应关系的时间式测角方法。当发射与接收共处一处时，利用发射脉冲被目标反射的回波，依靠此时天线运动所处位置来测量被测目标方位；当利用信标发射、测角方接收时，就需要统一的时间基准，测量特定的脉冲间隔来实现所需角度测量。

根据脉冲发射与接收是否共处一处（收发一体或分离）、测角覆盖的区域范围等的差别，对脉冲格式选择和时间测算方法都有影响。

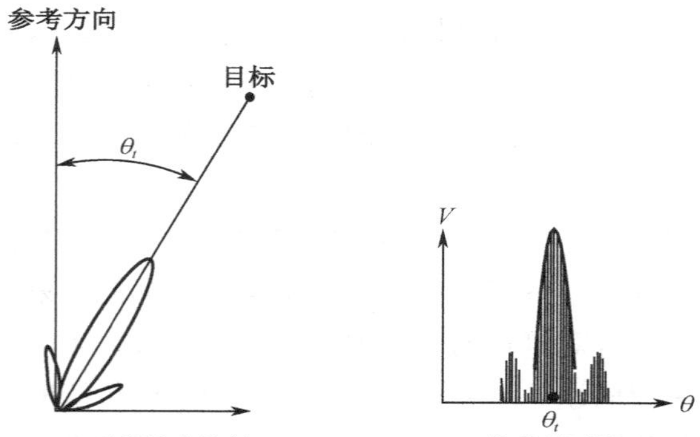

(a) 天线波束旋转　　(b) 接收脉冲波形

图 4.4.2　时间基准测角天线波束与脉冲示意图

（1）收发一体（雷达）式

设空间有一目标，如图 4.4.2（a）所示，天线波束扫过这一目标，当波束轴线对准目标时，由于目标对电波的反射使测角设备接收到的目标回波信号幅值最大，其他时候回波幅值随着波束轴线偏离目标的角度增大而减小，得到的脉冲信号包络如图 4.4.2（b）所示。如以接收到的脉冲最大值一半幅值处作为测量时间的基准点（不同系统的规定可能不同），通过某个时间基准，测量该脉冲与之的时间间隔，经换算就可获得方位角。

可见，时间式测角主要是对接收的发射脉冲出现的时间进行准确测量，而这个时间是相对于某个时间基准而言的，时间基准则又代表了方向基准，如地理“北”向。

若令天线以圆周扫描，角速度为Ω，天线波束最大指向与设定的基准方向重合时定义为方位0°，此时为t_0时刻（即基准时刻），如在t_x时刻接收到测角脉冲，则所测方位角度由下式计算得出：

$$\theta_x = 360° \cdot (t_x - t_0) / T \tag{4.4-2}$$

式中，$T = \dfrac{2\pi}{\Omega}$。式（4.4-2）是从原理上说明时间式测角的计算方法，但在实际应用时需要考虑很多的问题，如在复杂背景下回波脉冲的提取、天线扫描与显示器或计数器的同步等。

另外，在利用回波测角时，在实际工作情况下不仅利用一个脉冲发射并接收其回波信号进行工作，而是要保证有足够的回波脉冲数 N，以使显示器或信号处理电路正常工作，一般情况下要求$N > 10$，这样对天线波束宽度θ_p、天线旋转角速度Ω、发射脉冲重复频率F_p有如下的约束条件：

$$F_p = \frac{N\Omega}{\theta_p} \tag{4.4-3}$$

即在天线波束扫过目标期间，若要能接收到N个回波，就要求发射脉冲重复频率为F_p。

（2）收发分离式

这是以窄波束天线在一个扇区内往返扫描，通过“往”“返”脉冲间隔时间获取角度信息的测角方法。

利用窄波束天线在对称工作区内高速往返扫描发射连续波信号，如开始时从左向右“往”扫描，处于扫描区域内的测角接收机将收到一个“往”脉冲，当天线波束到达右侧后再返回扫描，接收机将再收到一个“返”脉冲。由于天线波束扫描速度极快，可忽略测角接收机的位移，这样，收到的这一对“往”“返”脉冲之间的间隔大小，就与测角接收机所处的位置（见图 4.4.3 中的相对航向中心线）具有对应关系。从图 4.4.3 中可看出，不同的位置，收到的“往”“返”脉冲的时间间隔是不一样的，将这个间隔t经适当换算，就能得出测角接收机相对基准线的偏差角θ。

这里的时间基准并没有利用特殊的天线或脉冲来表示，而是把窄波束天线扫描区域中心线处所接收的“往”“返”脉冲之间的时间间隔作为了角度测量基准。在扫描速度、区域均固定的情况下，这个时间间隔是确定的，在其他位置上的接收机获得的“往”“返”脉冲时间间隔，将大于或小于这个值。

如将天线扫描覆盖区域的中心线定义为0°航向角，且扫描波束的扫描速率为V，并向中心线两边对称扫描，则图 4.4.3 中测角接收机偏离航向中心线的角度θ可由下式求出：

$$\theta = \frac{V}{2}(T_0 - T_\theta) \tag{4.4-4}$$

式中，T_0为位于航向中心线上接收的“往”“返”脉冲间隔；T_θ为偏离航向中心线θ角处接收的“往”“返”脉冲间隔。由式（4.4-4）可见，当$T_\theta = T_0$时，$\theta = 0°$；当$T_\theta > T_0$时，$\theta > 0°$；当$T_\theta < T_0$时，$\theta < 0°$。即通过式（4.4-4），不仅确定了角度θ的大小，还可根据其正、负确定

偏离航向中心线的方向（左或右）。

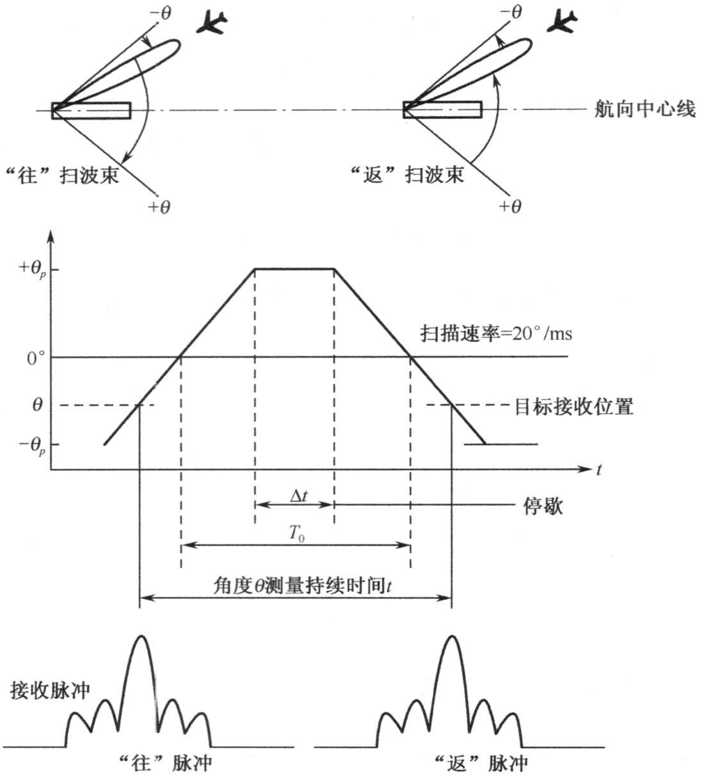

图 4.4.3　单脉冲时间基准波束扫描测角原理图

时间式测角的波束扫描对天线要求极高，除天线波束很窄外，还要高速扫描，因此一般工作于微波频段，采用相控阵天线技术。在接收处理时，由于接收的并不是单一矩形脉冲，而是如图 4.4.3 所示的脉冲包，所以还要进行包络处理，并寻找包络脉冲的中心点，因为包络脉冲是有一定宽度的，这样才能计数计时，测出时间 t_θ，并计算角度 θ。

2. 最小值时间式测角

这是一种天线方向性图采用一个连体的双窄波束方式，当其旋转发射时，接收的是双峰脉冲，以两脉冲间的信号最小值处作为测量点，测量与时间基准脉冲的时间间隔，经换算后就能得出所需角度值的测角方法。

为提供时间基准，除采用连体双窄波束天线发射方位脉冲信号外，还要利用一个无方向性天线定时发射基准脉冲信号，使接收方分别接收这两种脉冲，从而进行测量，如图 4.4.4 所示。

最小值时间式测角一般采用发射、接收分置方式，由信标发射测角信号，测角一方利用接收机对接收的信号处理，按约定的方法由测出的脉冲间隔解算出角度。首先以脉冲编码方式利用全向天线周期性发射基准脉冲，基准脉冲编码格式应与方位脉冲易于区分；其次，用具有连体双波束方向性的天线沿圆周旋转并辐射等幅波，由于天线的方向特性，远方接收的则是双脉冲信号。

另外，约定无方向的基准脉冲发射与方向性天线旋转的同步问题，一般是在连体双波束中间最小值处于正北向时发射基准脉冲。这样，以此时刻为参照，在不同方位上接收的双峰脉冲最小值处相对基准脉冲的时间间隔是不一样的，该间隔的不同就代表了角度的不同，如图 4.4.5 所示。

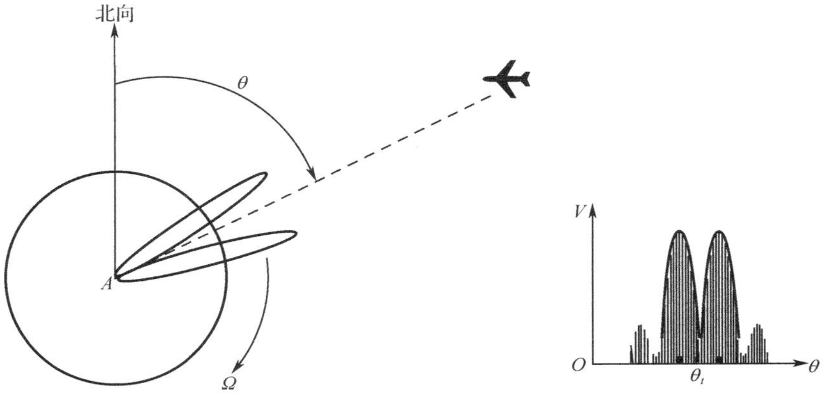

图 4.4.4　双峰脉冲最小值测角天线扫描示意图

根据基准脉冲与双波束天线的同步规定，对于接收方来说，只要测量出自基准脉冲到双峰脉冲最小值处的时间 t_θ，就可以按下式计算出方位角 θ：

$$\theta = 360° \cdot t_\theta / T \tag{4.4-5}$$

式中，$T = \dfrac{2\pi}{\Omega}$，Ω 为天线旋转角速度。在测量 t_θ 时，利用了基准脉冲作为计时的起点，双峰脉冲中间最小值处作为终点。而在图 4.4.5 中的辅助基准脉冲，除在双波束天线转到正北向时与基准重合外，还作为基准的同步脉冲使用，这主要是为了在接收处理时，即使代表正北向的基准脉冲丢失，也能利用辅助基准脉冲的同步作用和周期性，测算出无方向性天线在正北时基准脉冲的时间位置，从而不影响时间间隔的测量（基准的丢失对于机动飞行的航空运行体来说是经常发生的）。

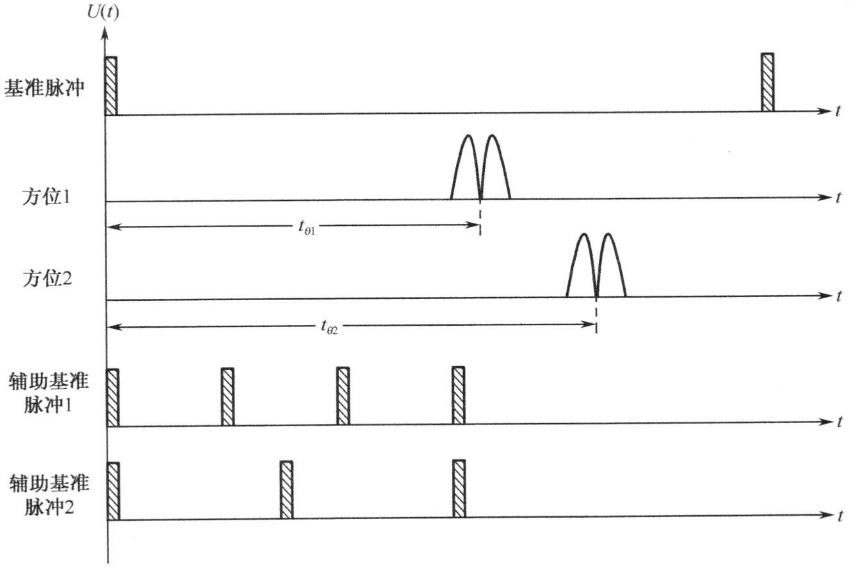

图 4.4.5　双峰脉冲最小值测角脉冲关系示意图

4.4.2 时间式无线电导航测角误差分析

时间式无线电导航测角的信号形式相对简单，即无论哪种方式的测角，在接收处理时都以脉冲包络的定时点为基准，测量时间间隔并转换为所测角度值。但这里存在着时间基准脉冲与天线转动扫描的同步问题；同时脉冲载频频率都较高，脉冲传播中的多路径反射问题严重。这些都将引起时间间隔测量的误差。下面对影响时间基准法测角精度的主要因素进行概要分析。

1．方位同步误差

如果天线波束中轴线方向指向 0° 方位角时，与规定的脉冲基准信号产生不同步，将直接带来测角误差。

对式（4.4-2）求微分，可得：

$$\Delta\theta_x = \frac{360°}{T}(\Delta t_x - \Delta t_0) \tag{4.4-6}$$

如果时间间隔测量不出现误差，则此时的测角误差就是由于 Δt_0 引起的，即 t_0 时刻定时不准，也就是由于基准脉冲与天线波束中轴线的指向不同步。

式（4.4-6）是在将 T 看为常数时求得的，如果 T 也有误差，即天线旋转速率不准确，同样会引起 θ_x 误差，这种误差也可以等效为天线与基准脉冲不同步造成的。

2．路径反射引起的误差

在脉冲信号发射后，由于其他物体或地表面对信号的反射，可以造成接收方不仅收到直射波信号，也会收到反射波信号，这两种信号相叠加，也可能会造成测角误差。这种情况比较复杂，从时间上看，如果系统反射信号相对直达信号延迟时间不长，直接叠加在直达信号上，将影响脉冲包络形状，如图 4.4.6 所示。

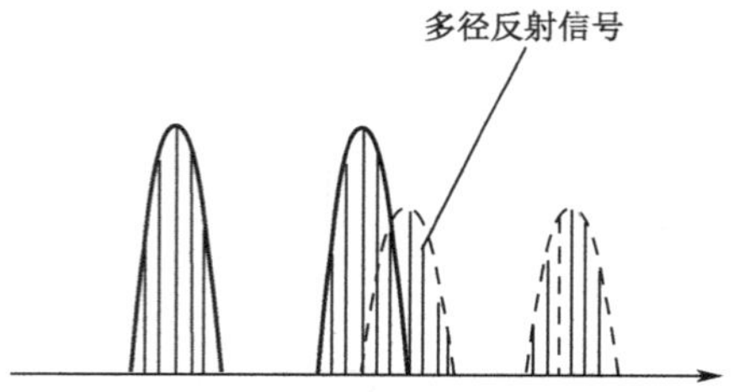

图 4.4.6　多径信号对脉冲测角的影响示意图

如设直达信号为 $e_d(t)$，多径反射信号为 $\rho e_r(t)\mathrm{e}^{-\mathrm{j}\alpha}$，$\rho$ 为反射系数，则合成信号为：

$$e(t) = e_d(t) + \rho e_r(t)\mathrm{e}^{-\mathrm{j}\alpha} \tag{4.4-7}$$

α 是反射信号相对于直达信号的总相移，它包括由路径不同（ΔR）引起的相移及反射引起的相差 φ，即：

$$\alpha = \frac{2\pi}{\lambda}\Delta R + \varphi \tag{4.4-8}$$

由于 α 与路径差和反射特性有关，使直达信号与反射信号叠加时，有时相加，有时相减，总之，会改变脉冲包络形状，影响脉冲定时点的准确性，因为脉冲占有一定宽度，而计算时间间隔只是取其中一点作为测量点，如通常取脉冲前沿的半幅点。

在其他环节上，如脉冲整形等，也都会存在不准确而造成测量误差，在运用于相应系统时要注意分析并估算其影响精度的机理和程度。

4.5　频率式导航测角

具有波动性质的导航信号在其传播过程中，由于运行体的运动会导致在收发频率间产生多普勒频移，通过对这种多普勒频移的测量有时也能够获得一些特殊的角度导航参量，如下面将要介绍的通过测量无线电信号的多普勒频移获取飞机偏流角的原理。

4.5.1　频率式无线电导航测角

无线电信号发射方与接收方之间存在相对径向运动时会产生多普勒效应。前面提到的利用多普勒效应对载波频率调制，经鉴频（鉴相）解调可以获得多普勒效应产生的调制信号，使该调制信号的初相位与所测角度建立起对应关系，通过相位的测量即可实现测角。除此之外，还可以通过直接测量多普勒频移量进行角度测量的方法，这就是频率式无线电导航测角。

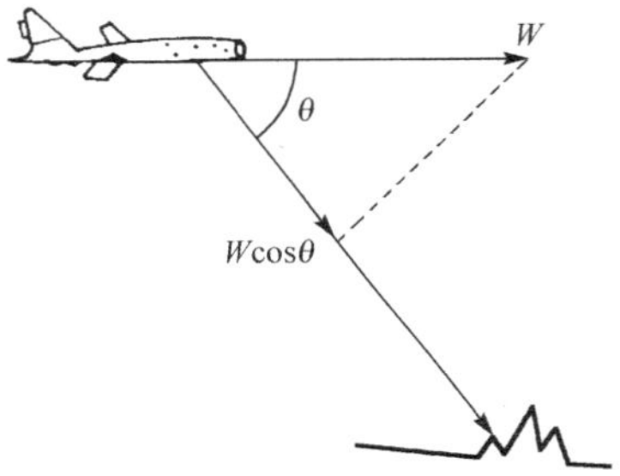

图 4.5.1　多普勒雷达产生频移示意图

机载多普勒雷达导航系统就是利用了无线电信号的多普勒效应，通过直接测量多普勒频移实现飞机偏流角测量的。如图 4.5.1 所示，飞机上雷达天线波束指向飞机前下方，并位于飞机纵轴的铅垂平面内，波束中心线与飞机纵轴的夹角为θ。飞机相对地面运动速度为 W，飞机上雷达发射机发射频率为f_0的电磁波，则沿电波方向飞机相对运动速度为$W\cos\theta$。由于多普勒效应电波到达地面后的频率$f_1 > f_0$，因为地面的漫反射作用，f_1沿波束来向又返回接收机，产生新的频率f_2，所以多普勒频移为$f_d = f_2 - f_0$，最后可得到：

$$f_d = \frac{2W}{\lambda}\cos\theta \tag{4.5-1}$$

从上式可见，只要测出f_d，即可由已知的θ和波长λ求出地速。由于单波束多普勒雷达只能测速，而并不能测出偏流角，所以一般需要采用双波束多普勒雷达。

在双波束多普勒雷达导航系统中，天线形成两个窄波束，以照射角θ射向地面。按照两个波束的空间位置，又可以分成双向双波束多普勒雷达和单向双波束多普勒雷达。

单向双波束多普勒雷达的波束配置是将两个波束都斜射向飞机前下方，每条波束的中心线与飞机垂直轴之间的夹角是ψ_0，而波束中心线与飞机纵轴在水平面上投影线之间的夹角为δ_0，因此两条波束相对于飞机纵轴是对称配置的。当飞机的垂直速度分量为零，飞机以地速W和偏流角α做水平飞行时，两条波束测得的多普勒频移分别为：

$$\begin{aligned} f_{d1} &= \frac{2W}{\lambda}\cos(\delta_0+\alpha)\sin\psi_0 \\ f_{d2} &= \frac{2W}{\lambda}\cos(\delta_0-\alpha)\sin\psi_0 \end{aligned} \tag{4.5-2}$$

将两条波束分别测得的多普勒频移送到解算设备或计算机中，就可以计算得出所需测量的偏流角数值α和地速W。

4.5.2 偏流角测量的准确度分析

为了正确评价多普勒雷达导航系统测量参数的准确度，这里引入测量灵敏度的概念。

通常将偏流角等于零时的单位速度产生的多普勒频移量叫作速度灵敏度 K_v，而将多普勒频移对偏流角的导数或偏流角变化 1°时引起的多普勒频移量称为偏流角的灵敏度 K_y，即：

$$K_v = \frac{f_d}{v}, \quad K_y = \frac{\partial f_d}{\partial u} \tag{4.5-3}$$

下面我们针对“左—右”型双射束系统研究测量偏流角时，介绍由多普勒信号的类噪声特性而引入的误差。由于被测量参数具有起伏特性，测量两条射束多普勒频移之差的误差，是测量一条射束多普勒频移误差的 $\sqrt{2}$ 倍，据此，可以得出偏流角的误差为：

$$\sigma_u = \frac{\sqrt{2}\dfrac{\sigma_T}{f_d}}{K_y} = \frac{\sqrt{2}}{K_y} \cdot \frac{\Delta D}{D} \tag{4.5-4}$$

式中，D 为推算的飞行距离；σ_T 为在时间间隔 T 内进行多次重复测量所获得的多普勒频移测量均方误差；$\dfrac{\sigma_T}{f_d}$ 为多普勒频移相对误差，它就等于速度（或推算距离）的相对误差。

4.6 惯性力学测角

我们知道，运行体纵轴首向与北向的夹角是航向角，是时刻要掌握的角度参量。航向角测量的关键是北向的获取，利用不同的技术搜寻北向的过程称为寻北。根据寻北定向技术的发展，按照寻北方法及原理，可以分为磁寻北法、天文观测寻北法、光学寻北法和惯性寻北法等。不同的寻北技术都有其独特的优势，同样也存在一些缺陷。例如，磁针指北易受干扰，天文观测寻北易受气候条件约束等，相比较而言，惯性寻北法由于是自主的，不依赖于其他外界条件，因此不会受到客观的自然条件或环境的干扰，能够独立完成寻北任务，而且其连续工作时间长、精度较高，有着更为广泛的应用。

本节重点介绍利用惯性技术寻北测量航向角的基本原理。通常情况下，我们将以陀螺为主要传感器件的惯性寻北法又称为陀螺寻北，其基本原理是利用陀螺敏感地球自转角速度分量。在静基座寻北时运行体相对静止，陀螺通过敏感地球自转角速度在运行体坐标系上的分量实现寻北。

4.6.1 水平面内的陀螺寻北原理

陀螺寻北的基本原理是利用陀螺敏感和测量地球自转角速度的水平分量，通过计算得到运行体首向和北向的夹角，即航向角 ψ，此处 ψ 角又称为偏北角。

首先我们来观察地球自转角速度矢量 $\boldsymbol{\omega}_e$（$15°/h$）在地理坐标系中的投影。取地理坐标系 $Ox_ny_nz_n$ 为东北天坐标系，如图 4.6.1 所示。

可知，地球自转角速度矢量 $\boldsymbol{\omega}_e$ 在地理坐标系下的投影为 $\boldsymbol{\omega}_e^n$，由图 4.6.1 分析得：

$$\boldsymbol{\omega}_e^n=\begin{bmatrix}\omega_{ex}^n\\ \omega_{ey}^n\\ \omega_{ez}^n\end{bmatrix}=\begin{bmatrix}0\\ \boldsymbol{\omega}_e\cos\phi\\ \boldsymbol{\omega}_e\sin\phi\end{bmatrix}$$

式中，ϕ 为观测点纬度。可见，$\boldsymbol{\omega}_e$ 水平分量只有 ω_{ey}^n，当纬度已知时，其为已知量，寻北就是利用陀螺测量与 ω_{ey}^n 有关的量来建立陀螺测量输出与偏北角 ψ 的数学关系。

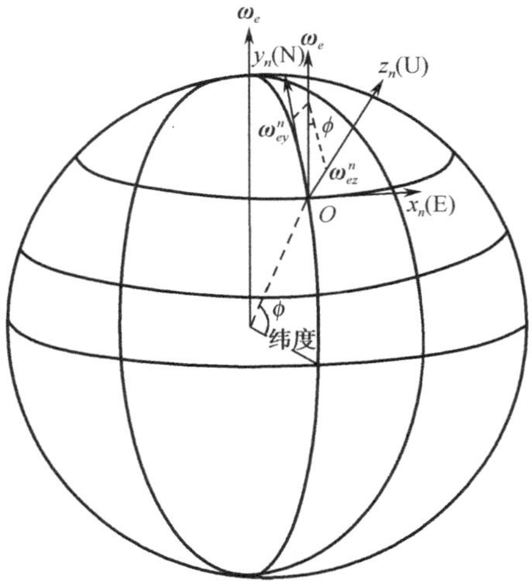

图 4.6.1　地球自转角速度与地理坐标系投影关系图

现假设飞机机体坐标系 $Ox_by_bz_b$ 与当地地理坐标系重合，则 x_bOy_b 即为当地水平面，而且飞机纵轴 Oy_b 正向与北向 Oy_n 重合。现安装一个光纤陀螺其敏感轴方向（光路平面的法向）与飞机纵轴 Oy_b 方向重合（或平行），则此时陀螺输出应为 $\omega_{\text{out}}=\boldsymbol{\omega}_e\cos\phi$（理想值），如图 4.6.2 所示。

当飞机机体坐标系 $Ox_by_bz_b$ 与当地地理坐标系不重合，假设只相差偏北角 ψ 时，x_bOy_b 仍为水平面，如图 4.6.3 所示。

此时陀螺输出应为 $\omega_{\text{out}}=\boldsymbol{\omega}_e\cos\phi\cos\psi$（理想值），则可计算得出偏北角：

$$\psi=\arccos\frac{\omega_{\text{out}}}{\boldsymbol{\omega}_e\cos\phi}\tag{4.6-1}$$

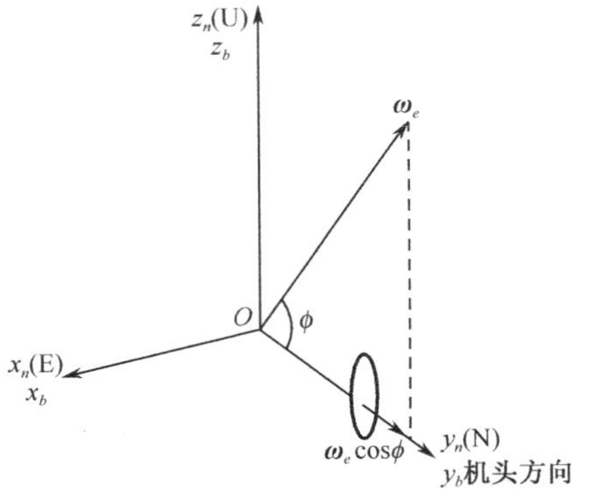

图 4.6.2　机体系与地理系重合时的陀螺输出

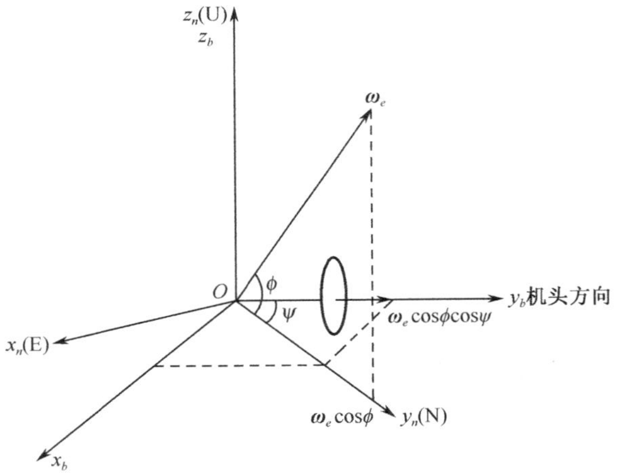

图 4.6.3　机体系与地理系只相差偏北角时的陀螺输出

以上单陀螺寻北的方法，其特点是要求机体系的 x_bOy_b 面在寻北时必须始终水平，而且必须已知当地纬度。如果采用双陀螺方案，寻北计算就可不用纬度信息。如图 4.6.4 所示是双陀螺寻北方案。它是使用两个陀螺分别敏感两个正交轴上的地球自转角速度分量来实现寻北的方法。

用两个单轴陀螺（或一个双轴陀螺）分别设置在机体系的 x_b 和 y_b 上，称为 x 陀螺和 y 陀螺，分析图 4.6.4 得 y 陀螺的输出为：

$$\omega_{\text{out}}^y=\boldsymbol{\omega}_e\cos\phi\cos\psi$$

x 陀螺的输出为：

$$\omega_{\text{out}}^{x} = \boldsymbol{\omega}_e \cos\phi \sin\psi$$

则计算偏北角：

$$\psi = \arctan\frac{\omega_{\text{out}}^{x}}{\omega_{\text{out}}^{y}} \qquad (4.6\text{-}2)$$

上述寻北方法其共同的特点是要求陀螺安装平面即机体系的 x_bOy_b 面必须水平。当 x_bOy_b 面不水平时，其寻北解算要复杂一些。

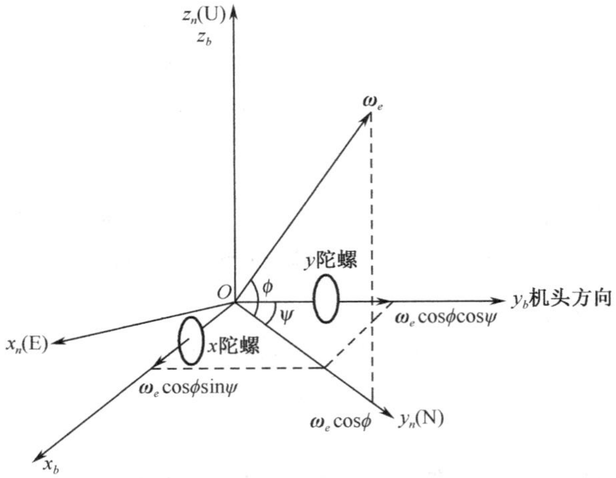

图 4.6.4 双陀螺寻北示意图

4.6.2 非水平面内的陀螺寻北原理

捷联式陀螺寻北仪由两个陀螺和两个加速度计组成，两个加速度计的输入轴和两个陀螺的输入轴平行，并分别平行于运行体坐标系的 x_b 轴和 y_b 轴，如图 4.6.5 所示。

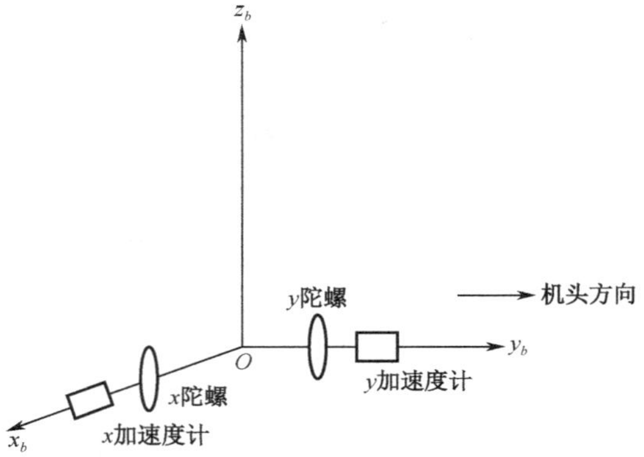

图 4.6.5 捷联式陀螺寻北原理

由于陀螺的安装平面 x_bOy_b 不在水平面内，因此需要利用加速度计进行姿态测量。陀螺坐标系即机体坐标系 $Ox_by_bz_b$ 与地理坐标系 $Ox_ny_nz_n$ 各自三个轴都不重合，解析寻北测量就需要进行多次投影计算，在获得 x、y 轴的地速水平分量的同时，还要考虑消除地速垂直分量。投影计算需要用到四个坐标系：地理坐标系 $Ox_ny_nz_n$，其方向分别为东、北、天；寻北坐标系（绕地理系 z_n 轴正向旋转航向角 ψ 角）为 $Ox_1y_1z_1$；中间坐标系 $Ox_2y_2z_2$，由寻北坐标系绕 x_1 轴旋转俯仰角 θ 生成；机体坐标系 $Ox_by_bz_b$，由中间坐标系绕 y_2 轴旋转横滚角 γ 生成。从地理坐标系到机体坐标系可通过三次旋转达成，即：

$$Ox_ny_nz_n \xrightarrow[\text{旋转}\psi]{\text{绕}z_n\text{轴}} Ox_1y_1z_1 \xrightarrow[\text{旋转}\theta]{\text{绕}x_1\text{轴}} Ox_2y_2z_2 \xrightarrow[\text{旋转}\gamma]{\text{绕}y_2\text{轴}} Ox_by_bz_b$$

各次旋转对应的变换矩阵为：

$$\boldsymbol{C}_n^1 = \begin{bmatrix} \cos\psi & \sin\psi & 0 \\ -\sin\psi & \cos\psi & 0 \\ 0 & 0 & 1 \end{bmatrix} \quad \boldsymbol{C}_1^2 = \begin{bmatrix} 1 & 0 & 0 \\ 0 & \cos\theta & \sin\theta \\ 0 & -\sin\theta & \cos\theta \end{bmatrix} \quad \boldsymbol{C}_2^b = \begin{bmatrix} \cos\gamma & 0 & -\sin\gamma \\ 0 & 1 & 0 \\ \sin\gamma & 0 & \cos\gamma \end{bmatrix}$$

则从地理坐标系到机体坐标系坐标变换矩阵 $\boldsymbol{C}_n^b$：

$$\boldsymbol{C}_n^b=\boldsymbol{C}_2^b\boldsymbol{C}_1^2\boldsymbol{C}_n^1=\begin{bmatrix}\cos\gamma & 0 & -\sin\gamma\\ 0 & 1 & 0\\ \sin\gamma & 0 & \cos\gamma\end{bmatrix}\cdot\begin{bmatrix}1 & 0 & 0\\ 0 & \cos\theta & \sin\theta\\ 0 & -\sin\theta & \cos\theta\end{bmatrix}\cdot\begin{bmatrix}\cos\psi & \sin\psi & 0\\ -\sin\psi & \cos\psi & 0\\ 0 & 0 & 1\end{bmatrix}$$

$$=\begin{bmatrix}\cos\psi\cos\gamma-\sin\psi\sin\theta\sin\gamma & \sin\psi\cos\gamma+\cos\psi\sin\theta\sin\gamma & -\cos\theta\sin\gamma\\ -\sin\psi\cos\theta & \cos\psi\cos\theta & \sin\theta\\ \cos\psi\sin\gamma+\sin\psi\sin\theta\cos\gamma & \sin\psi\sin\gamma-\cos\psi\sin\theta\cos\gamma & \cos\theta\cos\gamma\end{bmatrix}$$

其中，俯仰角 θ、横滚角 γ 是相对水平面的倾角，是用加速度计测得的。偏北角（航向角）ψ 是待求量，是通过陀螺敏感地球自转角速度计算得出的。下面看地球自转角速度在各个坐标系中的投影分量。

地球自转角速度在地理坐标系 $Ox_ny_nz_n$ 三个轴上的投影分量可表示为：

$$\boldsymbol{\omega}_e^n=\begin{bmatrix}\omega_{ex}^n\\ \omega_{ey}^n\\ \omega_{ez}^n\end{bmatrix}=\begin{bmatrix}0\\ \boldsymbol{\omega}_e\cos\phi\\ \boldsymbol{\omega}_e\sin\phi\end{bmatrix} \tag{4.6-3}$$

式中，ϕ 为当地纬度。

地球自转角速度在寻北坐标系 $Ox_1y_1z_1$ 三个轴上的投影分量可表示为：

$$\boldsymbol{\omega}_e^1=\begin{bmatrix}\omega_{ex}^1\\ \omega_{ey}^1\\ \omega_{ez}^1\end{bmatrix} \tag{4.6-4}$$

分析图 4.6.6 可知：

$$\psi=\arctan\frac{\omega_{ex}^1}{\omega_{ey}^1} \tag{4.6-5}$$

式（4.6-5）为航向角计算的基本公式，后面推导各式的总目标就是怎么用陀螺输出来表示（4.6-5）式中的 ω_{ex}^1 和 ω_{ey}^1，这也是为什么 $Ox_1y_1z_1$ 称为寻北坐标系的原因。

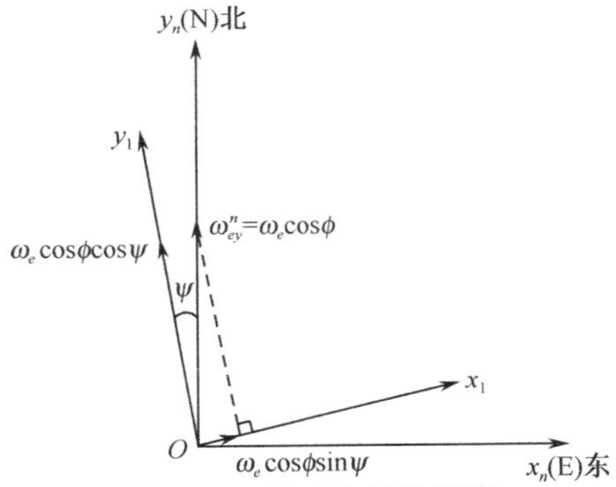

图 4.6.6　地球自转角速度在寻北坐标系上的投影

地球自转角速度在机体坐标系 $Ox_by_bz_b$ 三个轴上的投影分量可表示为：

$$\boldsymbol{\omega}_e^b=\begin{bmatrix}\omega_{ex}^b\\ \omega_{ey}^b\\ \omega_{ez}^b\end{bmatrix}=\boldsymbol{C}_n^b\boldsymbol{\omega}_e^n$$

$$=\begin{bmatrix}\cos\psi\cos\gamma-\sin\psi\sin\theta\sin\gamma & \sin\psi\cos\gamma+\cos\psi\sin\theta\sin\gamma & -\cos\theta\sin\gamma\\ -\sin\psi\cos\theta & \cos\psi\cos\theta & \sin\theta\\ \cos\psi\sin\gamma+\sin\psi\sin\theta\cos\gamma & \sin\psi\sin\gamma-\cos\psi\sin\theta\cos\gamma & \cos\theta\cos\gamma\end{bmatrix}\cdot\begin{bmatrix}0\\ \boldsymbol{\omega}_e\cos\phi\\ \boldsymbol{\omega}_e\sin\phi\end{bmatrix}$$

$$=\boldsymbol{\omega}_e\cdot\begin{bmatrix}(\sin\psi\cos\gamma+\cos\psi\sin\theta\sin\gamma)\cos\phi-\cos\theta\sin\gamma\sin\phi\\ \cos\psi\cos\theta\cos\phi+\sin\theta\sin\phi\\ (\sin\psi\sin\gamma-\cos\psi\sin\theta\cos\gamma)\cos\phi+\cos\theta\cos\gamma\sin\phi\end{bmatrix}$$

即，如果忽略陀螺漂移，则敏感轴在机体坐标系 x_b 轴和 y_b 轴上的两个陀螺分别敏感地球自转角速度的输出为：

$$\begin{aligned}\omega_{ex}^b &= (\sin\psi\cos\gamma+\cos\psi\sin\theta\sin\gamma)\cos\phi\boldsymbol{\omega}_e-\cos\theta\sin\gamma\sin\phi\boldsymbol{\omega}_e\\ \omega_{ey}^b &= \cos\psi\cos\theta\cos\phi\boldsymbol{\omega}_e+\sin\theta\sin\phi\boldsymbol{\omega}_e\end{aligned} \tag{4.6-6}$$

由于机体坐标系上的两个陀螺只能测出 ω_{ex}^b 和 ω_{ex}^b，所以将式（4.6-5）中的 ω_{ex}^1 和 ω_{ey}^1 用 ω_{ex}^b 和 ω_{ex}^b 来表示，为此需要再进行一次坐标转换，有：

$$\boldsymbol{\omega}_e^1=\boldsymbol{C}_2^1\boldsymbol{C}_b^2\boldsymbol{\omega}_e^b \tag{4.6-7}$$

由于在直角坐标系间的变换中，方向余弦矩阵符合正交性定理，即方向余弦矩阵的逆矩阵与其转置矩阵相等，即 $\boldsymbol{C}_2^1=[\boldsymbol{C}_1^2]^{\mathrm{T}}$，$\boldsymbol{C}_b^2=[\boldsymbol{C}_2^b]^{\mathrm{T}}$，于是可得：

$$\begin{aligned}\boldsymbol{\omega}_e^1=\begin{bmatrix}\omega_{ex}^1\\ \omega_{ey}^1\\ \omega_{ez}^1\end{bmatrix}&=\begin{bmatrix}1&0&0\\0&\cos\theta&-\sin\theta\\0&\sin\theta&\cos\theta\end{bmatrix}\cdot\begin{bmatrix}\cos\gamma&0&\sin\gamma\\0&1&0\\-\sin\gamma&0&\cos\gamma\end{bmatrix}\cdot\begin{bmatrix}\omega_{ex}^b\\ \omega_{ey}^b\\ \omega_{ez}^b\end{bmatrix}\\ &=\begin{bmatrix}\omega_{ex}^b\cos\gamma+\omega_{ez}^b\sin\gamma\\ \omega_{ex}^b\sin\theta\sin\gamma+\omega_{ey}^b\cos\theta-\omega_{ez}^b\sin\theta\cos\gamma\\ -\omega_{ex}^b\cos\theta\sin\gamma+\omega_{ey}^b\sin\theta+\omega_{ez}^b\cos\theta\cos\gamma\end{bmatrix}\end{aligned} \tag{4.6-8}$$

将式（4.6-8）中的 ω_{ex}^1 和 ω_{ey}^1 写成分量的形式：

$$\begin{aligned}\omega_{ex}^1&=\omega_{ex}^b\cos\gamma+\omega_{ez}^b\sin\gamma\\ \omega_{ey}^1&=\omega_{ex}^b\sin\theta\sin\gamma+\omega_{ey}^b\cos\theta-\omega_{ez}^b\sin\theta\cos\gamma\end{aligned} \tag{4.6-9}$$

因为两个陀螺只能测量出 ω_{ex}^b 和 ω_{ey}^b，所以式（4.6-9）中还有一个未知量 ω_{ez}^b，但 ω_{ex}^b、ω_{ey}^b、ω_{ez}^b 是 $\boldsymbol{\omega}_e$ 的三个分量，因此有

$$\omega_{ez}^b=\sqrt{(\boldsymbol{\omega}_e)^2-(\omega_{ex}^b)^2-(\omega_{ey}^b)^2} \tag{4.6-10}$$

为了计算 ω_{ex}^1 和 ω_{ey}^1，还必须知道俯仰角 θ 和横滚角 γ，它们可以通过加速度计的测量值计算出来。重力加速度矢量在机体坐标系中的分量为：

$$\boldsymbol{a}^b=\begin{bmatrix}a_x\\a_y\\a_z\end{bmatrix}=\boldsymbol{C}_n^b\begin{bmatrix}0\\0\\-g\end{bmatrix}=\begin{bmatrix}g\cos\theta\sin\gamma\\-g\sin\theta\\-g\cos\theta\cos\gamma\end{bmatrix} \tag{4.6-11}$$

则，重力加速度在运行体坐标系上沿 x 轴和 y 轴的分量分别为：

$$\begin{cases}a_x^b=g\cos\theta\sin\gamma\\ a_y^b=-g\sin\theta\end{cases} \tag{4.6-12}$$

机体坐标系上的两个加速度计输出分别是 a_x^b 和 a_y^b，由式（4.6-12）可求出俯仰角和横滚角：

$$\theta=\arcsin\left(-\frac{a_y^b}{g}\right) \tag{4.6-13}$$

$$\gamma = \arcsin\left(\frac{a_x^b}{g\cos\theta}\right) \tag{4.6-14}$$

至此，将两个陀螺输出值 ω_{ex}^b 和 ω_{ey}^b，以及计算出来的俯仰角 θ 和横滚角 γ 代入式（4.6-9）求出 ω_{ex}^1 和 ω_{ey}^1，再将 ω_{ex}^1 和 ω_{ey}^1 代入式（4.6-5），最终求出偏北角（航向角）$\varPsi$。

上述分析表明，捷联式陀螺寻北不仅能提供运行体的偏北角，而且能提供其俯仰角和横滚角，这是导航测角的重要方法和手段。

4.6.3　陀螺寻北的误差分析

陀螺寻北的寻北精度不仅取决于陀螺自身的性能，还受到其他诸多因素的影响。通常，对陀螺寻北误差源可以从以下几个方面进行分析：首先需要考虑传感器误差，即惯性器件陀螺和加速度计误差；其次要考虑系统安装、物理参数计算、环境温度变化、载体振动干扰等误差。陀螺寻北系统在陀螺加工、系统结构加工、系统安装、数据处理、寻北算法等各个过程中都不可避免地会引入误差，从而影响系统的整体精度。以下就上述误差进行归类分析。

（1）传感器误差

陀螺仪和加速度计测量带来的误差称为传感器误差。传感器误差主要指陀螺仪的漂移和标度因素误差、加速度计零偏和标度因素误差等。由于地球自转角速率比较小，陀螺所敏感的地球自转角速率的水平分量就非常微弱，因此陀螺仪输出信号的信噪比较小。在陀螺仪选定的情况下，其信号精度直接影响整个系统的寻北精度。此外，加速度计测量误差也会直接对系统的寻北精度产生影响。另外，各部分电子线路的漂移、噪声、放大倍数误差等也会对系统产生误差。

（2）安装误差

在系统实际安装过程中，不仅会存在陀螺仪测量轴和加速度计测量值之间不同轴性误差，而且会产生两传感器测量轴与系统安装基面之间的误差，以及两传感器基准轴与安装基准方向和载体参考轴三者之间的平行度误差等。这种由安装带来的误差称为安装误差。

（3）物理量引入误差

地球自转的角速率 $\boldsymbol{\omega}_e$ 是比较恒定的，尽管受到太阳、月球及其他天体的作用会发生地轴移动等变化，这个变化值较小，对于寻北来说是可以忽略的。用于寻北的另外两个物理量是重力加速度 g 和纬度 ϕ，通常这两个物理量的引用会有误差。对于重力加速度 g，一般我们对 g 的取值是按在中国地区的平均值（$g = 9.8\text{m/s}^2$），这样，对于不同纬度下或在有重力异常的地方，是会引入误差的。g 的误差是三维的，即除了数值上的差别，可能还会存在方向上的异常，这对由重力加速度定出的水平面与地球坐标系 e 系的转换关系会有影响。而对于纬度 ϕ，根据得到 ϕ 值方法的不同，ϕ 的精度也不同，纬度误差是可能出现的。

（4）环境扰动误差

在实际工程应用中，由于环境影响造成的误差对系统的影响也是非常大的，如在室外环境下的阵风、基座抖动、测量系统周围人员走动、测试环境温度及外部磁场的变化等情况下，陀螺输出信号会受到影响。通常我们称这种由环境因素引起的误差为环境扰动误差。环境扰动误差对系统的影响主要体现在使得陀螺输出信号的信噪比降低，因此这类误差也可以归结为传感器信号误差。

（5）计算误差

计算误差的引入，一方面来自寻北算法，另一方面是数据处理方法造成的。不仅选择不同的寻北算法会对系统寻北精度造成直接的影响，而且寻北初始角大小也会对最终的寻北结果造成影响。在陀螺寻北系统中，数据处理方法对寻北精度起着关键性的作用，如数据预处理、陀螺随机误差分析方法等。

4.7 地磁感应测角

现代导航系统，很多场合都需要用磁罗盘来提供辅助的航向信息。带有数字信号处理电路的磁航向仪称为数字罗盘，一般内嵌微处理器，并通过 RS232、SPI 等数字接口和外界交互，便于嵌入到别的系统中，是当前比较通用的利用地磁测量航向的传感仪器。目前，广为使用的是三轴捷联磁阻式数字磁航向仪，下面以其为例介绍磁航向仪的工作原理及相关概念。

4.7.1 罗航向和罗差

运行体的航向是指运行体的首向方向，航向角的大小是用运行体纵轴的水平投影线（称为航向角的定位线）与地平面上某一基准线之间的夹角来度量的。

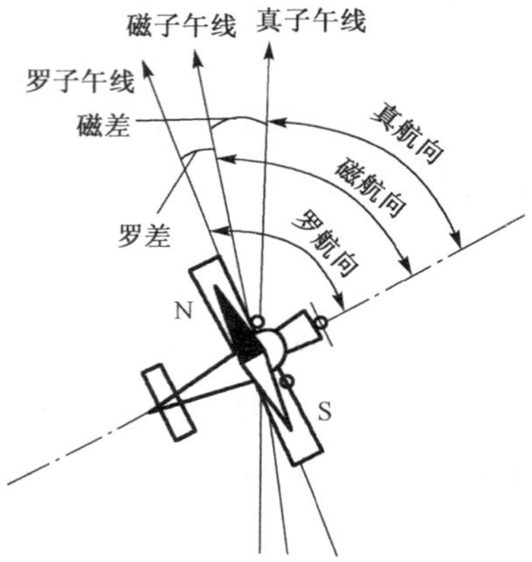

图 4.7.1 真航向、磁航向与罗航向之间的关系

（1）罗航向

运行体上存在钢铁磁场和电磁场，它们形成运行体磁场。将磁罗盘装到运行体上后，其传感器不仅感受到地球磁场，也感受到运行体磁场。所以，用磁罗盘传感器测得的航向基准线实际上是地球磁场与运行体磁场两者形成的合成磁场分量方向。如图 4.7.1 所示，磁罗盘测得的这一合成磁场水平分量方向，称为罗子午线，或称罗经线，该线与运行体纵轴在水平面上的夹角为罗航向角。按罗航向角计算的航向就称为罗航向。

（2）罗差

罗子午线与磁子午线之间形成的夹角称为罗差，并规定罗子午线北端在磁子午线东侧时的罗差为正，在西侧为负。由于运行体磁场的大小和方向是随运行体转动而发生变化的，因此运行体在不同的航向上，其罗差值是不同的。根据罗差产生的原因不同，将罗差分成下列几种来描述：

① 半圆罗差。

半圆罗差主要是由运行体硬铁磁场（永久磁场）的水平分量引起的。

② 圆周罗差和象限罗差。

圆周罗差和象限罗差是由运行体软铁磁场（感应磁场）的水平分量引起的。在运行体航向改变 360°的过程中，罗差符号及大小均保持不变的称为圆周罗差（或称等值罗差）；罗差在圆周各象限从极大到极小周期性变化的，称为象限罗差。

③ 安装罗差。

罗盘在运行体上安装位置（角度）不准确，将会产生安装罗差，安装罗差又称为一致性误差。

4.7.2　地磁感应测角原理

三轴数字磁阻式罗盘由 3 个一维磁阻传感器组合而成，3 个磁阻传感器分别沿磁传感器坐标的 3 个轴 (x_s, y_s, z_s) 安装。坐标系定义如下：x 轴沿运行体纵轴向前，y 轴平行于磁阻式罗盘安装面向右，并与 x 轴正交，z 轴与 x，y 轴垂直，方向向下，如图 4.7.2 所示。在实际的应用中，磁传感器坐标 $(Ox_sy_sz_s)$ 与机体坐标系（b 系）重合。设磁地理坐标系为 m 系 $(Ox_my_mz_m)$，当机体坐标系（b 系）与磁地理坐标系（m 系）重合，即磁传感器坐标 $(Ox_sy_sz_s)$ 与磁地理坐标系（m 系）重合时（见图 4.7.2），磁阻传感器的感应电势为：

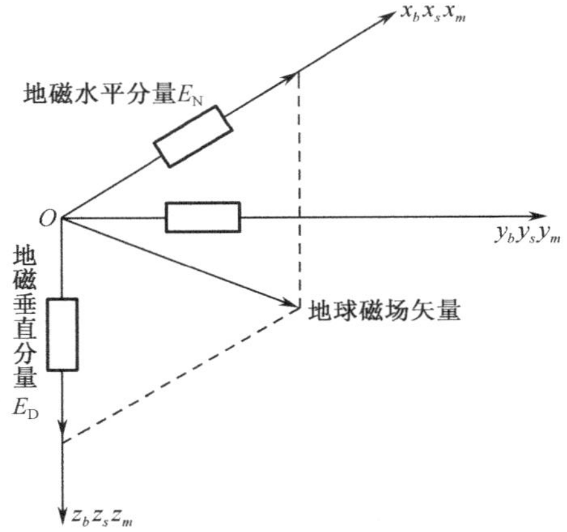

图 4.7.2　三维磁航向传感器坐标示意图

$$\boldsymbol{E}_{\mathrm{B}} = \boldsymbol{E}_{\mathrm{M}} = \begin{bmatrix} E_{\mathrm{N}} \\ 0 \\ E_{\mathrm{D}} \end{bmatrix} \tag{4.7-1}$$

式中，E_{N} 为磁地理坐标系与磁传感器坐标系重合时，由地磁水平分量在磁传感器坐标系 x 轴上产生的感应电势；E_{D} 为磁地理坐标系与磁传感器坐标系重合时，由地磁垂直分量在磁传感器坐标系 z 轴上产生的感应电势。

当机体坐标系处于任意姿态时，磁阻传感器的感应电势为：

$$\boldsymbol{E}_{\mathrm{B}} = \begin{bmatrix} E_{bx} \\ E_{by} \\ E_{bz} \end{bmatrix} = \boldsymbol{C}_n^b \boldsymbol{E}_{\mathrm{M}} =$$

$$\begin{bmatrix} \cos\psi_{\mathrm{M}}\cos\theta & \cos\psi_{\mathrm{M}}\sin\theta\sin\gamma - \sin\psi_{\mathrm{M}}\cos\gamma & \cos\psi_{\mathrm{M}}\sin\theta\cos\gamma + \sin\psi_{\mathrm{M}}\sin\gamma \\ \sin\psi_{\mathrm{M}}\cos\theta & \sin\psi_{\mathrm{M}}\sin\theta\sin\gamma + \cos\psi_{\mathrm{M}}\cos\gamma & \sin\psi_{\mathrm{M}}\sin\theta\cos\gamma - \cos\psi_{\mathrm{M}}\sin\gamma \\ -\sin\theta & \cos\theta\sin\gamma & \cos\theta\cos\gamma \end{bmatrix}^{\mathrm{T}} \cdot \begin{bmatrix} E_{\mathrm{N}} \\ 0 \\ E_{\mathrm{D}} \end{bmatrix} \tag{4.7-2}$$

$$= \begin{bmatrix} \cos\psi_{\mathrm{M}}\cos\theta E_{\mathrm{N}} - \sin\theta E_{\mathrm{D}} \\ (\cos\psi_{\mathrm{M}}\sin\theta\sin\gamma - \sin\psi_{\mathrm{M}}\cos\gamma)E_{\mathrm{N}} + \cos\theta\sin\gamma E_{\mathrm{D}} \\ (\cos\psi_{\mathrm{M}}\sin\theta\cos\gamma + \sin\psi_{\mathrm{M}}\cos\gamma)E_{\mathrm{N}} + \cos\theta\cos\gamma E_{\mathrm{D}} \end{bmatrix}$$

式中，ψ_{M} 为运行体的磁航向角；θ 为运行体的俯仰角；γ 为运行体的横滚角；E_{bx} 为地磁在运行体坐标系 x 轴上的感应电势；E_{by} 为地磁在运行体坐标系 y 轴上的感应电势；E_{bz} 为地磁在运行体坐标系 z 轴上的感应电势；$\boldsymbol{C}_n^b$ 为测量系对机体坐标系的方向余弦矩阵。在俯仰角 θ、横滚角 γ、E_{B} 已知情况下，可以计算出磁航向角：

$$
\begin{aligned}
\psi_{\mathrm{M}} &= \arctan\left|\frac{E_y}{E_x}\right|(E_x > 0, E_y < 0) \\
&= 180° - \arctan\left|\frac{E_y}{E_x}\right|(E_x < 0, E_y < 0) \\
&= 360° - \arctan\left|\frac{E_y}{E_x}\right|(E_x > 0, E_y > 0)
\end{aligned}
\tag{4.7-3}
$$

式中，

$$
\left.\begin{aligned}
E_x = \cos\theta E_{bx} + \sin\gamma\sin\theta E_{by} + \cos\gamma\sin\theta E_{bz} = \cos\psi_{\mathrm{M}} E_{\mathrm{N}} \\
E_y = \cos\gamma E_{by} - \sin\gamma E_{bz} = -\sin\psi_{\mathrm{M}} E_{\mathrm{N}}
\end{aligned}\right\}
\tag{4.7-4}
$$

磁罗盘提供的航向精度能满足一般运行体的要求，但磁航向精度易受外界干扰磁场影响。因此，如何对磁罗盘的航向误差进行有效补偿，成为当今该领域研究的热点之一。由于现在生产的工艺过程能够保证安装罗差足够小，因此使用中该部分误差可以忽略；而对“软铁”和“硬铁”罗差要进行罗差补偿。目前常用的是一种基于傅里叶序列罗差模型的标定方法，标定时由外部航向系统提供航向基准。罗差模型为：

$$
\Delta\psi = A + B\sin\psi + C\cos\psi + D\sin 2\psi + E\cos 2\psi \tag{4.7-5}
$$

式中，$\Delta\psi$ 为罗差；A、B、C、D、E 为标定过程得到的罗差补偿参数；ψ 为补偿之前的磁航向角。这种方法将罗差表示为在未经补偿的航向角上的傅里叶级数，根据实际情况取有限阶次，取二阶的是四位置标定法，取三阶的是八位置标定法。

用这种方法进行补偿时，不对磁阻传感器的原始数据进行补偿，而对根据原始数据计算得到的航向角进行修正。由于四位置标定法简单但误差较大，八位置标定法精度较高但标定复杂，因此在外界软铁影响较小的情况下，通常可以选用四位置标定法。

4.8 小　　结

导航测角就是要为运行体提供引导运行所需的角度参量，或者给运行体确定位置提供定位解算参量，是导航的一项主要任务。导航测角必须依赖对某个物理参量的测量来实现，也就是要依托一种物理基础，对在一定物理基础之上建立的物理场探测传感，来获得导航所需角度参量的过程。本章基于波动信号在导航中的使用形式，全面介绍了利用波动信号各种描述参数的振幅式、相位式、时间式和频率式导航测角原理，并对惯性力学测角以及地磁感应测角进行了阐述。

依据基于波动信号的导航测角所利用的参数，可把导航测角方法分为振幅式、相位式、时间式和频率式，每一种方式又有不同的方法分类，如表 4.8.1 所示。

惯性力学测角和地磁感应测角尽管不是直接利用波动信号的参数实现的导航测角，但其本质上还是利用了引力波与磁力波，只是人类目前还无法用波动信号的形式来描述这种引力波和磁力波而已。作为惯性传感器件的陀螺仪和加速度计，以及敏感地磁场的磁阻传感器，都是通过对作用力矢量方向的探测实现了角度的测量，可以看成对波动信号更为宏观的应用。

表 4.8.1　导航测角方法

<table>
<tr><td rowspan="8">导航测角方法</td><td rowspan="2">振幅式</td><td colspan="2">E 型</td><td rowspan="2">最大值法
比值法
最小值法</td></tr>
<tr><td colspan="2">M 型</td></tr>
<tr><td rowspan="3">相位式</td><td colspan="3">干涉法</td></tr>
<tr><td rowspan="2">调制信号法</td><td colspan="2">旋转方向性天线法</td></tr>
<tr><td colspan="2">旋转无方向性天线法</td></tr>
<tr><td rowspan="2">时间式</td><td colspan="2">收发分离式</td><td rowspan="2">最大值法
最小值法</td></tr>
<tr><td colspan="2">收发一体式</td></tr>
<tr><td colspan="4">频率式</td></tr>
</table>

复习和作业题 4

1．可以利用哪些电参量进行无线电导航测角？为什么？

2．为什么要将 E 型信号转换为 M 型信号？并说明信号转换的主要环节。

3．振幅式测角方法中应用的天线方向图主要有哪三种形式？画图予以说明。

4．说明影响 E 型测角的主要误差因素。

5．为什么相位式测角主要利用调制信号的相位而不利用载频信号相位？

6．旋转无方向性天线测角利用了什么物理基础？说明旋转无方向性天线接收测角中中央天线的作用。

7．在时间式测角中，方向性天线的波束宽度对测角有什么影响？天线方向性图的旁瓣对测角是否有影响？

8．在时间式无线电导航测角中天线辐射窄状波束，天线转速为 50πrad/s，已知当波束最大值通过正北向时发出基准信号，如飞机收到窄波束信号时间延迟后收到基准信号时间为 0.01s，问飞机处于导航台的哪个方位上？并画图说明。

9．试比较振幅式、相位式、时间式和频率式导航测角方法的优缺点。

10．惯性力学测角的误差因素有哪些？

11．如何提高地磁感应测角的测量精度？

第 5 章　导航测距原理

导航测距的主要功能是为运行体提供引导运行或确定位置所需的距离（高度）参量，是导航的另一项重要任务。在现实世界中，导航测距都要依托某一物理场来具体实现，对物理场中的导航信号进行测量即可获得相应的距离参量，这些可利用的导航信号大多数具有波动性，并在均匀媒介中的传播具有恒速性。因此，无论利用机械波（声波、超声波）还是电磁波（无线电波、光波）进行导航测距，尽管在具体实现技术和系统构成上有所差异，但其基本原理是一致的——依据“均匀媒介中波速恒定”这一物理准则，其本质是将两点或多点间的距离测量转化为波传播时间的测量。基于该原理的导航测距也可统称为波达时间（Time of Approach，TOA）测距。

5.1　概　　述

目前，基于电、光、力、磁、声等多种物理基础，已经出现了多种测量距离（距离差）的导航技术或方法，由于各种手段的作用机理、适用场合有很大差别，所以在实际中使用哪种手段主要根据测距的目的和环境条件等现实因素而定。

5.1.1　基本概念

通过测量各种距离数据，可以获得运行体的位置和速度，并用于辅助转弯、避障、进近等导航需求，如图 5.1.1 所示。图 5.1.1（a）是利用距离测量设备（Distance Measurement Equipment，DME），通过保持与导航台等距的弧线飞行，实现对保护区的规避。图 5.1.1（b）是通过测量 P 点相对确知位置 S_1、S_2、S_3 三点的距离，在三维空间采用三球相交定位的原理确定 P 点位置。这是导航卫星（距离）、移动基站（距离、距离差）等测距定位的实际应用。利用测距还可以使飞机在着陆时适时了解距跑道入（端）口的距离，以便在不同的距离点上做出适当的操纵控制，实现安全着陆。另外，利用测距与测角的配合，还能够进行导航定位。

(a) 测距导航实现规避飞行

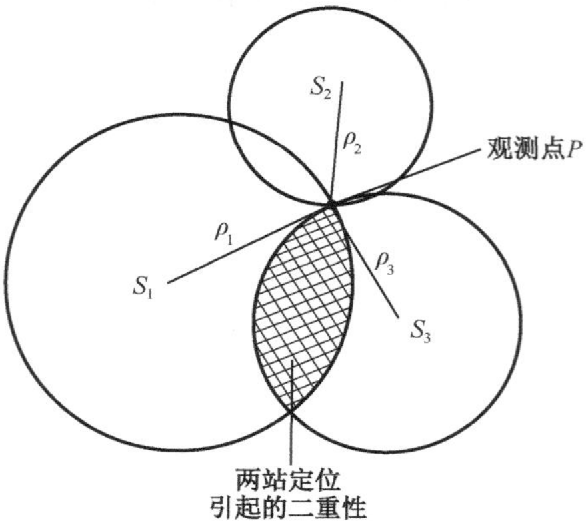

(b) 通过测距实现三球交会定位

图 5.1.1　利用测距导航的示意图

波动信号传播时间 τ 和传播距离 R 之间的关系为：

$$R = v \cdot \tau \tag{5.1-1}$$

式中，v 是波动信号传播速度，如电磁波传播速度 c 在真空中为 $3\times10^8\,\mathrm{m/s}$，在大气中近似为 $2.99782458\times10^8\,\mathrm{m/s}$，而声波的传播与温度有关联，通常取温度为 0℃时速度为 331.45m/s。

特殊地，在某些定位系统（如双曲线定位系统）中需要测量运行体到两个基准站之间的距离差。此时，距离差 ΔR 与传播时差 τ 之间的关系为：

$$\Delta R = v \cdot \tau \tag{5.1-2}$$

相较于声波，基于电磁场的无线电和光学测距技术应用更为普遍，但它们的测距原理是相同的。这里主要以无线电测距和激光测距为例，这时的信号传播速度 $v \approx c$，据此进行波达时间（TOA）测距原理的说明和分析。

还有一种距离测量方式就是基于运行体运动速度测量获得距推算点（在不改变运行方向情况下的运行起始点）距离的导航测距方法。这种方法中的被测对象是运行体，其速度不恒定，就要增加对速度参量的实时观测（如惯性导航中的加速度计就是一种运行速度传感器）。这种方法的特点是虽属于单程测距却不必在所测距离的两端进行时钟同步，因为测量过程中使用的是同一时钟，并且距离的推算不依赖外部设备配合，属于自主式的距离测量方法。

下面主要以无线电导航测距为重点，介绍导航测距分类和各种导航测距的方法原理。

5.1.2 测距分类

1. 按工作原理分类

（1）单程测距

测距信号在距离测量过程中只经历一个单路程，这种测距称为单程测距。典型特征是测距信号的发射和接收在不同点上完成。单程测距如图 5.1.2 所示，测距发射设备发射测距信号，测距接收设备接收到信号后，测量出传播延时 τ，依据测距公式（5.1-1）转换成所要测量的距离 R。

通常测距信号为周期信号，在测量传播延时时，接收端必须准确知道发射信号的时间，这点在实际系统中是很难做到的。接收端只能利用本地时钟作为时间基准进行测量，此时测量的距离数据不是真实的距离值，而是包括收发信机钟差的距离值，如图 5.1.3 所示，该距离值在无线电导航中称为伪距 R^*：

$$R^* = c\cdot\tau = R + c\cdot\Delta t \tag{5.1-3}$$

式中，R 为距离真值；Δt 为收发信机之间的时间差（钟差）。

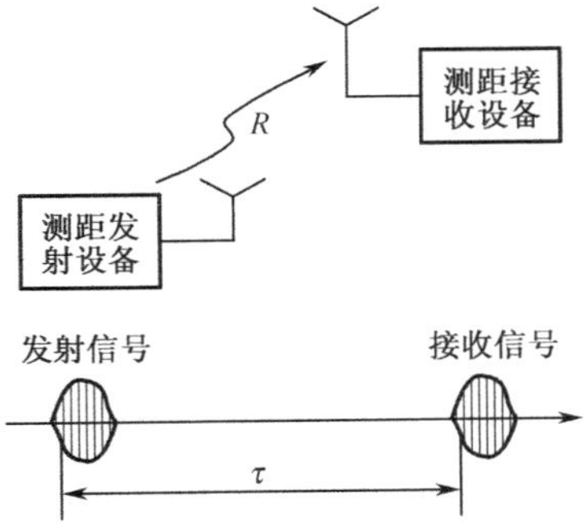

图 5.1.2 单程测距示意图

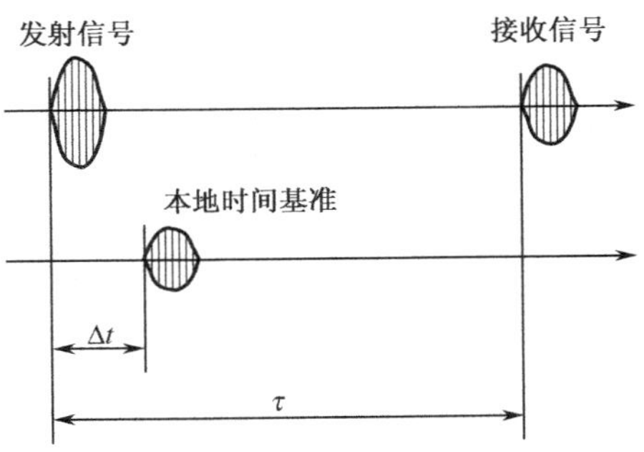

图 5.1.3 伪距的概念

可见，在单程测距中必须有统一且准确的时间体系，即收发两端需要精准的时钟同步，一般由原子钟或原子钟组建立。在这个时钟建立的时间基准中规定发射时刻，这样在接收端只要判定发射信号的到达时刻，便可计算出电波由发射端到接收端的单路程延时，从而计算出两端的距离。

实际中，不论时钟怎样精密都会随着时间的漂移而变化，通常用两个参数来描述时钟的变化——频率差和频率漂移，该模型表示如下：

$$\Delta t = \Delta t_0 + \alpha_1 T + \alpha_2 T^2 \tag{5.1-4}$$

式中，α_1 为频差；α_2 为频率稳定度（简称频稳度）；T 为漂移时间。频差和频稳度可以通过实际测量得到，其中，频稳度又分为毫秒稳、秒稳、10 秒稳、小时稳和天稳，一般称秒稳以下为短期频稳度，秒稳以上为长期频稳度。

（2）双程测距

利用目标的反射信号进行测距的方法（典型的如雷达测距）称为双程测距，如图 5.1.4 所示，若信号的发射时刻精确已知，测量得到信号往返时间 τ' 后，即可获得所要测量的距离 R：

$$R = \frac{1}{2} c \cdot \tau' \tag{5.1-5}$$

与单程测距相比，双程测距的优势在于能够克服钟差的影响，而缺点是反射信号功率弱，作用距离大大缩短。为此，在双程测距中，还有一类是在目标上增加测距信号转发器，或者称距离应答器，这种通过转发测距信号提高反射信号强度、实现增大双程测距作用距离的方式又称为询问回答式（或有源反射式、二次雷达式）测距，其原理如图 5.1.5 所示。

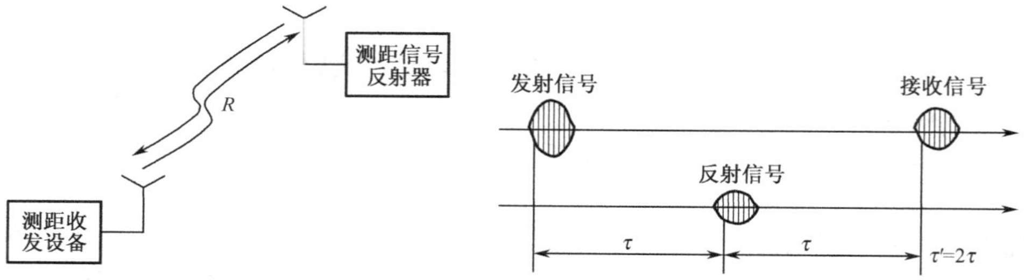

图 5.1.4 双程测距示意图

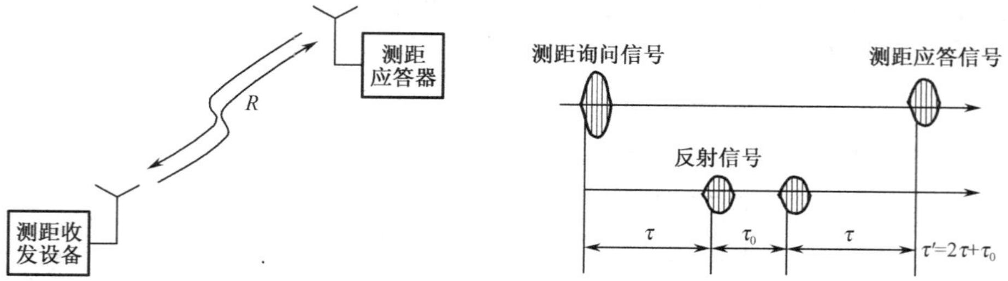

图 5.1.5 带应答器的双程测距

具有应答器的双程测距公式为：

$$R = \frac{1}{2} c \cdot (\tau' - \tau_0) \tag{5.1-6}$$

式中，τ_0 为测距应答器的系统延时。

2. 按信号参量分类

无线电测距的物理基础是电波在均匀媒质中传播时的恒速性。在一般导航环境中（大气层中），电波传播速度通常近似为光速，所以无线电测距本质上是观测电波在所测距离上的传播时间。利用不同的电信号参量来测量这个时间（或延时），就产生了不同的测距类别。

（1）时间式测距

这种测距方式就是通过对标志了时间的测距信号进行传播延迟时间的测量，来获得距离信息的测距方式。该测距方式被广泛地应用在雷达和近代无线电导航中，采用的测距信号多为脉冲或其编码信号。

（2）相位式测距

即通过测量收发信号之间的载波或其调制信号相位差，得到电波传播延时，实现距离测量的方式。因为相位具有周期重复的性质，所以这种测量存在多值性的问题。通常采用长周期（低频）信号进行相位的粗测，再利用短周期（高频）信号进行相位的精测，以克服相位精确测量与多值性的矛盾问题。

（3）频率式测距

所谓频率式测距，就是采用频率按照特定规律变化的连续波调频测距信号，通过测量收发调频信号的差拍频率，获得调频调制信号相位延迟，实现距离测量的方法。频率式测距通常应用在飞行器飞行高度的测量，即无线电（雷达）高度表中。

时间式是一种直接式的距离测量方法，相位式和频率式则属于间接式的距离测量方法。

3. 按信号波形分类

无线电测距方法也可按采用的信号波形进行分类。

（1）脉冲式测距

脉冲式测距也可以说是时间式测距的另一称谓。这种测距方式采用的是脉冲信号，是依靠脉冲幅值标志时刻，通过测量收发脉冲信号之间的时间间隔，依据电波传播的恒速性获得脉冲传播所经历的空间距离的方法。

（2）连续波测距

顾名思义，连续波测距就是采用了连续波形式的测距信号波形。直接利用无调制的连续波信号进行相位式测距。因连续波测距的载波频率较高，多值性问题突出，所以需要采取对载波进行调制等其他办法消除多值性问题。连续波信号经常采取的受调方式主要有码调制式、调频式。

① 码调制式测距。采用的测距信号是受伪随机码调制的扩频信号，利用码相关接收技术通过测量收发信号之间的伪随机码延迟时间，来测量电波传播延时的测距方式。码调制式测距所测的电参量可以是相关峰的幅值（其测量原理属时间式测距），还可以是伪随机码的相位（其测量原理是相位式测距）。码调制式测距已被广泛地应用于卫星导航等近代无线电导航系统之中。

② 调频式测距。采用的测距信号为频率按照特定规律变化的调频信号。调频式测距是频率式测距的又一种称谓。

5.2　无线电导航测距

无线电导航测距是目前应用最为普遍的导航测距方法之一，已被广泛地应用。

5.2.1 脉冲式测距

1. 基本工作原理

脉冲式测距是利用脉冲信号或其编码来测量电波从一点到另一点的传播延时，从而获得这两点间距离的方法，包括脉冲式双程测距和脉冲式单程测距两种方式。其中，脉冲信号可以为单脉冲，也可以采用编码双脉冲或多脉冲；可为陡峭沿脉冲，也可为特定形状（如钟形或高斯形）脉冲。

在脉冲测距系统中，脉冲发射机的任务是按照系统规定的信号格式和发射功率以及发射频谱的要求，发射所要求的脉冲测距信号，其通用信号可以表示为：

$$s(t) = AG(t)\pi(t)\cos(2\pi f_0 t + \varphi_0) \tag{5.2-1}$$

式中，A 为信号幅值；$G(t)$ 为脉冲编码形式；$\pi(t)$ 为脉冲形状；f_0 为发射频率；φ_0 为初相。

理想的脉冲信号带宽为无限大，为了不干扰其他系统工作，需要进行频谱约束。发射信号的脉冲波形一般选为钟形脉冲，如图 5.2.1 所示。

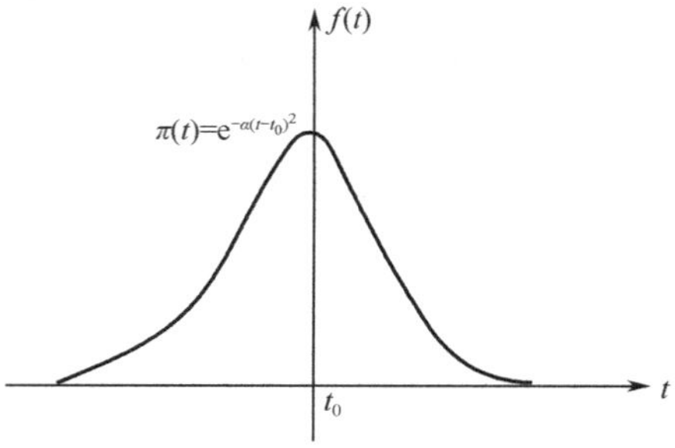

图 5.2.1 钟形脉冲示意图

为了精确测量 TOA，用钟形脉冲的一个指定幅值点进行时间标定，称此时间为距离测量定时点。脉冲式测距的距离测量就是通过测量收发脉冲定时点之间的时间间隔来实现的。

2. 脉冲测量方法

在无线电测距过程中，接收的测距脉冲通常会被噪声污染，为了准确方便地测量 TOA，一般采用产生跟踪脉冲跟随接收测距脉冲变化的方法，这样就将对噪声污染的接收测距脉冲测量问题，转换成了相对无噪声的跟踪脉冲测量问题。这种脉冲测量方法通常在双程脉冲测距中应用，并且脉冲测距中的测量活动通常是自动完成的，其过程包括跟踪、搜索、捕获、记忆等环节。

（1）跟踪

跟踪是指距离测量工作跟随测距脉冲反映的距离变化情况，持续输出距离测量数据的过程或阶段。由于接收到的距离测量脉冲会被噪声污染，一般不直接用于距离测量，而是在本地产生一个脉冲，通过控制使之跟随测距脉冲变化，就称该脉冲为跟踪脉冲，自动距离跟踪原理如图 5.2.2 所示。

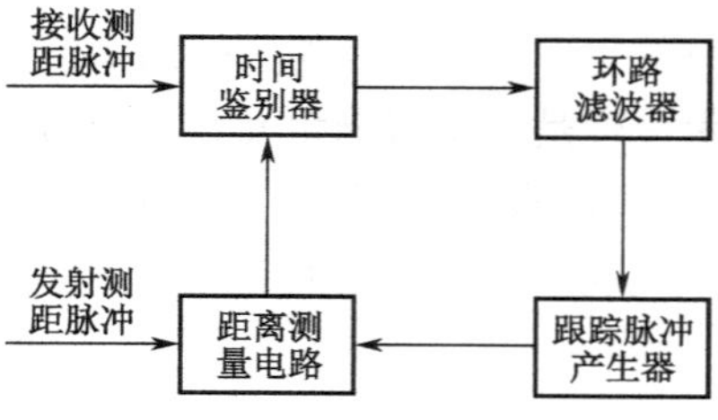

图 5.2.2 自动距离跟踪原理

整个跟踪环节包括时间鉴别、环路滤波、跟踪脉冲产生三部分，实质上为一个闭环的锁相系统。时间鉴别器用来测量跟踪脉冲与接收的测距脉冲之间的相对延时，经过环路滤波器的滤噪作用产生所需的控制电压，控制跟踪脉冲跟随接收测距脉冲电相位中心变化而变化，以跟踪脉冲所处时刻反映接收测距脉冲到达时刻。跟踪脉冲在距离测量电路中与发射测距脉冲时刻比较，测量出接收测距脉冲与发射测距脉冲之间的时间间隔，即测距脉冲在空间传播路径上的延迟时间。

为了能够控制跟踪脉冲跟随接收的测距脉冲变化，要求时间鉴别器将时差转换为控制电压时，能够反映跟踪脉冲相对接收测距脉冲的时间关系，即超前或滞后的关系，并且给出跟踪脉冲相对接收测距脉冲的时间差，同时还要具备一定的线性范围。

（2）搜索与捕获

自动距离测量在进入跟踪状态之前，必须首先完成搜索和捕获测距脉冲并转入跟踪的过程。搜索是从发射测距脉冲时刻起连续控制跟踪脉冲延迟时间变化（等同于在时间轴上连续移动跟踪脉冲），在系统作用距离范围内寻找直至发现测距脉冲信号的过程。在搜索的短时间内，一般忽略目标的运动，认为飞机是一固定目标，此时距离信号和发射信号之间保持时间间隔基本不变，这就是搜索的依据。发射测距脉冲和接收测距脉冲信号的时间关系如图 5.2.3 所示。

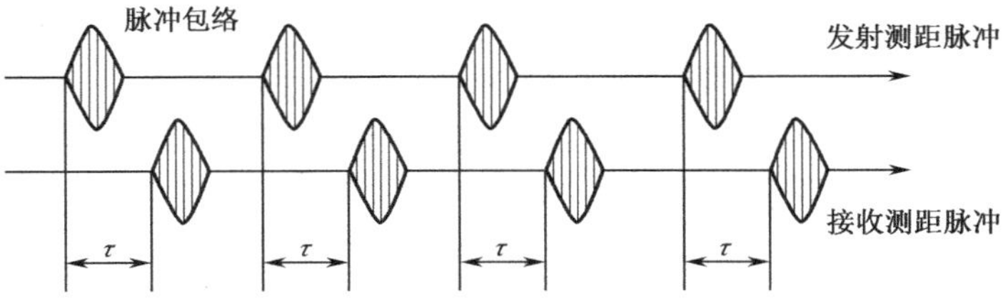

图 5.2.3　发射测距脉冲和接收测距脉冲信号的时间关系

捕获是跟踪脉冲找到测距脉冲信号后，与该信号的重合满足规定的符合概率要求后，测距电路转入跟踪工作的短暂过程。尽管搜索过程中跟踪脉冲会与其他用户使用的测距脉冲及工业干扰、敌意干扰、射电干扰等产生的脉冲相遇，但可以通过控制搜索门移动速度，并利用每个不同的跟踪脉冲与自身测距脉冲具有的时间同步关系，以及独有的随机特性（又称频闪效应），可以保证只有自己的测距脉冲才能与跟踪脉冲重合满足规定的符合概率（也称捕获概率或判决门限），从而实现从所有接收信号中准确找出所需测距脉冲，对自己的测距脉冲进行捕获和测量。

（3）记忆

记忆是指当接收测距脉冲信号丢失后，跟踪电路依然保持原来接收测距脉冲所处时间位置，持续显示所测距离的能力。一般在实际设备中并不设置专门的记忆电路，事实上在跟踪电路中当测距信号丢失后，时间鉴别器输出零误差信号，跟踪信号仍然保持在原来位置就等效记忆了信号丢失时刻的位置，即完成了记忆。

（4）环节转换

搜索、跟踪、记忆是自动测距过程的三个有机衔接的环节。当发射机一开，测距就进入搜索状态，一旦搜索成功（按判定准则）便自动转入跟踪，此时显示器显示距离值，这时发射脉冲重复率也能自动降到跟踪时的重复率（如每秒 30 次左右）。在跟踪期间，若瞬间信号失常，满足不了跟踪条件则转入记忆状态，系统继续判定信号情况。若在特定记忆期间信号恢复正常，则又重新回到跟踪状态。若记忆时间已过，信号继续失常，则由记忆状态重新转入搜索状态。

3．测距精度分析

（1）测距误差因素

这里以双程测距为例分析影响导航测距精度的因素。对式（5.1-6）求全微分：

$$\Delta R = \frac{R}{c}\Delta c + \frac{c}{2}\Delta \tau \tag{5.2-2}$$

式中，Δc 为电波传播速度平均值的误差；$\Delta\tau$ 为测量目标回波延迟时间的误差。

可以看出，测距误差由电波传播速度变化 Δc 和测时误差 $\Delta\tau$ 两项组成。一般情况下，可以认为两项是相互独立的，则有：

$$\sigma_R = \sqrt{(\tau\sigma_c)^2 + \left(\frac{c}{2}\sigma_\tau\right)^2} \tag{5.2-3}$$

① 电波传播速度变化产生的误差。

如果大气是均匀的，则电磁波在大气中的传播是等速直线的，此时的 c 值可认为是常数。但实际上大气层的分布是不均匀的且其参数随时间、地点而变化。大气密度、湿度、温度等参数的随机变化，导致大气传播介质的磁导系数和介电常数也发生相应的改变，因此电波传播速度 c 不是常量而是一个随机变量。随着距离 R 的增大，由电波速度的随机变化所引起的测距误差也增大。在昼夜间大气中温度、气压及湿度的起伏变化所引起的传播速度变化为 $\frac{\sigma_c}{c} \approx 10^{-5}$，若用平均值作为测距计算的标准常数，则所得测距精度也为同样量级，例如，$R = 60\text{km}$ 时，$\Delta R = 0.6\text{m}$，这对常规测量可以忽略。

电波在大气中的平均传播速度和光速稍有差别，且随工作波长 λ 而异，因此在测距公式中的 c 值也应根据实际情况校准，否则会引起系统误差。表 5.2.1 列出了在不同条件下的电波传播速度。

表 5.2.1 在不同条件下的电波传播速度

<table>
<tr><th colspan="2">传播条件</th><th>c（km/s）</th><th>备注</th></tr>
<tr><td colspan="2" rowspan="2">真空</td><td>299776±4</td><td>根据 1941 年测得的资料</td></tr>
<tr><td>299773±10</td><td>根据 1944 年测得的资料</td></tr>
<tr><td colspan="2">利用红外波段光在大气中的传播</td><td>299792.4562±0.001</td><td>根据 1972 年测得的资料</td></tr>
<tr><td rowspan="3">厘米波（λ=10cm）在地面至飞机间传播，当飞机高度为：</td><td>H1=3.3km</td><td>299713</td><td rowspan="3">皆为平均值，根据脉冲导航系统测得的资料</td></tr>
<tr><td>H2=6.5km</td><td>299733</td></tr>
<tr><td>H3=9.8km</td><td>299750</td></tr>
</table>

② 因大气折射引起的误差。

当电波在大气中传播时，由于大气介质分布不均匀将造成电波折射，因此电波传播的路径不是直线而是走过一个弯曲的轨迹，在正折射时电波传播途径为一向下弯曲的弧线。因此，虽然目标的真实距离是 R_0，但因电波传播不是直线而是弯曲弧线，故所测得的回波延迟时间 $\tau = 2R/c$，R_0 这时就产生一个测距误差：

$$\Delta R = R - R_0 \tag{5.2-4}$$

ΔR 的大小和大气层对电波的折射率有直接关系。如果知道了折射率和高度的关系，就可以计算出不同高度和距离的目标由于大气折射所产生的距离误差，从而给测量值以必要的修正。目标距离越远，由折射所引起的测量误差就越大，如在一般大气条件下，当目标距离为

100km、仰角为 0.1rad 时，距离误差为 16m 的量级。上述两种误差，都是由测距设备外部因素造成的，故称为外界误差。无论采用什么测距方法都无法避免这些误差，只能根据具体情况，做一些可能的校准。

③ 接收噪声引起的测量误差。

前面已经提到，为了保证发射信号的频谱，一般要对发射脉冲波形做出规定，并规定测距定时点。设发射波形为$\pi(t)$，定时点的幅值为V_1，如图 5.2.4 所示。理想情况下，接收机输出的视频脉冲为$V = A\pi(t)$，在定时点处有：

$$\Delta V = A\frac{\mathrm{d}\pi(t_1)}{\mathrm{d}t}\Delta t \tag{5.2-5}$$

经过接收处理后，接收信号可以表示为$r(t) = A\pi(t) + n(t)$，其中$n(t)$为噪声，则有：

$$\sigma_\tau^2 = \frac{\sigma_n^2}{A^2\left(\frac{\mathrm{d}\pi(t_1)}{\mathrm{d}t}\right)^2}$$

$$\text{或}\sigma_\tau = \frac{1}{\sqrt{\mathrm{SNR}}\cdot\frac{\mathrm{d}\pi(t_1)}{\mathrm{d}t}} \tag{5.2-6}$$

式中，σ_τ为定时点t_1的测量均方误差；σ_n为噪声均方误差；$\mathrm{SNR} = A^2 / \sigma_n{}^2$为信号噪声比。

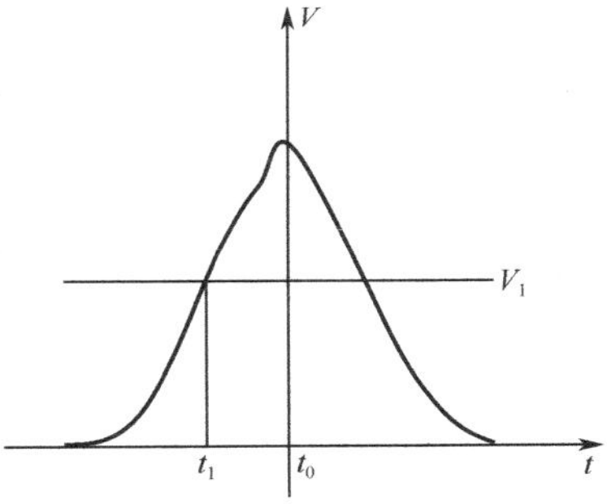

图 5.2.4　定时点与脉冲波形

上式说明，在有噪声的情况下，TOA 的测量误差不仅与信噪比有关，而且与发射脉冲在测量点处的斜率有关，故在实际中，要充分考虑以上两种因素的综合。一般情况下，为了得到高的信噪比，需要选择定时点比较靠近最大值，但此时的斜率较小，并且此时多径误差大；而选择低的定时点，斜率大，信号干净，多径干扰小。两种情况在实际设备中均有应用，如在微波着陆系统的最终进近模式中，因收发点之间的距离近，为了减小多径干扰的影响，选择了低的测距定时点；而在塔康系统中，选择了半幅值作为定时点，同时，采用其他措施消除多径的干扰。

（2）最小与最大可测距离

利用脉冲信号进行测距的量程是受限的，这与所采用的测距脉冲宽度和脉冲的周期（重复频率）有关。

① 最小可测距离。

最小可测距离是指测距设备能够给出的最小有效距离测量值。根据前面介绍的脉冲测量原理过程可知，距离测量工作必须在测距脉冲发射后才能进行，对于双程脉冲测距方式，最快在一个测距脉冲宽度τ_0后发射脉冲返回时才能有距离测量数据输出。此时，脉冲测距的最小可测距离为：

$$R_{\min} = c\cdot\tau_0 \tag{5.2-7}$$

② 最大可测距离。

所谓最大可测距离，就是由每发射一个测距脉冲后，必须待该脉冲被接收测量后才能进行第二次测距脉冲发射要求所约束的脉冲信号传播距离，也称为最大单值可测距离。可见，最大可测距离决定了发射测距脉冲的周期 T_0 或重复率，或者说测距脉冲周期 T_0 的设定与最大可测距离有关，对于双程脉冲测距方式，最大可测距离可用下式表示：

$$R_{\max} = c \cdot T_0 \tag{5.2-8}$$

5.2.2　码相关测距

1. 基本原理

码相关测距是利用伪随机码良好的自相关特性，通过采用相关接收机来测量发射码和接收码的延迟时间获得电波传播路程，达到距离测量的目的。码相关测距所测的电参量可以是相关峰的幅值，也可以是伪随机码的相位。

码相关测距同样有单程和双程工作方式之分。与脉冲式测距不同的是，用于测量的码信号周期相对较长，一般为 ms 量级，而脉冲信号通常是μs 量级，因此，码相关测距过程所需的时间要远大于脉冲测距的时间，即码相关测距的实时性要低于脉冲式测距。但是码相关测距在精度、抗干扰、复用等性能方面要大大优于脉冲式测距，因此在现代导航中的应用更加广泛。

码相关测距的基本过程如图 5.2.5 所示。发射端在确知时刻（即收发双方统一时间）发射一个伪随机码，接收端产生（复现）一个和发射端相同的伪随机码（如 m 序列、GOLD 序列、混沌序列等），称为本地伪码序列；调整接收端的本地码产生器，计算和接收码的互相关特性，当和接收码同步时，互相关函数将出现峰值，据此峰值出现的时刻，就可测量出本地码与接收码的时间间隔（粗同步），从而测量出发端到收端所经历的传播延时，依据测距公式即可得到距离数据；还可以通过测量本地码与接收码在同一周期内的载波相位间隔（精同步），进一步提高传播延时的测量精度，从而获得更为精确的距离数据。

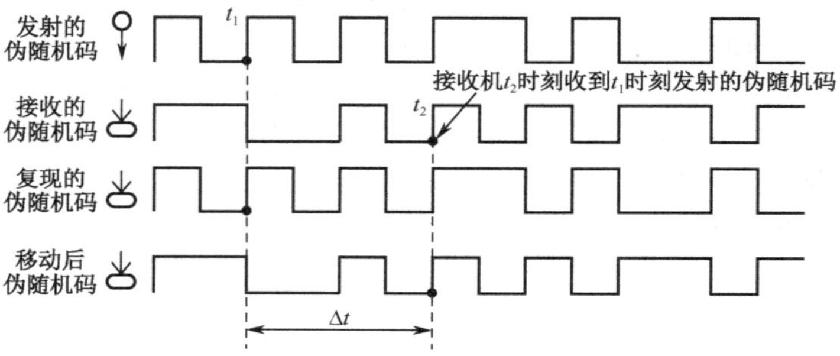

图 5.2.5　码相关测距的基本过程

典型单程码相关测距的发射信号可表示为：

$$e(t) = AD(t)G(t)\cos\omega_0 t \tag{5.2-9}$$

式中，A 为信号幅值；$D(t)$ 为调制数据，在单程测距时可用于传送测时基准信息；$G(t)$ 为伪随机码。

接收信号可表示为：

$$r(t) = AD(t-\tau)G(t-\tau)\cos[(\omega_0+\omega_d)(t-\tau)] + n(t) \tag{5.2-10}$$

式中，τ 为信号传播延时；$n(t)$为接收机的信道噪声；ω_d 为接收信号的多普勒频偏。为了实现 TOA 测量，需要精确测出本地码相对于接收码的延时 τ 。为此，接收机必须完成：①信号的相关输出；②噪声的滤除。

噪声的滤除原理与一般通信接收机的相同，都是依靠滤波器完成的。下面主要讨论信号相关输出步骤。

为达到减少带宽、运算简便等目的，数字基带信号一般采用复信号形式，设本地复现信号为：

$$L(t) = G(t)\mathrm{e}^{-\mathrm{j}[\omega_L t + \varphi_L]} \tag{5.2-11}$$

滤除噪声后，接收机相关器输出为：

$$R(\tau) = \frac{1}{T}\int_T AD(t-\tau)G(t-\tau)G(t)\mathrm{e}^{\mathrm{j}[(\omega_0+\omega_d)(t-\tau)+\varphi_0]}\mathrm{e}^{-\mathrm{j}[\omega_L t+\varphi_L]}\mathrm{d}t \tag{5.2-12}$$

式中，T 为相关累加的时间；ω_d 为多普勒角频偏；ω_L 本振角频率；φ_0 和 φ_L 分别为发射和接收信号的初始相位。

为保证相关时间内调制数据不变，通常相关时间取为伪随机码周期的整数倍且不超过调制数据时长，有：

$$R(\tau) = \frac{D(t-\tau)}{T}\int_T AG(t-\tau)G(t)\mathrm{e}^{\mathrm{j}[(\omega_0+\omega_d)(t-\tau)+\varphi_0]}\mathrm{e}^{-\mathrm{j}[\omega_L t+\varphi_L]}\mathrm{d}t \tag{5.2-13}$$

当且仅当满足下列条件：

① $|\tau| \to 0$，本地码锁定在接收伪码上；

② $\omega_L = \omega_0 + \omega_d$，本地载波频率锁定在接收载波频率上；

③ $\varphi_L = \varphi_0$，本地载波相位锁定在接收信号载波相位上。

综上所述，为了完成相关测距，必须保证本地码、载波频率、载波相位均锁定在接收信号的对应项上，其中，前两个条件是伪码同步的必要条件，第三个条件是数据解调即获取传送测时基准信息的必要条件。因为若只有本地码和接收码基本锁定，载波不锁定，因载波相位的不确定性，在积分时间内出现正负相抵的现象，就不可能出现相关峰，即有用信号能量的累积不足以抵消噪声的影响；而载波相位锁定的必要条件是本地码锁定和本地频率锁定，只有本地相位锁定后才能消除载波相位对数据的影响，完成数据的解调。

在码相关接收机的具体工程实现中，通常使用超前滞后环路（Delay Lock Loop，DLL）完成码相位的动态跟踪和锁定，锁频环（Frequency Lock Loop，FLL）或锁相环（Phase Lock Loop，PLL）完成载频的动态跟踪和锁定，这两类环路是实现伪码相关测距的关键。

2. 测距精度分析

码相关测距精度除受脉冲测距中分析的电波传播速度变化和因大气折射引起的误差因素影响外，同样也要受到噪声因素的影响，尤以接收机热噪声是主要误差因素。因此，码相关测距精度，是热噪声存在前提下的理论估计值。

码相关测距相当于进行了“相关时间长度”的脉冲测距，通过使接收码 $C_r(t)$ 与参考码（本地码）$C_{\mathrm{ref}}(t-\tau)$ 的相关值最大，可以得到基于码测量的延迟时间估计：

$$\tau = \max_{\tau}\int_0^T C_r(t)C_{\mathrm{ref}}(t-\tau)\mathrm{d}\tau \tag{5.2-14}$$

式中，[0,T]是信号观测区间。

可以证明式（5.2-14）估计误差的方差为：

$$\sigma_\tau^2 = \frac{N_0}{\int_0^T \left[C_r(t)\right]^2 \mathrm{d}t} \tag{5.2-15}$$

式（5.2-15）是与积分时间有关的表达式，可知 T 一定时，误差方差与噪声功率密度 N_0 成正比，与接收序列的平方积分成反比。式（5.2-15）可以写成等价的功率谱密度形式：

$$\sigma_\tau^2 \geqslant \frac{1}{2\pi^2 B^2 (C/N)} \tag{5.2-16}$$

式中，B 为接收机通道带宽（Hz）；C/N 为码序列与噪声单边功率谱密度的比值（dB/Hz）。

以典型的伪码测距系统 GPS 接收机为例，通过计算可以得到，当采用 C/A 码（码率为 1.023MHz）测距时，信号延时误差的标准差为：

$$\sigma_\tau = \frac{3.444\times10^{-4}}{\sqrt{(C/N)BT}} \tag{5.2-17}$$

式中，T 为信号观测时间。

从式（5.2-17）可以看出，C/A 码测距误差理论值与 C/N、信号观测时间 T 及码带宽 B 的平方根成反比。

例 5.2-1 在 GPS 接收机采用 C/A 码测距过程时，$C/N = 45\mathrm{dB/Hz}$，带宽 $B = 10\mathrm{MHz}$，若 $T = 1\mathrm{s}$，计算延时最大似然估计的标准差为多少？相应的测距误差是多少？

解：对应 $C/N = 45\mathrm{dB/Hz}$，可得：

$$C/N_0 = 10^{4.5} = 31623(\mathrm{Hz}^{-1})$$

代入式（5.2-17）可得：

$$\sigma_\tau = \frac{3.444\times10^{-4}}{\sqrt{(C/N)BT}} \approx \frac{3.444\times10^{-4}}{\sqrt{3.162\times10^{11}}} \approx 6.125\times10^{-10}(\mathrm{s})$$

$$\sigma_\tau \approx c\times\sigma_\tau(\mathrm{s}) \approx 18(\mathrm{cm})$$

5.2.3 频率式测距

1. 基本原理

（1）数理模型

对于频率测量系统而言，为了恢复频率信号，收发系统的频率必须是相干的，这就要求频率测量系统的收发信机必须采用同一个频率源，也就决定了频率测量系统只能采用无源反射式（或称一次雷达）的工作方式，即收发信机共处一处，其工作原理如图 5.2.6 所示。在航空导航中，频率式测距常被用于飞行器飞行高度的测量，其构成的频率测量系统称为无线电高度表。

通常频率测量系统所发射的信号是调频信号，一般来说，这类频率测量系统其调制信号可以是任意周期性的时间函数，如正弦型的、锯齿形的或三角形的等。鉴于正弦型调制较为普遍，且分析较为简单，故以此调制形式为例进行分析。

设发射信号为：

$$v = V_m \cos\left(\omega_0 t + \frac{\Delta\omega_m}{\Omega}\sin\Omega t\right) \tag{5.2-18}$$

式中，ω_0 为调频信号的中心角频率，简称角频率；$\Delta\omega_m$ 为单频调制信号引起的最大角频率偏移，$\Delta\omega_m = K_1 V_{m\Omega}$，其值与调制信号的幅值 $V_{m\Omega}$ 成正比；Ω 为单频调制信号的角频率；$\Delta\omega_m / \Omega$ 表示单频调制信号引起的最大瞬时角偏移量，其值与 $V_{m\Omega}$ 成正比，一般称为调频指数，单位为弧度（rad）。

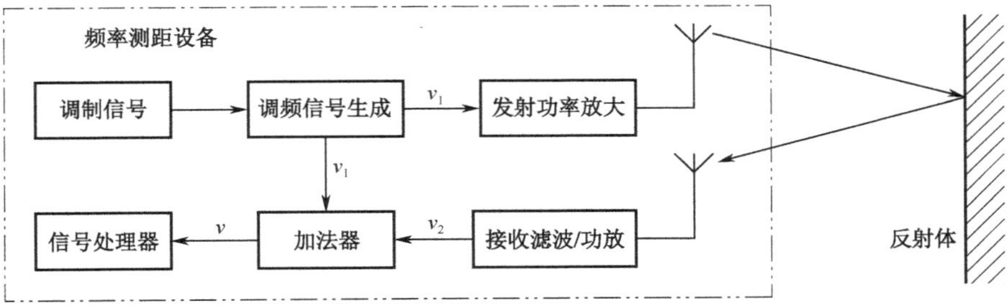

图 5.2.6　频率式测距工作原理

现把此调频波发射到测量目标（如地面），与此同时也把它送到测量系统的接收机作为直达信号，该直达信号写为下列形式：

$$v_1 = V_{1m} \cos\left(\omega_0 t + \frac{\Delta\omega_m}{\Omega}\sin\Omega t\right) \tag{5.2-19}$$

由目标反射回来的信号被接收机所接收，如在飞行高度 h 的测量中，由于它比直达信号滞后 $\tau_a = \frac{2h}{c}$ 的时间，故反射信号的表达式为：

$$v_2 = V_{2m} \cos\left[\omega_0 t - \omega_0 \tau_a + \frac{\Delta\omega_m}{\Omega}\sin\Omega(t-\tau_a)\right] \tag{5.2-20}$$

方便起见，令：

$$\varphi_1 = \frac{\Delta\omega_m}{\Omega}\sin\Omega t \tag{5.2-21}$$

$$\varphi_2 = \frac{\Delta\omega_m}{\Omega}\sin\Omega(t-\tau_a) - \omega_0\tau_a \tag{5.2-22}$$

此时，v_1、v_2 的表示式可分别写为：

$$v_1 = V_{1m}\cos(\omega_0 t + \varphi_1) \tag{5.2-23a}$$

$$v_2 = V_{2m}\cos(\omega_0 t + \varphi_2) \tag{5.2-23b}$$

直达信号 v_1 和反射信号 v_2 在接收机输入端线性叠加，形成合信号 v，其表达式为：

$$\begin{aligned} v &= v_1 + v_2 \\ &= V_{1m}\cos(\omega_0 t + \varphi_1) + V_{2m}\cos(\omega_0 t + \varphi_2) \\ &= V_m \cos(\omega_0 t + \varphi) \end{aligned} \tag{5.2-24}$$

式中，V_m 为合成信号的包络：

$$V_m = [V_{1m}^2 + V_{2m}^2 + 2V_{1m}V_{2m}\cos(\varphi_1 - \varphi_2)]^{\frac{1}{2}} \tag{5.2-25}$$

合成信号的相位 φ：

$$\varphi = \arctan\frac{V_{1m}\sin\varphi_1 + V_{2m}\sin\varphi_2}{V_{1m}\cos\varphi_1 + V_{2m}\cos\varphi_2} \tag{5.2-26}$$

可以看出，直达信号与反射信号线性叠加所形成的合成信号的包络 V_m 和相位 φ 均受到 φ_2 的控制，而 φ_2 受控于 τ_a，τ_a 是含有距离信息的物理量，也即在合成信号的包络及相位中皆隐含有所需要的距离信息。要从合成信号中取出距离信息，简便的方法就是把合成信号送至接收机的幅值检波器，利用幅值检波器的非线性变换，检测出相应于合成信号包络变化的波形，显然其中含有距离信息。基于这样的理由，下面重点分析合成信号的包络 V_m。

将式（5.2-25）包络的表达式改写为：

$$V_m = V_{1m}\sqrt{1 + \left(\frac{V_{2m}}{V_{1m}}\right)^2 + 2\left(\frac{V_{2m}}{V_{1m}}\right)\cos(\varphi_1 - \varphi_2)} \tag{5.2-27}$$

式中，V_{1m} 为直达信号的幅值；V_{2m} 为反射信号的幅值。通常，$V_{1m} \gg V_{2m}$ 的条件总是可以满足的，因此根式中 $(V_{2m} / V_{1m})^2$ 项可以忽略，即：

$$V_m \approx V_{1m}\left[1 + 2\frac{V_{2m}}{V_{1m}}\cos(\varphi_1 - \varphi_2)\right]^{\frac{1}{2}} \tag{5.2-28}$$

将上式用幂级数展开，V_m 便可以表示为：

$$V_m \approx V_{1m}\left[1 + \frac{V_{2m}}{V_{1m}}\cos(\varphi_1 - \varphi_2) - \frac{1}{4}\left(\frac{V_{2m}}{V_{1m}}\right)^2\cos^2(\varphi_1 - \varphi_2) + \cdots\right] \tag{5.2-29}$$

进一步将上式简化，忽略二次方以上各项，则 V_m 便可以表示为：

$$\begin{aligned} V_m &= V_{1m}\left[1 + \frac{V_{2m}}{V_{1m}}\cos(\varphi_1 - \varphi_2)\right] \\ &= V_{1m} + V_{2m}\cos(\varphi_1 - \varphi_2) \end{aligned} \tag{5.2-30}$$

将式（5.2-21）、式（5.2-22）中 φ_1、φ_2 的表示式代入式（5.2-30），并利用三角函数关系简化，则 V_m 的表示式可以写为：

$$\begin{aligned} V_m &= V_{1m} + V_{2m}\cos\left[\omega_0\tau_a + 2\frac{\Delta\omega_m}{\Omega}\sin\frac{\Omega\tau_a}{2}\cos\Omega\left(t - \frac{\tau_a}{2}\right)\right] \\ &= V_{1m} + V_{2m}\cos\left[\omega_0\tau_a + 2\frac{\Delta\omega_m}{\Omega}\sin\frac{\Omega\tau_a}{2}\cos\Omega t_1\right] \\ &= V_{1m} + V_{2m}\cos(\varphi_0 + \varphi_m\cos\Omega t_1) \end{aligned} \tag{5.2-31}$$

式中，$t_1 = t - \frac{\tau_a}{2}$，由于 τ_a 很小，所以：

$$\varphi_0 = \omega_0\tau_a = 2\pi f_0\frac{2r}{c} = \frac{4\pi}{\lambda_0}r \tag{5.2-32}$$

$$
\begin{aligned}
\varphi_{\mathrm{m}} &= 2\frac{\Delta\omega_{\mathrm{m}}}{\Omega}\sin\Omega\frac{\tau_{\mathrm{a}}}{2} \approx 2\frac{\Delta\omega_{\mathrm{m}}}{\Omega}\cdot\frac{\Omega\tau_{\mathrm{a}}}{2} \\
&= \Delta\omega_{\mathrm{m}}\tau_{\mathrm{a}} = 2\pi\Delta f_{\mathrm{m}}\cdot\frac{2r}{c} = \frac{4\pi r}{\lambda_0}\cdot\frac{\Delta f_{\mathrm{m}}}{f_0} \\
&= \frac{4\pi}{\lambda_0}\cdot\xi\cdot r
\end{aligned}
\tag{5.2-33}
$$

式中，λ_0是与调频信号中心频率相对应的波长，$f_0\lambda_0 = c$，$\xi = \Delta f_{\mathrm{m}} / f_0$为调频信号最大相对频率偏移（频偏）；$r$为所测距离。应该注意，$\varphi_0$、$\varphi_{\mathrm{m}}$都是距离$r$的函数。重新整理式（5.2-31），可以写成：

$$
\begin{aligned}
V_{\mathrm{m}} &= V_{1\mathrm{m}} + V_{2\mathrm{m}}\cos(\varphi_0 + \varphi_{\mathrm{m}}\cos\Omega t_1) \\
&= V_{1\mathrm{m}}\left[1 + \frac{V_{2\mathrm{m}}}{V_{1\mathrm{m}}}\cos(\varphi_0 + \varphi_{\mathrm{m}}\cos\Omega t_1)\right]
\end{aligned}
\tag{5.2-34}
$$

应该再次强调，V_{m}是直达调频信号与反射调频信号在接收机输入端线性叠加所形成的合成信号的包络（振幅），类似一调幅波振幅的形式。由于φ_0、φ_{m}都是距离r的函数，因此合成信号的振幅也是距离的函数。这一关系就为航空无线电高度表测量高度数据h奠定了理论基础。

将合成信号$v = V_{\mathrm{m}}\cos(\omega_0 t + \varphi)$送到接收机中的差拍检波器，并设检波系数$K_{\mathrm{d}} = 1$，则在检波器的输出端可以获得信号$e_2$为：

$$
\begin{aligned}
e_2 &= V_{2\mathrm{m}}\cos(\varphi_0 + \varphi_{\mathrm{m}}\cos\Omega t) \\
&= V_{2\mathrm{m}}\cos\left[\frac{4\pi h}{\lambda_0}(1 + \xi\cos\Omega t)\right]
\end{aligned}
\tag{5.2-35}
$$

据此，我们就建立了输出信号与高度之间的关系式，下面的问题就应是如何从此输出信号中提取高度信息。

（2）高度信息的提取

为了从接收机检波器的输出电压e_2中提取高度信息，首先应对e_2进行分析：

$$
e_2 = V_{2\mathrm{m}}\cos(\varphi_0 + \varphi_{\mathrm{m}}\cos\Omega t) \tag{5.2-36}
$$

显然，e_2的表示式类似调相波，φ_0类似于其基准相位，φ_{m}为最大相位偏移，且φ_0、φ_{m}皆受控于高度h。只是由于一般$\xi = \dfrac{\Delta f_m}{f_0} \ll 1$，$\varphi_{\mathrm{m}}$随高度$H$的变化比$\varphi_0$要小得多。

实际上，式（5.2-36）与典型调相波或典型调频波最大的差别，是它缺少了$\omega_0 t$项，即频率项，因此我们可以认为它是不含中心频率的调相波，或者从调制理论的观点出发，称为调角波。

从表达式的形式来看，e_2的相位中含有高度信息，似乎直接从相位中提取高度信息较为合适。但从实际工作情况来分析，从频率中提取高度信息比较恰当，且以脉冲计数方式，找出每一低频周期内的脉冲数目，建立起脉冲数目与高度之间的关系式更为方便。

为了把输出电压e_2变为脉冲形式，在无线电高度表中常将这一电压进行放大和双向限幅，并将信号送入过零检测电路，因此可以认为脉冲是此电压通过零值时产生的，显然脉冲产生和消失的数学条件是式（5.2-36）等于零，即：

$$\cos(\varphi_0+\varphi_{\mathrm{m}}\cos\Omega t)=0 \tag{5.2-37}$$

由式（5.2-37）可进一步导出条件：

$$\varphi(t)=\varphi_0+\varphi_{\mathrm{m}}\cos\Omega t=(2K_{\mathrm{t}}+1)\frac{\pi}{2} \tag{5.2-38}$$

式中，K_{t} 为正整数。

为了更形象地揭示测量高度的物理过程，现利用图解法对式（5.2-38）求解，图解的目的是建立脉冲数目 N_{t} 与高度 h 的关系式。在实际工作过程中，自然是先测出脉冲数目 N_{t}，再导出高度 h 的值。为了方便起见，先假定高度 h 为已知，反推脉冲数目 N_{t}，建立它们之间的关系式。现在用图解法分析一个具体实例，通过分析得出一些基本关系式，然后将所得结论推广应用到一般情况。

例 5.2-2 频率式测距的发射机向地面辐射单频调制的调频波，具体参数为：载波中心频率 $f_0=443\text{MHz}$（$\lambda_0=0.677\text{m}$），最大相对频偏 $\xi=0.05$，调制频率 $F=125\text{Hz}$，运行体飞行高度 h=22m，分析高度测量过程。

解：根据已知数据，可以求出：

$$\varphi_0=2\pi f_0\cdot\frac{2h}{c}=\frac{4\pi h}{\lambda_0}=\frac{4\pi\cdot 22}{0.677}=130\pi$$

$$\varphi_{\mathrm{m}}=\frac{4\pi h}{\lambda_0}\cdot\xi=\varphi_0\cdot 0.05=6.5\pi$$

$$T_{\mathrm{m}}=1/F=0.008\text{s}$$

图 5.2.7 绘出了用图解的方法获得式（5.2-37）的解，其横坐标表示时间 t，而纵坐标表示 $\varphi(t)$。在纵坐标上标出 $\pi/2$ 的奇数倍的各点，并通过这些点画出平行于横坐标的直线。除此之外，再画一条纵坐标等于 $\varphi_0=130\pi$，且平行于横坐标的线，并以这条线为基准，画出 $\varphi_{\mathrm{m}}\cos\Omega t$ 的曲线（$\varphi_{\mathrm{m}}=6.5\pi$，$\Omega=2\pi F=250\pi$）。曲线 $\varphi_{\mathrm{m}}\cos\Omega t$ 与通过 $\frac{\pi}{2}$ 奇数倍各点画出的平行于横坐标各条直线的交点，就是相应于满足式（5.2-38）的各点。

函数的第一个过零点可认为是开始产生脉冲，而第二个过零点则认为是脉冲结束，这样两个过零点就相当于一个脉冲。在图 5.2.7 中，相应地也画出了脉冲波形。图中点 1、3、5、7、9、11、13、16、18、20、22、24、26 相当于开始产生脉冲的瞬间，而点 2、4、6、8、10、12、14、15、17、19、21、23、25、27 相当于脉冲结束的瞬间。

点 13 和点 26 是临界点，即在这样的点上可能不会产生脉冲，但只要高度稍有变化，其中有些点上就会产生脉冲。事实上，由于 φ_{m} 随高度的变化比 φ_0 慢得多，所以为了确定与图中所示高度稍有不同的高度上的过零点数目，可以将曲线 $\varphi(t)=\varphi_0+\varphi_{\mathrm{m}}\cos\Omega t$ 平行于横坐标移动。高度增加时，向上移；高度降低时，向下移。这样，在高度增加很小时，在点 14 处就会出现一个新脉冲；而在高度稍有降低时，将在点 27 处失去一个脉冲。

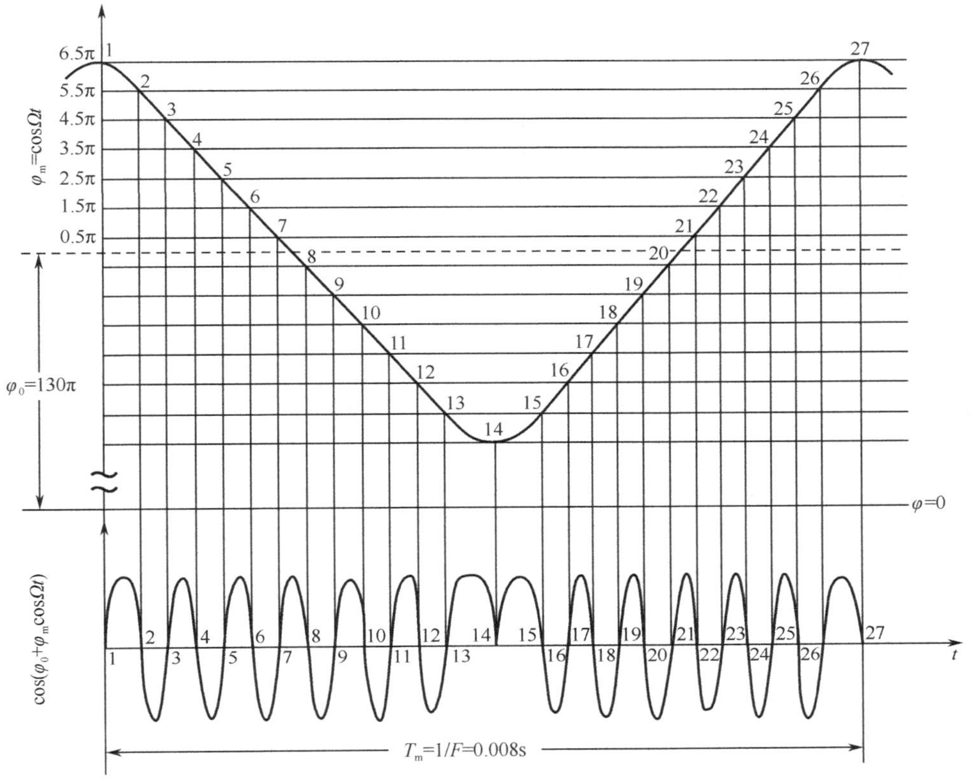

图 5.2.7　φ_0 与 φ_m 的解析图

从图 5.2.7 中还可以看出，若 φ_m 增大，则调制周期 T_m 时间内的脉冲数目增多，不难看出，产生的脉冲数目 N_t 与 φ_m 的关系可由下式确定：

$$N_t=\frac{2\varphi_m}{\pi} \tag{5.2-39}$$

不要忘记，我们的目的是建立脉冲数目 N_t 与高度 h 的关系式，为此，把式（5.2-33）代入式（5.2-39），得：

$$N_t=\frac{2\varphi_m}{\pi}=\frac{8\xi}{\lambda_0}h \tag{5.2-40}$$

应当强调，N_t 表示一个调制周期 T_m 时间内的脉冲数目。

若以 F_b 表示检波器输出调角波 e_2 的平均频率（或称差拍频率），F 表示低频调制频率，显然：

$$F_b=\frac{N_t}{T_m}=N_tF \tag{5.2-41}$$

从而：

$$h=\frac{\lambda_0}{8\xi F}F_b=\frac{\lambda_0 T_m}{8\xi}F_b \tag{5.2-42}$$

若将 $\xi = \Delta f_{\mathrm{m}} / f_0$ 的关系代入，则式（5.2-42）又可以写为另一种形式：

$$h = \frac{c}{8 \cdot \Delta f_{\mathrm{m}} \cdot F} F_{\mathrm{b}} \tag{5.2-43}$$

在实际工作中，c 和 Δf_{m} 皆可视为已知的常量，F 为系统设定参数，所以，只要能检测出 F_{b}，即可确定运行体的飞行高度 h，这也就是频率式测距方法的道理所在。

通常检测 F_{b} 是以脉冲计数的方式来实现的，因此 F_{b} 的读数不可能是连续的，这就导致高度 h 的读数也是阶梯式的，从而引入测高误差——阶梯误差。

2．测距精度分析

（1）临界距离与阶梯误差

从前面论述的频率测高原理，以及提取高度信息的分析可以看出，频率式测距是以计量脉冲数目来表示的，而脉冲数目最小可数单位是一个脉冲。因此频率式测距方法本身就不可避免地要引入阶梯误差，这是一种原理性的误差，问题是如何尽可能地降低这一误差。为此，需要研究误差的量度及其有关因素。

首先研究一下在一个低频调制周期 T_{m} 的时间内，在测量过程中若出现一个脉冲量的变化时，对飞行高度的测量将会引入多大的变化。设与高度 h_k 所对应的脉冲数目 N_k 为：

$$N_k = \left(\frac{2\varphi_{\mathrm{m}}}{\pi}\right) = \frac{8\xi}{\lambda_0} h_k \tag{5.2-44}$$

$k+1$ 个脉冲所对应的距离为：

$$N_{k+1} = \left(\frac{2\varphi_{\mathrm{m}}}{\pi}\right) = \frac{8\xi}{\lambda_0} h_{k+1} \tag{5.2-45}$$

根据给定条件：

$$N_{k+1} - N_k = 1 \tag{5.2-46}$$

从而得出：

$$h_{k+1} - h_k = \frac{\lambda_0}{8\xi} = h_{\mathrm{c\tau}} \tag{5.2-47}$$

将 $\lambda_0 = \dfrac{c}{f_0}$，$\xi = \Delta f_{\mathrm{m}} / f_0$ 代入，则有：

$$h_{\mathrm{c\tau}} = \frac{c}{8\Delta f_{\mathrm{m}}} \tag{5.2-48}$$

式中，$h_{\mathrm{c\tau}}$ 为调制周期 T_{m} 时间内，脉冲数目变化 1 时相应的高度变化，也即 1 个脉冲所对应的距离，称为临界距离。由此可知，若飞行器处在一定高度上，飞行器向上或向下高度的变化不超过 $\pm h_{\mathrm{c\tau}}$ 时，高度表是不显示的，所以无线电高度表所采用的测量高度的方法，就决定了高度的显示是阶梯式的，由此引入的测量误差称为阶梯误差，其值为 $\pm h_{\mathrm{c\tau}}$。

（2）最小与最大可测高度

① 最小可测高度。

频率式测距的最小可测高度同样为测距设备能够给出的最小有效高度测量值。对无线电高度表而言，能够给出的最小有效高度测量值是 $h_{c\tau}$，因此，最小可测高度为：

$$h_{\min}=h_{c\tau} \tag{5.2-49}$$

② 最大可测高度。

频率式测距的最大可测高度为最大单值可测高度。调频式高度表最大可测高度问题，需要研究式（5.2-36）：

$$e_2=V_{2m}\cos[\varphi_0+\varphi_m\cos\Omega t] \tag{5.2-50}$$

式中，φ_m 的表示式应为：

$$\varphi_m=2\frac{\Delta\omega_m}{\Omega}\sin\frac{\Omega\tau_a}{2}$$

在实际工作中，$\Omega\tau_a/2$ 很小，因此认为 $\sin\frac{\Omega\tau_a}{2}\approx\frac{\Omega\tau_a}{2}$。由于现在讨论的是最大可测高度问题，$h$ 很大，因此 τ_a 也很大，$\Omega\tau_a/2$ 也随之增大，所以就不能用正弦的幅角来代替正弦值了，而必须以 $\varphi_m=2\frac{\Delta\omega_m}{\Omega}\sin\frac{\Omega\tau_a}{2}$ 来研究问题。φ_m 的大小可以通过差拍频率计数得到，高度 h 越大，时间延迟 τ_a 越大，φ_m 也越大。但 φ_m 并非是随时间延迟 τ_a 或高度 h 单调递增的，它视调频信号情况而定。在前面的讨论中，调频信号是以角频率 Ω 变化的正弦信号，在这种情况下，φ_m 是以角频率 $\Omega\tau_a$ 周期变化的，其最大值为 $\sin\frac{\Omega\tau_a}{2}=1$ 的情况时出现，此时 $\frac{\Omega\tau_a}{2}=\frac{\pi}{2}$，$\tau_a=\frac{\pi}{\Omega}=\frac{T_m}{2}=\frac{2h}{c}$，所对应的高度即为最大可测高度 $h_{\max}=\frac{T_m c}{4}$。如果 φ_m 在调制周期内是单调递增的，则最大时间延迟 $\tau_a=T_m=\frac{2h}{c}$，故：

$$h_{\max}=\frac{c}{2F}=\frac{T_m c}{2} \tag{5.2-51}$$

一般来说，最大可测高度是一个很大的数值，如当采用调制频率 $F=150\text{Hz}$ 时，$h_{\max}$ 可达到 1000km。

实际上，式（5.2-51）只是说明应用这种测量方法原理上可能达到的最大高度，并未考虑实际中的困难及解决困难的措施。实际可允许的最大高度，受限于距离增加时所产生的误差，也取决于实际存在的技术难题。例如，无线电高度表的频率稳定性、最大频率偏移的稳定性和接收机的信噪比等。因此，可得输出信号 e_2 的平均差拍频率 F_b 为：

$$F_b=\frac{h}{h_{c\tau}}F \tag{5.2-52}$$

可见，平均差拍频率与飞行高度成正比。例如，飞行器的飞行高度由 10m 变化到 10000m 时，平均差拍频率变化了 1000 倍。这样，接收系统必须采用宽带放大器。如此等等，都限制了实际可允许的最大高度的提高。一般取 $(h_{\max})_{实际}\leqslant(0.05\sim0.1)(h_{\max})_{理论}$。

总之，频率式测距方法引入的误差——阶梯误差的降低以及测量距离范围的扩展，都是受很多因素制约的，这就迫使我们对它进行改进，或者寻求新的技术途径。

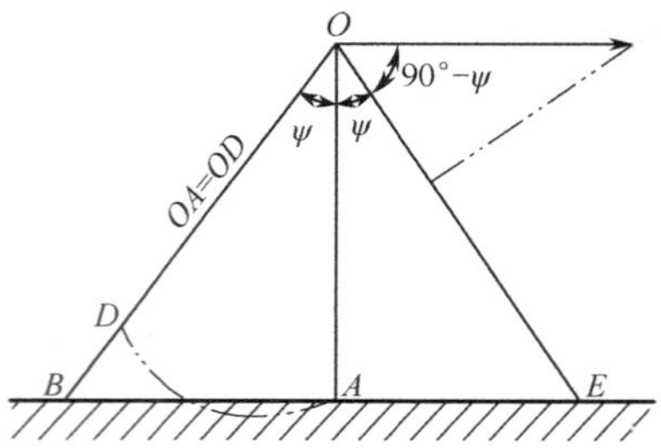

图 5.2.8　天线方向性图间之张角

（3）频率式测距的准确度

尽管为了降低调频式无线电高度表的误差提出了各种各样的改进方案，但由于散射基元引入的误差却是它们共同存在的误差。调频的频率式测高度系统中，最基本的关系式是接收机的中频频偏与高度成正比，即 $\Delta f_i = K_R h$ ，若将地面看作很多间断的散射基元的随机组合，天线的方向性图两个半功率点之间的张角为 2ψ ，如图 5.2.8 所示。不难想象，频率式测高度系统的接收机，既可以接收从 A 点来的反射信号，也可以接收从 B 点和从 E 点来的反射信号，显然，这时频率偏移的可能变化范围是：

$$\delta(\Delta f_i) = K_R h \frac{BD}{OA} = K_R h \frac{2\sin^2\frac{\psi}{2}}{\cos\psi} = K_R h f(\psi) \tag{5.2-53}$$

仍如前述，假如单次测量频率偏移的误差 σ 等于频率偏移可能变化范围的一半，即 $\sigma = \delta(\Delta f_i)/2$ ，那么，为了降低测量误差，应在一定时间间隔内进行多次测量。N_t 次测量的均方误差 σ_P 与单次测量均方误差 σ 之间的关系为：

$$\sigma_P = \frac{\sigma}{\sqrt{N_t}} \tag{5.2-54}$$

若以 T 表示测量时间（或理解为显示系统的时间常数），τ_f 表示频率偏移瞬时值的相关时间，则有 $\tau_f = K_R / \delta(\Delta f_i)$ ， $N_t = T/\tau_f$ ，此时

$$\sigma_P = \frac{\sigma}{\sqrt{T/\tau_f}} = \frac{\delta(\Delta f_i)/2}{\sqrt{T/K_R/\delta(\Delta f_i)}} = \sqrt{\frac{K_R}{4}} \cdot \sqrt{\frac{\delta(\Delta f_i)}{T}} = \sqrt{\frac{K_R}{4} \cdot \frac{K_R h f(\psi)}{T}} \tag{5.2-55}$$

σ_P 便是由于散射基元的随机分布而引入的测频均方误差。不言而喻，测量频率的相对误差就等于测量高度的相对误差，即：

$$\frac{\sigma_P}{\Delta f_i} = \Delta h_1 / h = \sqrt{\frac{K_R}{4}} \cdot \sqrt{\frac{K_R h f(\psi)}{T}} \cdot \frac{1}{K_R h} = \sqrt{\frac{K_R}{2}} \cdot \frac{\sin\frac{\psi}{2}}{\sqrt{K_R h T \cos\psi}} \tag{5.2-56}$$

式（5.2-56）是运行体相应于频率式测高度系统静止时的情况。当运行体以高速运动时，将会出现由于存在多普勒效应而引入的误差。此时，多普勒效应的作用是将使反射信号的频谱展宽 $\Delta f_{\rm d}$ ，但其结构形式基本上没有变化。由图 5.2.8 可以看出，此时：

$$\Delta f_{\rm d} = \frac{2v}{\lambda_0} \cos(90° - \psi) \tag{5.2-57}$$

因此，考虑到多普勒效应时，总的相对误差应为：

$$\frac{\Delta h_2}{h} = \frac{\Delta h_1}{h} \sqrt{1 + \frac{\Delta f_{\rm d}}{\delta(\Delta f_i)}} = \sqrt{1 + \frac{v}{2\lambda_0 K_R h} \cdot \frac{\sin 2\psi}{\sin^2\frac{\psi}{2}}} \tag{5.2-58}$$

5.3　无线电导航测距差

无线电导航测距差也是常用的导航测距方法，同样是基于时间到达理论实现距离差的测量，它主要有脉冲式测距差、相位式测距差、脉冲/相位式测距差和多普勒积分测距差。需要强调的是，距离差测量方法的误差影响因素与相应测距方法中的误差影响因素相同，不再赘述。

5.3.1　脉冲式测距差

脉冲式测距差本质上是利用射频脉冲信号包络从一点到达另一点的传播时间延迟特性，所以有时称为测时差，其测量原理如图 5.3.1 所示。

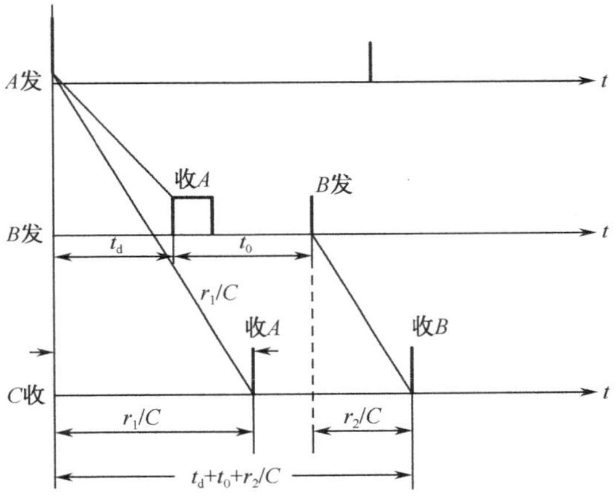

图 5.3.1　脉冲测距差原理

① 地面上有两个已知位置如 A、B 点，各有一个重复频率（脉冲重复频率）稳定且同步发射脉冲信号的导航台，其中 A 为主台，B 为副台，它们之间的基线长度 D 已知。

② 发射信号时，副台 B 必须和主台 A 严格保持同步，其同步方法是：A 发射射频脉冲，经基线长 D 传到副台 B（路径延时 $t_d = D/c$），副台 B 收到主台 A 信号后再延时一个确知时间 t_0 后发出副台脉冲，因此在 A、B 两台发射信号的覆盖区内任何一点 C（除基线延长线上外），接收来自 A、B 台的脉冲信号，并求其时差便可测得该点到 A、B 点的距差值。

③ 距差计算：C 点到 A、B 两台信号时差为：

$$\Delta t = \left(t_d + t_0 + \frac{r_2}{c}\right) - \frac{r_1}{c} = t_d + t_0 + \frac{r_2 - r_1}{c} = t_d + t_0 + \frac{\Delta R}{c} \qquad (5.3\text{-}1)$$

式中，$t_d + t_0$ 是为了建立两台同步引入的附加延时。可见，只要测出时差 Δt 便可求得距差 ΔR。

由式（5.3-1），当 $r_1 = r_2$ 时，如图 5.3.2（a）所示，即观测点在基线中垂线上时：

$$\Delta t = t_d + t_0 \to \Delta R = 0$$

当观测点在基线上时，若在 A 点上，如图 5.3.2（b）所示，则：

$$\Delta t = 2t_d + t_0 \to \Delta R = D \qquad (5.3\text{-}2)$$

即距差等于基线长。

若在 B 点上，如图 5.3.2（c）所示，则 $\Delta t = t_0 \to \Delta R = -D$，距差等于基线长（反向）；若观测点在基线延长线上（即 A、B 点以外），则无双曲线，不予讨论。由此可见，这种双曲线时差 Δt 的最大变化范围为 $t_0 \sim 2t_d + t_0$，且为单值。

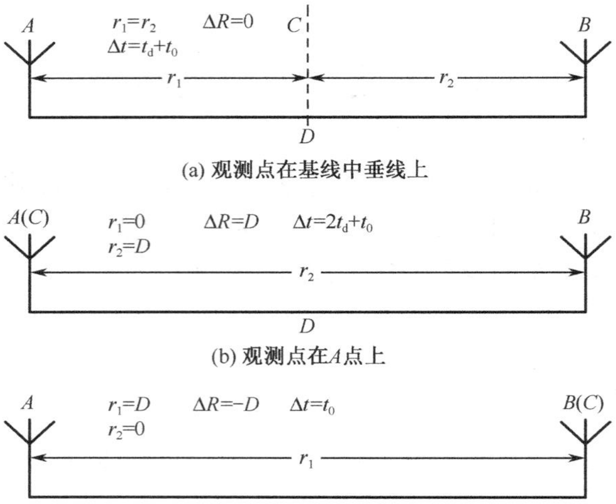

(a) 观测点在基线中垂线上

(b) 观测点在A点上

(c) 观测点在B点上

图 5.3.2　C 点与 A、B 台的位置关系

5.3.2　相位式测距差

前面已经提到，一个正弦型信号 $e(t)=A\sin(\omega_0 t+\varphi_0)$，其瞬时相位为 $\omega_0 t+\varphi_0$，因相位是相对的，初相 $\varphi_0=0$ 时，则瞬时相位为 $\omega_0 t_0$。若该信号经距离 r 传播到某一点，则其瞬时相位就延迟了 $\Delta\varphi=\omega_0\dfrac{r}{c}=2\pi\dfrac{r}{\lambda}$。若在某一观测点测得来自两个不同点发射信号的相位差（它们的相位要同步），则可以测得观测点到两发射点的距离差。可见，相位式测距差同样需要两个发射台组成台对，且台对中两台信号同样要有同步措施。

在相位式测距差系统中，A 台与 B 台组成一个台对，A 台为主台，B 台为副台，D 为 B 台和 A 台间的距离（即基线长），C 为观测点（或接收点）。观测点 C 到 A、B 台的距离分别为 r_1、r_2，对应传播延时分别为 r_1/c、r_2/c。当 A 台信号传到 B 台瞬间，其相位滞后了 $\omega_0\dfrac{D}{c}$，通常 B 台收到 A 台信号后还要再延迟一个人为确定时间 t_0 后才发射信号，则 B 台发射时的瞬时相位为 $\varphi_{B0}=\omega_0 t_0+\omega_0\dfrac{D}{c}$。所以在 C 点收到 A、B 台信号的相位差 $\Delta\varphi_{AB}$ 为：

$$\Delta\varphi_{AB}=\omega_0\left(t-\frac{r_1}{c}\right)-\omega_0\left(t-\frac{D+r_2}{c}-t_0\right)=\varphi_{B0}+\omega_0\frac{\Delta R}{c} \tag{5.3-3}$$

当台对建好后，φ_{B0} 是已知量，就有：

$$\Delta R=\frac{\lambda}{2\pi}(\Delta\varphi_{AB}-\varphi_{B0})=\frac{\Delta\varphi}{2\pi}\lambda \tag{5.3-4}$$

式中，$\Delta\varphi=\Delta\varphi_{AB}-\varphi_{B0}$；$\lambda$ 为波长。可见，只要测得 $\Delta\varphi_{AB}$ 便可求得距离差 ΔR。

由式（5.3-4）可见，当 $\Delta\varphi<2\pi$ 时，距差是单值的；当 $\Delta\varphi\geqslant 2\pi$ 时，由于相位值具有以 2π 为周期的周期性，所以将出现多值，这是相位式测距差中必须解决的问题，即巷识别问题。

在相位式测距差中，通常把相位差相差 2π 的两条双曲线之间的间隔称为一个巷宽（简称巷）。可以证明，在基线 D 上巷宽 $W=\lambda/2$，即基线上巷宽等于半个波长。由此可见，波长越长（或 f 越低）巷宽越宽，波长越短巷宽越窄。巷宽越宽越容易识别。

总之，相位式测距差要解决下述四个问题：

① 台对间两台相位同步问题（可用主/副同步，也可用时分工作）；

② 台识别问题；

③ 巷识别问题（粗测消除多值性）；

④ 相位差测量问题（精测）。

5.3.3　脉冲/相位式测距差

脉冲式测距差精度不高，但具有单值性优点（或无多值性），而相位式测距差虽然精度高，但存在多值性。将两者恰当结合，取长补短则构成了脉冲/相位式测距差，它实际上是利用了发射脉冲的包络特性进行距差粗测（类似巷识别），又利用了发射脉冲的载频相位特性进行距差精测，从而实现了既精度高又单值的测距差目的。显然这种测距差原理和前面介绍的脉冲式、相位式一样需要两个台（即台对）建立一簇双曲线位置线，台间脉冲包络和载频相位均要有严格的同步关系，在此前提下，其测距差原理实际上是脉冲式和相位式原理的结合。

5.3.4　多普勒积分测距差

美国研制的第一代卫星导航定位系统“子午仪系统”，其定位原理基于多普勒积分测距差方法。子午仪系统的导航卫星是在特定轨道上运行的，卫星在轨道上运行时其实时位置是可精确计算的（见图 5.3.3）。

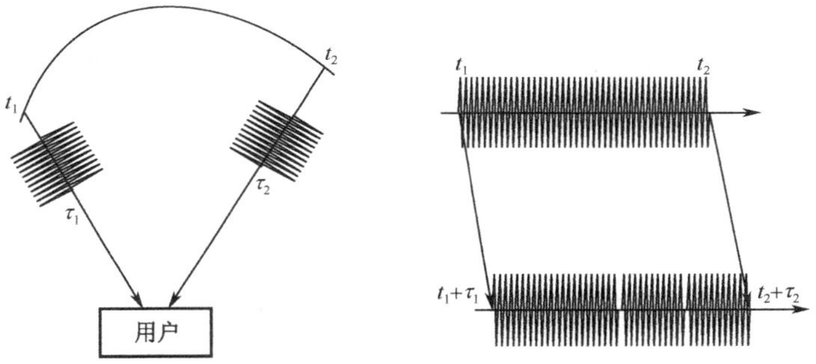

图 5.3.3　多普勒频率积分测量示意图

时间 t_1 、 t_2 是与系统时间同步的，且在卫星发射信号中标明了 t_1 、 t_2 时刻的标记。卫星发射的信号频率 f_t 是非常稳定且准确的。卫星在 t_1 时刻位置 P_1 发射的信号经过 r_1 距离传播到用户接收机，在 t_2 时刻位置 P_2 发射的信号经 r_2 距离传播到用户接收机。用户接收频率 f_r 是变化的，这是由于多普勒效应的结果。令其多普勒频率 $f_d = f_r - f_t$ ，则用户在 $t_1+\tau_1$ 与 $t_2+\tau_2$ 期间的总多普勒计数（或积分）为：

$$\begin{aligned} N &= \int_{t_1+\tau_1}^{t_2+\tau_2} f_d(t)\mathrm{d}t = \int_{t_1+\tau_1}^{t_2+\tau_2} [f_r(t) - f_t]\mathrm{d}t \\ &= \int_{t_1+\tau_1}^{t_2+\tau_2} f_r(t)\mathrm{d}t - f_t \cdot (t_2 - t_1) - f_t \cdot (\tau_2 - \tau_1) \end{aligned} \tag{5.3-5}$$

因为发射信号总周期数等于接收信号总周期数，所以可代入：

$$\int_{t_1+\tau_1}^{t_2+\tau_2} f_r(t)\mathrm{d}t = f_t \cdot (t_2 - t_1) \tag{5.3-6}$$

则有：

$$N = -f_{\mathrm{t}}(\tau_2 - \tau_1) \tag{5.3-7}$$

式中，f_{t}为卫星发射信号频率。从式（5.3-7）中可见，多普勒积分值与时差$(\tau_2 - \tau_1)$或距差$(r_2 - r_1)$有关，因为f_{t}为已知值，通过多普勒计数（或积分）则可获得卫星在P_2与P_1处到用户的距离差。式中的负号表明多普勒积分值本身是有正负的，若$r_2 > r_1$则为负值，若$r_1 > r_2$则为正值。

5.4 光学导航测距

光学测距方法大致可分为主动式测距（发射人造光源照射目标物体，通过检测和分析反射回来的光的特征来计算目标的距离）和被动式测距（通过对目标物体的成像处理得到目标距离）两大类。

采用主动测距的技术主要有激光测距、红外光测距等，除了媒介不同，数学原理基本相同。激光测距仪分为手持式激光测距仪和望远镜激光测距仪，手持式激光测距仪的测量距离为 200m 左右，望远镜激光测距仪的测量距离一般为 600～3000m。由于红外线在穿透其他物质时折射率很小，所以红外测距仪适用于长距离测距，一般为 1～5km。

采用被动测距的技术主要有：基于图像处理的测距、基于角度测量的几何测距，以及基于目标物体辐射和大气传输特征衰减的测距。

5.4.1 主动式测距

常用的主动式测距有激光相位法、激光脉冲法、激光三角法和激光干涉法等。这几类方法与无线电测距的对应方法类似，不再一一详述。

1. 脉冲激光测距原理

脉冲激光测距是通过测量发射激光光束在空气中传播的往返时间来实现测距的。由激光发射到接收所需的时间 t 来确定激光器与被测目标之间的距离 L，即：

$$L = \frac{ct}{2} \tag{5.4-1}$$

脉冲激光测距因为是对脉冲激光光束在被测物体与接收探测范围之间所经历时间的测量，所以其无多值性，比较适用于较远量程的距离测量，特别是在天体测量方面应用较广。脉冲激光测距性能由激光折射率变化和计时 t 测量误差决定。

2. 激光相位法测距原理

激光相位法测距是指根据发射激光光束和被测目标反射光之间光强的相位差所包含的距离信息，来获得被测目标物体间位移。实际中，可以通过测量计算载波调制频率的相位差，达到测量与被测物体之间位移的目的，该方法比较适用于中远距离的测量。

设 f 为调制频率，调制光的角频率 $\omega = 2\pi f$。若调制后的辐射信号由目标反射后返回接收机，它所产生的相位为 φ，则辐射信号由发射到返回的时间 t 为：

$$t = \frac{\varphi}{\omega} = \frac{\varphi}{2\pi f} \tag{5.4-2}$$

代入式（5.4-1）可得：

$$L = \frac{1}{4\pi}\frac{c\varphi}{f} \tag{5.4-3}$$

由式（5.4-3）可知，激光相位法测距性能由激光折射率变化、相位 φ 和调制频率 f 的测量误差等因素决定。激光折射率变化属于不可控因素，而调制频率 f 的误差可以根据实验测量环境背景下的环境参数（空气压强、湿度和温度等）来降低和补偿；相位 φ 测量误差则由信号处理电路的功能所决定。因此，实现高精度测量的关键在于激光测距系统的硬件电路科学合理的设计。

5.4.2　被动式测距

人类用双眼观察现实世界中的某一目标，双眼对同一目标的观察所具有的差异就是视差，这种视差反映了目标物的深度信息，也即具有距离测量的能力。据此，利用两台相机代替双眼，从不同的方向对同一目标物进行拍摄，得到两幅二维图像，由目标点在两幅图像中所成像的差异（即视差）即可求出相机到目标点的深度距离。

图 5.4.1 为双目立体视觉测距原理示意图。左右两个 CCD（Charge Coupled Device，CCD）相机光学中心相距 b，光轴平行，具有相同的焦距 f，Q 是待测距物点，到相机的垂直距离为 R，在左右相机上形成的像点分别是 Q_1 和 Q_2。利用相似三角形性质可得：

$$\begin{cases} \dfrac{R}{p} = \dfrac{R+f}{p+x_2} \\ \dfrac{R}{p+b} = \dfrac{R+f}{p+b+x_1} \end{cases} \tag{5.4-4}$$

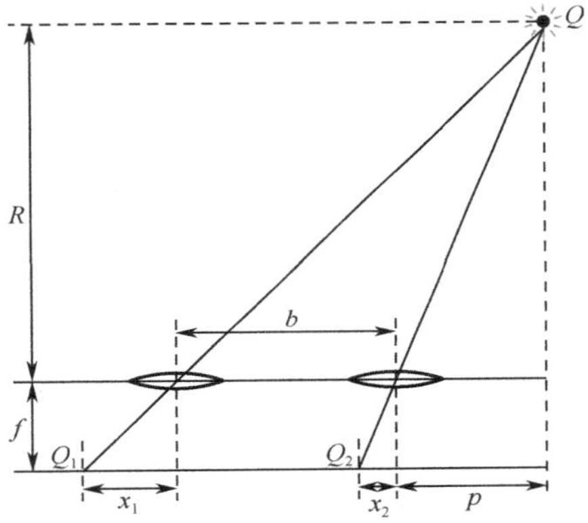

图 5.4.1　视差测距原理图

由式（5.4-4），到 Q 点的距离 R 为：

$$R = \frac{b \cdot f}{x_1 - x_2} \tag{5.4-5}$$

式中，$x_1 - x_2$ 是 Q 点在左右两幅图像上像点位置差（又称为视差），可以通过图像配准方法在两个像面上找出对应点而得到。

由式（5.4-5）可知，在两台相机平行放置的情况下，如果确定了有效焦距 f、中心距 b 和视差，那么就可以求出深度距离 R。

影响被动式测距精度的主要因素有图像配准误差（即 $x_1 - x_2$ 误差）和光学传感器误差（主要包括水平光轴和垂直光轴不平行产生的误差、焦距 f 或视场角误差、基线距离误差），后者是系统误差，可以通过校正给予补偿。

5.5　气 压 测 高

高度信息是飞行器测控系统的关键参数之一，高度信息的准确与否对飞行器能否安全飞行起着至关重要的作用。在重力场中，大气压强与高度呈一定规律变化，即大气压强随着高度的增加而减小，气压高度表正是利用这一原理，通过压力感应器测量出大气压强，根据气压与高度的关系，间接计算出高度。

5.5.1 气压高度

确定航空器在空间的垂直位置需要两个要素：测量基准面和自该基准面至航空器的垂直距离。气压高度的测量通常采用以下三种气压面作为基准面。

① 标准大气压（QNE），是指在标准大气条件下海平面的气压，其值为 101.325kPa（或 760mmHg 或 29.92inHg）。

② 修正海平面气压（QNH），是指将观测到的场面气压按照标准大气压条件修正到平均海平面的气压。

③ 场面气压（QFE），是指航空器着陆区域最高点的气压。

航空器在飞行中，根据对应的不同测量基准面，在同一垂直位置上会有不同的气压高度概念，如图 5.5.1 所示。

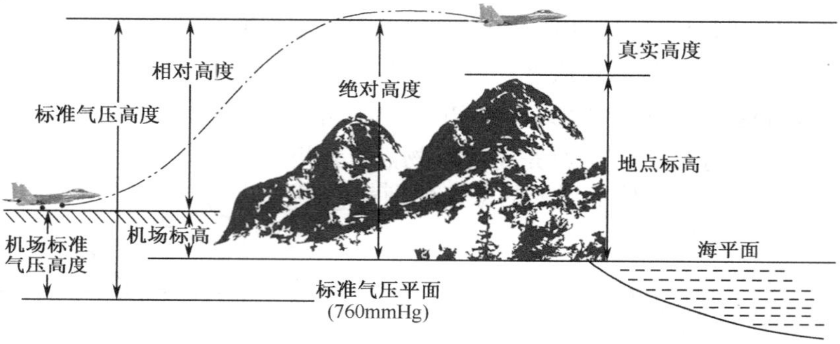

图 5.5.1 气压高度概念示意图

① 标准气压高度，是指以标准大气压，其值为 101.325kPa 修正高度表压力值，上升至某一点的垂直距离。飞机在加入航线飞行时可利用标准气压高度；在场面气压低的机场，无法用气压式高度表测量，相对高度进行起飞降落时，也可利用标准气压高度。

② 修正海平面气压高度（修正海压高度、海压高度或海高），是指以海平面气压调整高度表数值为零，上升至某一点的垂直距离。

③ 场压高度（场高），是指以着陆区域最高点气压调整高度表数值为零，上升至某一点的垂直距离，是相对高度的一种。

由图 5.5.1 可以看出：飞机在平飞时，相对高度、绝对高度都不发生改变，但是随着飞机正下方地标的高低变化，飞机的真实高度会随之而变。同样，标准气压高度也会随着标准气压平面而变化，而标准气压平面会随着大气压力而变化。当标准气压平面与海平面相重合时，标准气压高度即为绝对高度。

把绝对高度与相对高度的基准面之间的垂直距离作为机场标高，可用如下公式表示：

$$H_{\text{绝对高度}} = H_{\text{相对高度}} + H_{\text{机场标高}} \qquad (5.5\text{-}1)$$

式中，若机场高于海平面，机场标高为正；若机场低于海平面，机场标高为负。

机场标准气压高度是指相对高度的基准面与机场标准气压高度基准面之间的差值，可用下式表示它们的关系：

$$H_{\text{机场标准气压高度}} = H_{\text{标准气压高度}} - H_{\text{相对高度}} \tag{5.5-2}$$

地点标高是绝对高度的基准面与真实高度基准面间的差值，用下式表示它们之间的关系：

$$H_{\text{地点标高}} = H_{\text{绝对高度}} - H_{\text{真实高度}} \tag{5.5-3}$$

由以上式子，在已知地点标高、机场标准气压高度和机场标高的情况下，由仪表的指示即可推算出所要知道的另一种高度。

气压式高度表可以测量飞机飞行时的相对高度、绝对高度和标准气压高度，而真实高度需用无线电高度表进行测量（见 5.2.3 节）。

气压为单位面积上所承受的空气柱重力。由此可知，高度升高，空气柱变短，单位面积上所承受的重力必然减小，气压便减小。气压随高度升高而减小的规律为：

$$P_H = P_0 - \gamma H \tag{5.5-4}$$

式中，H 为所选高度；P_H 为 H 高度处气压；P_0 为 $H = 0$（地面）气压；γ 为气压梯度即气压随高度增加而减少的变化率。由于 γ 随高度增加而减小，故 P_H 随 H 增加而减小得更快，呈非线性函数关系。

5.5.2　气压高度表模型

大气压强与高度的变化关系受很多因素的影响，如大气温度、纬度、季节等都会导致变化关系发生改变。因此，国际上统一采用了一种假想大气“国际标准大气”，国际标准大气满足理想气体方程，并以平均海平面作为零高度。国际标准大气的主要参数有：海平面大气压力 $p_0 = 101.325\times10^3\,\text{Pa}$；海平面重力加速度 $g_0 = 9.80665\,\text{m/s}^2$；海平面温度 $T_0 = 288.15\,\text{K}$；温度梯度 $L = -6.5\,\text{K/km}$（1～11km）；分子摩尔质量 $m = 28.9644\,\text{g/mol}$；宇宙气体常数 $R = 8.31432\,\text{J/K/mol}$ 等。

在 0～20 000m 之间有 2 个高度层，即对流层和同温层。对流层的下界海拔为 0m，同温层的下界海拔为 11 000m。可建立对流层的标准气压高度近似式，即当 $0 \leqslant H \leqslant 11\,000\text{m}$ 时：

$$H = 44330.8\times\left[1-\left(\frac{p}{101.325}\right)^{0.19026}\right] \tag{5.5-5}$$

具体来说，当气压高度在 0～4000m 的范围内，且误差小于或等于 5m 时，解算出飞机所处的实际海平面高度。根据式（5.5-5），可得出大气压力与海平面高度的关系曲线，如图 5.5.2 所示。

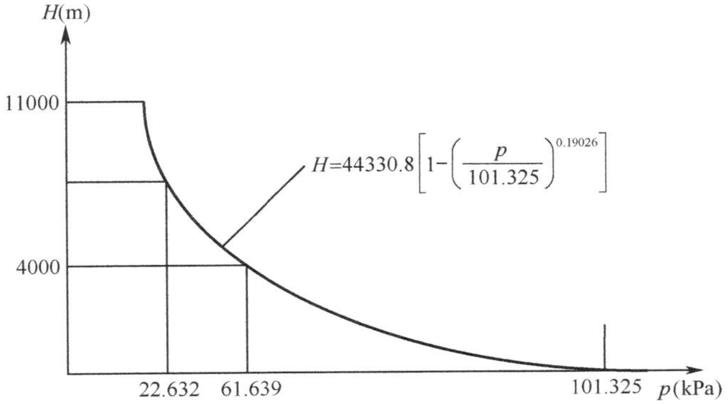

图 5.5.2　大气压力与海平面高度的关系曲线

5.5.3 气压高度表误差补偿

式（5.5-5）表达的标准气压高度公式，是在假设空气为理想标准大气条件下得到的。如果测量地点的实际大气状况不符合标准大气，便不能正确反映所在地的绝对高度、相对高度或真实高度，存在“原理误差”。原理误差主要是由当地海平面实际大气参数（大气压力、温度、温度梯度）与标准海平面的大气参数（大气压力、温度、温度梯度）不相同时产生的。

因此，要想用式（5.5-5）计算高度，就必须进行误差修正。当海平面大气压力、温度、温度梯度的变化较小时，它们产生的原理误差可由标准气压高度公式的增量方程求得。经过求偏导数，增量方程表示为：

$$\Delta H=\frac{\partial H}{\partial p_0}\Delta p_0+\frac{\partial H}{\partial T_0}\Delta T_0+\frac{\partial H}{\partial L}\Delta L \tag{5.5-6}$$

① 修正由海平面大气压力改变引起的高度误差 ΔH_{p0}；

② 修正由海平面大气温度改变引起的高度误差 ΔH_{T0}；

③ 温度梯度的变化引起的误差原则上可以分析，但实际上即使粗略地了解 L 的真实变化也是困难的，其定量计算几乎是不可能的。

可以证明，气压高度表所要修正的原理误差为大气压力变化引起的高度误差 ΔH_{p0} 与大气温度变化引起的高度误差 ΔH_{T0} 之和，忽略了由温度梯度变化引起的高度误差。

5.6 小　结

通过前面的介绍我们了解到，建立在牛顿力学、洛仑兹－麦克斯韦方程组及香农信息论等经典理论基础上的导航测距理论，都是通过重复地向空间发射电磁波脉冲并且检测它们到达预定地点的时间及返回信号的时间延迟来实现定位的（TOA 原理）。这种方法的局限性在于其准确性会因发射信号功率和带宽的互斥性而受到一定程度的影响，有着不可逾越的理论极限，限制了性能进一步提高的可能性。

因此，导航测距理论的进一步发展必须有新的思路和方法，于是基于量子力学理论和量子信息论的量子定位、量子时钟同步技术便成了新一代导航测距理论与技术的理论基础。

量子力学架构下的导航测距系统，测量一个光脉冲传播时的精度取决于其频谱（脉冲的带宽）和功率（每个脉冲所含的光子数）。若发送 M 组具有频率纠缠特性的脉冲，与以相同带宽条件下的非频率纠缠情况相比，通过测量这 M 组脉冲的到达时间之间的相关性，理论上 TOA 测量精度可提高 $\sqrt{M}$ 倍，如果每个脉冲又包含有 N 个处于压缩态的光子，其 TOA 测量精度又可以提高 $\sqrt{N}$ 倍。例如，采用 100 个光子测距可以使精确度比传统极限提高 10%，100 万个光子可以使精确度比传统极限提高 1000 倍以上。

导航测距系统的安全性一直是被关注的另一个焦点。首先，战时有可能被敌方破解利用；其次，也可能被敌方干扰而无法使用，而基于量子特性（测不准原理、不可克隆原理及纠缠态特性）的测距可以通过设计量子加密协议，从理论上彻底防止敌方破解使用。

导航测距是导航的重要任务之一。本章给出了基于无线电信号、光信号及气压信息进行距离（高度）/距离差测量的各种方式方法，从原理、实现和性能分析三个方面对各种导航测距（测高）/测距差的实现技术进行了深入细致的讨论，并在最后简要评述了导航测距的未来发展方向。

根据借助测量媒介的不同，可把导航测距分为无线电测距（差）、光学测距和气压测高，每一种方式又有不同的方法分类，如表 5.6.1 所示。

表 5.6.1　导航测距方法

<table>
<tr><td rowspan="9">导航测距方法</td><td rowspan="2">工作原理</td><td colspan="2">单程测距</td></tr>
<tr><td colspan="2">双程测距</td></tr>
<tr><td rowspan="3">信号参量</td><td colspan="2">时间式</td></tr>
<tr><td colspan="2">频率式</td></tr>
<tr><td colspan="2">相位式</td></tr>
<tr><td rowspan="4">信号波形</td><td colspan="2">脉冲式</td></tr>
<tr><td rowspan="3">连续波式</td><td>码调制</td></tr>
<tr><td>频率调制</td></tr>
<tr><td>无调制</td></tr>
</table>

复习和作业题 5

1．无线电导航测距的物理基础是什么？
2．无线电导航测距有哪些主要类别？
3．简述脉冲式测距的基本工作原理（结合公式）。
4．单程测距必须具备什么条件？
5．频率式测距为什么一般在测高中应用？
6．相位式测距的主要特点是什么？
7．无线电导航测距有哪些典型应用？
8．简述无线电导航测距差的基本类别。
9．脉冲式测距差定位中要解决哪些基本问题？
10．相位式和脉冲式测距差定位系统两者相比各有哪些主要特点？
11．简述多普勒积分测距差原理。
12．光学导航测距和气压测高的误差因素主要有哪些？

第 6 章　导航测速原理

运行体导航时，除测向、测距需求外，还必须知道运行体的航行速度，以便调整运动的快慢或者通过运行体速度的时间积分来获得距离数据。导航测速方法也可大致分为主动式和被动式两大类。主动式测速以波（电磁波、机械波）的多普勒效应为基础理论，首先发射无线电波/超声波源照射目标物体，其次检测和分析反射波的频率变化值（即所谓的多普勒效应），最终计算得到运行体速度。采用多普勒效应的主动测速系统是目前应用最广的一种测速导航系统，实现了多普勒计程仪的功能。按照发射波束的多少又可以分为单波束、双波束和多波束多普勒测速。

基于电磁波的主动式导航测速主要用于空中或陆地运行体，而基于超声波的主动式导航测速主要用于航海运行体。由于两者物理机理相同，仅实现机制略有区别，因此下文中的主动式导航测速若不特别指出均是指无线电多普勒测速。

被动式导航测速无须发射信号，完全利用自身辅助信息推算出运行体的速度，常见的方法有基于惯性器件的加速度计测速、基于卫星导航的多普勒测速和位置矢量测速、基于视觉的光流测速，以及航空器所用的大气动压测速等，这些都是实现各类计程仪的技术基础。

6.1　主动式导航测速

多普勒频移 Δf 的大小与发射信号频率 f_0、电磁波在介质中传播的速度 c 和发射点与接收点之间的相对运动速度（地速）v 有关，它们之间的关系式：

$$\Delta f = f_1 - f_0 \approx \frac{v}{c} f_0 \tag{6.1-1}$$

式中，f_1 为接收点接收到的频率。从式中可以看出，若 f_0 与 c 为常数，则 Δf 与 v 成正比。因此，通过测定多普勒频移 Δf 即可进行测速。

以飞机运行体为例，设飞机沿水平方向运动，且其运动速度 v 的方向与运行体的轴向重合（$v_h = 0$）。发射天线辐射窄波束、方向性图中心线与运动速度方向（水平方向）成 Γ 角的信号，且波束中心线与 v 方向在同一铅垂面内，如图 6.1.1 所示。电磁波经地面反射后（地面可视为二次发射的波源）被接收器所接收，接收到的频率为 f_2，显然接收到的频率 f_2 是一个经过二次多普勒频移的频率，所以测得多普勒频移 Δf 应为：

$$\Delta f = f_2 - f_0 = \frac{2 f_0 v \cos\Gamma}{c} \tag{6.1-2}$$

式中，$\cos\Gamma$ 为运行体速度在电磁波发射方向上的分量，式（6.1-2）还可改为：

$$v = \frac{c}{2 f_0 \cos\Gamma} \Delta f \tag{6.1-3}$$

可见，只要测得多普勒频移 Δf，就可求得运行体速度 v（对速度 v 积分可求得运行体的航程），这就是单波束多普勒测速的原理。

在实际工作条件下，由于风力的影响，运行体的轴线方向与航行方向不可能再保持一致，即出现了所谓的偏流角 u，如图 6.1.2 所示。

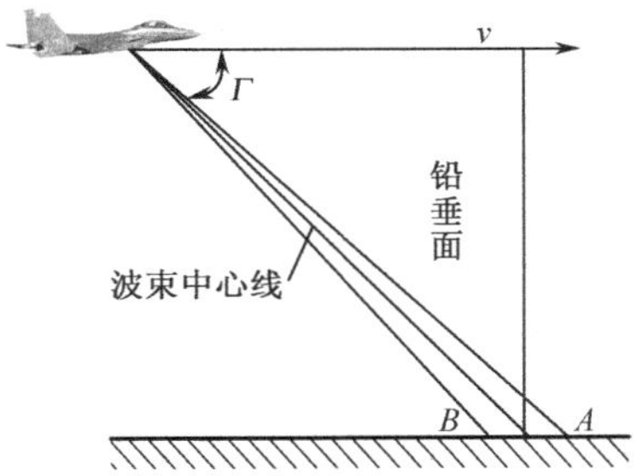

图 6.1.1　波束与运动方向之夹角

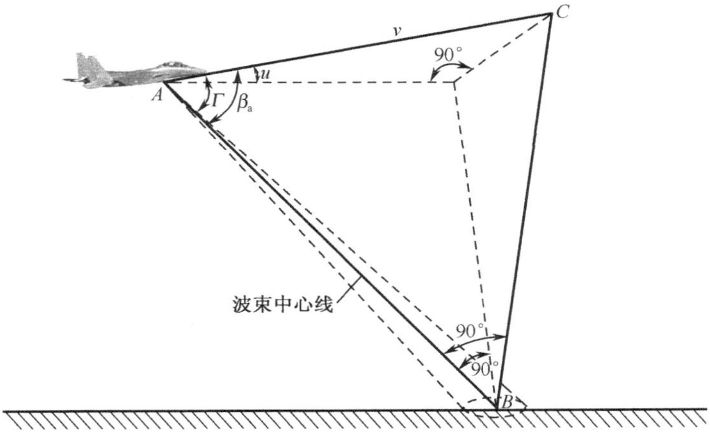

图 6.1.2　测定运行体地速与偏流角示意图

由图 6.1.2 可以看出，此时在确定多普勒频率的表示式中，不应当再是 $\cos\Gamma$，而应当改为 $\cos\Gamma\cos u$，相应的多普勒频移的表示式为：

$$f_d = \frac{2v}{\lambda_0}\cos\Gamma\cos u \tag{6.1-4}$$

式（6.1-4）表明多普勒频移是地速 v 和偏流角 u 的函数。显然，利用这一函数关系，借助于测量 f_d，即可设法求出地速与偏流角。

运行体是在三维空间中航行的，为了描述其运动状态，至少应有三个参量，实质上偏流角也可视为一速度分量（的作用）。这样，要描述运行体的运动速度，就应求出其三个速度分量。不同的导航系统，获取这三个速度分量的方法是不同的，或者全部借助于参数的测量，然后经计算机解算而得，或者部分借助于其他辅助措施而解算出所需的参量。

6.1.1　单波束多普勒测速

单波束多普勒测速的工作原理：

$$f_d = \frac{2v}{\lambda_0}\cos\Gamma\cos u \tag{6.1-5}$$

式中，Γ 是运行体纵轴与天线波束中心线之间的夹角，是已知量。多普勒导航系统的功能，应该通过测量多普勒频移 f_d，求出地速 v 及偏流角 u。显然，利用式（6.1-5）是无法直接求出所要求的数据的。所以，在单波束多普勒测速中，首先应将天线转动到和运行体速度矢量 $\boldsymbol{v}$ 处于同一垂直平面中，此时天线从运行体纵轴转动的角度 u 即为偏流角。这样，根据测量得到的多普勒频移 f_d，以及已获得的偏流角 u，即可解算出运行体的地速 v。

在垂直风力的作用下，运行体还将存在垂直速度 v_h，如图 6.1.3 所示。将垂直速度 v_h 投影到天线波束方向，测量出的多普勒频移应为：

$$f_{d1} = \frac{2v}{\lambda_0}\cos\Gamma - \frac{2v_h}{\lambda_0}\sin\Gamma = 2f_0\frac{v\cos\Gamma - v_h\sin\Gamma}{c} \tag{6.1-6}$$

这时，若仍按式（6.1-5）求解航速就不准确了。为消除运行体垂直方向的速度对测速的影响，通常采用双波束测速法。即增设一个收发器，采用同样的频率和俯角向后发射电磁波，如图 6.1.3 所示。

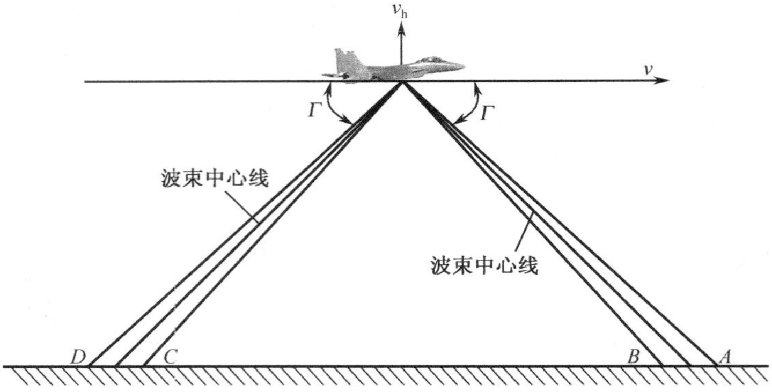

图 6.1.3　双波束多普勒测速示意图

6.1.2　双波束多普勒测速

双波束测速在实现中，分为“前-后”型配置的双波束系统和“左-右”型配置的双波束系统。

在“前-后”型双波束系统中，天线辐射两条波束，一条指向运行体的前方，另一条指向后方，图 6.1.4 所示为“前-后”型双波束多普勒测速原理。

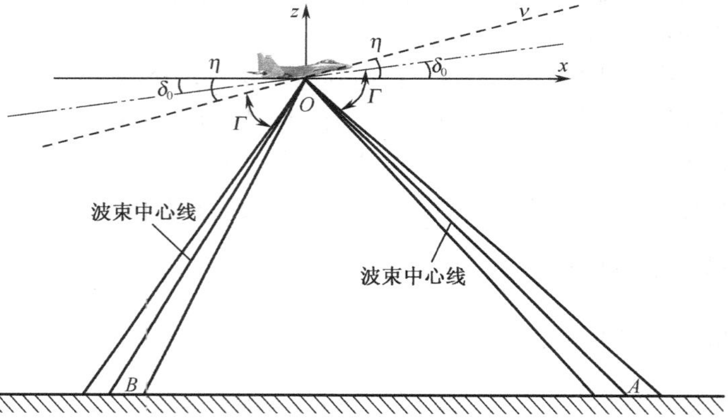

图 6.1.4　“前-后”型双波束多普勒测速原理

图 6.1.4 中角度 $\varGamma$ 为前、后波束与飞机纵轴方向的夹角，η 为速度方向与水平方向的夹角，δ_0 为运行体轴线与水平方向的夹角（即稳定平台的位置与真实水平位置之间相差的角度）。

从图 6.1.4 及式（6.1-4）可以看出，当假定偏流角 u 为零时，从前、后两条波束测得的多普勒频移分量分别为：$f_{d1}=\dfrac{2v}{\lambda_0}\cos(\varGamma+\eta-\delta_0)$ 和 $f_{d2}=-\dfrac{2v}{\lambda_0}\cos(\varGamma-\eta+\delta_0)$，这两频率之差为：

$$
\begin{aligned}
f_{d1}-f_{d2}&=\frac{2v}{\lambda_0}[\cos(\varGamma+\eta-\delta_0)+\cos(\varGamma-\eta+\delta_0)]\\
&=\frac{4v}{\lambda_0}\cos\varGamma\cos(\eta-\delta_0)=\frac{4v}{\lambda_0}\cos\varGamma\cos\eta\cos\delta_0+\frac{4v}{\lambda_0}\cos\varGamma\sin\eta\sin\delta_0
\end{aligned}
\tag{6.1-7}
$$

在式（6.1-7）中，若 $\delta_0 = 0$，则有：

$$f_d = f_{d1} - f_{d2} = \frac{4v}{\lambda_0}\cos\Gamma\cos\eta \tag{6.1-8}$$

由图 6.1.4 可见，$v\cos\eta = v_{\_}$（$v_{\_}$ 是 v 的水平分量）。据此，“前-后”型双波束的系统能够很准确地测量出地速的水平分量。此外，在这种系统中，由垂直运动速度引起的多普勒频移测量误差因相减而抵消。

“左-右”型双波束系统的天线应能辐射张角 $2\psi_a$ 约为 90° 的波束，这两条波束相对于运行体的纵轴应该是对称放置的，并且应该是可以旋转的，旋转时保持张角 $2\psi_a$ 不变。

在图 6.1.5 中标出了各参量之间的相应关系，其中偏流角用 u 表示，两波束张角 $2\psi_a$ 的分角线与运行体纵轴之间的夹角用 η 表示，而 A、B 两点标示地面的反射点。

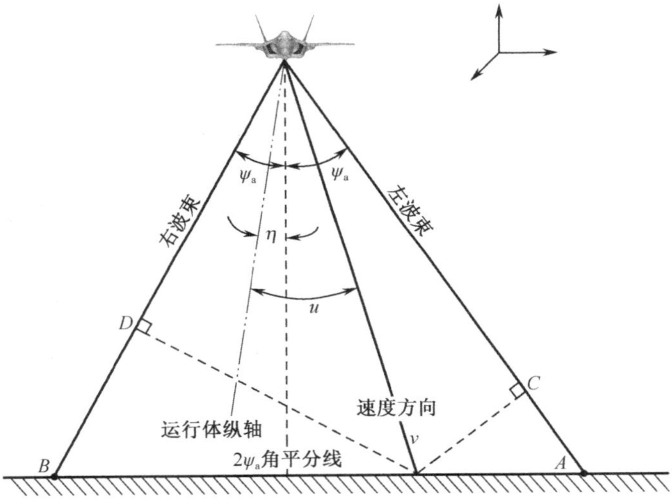

图 6.1.5　“左-右”型双波束多普勒测速原理

地速矢量 $\boldsymbol{v}$ 在左波束中心线上的投影分量为 $v_A = v\cos(\psi_a + \eta - u)$，在右波束方向上的投影为 $v_B = v\cos(\psi_a - \eta + u)$。此时，所测得的多普勒频率分别为：$f_{dA} = \frac{2v}{\lambda_0}\cos\Gamma\cos(\psi_a - u + \eta)$ 和 $f_{dB} = \frac{2v}{\lambda_0}\cos\Gamma\cos(\psi_a + u - \eta)$，两个频率之差为：

$$\begin{aligned} f_{dAB} &= f_{dA} - f_{dB} \\ &= \frac{2v}{\lambda_0}\cos\Gamma[\cos(\psi_a - u + \eta) - \cos(\psi_a + u - \eta)] \\ &= \frac{4v}{\lambda_0}\cos\Gamma\sin\psi_a\sin(u - \eta) \end{aligned} \tag{6.1-9}$$

由式（6.1-9）可以看出，假若保持 $2\psi_a$ 角度不变，转动天线，使 $2\psi_a$ 的分角线与速度矢量 $\boldsymbol{v}$ 的方向重合一致，此时，$u = \eta$，因而多普勒频率之差等于零。由此，测定偏流角的方法可归结为：转动天线系统，使满足条件 $f_{dAB} = 0$，确定出满足这一条件时的张角 $2\psi_a$ 的分角线与运行体纵轴之间的夹角，这一角度就是偏流角。然而，这种要求天线转动的方式，在实际工作过程中并不易实现。若在安装天线时，使天线波束张角 $2\psi_a$ 的分角线与飞机纵轴重合一致

（$\eta=0$），此时式（6.1-9）可写为：

$$f_{\mathrm{dAB}}=\frac{4v}{\lambda_0}\cos\Gamma\cdot\sin u\cdot\sin\psi_{\mathrm{a}} \tag{6.1-10}$$

在角度 u 不大时，$\sin u\approx u$，此时偏流角 u 可用下式表示：

$$u=\frac{\lambda_0}{4v}\cdot\frac{f_{\mathrm{dAB}}}{\cos\Gamma\cdot\sin\psi_{\mathrm{a}}} \tag{6.1-11}$$

在式（6.1-11）中，f_{dAB} 和 v 可视为变量，所以用解算电路来解算该式是不会有什么困难的。

6.1.3 多波束多普勒测速

一般说来，由于空间是三维的，因此完全确定地球速度矢量，应当求出它在三个不共面方向上的投影分量。因此，测速系统至少应当有三条不在同一平面内的波束。应该强调，必须在与运行体密切相关的坐标系中测定速度分量。与此同时，为了将速度矢量 $\boldsymbol{v}$ 分解成为水平分量和垂直分量，运行体上应载有能提供当地水平面或地垂线的仪器设备。

在现代多普勒测速系统中，几乎都是采用多波束形式的，而波束的配置形式可以是各种各样的。在图 6.1.6 中，分别给出了 Ψ 、λ、Y、T、X 五种基本的配置方式。

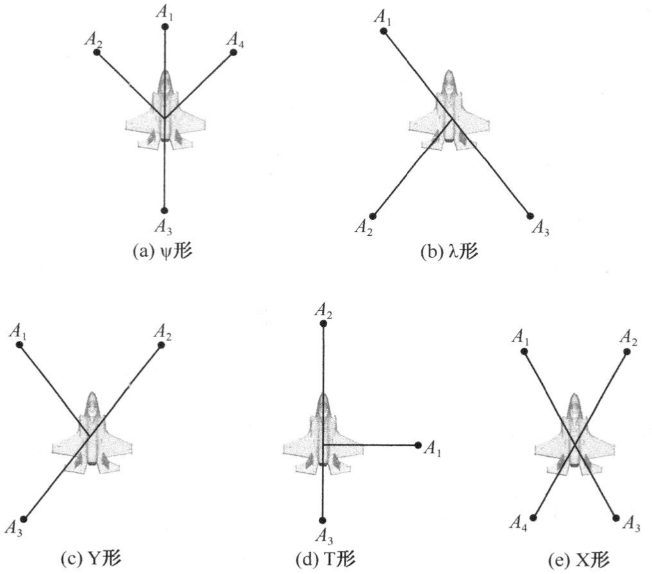

图 6.1.6　多波束配置方式

ψ 形波束配置方式，是由一对“左-右”型双波束系统（波束 A_2 和 A_4）和一对“前-后”型双波束系统（波束 A_1 和 A_3）组合而成，其中由波束 A_1 和 A_3 来的信号可用来测量、解算地速矢量，而另一对波束 A_2 和 A_4 来的信号则用以准确地测量、解算偏流角。

λ 形和 Y 形波束配置方式中，其中有一条波束供两对波束公用。例如，在 Y 形配置情况下，波束 A_1 和波束 A_2 可视为用以测量地速方向（偏流角），而波束 A_2 和 A_3 则视为用以确定地速模数。

现以 Y 形为例进行分析，系统配置如图 6.1.7 所示。在 Y 形配置情况下，点 A_1、点 A_2 和点 A_3 对运行体的径向速度分别为：

$$v_1 = v\cos(\eta - u)$$

$$v_2 = v\cos(\eta + u)$$

$$v_3 = -v\cos(\eta - u)$$

v_3 表达式前面的负号表明运行体是离开反射点方向航行的，相对速度可确定为：

$$v_{12} = v_1 - v_2 = 2v\sin\eta\sin u$$

$$v_{23} = v_2 - v_3 = 2v\cos\eta\cos u$$

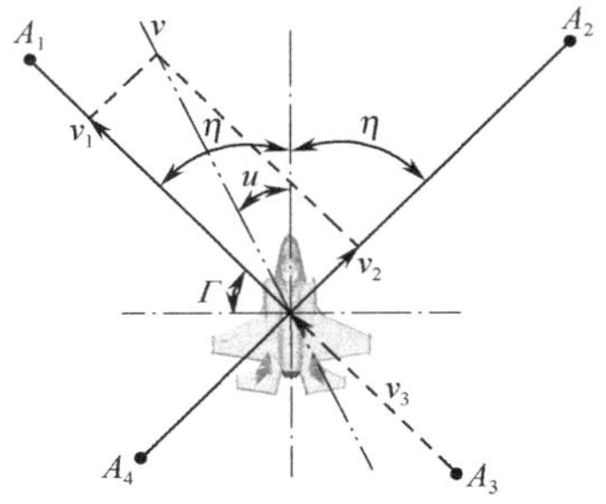

图 6.1.7　Y 形波束配置方式

相应的多普勒频率为：

$$f_{d12} = \frac{4v}{\lambda_0}\cos\Gamma\sin\eta\sin u$$

$$f_{d23} = \frac{4v}{\lambda_0}\cos\Gamma\cos\eta\cos u \tag{6.1-12}$$

这样，便得出了两个可以用来测定 v 和 u 的方程式。对这两个方程式联立求解，得出：

$$f_{d12} / f_{d23} = \tan\eta\tan u$$

设 η =45°，则：

$$\tan u = \frac{f_{d12}}{f_{d23}} \tag{6.1-13}$$

如果 u 较小，则：

$$u = f_{d12} / f_{d23} \tag{6.1-14}$$

对于地速模数而言，应有：

$$v = \frac{\lambda_0 f_{d12}}{4\sin\eta\sin u\cos\Gamma}$$

考虑到 η =45° 和 u 角很小，则有：

$$v = \frac{\lambda_0 f_{d12}}{4\sin\eta\sin u\cos\Gamma} = \frac{u\lambda_0 f_{d23}}{4\sin\eta\sin u\cos\Gamma} = \frac{\lambda_0 f_{d23}}{4\sin 45°\cos\Gamma} = 0.36\lambda_0\frac{f_{d23}}{\cos\Gamma} \tag{6.1-15}$$

λ 形配置与 Y 形配置是等效的，这两种配置方法由于没有设置第四条波束，因此破坏了波束配置的对称性，所以这种系统对于不稳定因素的影响颇为敏感。

T 形配置波束时，可以用波束 A_2 和 A_3 测量地速模数 $|v_r|$，用波束 A_1 和 A_3 测定偏流角 u。显然，在 T 形配置情况下，只有运行体存在偏流角时，波束 A_1 接收到的信号中才含有多普勒频移。其速度矢量在坐标轴上的投影分量分别为：

$$v_x = \frac{\lambda_0}{2\cos\Gamma}(f_{d1} - f_{d3})$$

$$v_y = \frac{\lambda_0}{2\cos\Gamma}(2f_{d1} - f_{d2} - f_{d3}) \tag{6.1-16}$$

$$v_z = \frac{\lambda_0}{2\cos\Gamma}(f_d + f_d)$$

总之，为了求得地速模数$|v_r|$及偏流角u，应该同时存在三个波束。

6.1.4 多普勒测速的准确度分析

在利用多普勒效应测得运行体地速的情况下，即可实现多普勒计程仪的功能。在研究多普勒导航系统测速原理时，都假定反射信号是由地面上一个确定“点”的反射形成的。但事实上，在天线波束所照射的面积中，含有无数个反射基元，且它们的分布是随机的。每个基元都将对照射到它上面的入射能量产生反射，这将形成散射。所以，反射信号中包含了所有这些散射基元所反射的能量，因此实际的反射信号能量并非集中在一条谱线上，其频谱结构是相当复杂的。

为了研究多普勒信号的频谱结构，图6.1.8（a）所示为多普勒测速系统的天线辐射方向图，以及被它照射过的一个散射基元A点。为了方便起见，我们假定多普勒测速系统是固定不动的，而地面相对于它是运动的。

在图6.1.8（a）中，$\varGamma_2$是散射基元A点最先接收到的天线辐射信号与水平方向所形成的角度。此后，随着地面的运动，反射信号逐渐增强，当天线方向图中心线射向反射基元时（相应于图中的A'点），反射信号到达最大，之后，反射信号的幅值又逐渐减小，到$\varGamma_1$时，反射能量降低到零（相应于图中的A''点）。不难看出，多普勒频移量的变化范围是：

$$\begin{aligned}\Delta f_d &= \frac{2v}{\lambda_0}(\cos\varGamma_1 - \cos\varGamma_2) \\ &= \frac{4v}{\lambda_0}\sin\frac{\varGamma_1+\varGamma_2}{2}\sin\frac{\varGamma_2-\varGamma_1}{2}\end{aligned} \tag{6.1-17}$$

一般来说，天线波束很窄，也即波瓣宽度$\Delta\varGamma=\varGamma_2-\varGamma_1$很小，所以可以认为：

$$\sin\frac{\varGamma_1+\varGamma_2}{2}\approx\sin\varGamma_0,\quad \sin\frac{\varGamma_2-\varGamma_1}{2}\approx\frac{\Delta\varGamma}{2}$$

因此式（6.1-17）可以简化为：

$$\Delta f_d = \frac{2v}{\lambda_0}(\sin\varGamma_0)\Delta\varGamma \tag{6.1-18}$$

在图6.1.8（b）中画出了一个散射基元所反射的信号特征。

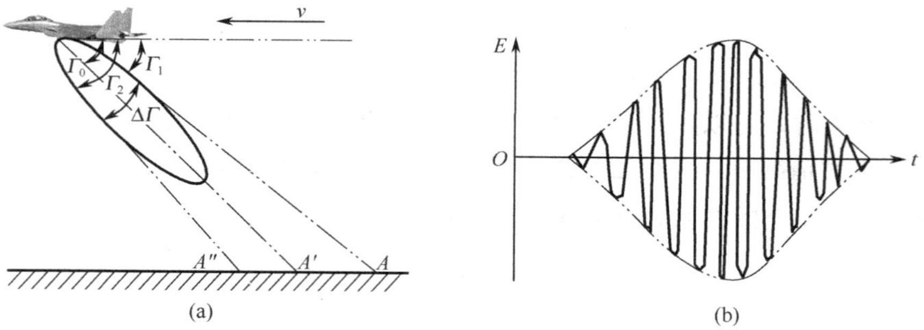

图6.1.8 多普勒信号的频谱结构图

上面仅就一个散射基元所反射的信号特征做了论述。实际上，在被照射的面积中，存在很多随机分布的散射基元。在多普勒信号频谱中，含有Δf_d范围内的所有频率分量，这些频率分量之间的相位关系也是随机的。因此，合成的多普勒信号的频率，在 Δf_d 范围内是随机变化的。其最大概率值是 Δf_d 范围内的中心值，并且，随着频率偏离中心值越远，其概率分布也越低。信号的这种频谱信号结构形式，类似于随着频率偏离于中心值，其功率谱密度逐渐减小的噪声功率谱，可简称为类噪声功率谱。不难理解，多普勒信号的相对频谱宽度为：

$$\frac{\Delta f_d}{f_{d0}} = \frac{\sin\Gamma_0}{\cos\Gamma} \cdot \Delta\Gamma = (\tan\Gamma_0)\Delta\Gamma \tag{6.1-19}$$

例如，$\Gamma_0 = 60°$、$\Delta\Gamma = 4°$，则 $\frac{\Delta f_d}{f_{d0}} = 10\%$。一般来说，多普勒测速系统的频谱宽度为10%～20%。

图 6.1.9 中画出了多普勒信号的频谱分布图。

多普勒信号的这一噪声（起伏噪声）特性，对于多普勒测速的测量精度有着重要影响，下面来分析其测量误差。多普勒频率瞬时值的概率分布与多普勒信号的能谱分布具有同样的形状，因此多普勒频率瞬时值与其平均值偏差的均方误差为：

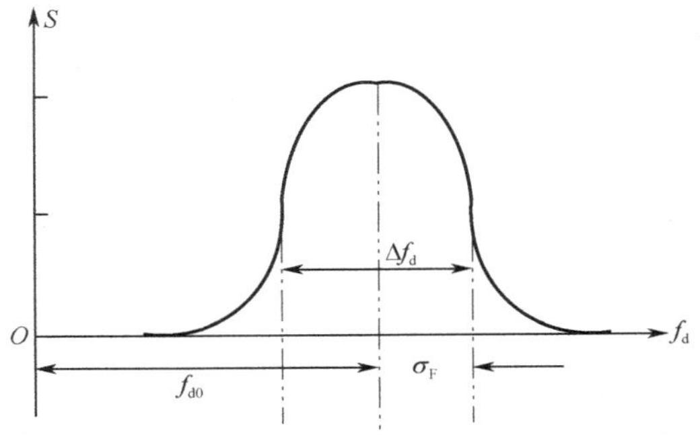

图 6.1.9　多普勒信号频谱分布图

$$\sigma_F = \frac{\Delta f_d}{2} \tag{6.1-20}$$

测量误差与测量次数是密切相关的，假如只允许测量一次，则误差是相当大的。因此，通常都是将一定时间间隔 T 内的测量结果进行平均。设在时间间隔 T 内可以进行 N_t 次统计独立的测量，可以将测量结果的精度提高 $\sqrt{N_t}$ 倍。此时，测量误差可以减小为：

$$\sigma_T = \frac{\sigma_F}{\sqrt{N_t}} \tag{6.1-21}$$

在一级近似的情况下，可以认为多普勒信号中各个频率分量的相关时间跟信号包络的相关时间 τ_F 是相应的，两者之间的关系为：

$$\tau_F = \frac{K_R}{\Delta f_d} \tag{6.1-22}$$

式中，K_R 为常数。在时间间隔 T 内，可以独立测量的次数 N_t 为：

$$N_t = T / \tau_F \tag{6.1-23}$$

因此：

$$\sigma_T = \frac{\sigma_F}{\sqrt{T / \tau_F}} \tag{6.1-24}$$

将 σ_F、T、和 τ_F 的表示式代入式（6.1-24）中，可得测量频率的相对误差为：

$$\frac{\sigma_T}{f_{d0}} = \sqrt{\frac{K_R}{8}} \cdot \frac{\sqrt{\sin\Gamma_0}}{\cos\Gamma_0} \cdot \sqrt{\frac{\lambda_0 \Delta T}{vT}} = \frac{K_0}{\sqrt{D}} \tag{6.1-25}$$

假定在整个飞行时间内连续不断地测量速度，那么乘积 vT 就是在 T 时间内运行体航行的距离 D，K_0 为常数。因此，测量频率的相对准确度实际上也就是测量速度的相对准确度，其准确度将随着航行距离的增加而提高。

6.1.5 声相关测速

声相关计程仪是应用相关技术处理水声信息来测量船舶的速度和累计航程的。它的特点是：采用垂直发射和接收超声波信号，并对回波信号的包络幅值进行相关信息处理来进行测速；具有与多普勒计程仪相同的测速精度，其测速精度不受声波在海水中传播速度变化的影响，即不受海水温度、盐度和深度等因素的影响；换能器发射波束宽度比较宽，以减小船舶摇摆时可能发生的回波信号漏失；可以测量水深，兼作测深仪使用。声相关计程仪有“绝对”和“相对”两种工作方式，“绝对”工作方式是在仪器的最大工作深度范围内时，测量船舶相对于海底的速度和航程，此时属于绝对计程仪方式；“相对”工作方式是在水深超过仪器的最大工作深度范围时，跟踪船舶底部 5～50m 水层，测量船舶相对于该水层的速度和航程，此时属于相对计程仪。

如图 6.1.10 所示，在船舶底部沿纵向安装有三个等间距的换能器，从前往后依次为接收换能器 R_1、发射换能器 T 和接收换能器 R_2，两接收换能器之间的间距为 S，发射换能器位于两接收换能器中心连线的中点。发射换能器以一定的时间间隔垂直向海底发射超声波脉冲信号，该信号经海底反射后被接收换能器 R_1 和 R_2 接收，如图 6.1.11 所示。其包络幅值取决于海水深度、海底地质、超声波传播途径中各种散射体的散射能力、海水介质对超声波的吸收能力等物理条件。

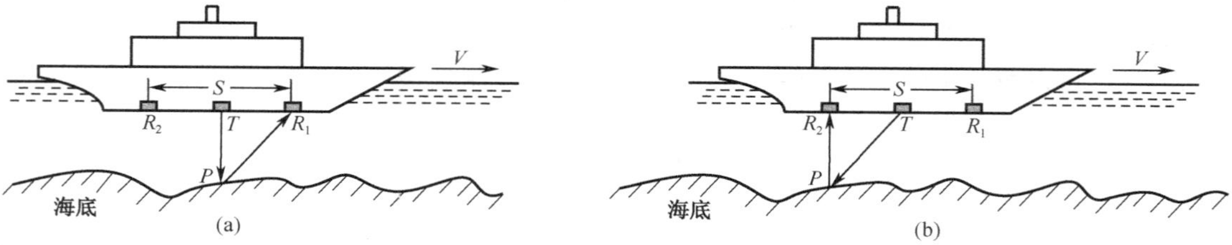

图 6.1.10　声相关测速示意

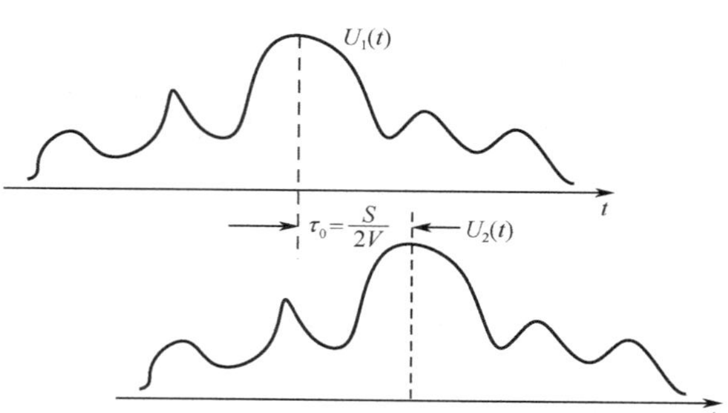

图 6.1.11　声相关测速原理

设船舶以速度 V 航行，在 $t=t_1$ 时刻，如图 6.1.10（a）所示，接收换能器 R_1 接收到经海底

散射源 P 点反射的回波信号。经过时间 τ_0 后（$t_2 = t_1 + \tau_0$ 时刻），如图 6.1.10（b）所示，发射换能器 T 移动到接收换能器 R_1 在 t_1 时刻所处的位置，接收换能器 R_2 则移动到发射换能器 T 在 t_1 时刻所处的位置，此时接收换能器 R_2 也将接收到经海底 P 点反射的回波信号。由于前后两个时刻在接收换能器 R_1 和 R_2 上得到的这两个回波信号所经过的路径是相同的，只是方向相反，因此所得到的包络幅值应是相等的。

由此不难看出，接收换能器 R_1 和 R_2 的输出端的信号包络幅值随时间变化的函数曲线几乎是完全相同的，只是接收换能器 R_2 比接收换能器 R_1 要延迟一个时间量 τ_0，如图 6.1.11 所示。τ_0 可用下式表示：

$$\tau_0 = \frac{S}{2V} \text{或} V = \frac{S}{2\tau_0} \tag{6.1-26}$$

式中，S 是一定值。可见，若能测得延迟时间 τ_0，航速即可求出。延迟时间 τ_0 的值是采用相关技术测量得到的。已知 $U_2(t)$ 在时间上滞后于 $U_1(t)$ 一个 τ_0 时间。将 $U_1(t)$ 延迟 τ_0，然后与 $U_2(t)$ 相乘，并将乘积累加取平均值得相关函数值 $R(\tau)$ 可用下式表示：

$$R(\tau) = -\int_0^T U_1(t-\tau) \cdot U_2(t) \mathrm{d}t \tag{6.1-27}$$

当 $U_1(t-\tau)$ 的延迟时间 $\tau = \tau_0$ 时，取相关函数 $R(\tau)$ 的最大值即可得延迟时间 τ_0，从而可以求出船舶的速度 V。

6.2　被动式导航测速

6.2.1　惯性导航测速

利用加速度传感器输出的比力信息求解运行体加速度的原理如下所示，在指北方位系统中，根据比力方程：

$$\dot{\bar{\boldsymbol{V}}}^t = \bar{\boldsymbol{f}}^t - (2\bar{\boldsymbol{\omega}}_{\text{ie}}^t + \bar{\boldsymbol{\omega}}_{\text{et}}^t) \times \bar{\boldsymbol{V}}^t + \boldsymbol{g}^t \tag{6.2-1}$$

式中，$\bar{\boldsymbol{f}}^t$ 是加速度计的测量值；$\dot{\bar{\boldsymbol{V}}}^t$ 为运行体相对地球的加速度；$\bar{\boldsymbol{V}}^t$ 为运行体相对地球的运动速度；$2\bar{\boldsymbol{\omega}}_{\text{ie}}^t \times \bar{\boldsymbol{V}}^t$ 为地球自转和运行体相对地球的线运动相互影响而形成的哥氏加速度；$\bar{\boldsymbol{\omega}}_{\text{et}}^t \times \bar{\boldsymbol{V}}^t$ 为运行体在地理坐标系中相对地球坐标系的转动所产生的向心加速度。将式（6.2-1）写为分量形式：

$$\begin{bmatrix} \dot{V}_x^t \\ \dot{V}_y^t \\ \dot{V}_z^t \end{bmatrix} = \begin{bmatrix} f_x^t \\ f_y^t \\ f_z^t \end{bmatrix} - \begin{bmatrix} 0 & -(2\omega_{\text{iez}}^t + \omega_{\text{etz}}^t) & (2\omega_{\text{iey}}^t + \omega_{\text{ety}}^t) \\ (2\omega_{\text{iez}}^t + \omega_{\text{etz}}^t) & 0 & -(2\omega_{\text{iex}}^t + \omega_{\text{etx}}^t) \\ -(2\omega_{\text{iey}}^t + \omega_{\text{ety}}^t) & (2\omega_{\text{iex}}^t + \omega_{\text{etx}}^t) & 0 \end{bmatrix} \begin{bmatrix} V_x^t \\ V_y^t \\ V_z^t \end{bmatrix} + \begin{bmatrix} 0 \\ 0 \\ -g \end{bmatrix} \tag{6.2-2}$$

式中，

$$\boldsymbol{\omega}_{\text{ie}}^t = \begin{bmatrix} \omega_{\text{iex}}^t \\ \omega_{\text{iey}}^t \\ \omega_{\text{iez}}^t \end{bmatrix} = \begin{bmatrix} 0 \\ \omega_{\text{ie}} \cos L \\ \omega_{\text{ie}} \sin L \end{bmatrix}$$

$\boldsymbol{\omega}_{ie}^t$ 为地球自转角速率矢量，$\omega_{ie}=0.000072921$ 为地球自转角速度（弧度/秒），L 为运行体纬度值（弧度）；

$$\boldsymbol{\omega}_{et}^t=\begin{bmatrix}\omega_{etx}^t\\ \omega_{ety}^t\\ \omega_{etz}^t\end{bmatrix}=\begin{bmatrix}-\dfrac{V_{ety}^t}{R_{yt}}\\ \dfrac{V_{etx}^t}{R_{xt}}\\ \dfrac{V_{etx}^t}{R_{xt}}\tan L\end{bmatrix}$$

$\boldsymbol{\omega}_{et}^t$ 为地理坐标系相对地球坐标系的转动角速率矢量，V_{etx}^t 和 V_{ety}^t 为运行体东向和北向速度，就是待求速度 V_x^t、V_y^t，$R_{xt}=R_e/(1+e\sin^2(L))$，$R_{yt}=R_e/(1-e(2-3\sin^2(L)))$，$R_e=6378245\text{m}$ 为地球长轴半径，$e=1/298.3$ 为地球的椭球度。从而有：

$$\begin{cases}\dot V_x^t=f_x^t+\left(2\omega_{ie}\sin L+\dfrac{V_x^t}{R_{xt}}\tan L\right)V_y^t-\left(2\omega_{ie}\cos L+\dfrac{V_x^t}{R_{xt}}\right)V_z^t\\ \dot V_y^t=f_y^t-\left(2\omega_{ie}\sin L+\dfrac{V_x^t}{R_{xt}}\tan L\right)V_x^t+\dfrac{V_y^t}{R_{yt}}V_z^t\\ \dot V_z^t=f_x^t+\left(2\omega_{ie}\cos L+\dfrac{V_x^t}{R_{xt}}\right)V_x^t+\dfrac{V_y^t}{R_{yt}}V_y^t-g\end{cases}\tag{6.2-3}$$

若运行体天向速度为零，即高度通道保持不变，上式可写为：

$$\begin{cases}\dot V_x^t=f_x^t+2\omega_{ie}(\sin L)V_y^t+\dfrac{V_x^tV_y^t}{R_{xt}}\tan L\\ \dot V_y^t=f_y^t-2\omega_{ie}(\sin L)V_x^t-\dfrac{V_x^tV_x^t}{R_{yt}}\tan L\end{cases}\tag{6.2-4}$$

将加速度对时间积分可以得到 x、y 两个方向的速度：

$$\begin{aligned}V_x^t&=\int_0^t\left(2\omega_{ie}\sin L+\frac{V_x^t}{R_{xt}}\tan L\right)V_x^t\mathrm{d}t+V_{x0}^t\\ V_y^t&=\int_0^t\left(2\omega_{ie}\sin L+\frac{V_x^t}{R_{xt}}\tan L\right)V_y^t\mathrm{d}t+V_{y0}^t\end{aligned}\tag{6.2-5}$$

6.2.2 卫星导航测速

卫星导航系统具有全球、全天候、连续、实时的精密三维导航与定位能力的优点，因此研究如何利用卫星导航信号进行高精度测速具有很强的实用意义。

1．多普勒频移测速方法

由于导航卫星和接收机之间存在着相对运动，所以运行体接收到的导航卫星发射的载波信号频率 f_r 与卫星发射的载波信号的频率 f_s 是不同的，它们之间的频率差 f_d 称为多普勒频移，且有：

$$f_{\mathrm{d}} = f_{\mathrm{s}} - f_{\mathrm{r}} = f_{\mathrm{s}} \cdot \frac{v_R}{c} \tag{6.2-6}$$

式中，f_{s} 为用户观测的导航卫星发射的载波频率；f_{r} 为用户接收机接收到的卫星的载波频率；f_{d} 为多普勒频移，是可观测量；c 为真空中光速；v_R 是卫星相对用户接收机的径向速度，即卫星与接收机之间的距离变化率 $\dot{R}_i^j$。式（6.2-6）可写为：

$$\dot{R}_i^j = \frac{c}{f_{\mathrm{s}}} \cdot f_{\mathrm{d}} = \lambda f_{\mathrm{d}} \tag{6.2-7}$$

可知接收机 T_i 与卫星 S_j 之间的伪距率观测方程为：

$$\dot{R}_i^j = \lambda f_{\mathrm{d}} = \begin{pmatrix} l_i^j & m_i^j & n_i^j \end{pmatrix} \cdot \left\{ \begin{bmatrix} \dot{x}^j \\ \dot{y}^j \\ \dot{z}^j \end{bmatrix} - \begin{bmatrix} \dot{x}_i \\ \dot{y}_i \\ \dot{z}_i \end{bmatrix} \right\} + c\dot{\delta}t_i \tag{6.2-8}$$

式（6.2-8）中，载波信号波长 λ 已知，载波多普勒频移 f_{d} 已知，卫星速度 $(\dot{x}^j \quad \dot{y}^j \quad \dot{z}^j)$ 已知，用户接收机 T_i 至观测卫星 S_j 的径向矢量在协议地球坐标系中的方向余弦 $(l_i^j \quad m_i^j \quad n_i^j)$ 已知。

因此，当用户接收机 T_i 同步观测的卫星数 $n_j \geqslant 4$ 时，可利用最小二乘法等方法求解出运行体的运动速度 $(\dot{x}_i \quad \dot{y}_i \quad \dot{z}_i)$ 和接收机时钟同步误差的变化率 $\dot{\delta}t_i$。

2．位置矢量测速方法

假设在历元 t_1 测定的运行体实时位置为 $X(t_1)$，并保存起来；在历元 t_2 测定的运行体实时位置为 $X(t_2)$，则运行体的运动速度可以简单地表示为：

$$\begin{bmatrix} \dot{x}_i \\ \dot{y}_i \\ \dot{z}_i \end{bmatrix} = \frac{1}{\Delta t} \left\{ \begin{bmatrix} x_i(t_2) \\ y_i(t_2) \\ z_i(t_2) \end{bmatrix} - \begin{bmatrix} x_i(t_1) \\ y_i(t_1) \\ z_i(t_1) \end{bmatrix} \right\} \tag{6.2-9}$$

式中，

$$\Delta t = t_2 - t_1 \tag{6.2-10}$$

$(\dot{x}_i \quad \dot{y}_i \quad \dot{z}_i)^{\mathrm{T}}$ 为在协议地球坐标中运行体速度的分量。运行体速度大小为：

$$v_i = (\dot{x}_i^2 + \dot{y}_i^2 + \dot{z}_i^2)^{\frac{1}{2}} \tag{6.2-11}$$

由于该方法要求运行体必须处于运动状态，因此称为位置矢量测速。实际应用中，主要是利用导航接收机的多普勒频移进行运行体的速度测量。

3．卫星导航测速精度影响因素分析

卫星三维速度的误差对单点测速的影响，与卫星位置误差对定位的影响规律相同，直接影响测速精度。

由于大气层和太阳活动程度在短时间内是比较稳定的（尤其是单点测速时间间隔为 1s 的情况下），因此电离层和对流层延迟的变化率对测速的影响不大，可忽略不计。

通常卫星接收机测速是通过测定多普勒频移来实现的，因此接收机和卫星时钟的频率稳定度直接影响测速精度，接收机时钟误差可以作为未知项求解，然而卫星钟钟差的误差却无

法消除。由于卫星的三维位置、速度和卫星钟钟速都是通过卫星星历求得的，因此这几项可归为与卫星星历精度有关的误差。

当卫星速度误差小于 10m/s 时，测速误差小于亚 mm/s，但卫星速度误差每升高一个数量级，测速误差随之升高一个数量级；卫星速度误差为 100m/s 时，测速误差可达几 mm/s。

以 GPS 广播星历为例，其卫星位置误差不大于 1.6m，卫星钟钟差的误差不大于 7ns，卫星速度误差不大于 100m/s，利用廉价的 GPS 接收机就可以实现高精度的运行体速度测量。

6.2.3 电磁测速

电磁计程仪是应用电磁感应原理来测量船舶相对于水流的航行速度和航程的计程仪。电磁计程仪具有很宽的测速范围、灵敏度高、线性度好、能指示倒车速度和使用维护保养方便等优点。自 20 世纪 60 年代以来，电磁计程仪得到了广泛的使用和发展。

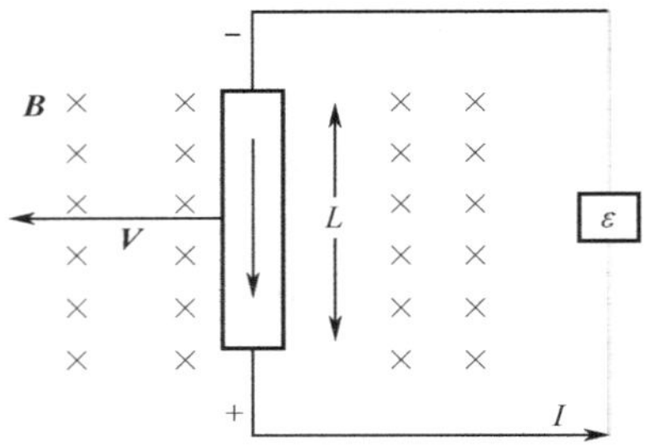

图 6.2.1 电磁计程仪的原理图

电磁计程仪是根据法拉第电磁感应定律测定船舶航行时的水流速度的。由电磁感应定律可知，当导体在磁场中以一定速度切割磁感线时，在导体两端会产生一定的电势差，称为动生电动势，是感应电动势的一种。如图 6.2.1 所示，在均匀磁场中，动生电动势的大小为：

$$\varepsilon = \int_L (\boldsymbol{V} \times \boldsymbol{B}) \cdot \mathrm{d}L$$

式中，ε 为动生电动势；$\boldsymbol{V}$ 为导体切割磁感线的速度；$\boldsymbol{B}$ 为磁场的磁感应强度；$\mathrm{d}L$ 为导体中的某一小段。

动生电动势 ε 的方向为（$\boldsymbol{V} \times \boldsymbol{B}$）的方向，可根据右手法则确定。当 $\boldsymbol{V}$、$\boldsymbol{B}$ 和 L 三者互相垂直时，动生电动势就为：

$$\varepsilon = \int_L (\boldsymbol{V} \times \boldsymbol{B}) \cdot \mathrm{d}L = \int_L \boldsymbol{VB}\mathrm{d}L = \boldsymbol{VB}L \tag{6.2-12}$$

如果 B 和 L 是定值，则动生电动势的大小就与速度成正比。如果导体是在交变磁场（$\boldsymbol{B} = \boldsymbol{B}_m \sin \omega t$）中切割磁感线，那么产生的动生电动势将与磁场以相同规律变化。

$$\varepsilon = \boldsymbol{VB}L = \boldsymbol{B}_m L\boldsymbol{V} \sin \omega t = \varepsilon_m \sin \omega t \tag{6.2-13}$$

式中，$\varepsilon_m = \boldsymbol{B}_m L\boldsymbol{V}$，即动生电动势与磁感应强度相位相同，幅值在 $\boldsymbol{B}_m$、L 为定值时与速度 $\boldsymbol{V}$ 成正比。

当电磁计程仪传感器工作时，激磁线圈通入交流电，将产生交变磁场。当船以一定航速向前（或向后）航行时，则水流相对于船以大小相等、方向相反的速度运动。由于海水可以导电，可将流过两电极间的海水看作无数根运动的“导体”切割磁感线，于是根据电磁感应原理，在电极和海水形成的回路中将产生动生电动势，由浸在水中的一对电极引出。导体长度 L 为两电极间距，产生的磁感应强度 $\boldsymbol{B}$ 也是已知量，于是测得感应电动势 ε，就可计算出航速 $\boldsymbol{V}$，再由航速对时间 t 积分可得航程 $s = \int_0^t \boldsymbol{V}\mathrm{d}t$。

电磁计程仪传感器所输出的速度电势是很微弱的，一般只有每节 300～500μV，需要经过速度解算系统的放大、解算后才能指示相应的航速，然后由航速对时间积分得到航程。一般对于航速和航程的解算，有两种不同的工作系统，一种是全电子解算系统，通过放大电路解算速度，电气积分电路解算航程；另一种是机电结构解算系统，通过伺服电路解算速度，机械积分结构解算航程。

6.2.4　航空动压测速

飞机的空速大多采用航空动压测速原理进行测量。所谓"空速"指的就是飞机相对于空气的运动速度。这里首先给出有关的概念。

（1）动压（P_q）：指理想的不可压缩的气体到达驻点时，作用在单位面积上的作用力。动压等于全压减去静压。飞机在飞行中，空气相对于飞机就产生了气流。空气在流动过程中，其分子一方面做不规则的分子热运动，另一方面顺气流方向做规则的运动。这两种运动既有联系，又有区别，在一定条件下可以相互转化。气流相对于飞机运动时，在正对气流运动方向的飞机表面上，气流完全受阻，速度降低到零。在这种条件下，气流分子的规则运动全部转化为分子热运动。与此对应，气流的动能全部转化为压力能和内能，因此，空气的温度升高，压力增大。这个压力叫全受阻压力，简称全压。气流未被扰动处的压力为大气压力，叫作静压。全压和静压的差就叫动压。全静压管可测量全压、静压，如图 6.2.2 所示。

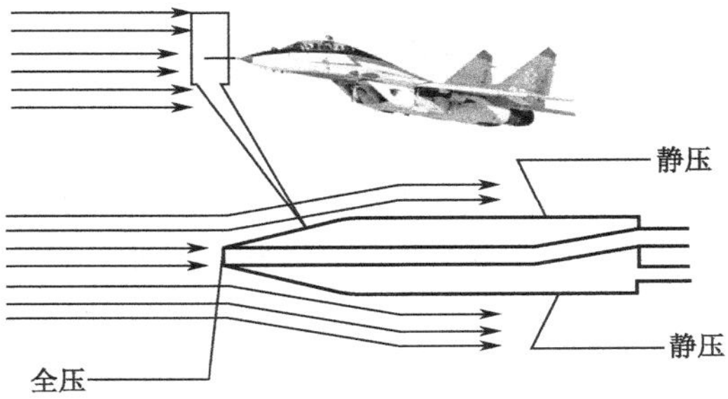

图 6.2.2　全静压管工作原理示意图

（2）真空速（V）：即真实空速，指飞机相对迎面气流的速度。通过测量大气的静压、动压和气温可得到的空速，它是飞机相对于空气运动的真实速度。

（3）指示空速（V_i）：将真空速归化到海平面的值，不考虑大气密度随高度的变化，即将静压和气温都看成常数，并分别等于海平面标准大气的大气静压和气温，这样通过测量动压而得到的空速，实际上表示的是飞行器空气动力的大小。指示空速又称为表速。

（4）音速（a）：空气中音波的传播速度。

（5）马赫数（Ma）：飞机真空速与所在高度的音速之比。

（6）总温（T_t）：压缩空气的速度提高到运动物体的速度时，空气全受阻的取样温度。

（7）静温（T_s）：飞行中的飞机周围未受扰动的大气温度。

1. 空速测量基础

（1）空气流速小于音速

当空气流速小于 300km/h 时，在不考虑流体的压缩效应（密度不变）的条件下，空气流管不同截面处的气流流速 V_i 与气体压力 P_i、密度 ρ 之间的关系可用伯努利方程描述：

$$P_1+\frac{\rho V_1^2}{2}=P_2+\frac{\rho V_2^2}{2}=\cdots=P_t=C(\text{常数}) \tag{6.2-14}$$

式中，P_1、P_2 等为静压；$\frac{\rho V_1^2}{2}$、$\frac{\rho V_2^2}{2}$ 等为动压；P_t 为总压；C 为常数。

当空气流速大于 300km/h 时，考虑压缩效应（空气密度发生变化），且压缩过程是绝热的，则：

$$\frac{K}{K-1}\frac{P_1}{\rho_1}+\frac{V_1^2}{2}=\frac{K}{K-1}\frac{P_2}{\rho_2}+\frac{V_2^2}{2}=\cdots=P_t=C(\text{常数}) \tag{6.2-15}$$

式中，K 为绝热指数（对于空气，$K=1.4$）。

（2）空气流速大于音速

此时空气产生激波，伯努利方程式（6.2-14）不可用。由静压、总压得到空气流速公式：

$$\frac{P_t-P_s}{P_s}=\frac{\left(\frac{K+1}{2}\right)^{\frac{K+1}{K-1}}\cdot\left(\frac{2}{K-2}\right)^{\frac{1}{K-1}}\cdot V^{\frac{2K}{K-1}}}{a^2\left(\frac{2K}{K-1}V^2-a^2\right)^{\frac{1}{K-1}}}-1 \tag{6.2-16}$$

式中，P_t 为总压，P_s 为空气静压；V 为空气流速；a 为音速；K 为绝热指数（对于空气，$K=1.4$）。

2．空速计算原理

由上述分析可知，空速 V 与总压 P_t（或动压 P_q）、大气静压 P_s 和空气密度 ρ 有关。压力法由大气密度和大气压力测得空速，热力法由空气温度测得空速。在空速管的头部气流受阻而完全失去动能，即空速管的头部气流速度变为零，动能全部转变为压力能，该点称为驻点（零速点）。

① 气流速度较小，且不考虑空气的压缩性。气流达到驻点时，其速度 V_2 为 0，故：

$$P_1+\frac{\rho V_1^2}{2}=P_2=C(\text{常数}) \tag{6.2-17}$$

式中，P_1 为静压；$\frac{\rho V_1^2}{2}$ 为动压；P_2 为总压；C 为常数。

$$P_t=P_s+P_q=P_s+\frac{\rho_s V^2}{2} \tag{6.2-18}$$

式中，ρ_s 为未压缩的空气密度。因此有：

$$V=\sqrt{\frac{2P_q}{\rho_s}} \tag{6.2-19}$$

② 气流速度较大，且考虑空气的压缩性。

由于空气压缩过程进行很快，可以认为该过程为绝热过程：

$$\frac{\rho_2}{\rho_1}=\left(\frac{P_2}{P_1}\right)^{\frac{1}{K}}\text{或}\ \rho_2=\rho_1\left(\frac{P_2}{P_1}\right)^{\frac{1}{K}} \tag{6.2-20}$$

取 $\rho_1=\rho$，$\rho_2=\rho_t$，$V_1=V$，$P_1=P_s$，$P_2=P_t$，其中，ρ、V、P_s 指空气压缩前的静止大气密度、气流速度和大气静压，ρ_t 指空气压缩后的大气密度，故：

$$\rho_t=\rho\left(\frac{P_t}{P_s}\right)^{\frac{1}{K}} \tag{6.2-21}$$

将其与 $V_2=0$ 代入伯努利方程，有：

$$\frac{V^2}{2}+\frac{K}{K-1}\frac{P_s}{\rho_s}=\frac{K}{K-1}\frac{P_t}{\rho_t} \tag{6.2-22}$$

得：

$$V=\sqrt{\frac{2K}{K-1}\left(\frac{P_{\mathrm{s}}}{\rho_{\mathrm{s}}}\right)\left[\left(\frac{P_{\mathrm{t}}}{\rho_{\mathrm{t}}}\right)^{\frac{K-1}{K}}-1\right]} \tag{6.2-23}$$

由于 $\rho_{\mathrm{s}}=\dfrac{P_{\mathrm{s}}}{RT_{\mathrm{s}}}$，所以：

$$V=\sqrt{\frac{2K}{K-1}\cdot RT_{\mathrm{s}}\cdot\left[\left(\frac{P_{\mathrm{t}}}{\rho_{\mathrm{t}}}\right)^{\frac{K-1}{K}}-1\right]} \tag{6.2-24}$$

或者：

$$V=\sqrt{\frac{2K}{K-1}\cdot RT_{\mathrm{s}}\cdot\left[\left(\frac{P_{\mathrm{q}}}{\rho_{\mathrm{t}}}\right)^{\frac{K-1}{K}}-1\right]} \tag{6.2-25}$$

因为：

$$a=\sqrt{K\frac{P_{\mathrm{s}}}{\rho_{\mathrm{s}}}}=\sqrt{KRT_{\mathrm{s}}} \tag{6.2-26}$$

所以：

$$P_{\mathrm{q}}=P_{\mathrm{s}}\left[\left(1+\frac{K-1}{2}\cdot\frac{V^2}{a^2}\right)^{\frac{K}{K-1}}-1\right] \tag{6.2-27}$$

将 $\left(1+\dfrac{K-1}{2}\cdot\dfrac{V^2}{a^2}\right)^{\frac{K}{K-1}}$ 用二项式定理展开：

$$\begin{aligned}P_{\mathrm{q}}&=P_{\mathrm{s}}\left[1+\frac{K}{2}\left(\frac{K}{a}\right)^2+\frac{K}{8}\left(\frac{K}{a}\right)^4+\frac{K(2K-1)}{48}\left(\frac{K}{a}\right)^6+\cdots\cdots-1\right]\\&=\frac{KV^2\rho_{\mathrm{s}}}{2a^2}\left[1+\frac{1}{4}\left(\frac{V}{a}\right)^2+\frac{2-K}{24}\left(\frac{V}{a}\right)^4+\cdots\cdots\right]\\&=\frac{1}{2}\rho_{\mathrm{s}}V^2[1+\varepsilon]\end{aligned} \tag{6.2-28}$$

式中，$\varepsilon=\dfrac{1}{4}\left(\dfrac{V}{a}\right)^2+\dfrac{2-K}{24}\left(\dfrac{V}{a}\right)^4+\cdots$ 为压缩效应修正系数。当 $K=1.4$ 时，$\varepsilon=1+\dfrac{1}{4}\left(\dfrac{V}{a}\right)^2+\dfrac{1}{40}\left(\dfrac{V}{a}\right)^4+\cdots$，所以当飞行速度小于音速，且考虑空气压缩性时：

$$V=\sqrt{\frac{2P_{\mathrm{q}}}{\rho_{\mathrm{s}}(1+\varepsilon)}} \tag{6.2-29}$$

③ 气流速度大于音速时（即 $Ma>1$）。

$$
\begin{aligned}
P_q &= \frac{K+1}{2}\left(\frac{K}{a}\right)P_s\left[\frac{(K+1)^2}{4K-2(K-1)\left(\frac{a}{V}\right)^2}\right]^{\frac{1}{K-1}} - P_s \\
&= \frac{K+1}{2}(Ma)^2 P_s\left[\frac{(K+1)^2 Ma^2}{4KMa^2-2(K-1)}\right]^{\frac{1}{K-1}} - P_s \qquad (6.2\text{-}30) \\
&= \frac{1}{2}\rho_s V^2[1+\varepsilon]
\end{aligned}
$$

此时，可得：

$$
V=\sqrt{\frac{2P_q}{\rho_s(1+\varepsilon')}} \qquad (6.2\text{-}31)
$$

式中，ε' 是超音速时压缩效应修正系数。$\varepsilon'=\frac{238.495Ma^5}{(7Ma^2-1)^{2.5}}-\frac{1.492}{Ma^2}-1$。

例 6.2-1 取 $Ma\leqslant 1$，分别求不考虑空气压缩性和考虑空气压缩特性时的指示空速。

解：设标准海平面上压力为 P_0、密度为 ρ_0、温度为 T_0，压缩效应修正系数为 ε_0。当 $Ma\leqslant 1$ 且不考虑空气压缩性时：

$$
V=\sqrt{\frac{2P_q}{\rho_0}}=\sqrt{\frac{2RT_0P_q}{2P_0}}
$$

当 $Ma\leqslant 1$ 且考虑空气压缩性时：

$$
V=\sqrt{\frac{2P_q}{\rho_s(1+\varepsilon)}}=\sqrt{\frac{2RT_0P_q}{P_0(1+\varepsilon_0)}}
$$

式中，$\varepsilon_0\approx\varepsilon=\frac{1}{4}\left(\frac{V}{a}\right)^2+\frac{2-K}{24}\left(\frac{V}{a}\right)^4+\cdots$，当 $K=1.4$ 时：

$$
\begin{aligned}
\varepsilon_0 &= 1+\frac{1}{4}\left(\frac{V}{a}\right)^2+\frac{1}{40}\left(\frac{V}{a}\right)^4+\cdots\approx\frac{1}{4}\left(\frac{V}{a}\right)^2 \\
&= \frac{V^2}{4KRT_0}=\frac{V^2}{1607.5T_0}
\end{aligned}
$$

6.2.5 视频（觉）测速

视频测速是一种新型的测速方式，是通过视频分析技术实现对车辆的测速，测速过程中只需要安装一个（单目测速）或两个（双目测速）摄像机即可。通常情况下，视频测速均是指单目视频测速。

1. 视频测速原理

根据牛顿运动方程可知，运行体速度 v 的大小为：

$$
v=\Delta d/\Delta t \qquad (6.2\text{-}32)
$$

在视频测速系统中，Δt 可以通过视频信号帧之间的时间差直接得到，Δd 虽然不能直接获取，但可通过下式获得：

$$\Delta d = d_1 - d_0 = f(s_1) - f(s_0) \tag{6.2-33}$$

$f(s)$ 是一个单映射函数，s 表示位置，是一个在实际应用系统中比较容易获得的值。

2. 视频测速实现方法

目前，单目视频车辆测速采用的方案主要可以分为两种：基于虚拟线圈的方法和基于车辆跟踪的方法。

基于虚拟线圈方法的示意图如图 6.2.3 所示，其基本想法是在视频图像上虚拟出两条车道线 d_0、d_1，视频图像上虚拟的两条线在道路上对应的位置和距离在测速前通过人工测量得到。当车辆行驶到第一条线 d_0 时记录其时刻 t_0，当车辆行驶到第二条线 d_1 时再记录一个时刻 t_1，根据上述的信息即可由式（6.2-32）计算出车辆的速度。

线圈方法的实质是基于视觉标志物的位移换算方法，因为两条线之间的距离是知道的，其主要任务就是通过图像处理的手段检测出车辆触线的时刻。该类方法不是对机动车本身进行定位，而是通过标记物的位置来获得车辆行驶的距离。

与线圈的方法不同，基于车辆跟踪方法的原理是通过车辆在图像中的信息对车辆进行定位。该方法一般需要标定摄像机的外参，获得摄像机坐标系和公路坐标系之间的关系，当车辆在路面所在的平面上行驶时，它被映射成了摄像机平面的运动。在不同的时刻，车辆在视频图像帧中的位置不一样，于是可以得到以像素为单位的车辆速度，再通过标定出的摄像机参数，可以计算得到车辆的真实速度。

基于车辆跟踪方法的示意图如图 6.2.4 所示。当知道车辆在不同帧 A、B 中的图像像素坐标分别为 (x_A, y_A) 与 (x_B, y_B) 时，可以根据映射关系计算出车辆在道路上的坐标($X_A(x_A, y_A)$，$Y_A(x_A, y_A)$)与($X_B(x_B, y_B)$，$Y_B(x_B, y_B)$)，根据式（6.2-34）可以计算出车辆的速度。

$$v = \frac{\sqrt{[X_B(x_B, y_B) - X_A(x_A, y_A)]^2 - [Y_B(x_B, y_B) - Y_A(x_A, y_A)]^2}}{t_B - t_A} \tag{6.2-34}$$

式中，t_B、t_A 分别为 B、A 帧图像的拍摄时刻。

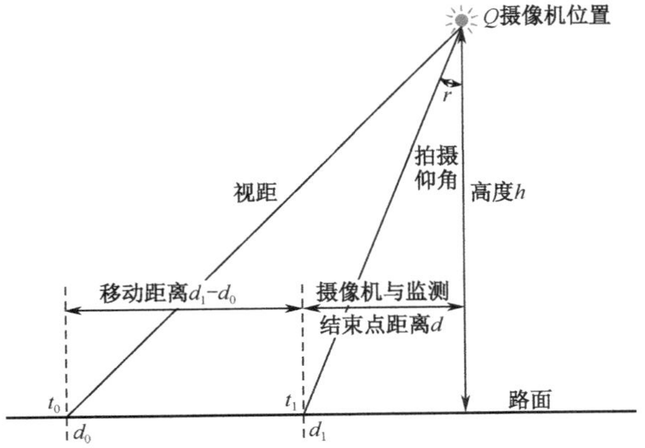

图 6.2.3　基于虚拟线圈方法的示意图

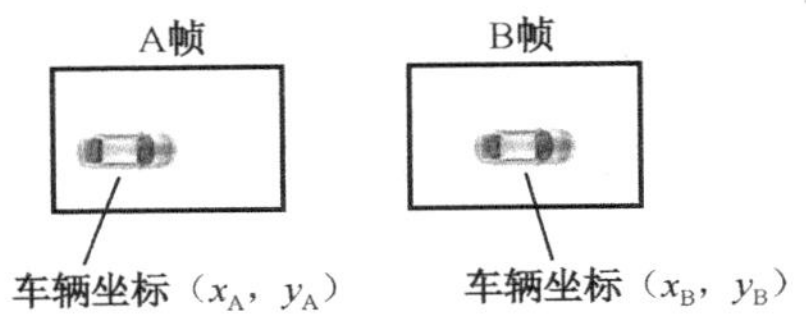

图 6.2.4　基于车辆跟踪方法的示意图

车辆跟踪的实质在于提取车辆的轮廓、车牌、车灯、车尾等特征，通过这些特征跟踪车辆。根据特征区域大小的不同，还可以简单地将基于车辆跟踪的方案分成两种：基于块匹配的车辆跟踪测速法与基于特征点匹配的车辆跟踪测速法，共同思想都是在图像上找出车辆的某个区域，针对这个区域对车辆进行跟踪。

基于块匹配方法的优势在于可以在场景有多辆车的情况下进行目标跟踪与测速。基于特征点匹配的方法在车辆的追踪上选择了车辆的特征点，虽然用特征点很难在多辆车时对车辆进行跟踪测速，但在单个车辆的定位上其精度高于基于块匹配的测速方法。

3．视频测速误差因素分析

（1）像平面与路面坐标系的映射关系

在视频图像里，通过对车辆特征块的定位跟踪只能得到该车辆在画面中的移动速度。只有利用路面信息完成像平面到路面坐标系映射关系的建立，才能实现画面中的位置与实际路面下的位置的一一对应，以达到对实际速度的求解。

（2）车辆特征块的定位精度

车辆从远景驶入近景的过程中，其形状相对于相机的位置会发生改变。而且，在光照等环境因素的影响下，容易造成前后两帧特征块定位点的位置不一致，从而不能精确地得到单位时间内车辆的移动距离。只有提高对车辆特征块的定位精度，才能减少特征块前后两帧位置不一致造成的测速误差。

（3）特征块深度信息的还原

车辆特征块定位点在实际空间中的位置不是处在路面坐标系上，而是距离地面有一定的高度，且不同车辆的特征块所处的位置也不统一。所以，在计算车辆的行驶距离中，实际坐标系需建立在特征块定位点所对应的平面上，而不应直接建立在地面上。若直接以路面坐标系作为特征块定位点在空间中的坐标系，计算出车辆的行驶距离，必会影响视频测速的精度。而且，特征块定位点距离地面越高误差也越大。

6.3 小　　结

本章主要介绍了导航测速原理，重点分析了基于多普勒效应的主动测速原理，对系统的主要实现方法和技术误差进行了深入分析。最后介绍了几种被动式测速方法。

复习和作业题6

1．简述电磁计程仪测速的基本原理。

2．什么叫多普勒频移？简述多普勒计程仪的基本测速原理。

3．多普勒测速有哪几种类型？特点如何？

4．什么叫声相关计程仪？其优点如何？

5．简述声相关计程仪测速的基本原理。

6．声相关计程仪工作时是否需要修正声速的影响？为什么？

7．卫星导航接收机两种测速方法中，匀速或非匀速运动状态下哪种测速方法精度较高？为什么？

8．惯性导航测速的精度影响因素有哪些？怎样提升？

第 7 章　导航定位原理

7.1　概　　述

导航的基本任务就是要解决运行体“身在何处”的问题，而解决这一问题的核心就是要实现运行体的导航定位。空间定位方法广泛应用于导航、雷达、侦察、测控、救援、大地测量等各个领域，涉及陆海空交通运输、油井地质勘探、海上遇难救援、火控系统对目标的定位跟踪、电子侦察定位、空间飞行器的测控、卫星导航定位等国民经济和国防的各个重要方面。

本章主要涉及应用于导航领域的空间定位原理和方法。首先，从几何式导航定位出发，对几何式导航定位的测距、测距差和测角定位基本原理及误差分析进行深入讨论；其次，介绍推算式导航定位，给出惯性和多普勒雷达两种典型推算式导航定位的原理方法；最后，阐述匹配导航定位的基本原理及利用地球物理信息的组合式辅助导航定位方法。

在第 1 章中我们已经知道，几何导航参量分别代表了运行体位于的各个空间曲面，利用导航系统测量两种或两种以上不同的导航参量（如角度和距离参量，或者角度和距离差参量等），构建不同类型的位置面或位置线，解算不同类型位置面或位置线交点的方式就可实现对用户或目标定位。例如，塔康系统是通过测量距离参量和角度参量，以构建球位置面和平面位置面的方式实现了对用户的定位。为此，导航定位的关键可以归结为两个方面：一个是导航参量的获取，这在前面的导航测角、导航测距（测距差）中都已经做了全面的介绍；另一个就是位置线（面）方程的建立和它们交点的求解问题。

7.1.1　非线性方程解算

在几何式导航定位中，获得几何导航参量后所建立的位置线或位置面方程，通常都是非线性方程性质的，因此几何式导航定位必须解决非线性方程的解算问题。在工程实现中，求解非线性方程并不是一件容易的事情，并且由于对导航参量的测量与估计不可避免地会存在误差，误差的引入将导致位置线不相交于一点或根本没有交点。

下面介绍的是求解非线性方程通常采用的泰勒级数展开法（又称梯度法）和 Chan 法。

1. 泰勒级数展开法

泰勒级数展开法又称梯度法。如第 2 章所述，用于描述几何关系的位置面表达式通常是非线性的，如果将这些非线性表达式展开为泰勒级数，保留其中的线性部分，就可以使用（加权）最小二乘估计算法，沿着误差梯度下降的方向进行迭代求解。该方法的核心思想为：首先假定用户位置的初始点，并在初始估计点处利用泰勒级数对位置面或位置线方程进行展开，并忽略二次及高阶项，将非线性方程线性化，再运用（加权）最小二乘估计算法对偏移量进行估计，而后利用估计的偏移量修正估计的用户位置，持续迭代，直至估计的用户位置逼近用户位置的残余误差满足要求，从而得到对用户位置的最优估计值。下面以二维平面用户定位为例，介绍泰勒级数展开法的原理及实现过程。

设 $X_T=(x_T,y_T)$ 代表运行体位置的真值，$X_i=(x_i,y_i),i=1,2,3,\cdots,N$，表示 N 个用于定位的导航台位置的真值。m_i 表示第 i 个导航台测量的导航参量真值，这里测量的导航参量不局限于方位、距离或其他某一种参数，而是可以用于定位的任意导航参量。且已知导航参量的测量误差为 ε_i，测量误差服从均值为零、协方差矩阵为 $\boldsymbol{P}$ 的正态分布，且 N 次测量为独立同分布。因此：

$$f_i(x_T,y_T,x_i,y_i)=u_i=m_i+\varepsilon_i,i=1,2,\cdots,N \tag{7.1-1}$$

式中，u_i 为测量的导航参量。则泰勒级数展开定位方法的步骤如下。

① 假设对用户真实位置 (x_T,y_T) 的初始估计位置为 $(\hat{x}_T,\hat{y}_T)$，与真值的偏移误差为 δ_x 和 δ_y。则有：

$$x_T=\hat{x}_T+\delta_x \qquad y_T=\hat{y}_T+\delta_y \tag{7.1-2}$$

② 针对非线性方程 $f_i(x_T,y_T,x_i,y_i)$ 利用泰勒级数在 $(\hat{x}_T,\hat{y}_T)$ 点进行二维展开并舍去二次项和高阶项则可得：

$$\hat{f}_i+\left.\frac{\partial f_i}{\partial x}\right|_{\substack{x=\hat{x}_T\\y=\hat{y}_T}}\cdot\delta x+\left.\frac{\partial f_i}{\partial y}\right|_{\substack{x=\hat{x}_T\\y=\hat{y}_T}}\cdot\delta y\approx m_i+\varepsilon_i,i=1,2,\cdots,N \tag{7.1-3}$$

式中，$\hat{f}_i=f_i(\hat{x}_T,\hat{y}_T,x_i,y_i)$。

为了计算方便，则可将上述 N 维的线性化方程组写成矩阵形式，为此做如下定义：

$$a_{i1}=\left.\frac{\partial f_i}{\partial x}\right|_{\substack{x=\hat{x}_T\\y=\hat{y}_T}} \qquad a_{i2}=\left.\frac{\partial f_i}{\partial y}\right|_{\substack{x=\hat{x}_T\\y=\hat{y}_T}}, \qquad i=1,2,\cdots,N$$

$$\boldsymbol{\delta}=[\delta x,\delta y]^{\mathrm{T}};\boldsymbol{Z}=[m_1+\varepsilon_1-\hat{f}_1,m_2+\varepsilon_2-\hat{f}_2,\cdots,m_N+\varepsilon_N-\hat{f}_N]^{\mathrm{T}};\boldsymbol{H}=[a_{i1},a_{i2},\cdots,a_{iN}] \tag{7.1-4}$$

则式（7.1-4）可以写成：

$$\boldsymbol{H\delta}\approx\boldsymbol{Z} \tag{7.1-5}$$

根据最小二乘估计原理，使得平方和误差最小的 $\boldsymbol{\delta}$ 为：

$$\boldsymbol{\delta}_{\mathrm{LS}}=(\boldsymbol{H}^{\mathrm{T}}\boldsymbol{H})^{-1}\boldsymbol{H}^{\mathrm{T}}\boldsymbol{Z} \tag{7.1-6}$$

若依据协方差矩阵采用加权最小二乘估计算法处理时，得到使得平方和最小的 $\boldsymbol{\delta}$ 为：

$$\boldsymbol{\delta}_{\mathrm{WLS}}=(\boldsymbol{H}^{\mathrm{T}}P^{-1}\boldsymbol{H})^{-1}\boldsymbol{H}^{\mathrm{T}}P^{-1}\boldsymbol{Z} \tag{7.1-7}$$

在已知测量误差分布特性的情况下通常采用式（7.1-7）进行计算能够得到更高的精度，在未知测量误差特性时采用式（7.1-6）进行计算。

③ 依据 $\boldsymbol{\delta}$ 判断估计位置是否符合给定的门限 δ_0 要求，若符合，则停止迭代，最终估计的用户位置为($\tilde{x}_T=\hat{x}_T+\delta x$， $\tilde{y}_T=\hat{y}_T+\delta y$)。若不满足门限要求，则需要进行下一步迭代。

④ 用 $\hat{x}_{T\mathrm{new}}=\hat{x}_{T\mathrm{old}}+\delta x$，$\hat{y}_{T\mathrm{new}}=\hat{y}_{T\mathrm{old}}+\delta y$ 代替对用户上次的估计值。并重复步骤②、步骤③。

这里需要说明的是，判决依据通常用 ε 表示，它是 δx、δy 的联合结果。常用的判决依据有以下几种。

估计误差均方误差：

$$\varepsilon_1=\sqrt{\delta^2 x_{k+1}+\delta^2 y_{k+1}}$$

相邻两次的均方误差差值：

$$\varepsilon_2=\left|\sqrt{\delta^2 x_{k+1}+\delta^2 y_{k+1}}-\sqrt{\delta^2 x_k+\delta^2 y_k}\right|$$

最大估计误差：

$$\varepsilon_3=\max\left(\left|\delta x_{k+1}\right|,\left|\delta y_{k+1}\right|\right)$$

其中，k 为迭代次数。显然，判决依据的不同，选择的门限值大小也不同。

泰勒级数展开法的优点是对所有定位方法均适用，且利用了所有的测量值改善定位精度；其缺点为：

a．该方法是一种将非线性问题转换为线性问题的近似方法，方法本身不可避免地会带来误差；

b．为防止收敛到局部最优点以及减少迭代次数，最初估计值需要靠近真实值，在实际中可以借助多种手段满足初估计值的要求；

c．虽然一般都能收敛到真实点，但迭代过程的收敛性无法保证；

d．每步迭代均要对矩阵求逆，运算量大，如果利用先验知识，将最初位置选择得离真实位置比较近，则该方法仍是非常有效的。

2．Chan 法

针对泰勒级数展开法应用于几何导航定位解算的缺点与不足，又出现了 Chan 法，该算法计算量小，在误差服从高斯分布的环境下解算精度高。Chan 法属于一种非迭代的方法，通常适应于测量距离参量的导航定位。

对于二维平面定位来说，当用于导航定位的导航台数为 3 时，它等效为线交叉定位方法；当导航台数大于 3 时，它通过引入一个中间变量将非线性方程变为线性方程，并用最小二乘法初步估计出用户的位置；然后利用中间变量与用户位置的确定关系，再次用最小二乘法对用户位置进行更为精确的估计。下面以二维平面用户定位为例，介绍 Chan 法的原理及实现过程。

设共有 N 个用于定位的导航台，其位置真值 $X_k=(x_k,y_k),k=1,2,3,\cdots,N$（$N>3$），则可得到 $N-1$ 个独立的导航台测量距离差，是这 $N-1$ 个独立的测量距离参量与离用户最近的导航台（设为第 1 个导航台）测量距离参量比较的结果。若 $X_T=(x_T,y_T)$ 代表用户位置的真值，则有：

$$r_k=\sqrt{(x_T-x_k)^2+(y_T-y_k)^2};\quad r_1=\sqrt{(x_T-x_1)^2+(y_T-y_1)^2} \tag{7.1-8}$$

当不存在距离参量的测量误差时有：

$$r_{k1}^2+2r_{k1}r_1=r_k^2-r_1^2=-2x_{k1}x_T-2y_{k1}y_T+d_k-d_1 \tag{7.1-9}$$

式中，$r_{k1}=r_k-r_1$；$x_{k1}=x_k-x_1$；$y_{k1}=y_k-y_1$；$d_k=x_k^2+y_k^2$；$d_1=x_1^2+y_1^2$。

观测上式可知，实现了对非线性的圆位置线方程组线性化。因此，通过引入中间变量 r_1 实现了对非线性圆位置线方程变为关于 x_T、y_T 和 r_1 的线性方程，中间变量 r_1 为用户与第一个导航台测量的距离。然而，测量误差是不可避免的。存在测量误差时，则 Chan 法的步骤如下。

① 当存在测量误差时，假定已知距离参量测量误差为 ε_k，N 次测量为独立同分布，因此：

$$\tilde{r}_k = r_k + \varepsilon_k;\quad \tilde{r}_1 = r_1 + \varepsilon_1 \tag{7.1-10}$$

式中，$\tilde{r}_k$ 为存在测量误差时第 k 个导航台测量的距离参量；r_k 为真值；$\tilde{r}_1$ 为存在测量误差时第 1 个导航台测量的距离参量；r_1 为真值。此时不同导航台测量的距离参量误差变为：

$$\tilde{r}_{k1} = \tilde{r}_k - \tilde{r}_1 = r_k - r_1 + \varepsilon_{k1} \tag{7.1-11}$$

联立式（7.1-9）和式（7.1-11）可得：

$$(\tilde{r}_{k1}^2 - d_k + d_1)/2 + x_{k1}x_T + y_{k1}y_T + \tilde{r}_{k1}r_1 = r_k\varepsilon_{k1} - \varepsilon_{k1}^2/2 \tag{7.1-12}$$

为了计算方便，则可将上述 $N-1$ 维的方程组写成矩阵形式，为此做如下定义：

$$\begin{gathered}\boldsymbol{v} = \frac{1}{2}[\tilde{r}_{21}^2 - d_2 + d_1, \tilde{r}_{31}^2 - d_3 + d_1, \cdots, \tilde{r}_{N1}^2 - d_N + d_1]^{\mathrm{T}}; \boldsymbol{Z} = [x_T, y_T, r_1]^{\mathrm{T}} \\ \boldsymbol{B} = \mathrm{diag}[r_2, r_3, \cdots, r_N]^{\mathrm{T}}; \varepsilon = [\varepsilon_{21}, \varepsilon_{31}, \cdots, \varepsilon_{N1}]^{\mathrm{T}}; \boldsymbol{A} = -\begin{bmatrix} x_{21}, y_{21}, \tilde{r}_{21} \\ x_{31}, y_{31}, \tilde{r}_{31} \\ \vdots \quad \vdots \quad \vdots \\ x_{N1}, y_{N1}, \tilde{r}_{N1} \end{bmatrix}\end{gathered} \tag{7.1-13}$$

则式（7.1-13）可写成矩阵形式：

$$\boldsymbol{\varphi} = \boldsymbol{B\varepsilon} - \frac{1}{2}[\varepsilon_{21}^2, \varepsilon_{31}^2, \cdots, \varepsilon_{N1}^2]^{\mathrm{T}} = \boldsymbol{v} - \boldsymbol{AZ} \tag{7.1-14}$$

在工程实现中，$\varepsilon_{ki} \ll r_k$，因此，$\frac{1}{2}[\varepsilon_{21}^2, \varepsilon_{31}^2, \cdots, \varepsilon_{N1}^2]^{\mathrm{T}}$ 有理由认为是一个高阶无穷小量，可以忽略不计，则 $\boldsymbol{\varphi} = \boldsymbol{B\varepsilon}$ 可以看作服从高斯正态分布的误差参差随机变量，$\boldsymbol{\varphi} = \boldsymbol{v} - \boldsymbol{AZ}$ 可以采用最小二乘算法估计使得误差参差的平方和最小可得：

$$\boldsymbol{Z} = (\boldsymbol{A}^{\mathrm{T}}\boldsymbol{A})^{-1}\boldsymbol{A}^{\mathrm{T}}\boldsymbol{v} \tag{7.1-15}$$

通过式（7.1-15）可以看出，若将 r_1 看作与 x_T, y_T 相互独立的变量，则可以得到上式的最小二乘的粗估计，然而 r_1 与 x_T, y_T 具有确定的关系，不是相互独立的，因此需要利用它们的关系改善估计精度。

② 得到的粗估计值 $\boldsymbol{Z}$ 与真值的关系为：

$$Z_1 = x_T + \delta x;\quad Z_2 = y_T + \delta y;\quad Z_3 = r_1 + \delta r_1 \tag{7.1-16}$$

所以可得下式成立：

$$\begin{aligned}(Z_1 - x_1)^2 &= (x_T - x_1)^2 + 2(x_T - x_1)\delta x + \delta x^2 \\ (Z_2 - y_1)^2 &= (y_T - y_1)^2 + 2(y_T - y_1)\delta y + \delta y^2\end{aligned} \tag{7.1-17}$$

又由于 $r_1 = \sqrt{(x_T - x_1)^2 + (y_T - y_1)^2}$，所以采用前面的思想，可以写成矩阵形式，为此做如下定义：

$$\begin{gathered}\boldsymbol{v}' = \frac{1}{2}[(Z_1 - x_1)^2, (Z_2 - y_1)^2, Z_3^2]^{\mathrm{T}}; \boldsymbol{Z}' = [(x_T - x_1)^2, (y_T - y_1)^2]^{\mathrm{T}} \\ \boldsymbol{\varphi}' = [2(x_T - x_1)\delta x + \delta x^2, 2(y_T - y_1)\delta y + \delta y^2]^{\mathrm{T}}; \boldsymbol{A}' = -\begin{bmatrix} 1 & 0 \\ 0 & 1 \\ 1 & 1 \end{bmatrix}\end{gathered} \tag{7.1-18}$$

则式（7.1-18）可写成矩阵形式：

$$\boldsymbol{\varphi}' = \boldsymbol{v}' - \boldsymbol{A}'\boldsymbol{Z}' \tag{7.1-19}$$

同样再次使用最小二乘算法估计，使得误差参差的平方和最小可得：

$$\boldsymbol{Z}' = (\boldsymbol{A}'^{\mathrm{T}}\boldsymbol{A}')^{-1}\boldsymbol{A}'^{\mathrm{T}}\boldsymbol{v}' \tag{7.1-20}$$

这样得到了精度更高的估计解，考虑了 r_1 与 x_T, y_T 具体的关系。

③ Chan 法对用户的估计解为：

$$z_T = [x_T, y_T]^{\mathrm{T}} = [\pm\sqrt{Z_1'}, \pm\sqrt{Z_2'}]^{\mathrm{T}} + [x_1, y_1]^{\mathrm{T}} \tag{7.1-21}$$

从上面的分析能够看出，Chan 法优点是一种非迭代的方法，计算量小，定位精度高，但其缺点也很明显：

a．该方法的适用范围有限，仅适用于测量距离参量的导航定位；

b．Chan 法存在多值性（以 r_1 为轴旋转图形得到相同的结果），是一种通过位置面的几何定位面方程相互相减求交角的方法得到的，需要根据已知的先验信息去除多值性；

c．在非视距环境下定位精度下降比较迅速。

7.1.2　导航定位误差分析

由几何式导航定位原理可知，运行体在二维空间中的位置可以通过地球表面上两条以上位置线的交点加以确定。由于存在观测的导航参量误差，实际获得的位置线不可避免地存在误差，因而导致在确定运行体位置时产生误差，即测量所得位置与运行体的真实位置不一致，这种误差就称为定位误差。

1．位置线误差及其特性

我们知道，几何导航参量为定值的运行体的轨迹（几何图形）称为位置线或位置面。位置线误差是指真实或理想位置线上的待定点与测得位置线之间的距离。由此可见，位置线误差既与位置线类型有关，又与获得此位置线的观测量精度有关。导航中最常用的位置线有三种：

① 直线位置线；

② 圆位置线；

③ 双曲线位置线。

这三种位置线分别由测角、测距、测距差获得。在分析位置线误差特性时，重点分析随距离变化的情况，通常是在假定测量误差，如测角误差、测距误差、测距差误差等一定条件下进行。

（1）直线位置线误差

直线位置线是指在一个特定平面上相对某一个基准方向线夹角恒定不变的线，是一条射线，或者说在这条线上的所有点相对基准线的方位保持不变。图 7.1.1（a）给出了直线位置线误差特性的示意图，其中 θ_1 是点 $P_1, P_2, \cdots, P_n$ 所在真实位置线对应的角参量，θ_2 是测得的角参量，由此提供一条测得位置线，由于角度 θ_2 与 θ_1 之间存在 $\Delta\theta$ 测量误差，所以就产生了位置线误差。其中 P_1 点到观测点“O”的距离为 r_1，产生的位置线误差为 $\overline{P_1P_1'}$，P_2 点（$OP_2 = r_2$）产生的位置线误差为 $\overline{P_2P_2'}$，…，P_n 点对应 $\overline{P_nP_n'}$，显然 $\overline{P_1P_1'} < \overline{P_2P_2'} < \cdots < \overline{P_nP_n'}$，可见在 $\Delta\theta$ 一定时，用户点距观测点越远，位置线误差越大。

利用初等几何知识可以证明：

$$\overline{P_iP_i'}=r_i\sin\Delta\theta \tag{7.1-22}$$

考虑到 $\Delta\theta$ 很小，直线位置线误差与测角误差关系可以近似写为 $\overline{P_iP_i'}\approx r_i\cdot\Delta\theta$，具体关系如图 7.1.1（b）所示，表明直线位置线误差与作用距离呈正比的线性关系。

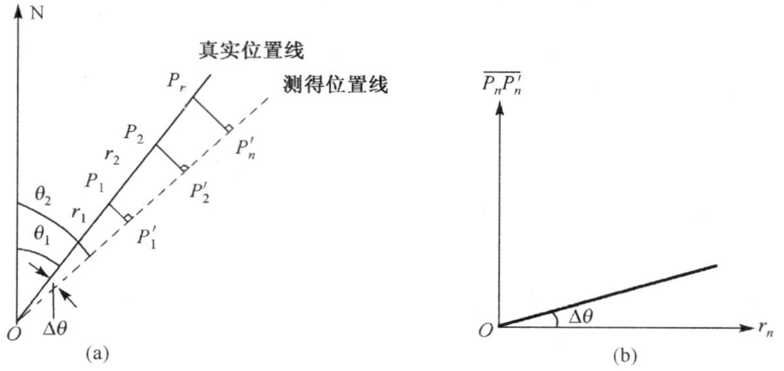

图 7.1.1　直线位置线误差特性的示意图

（2）圆位置线误差

圆位置线是指在一个特定平面上，与某一基准点保持距离恒定的轨迹，因此，一切测距系统均可以提供圆位置线，图 7.1.2 给出了圆位置线误差特性的示意图，虚线圆是由于测距误差 Δr 存在而测得的位置线，因为它们都是以基准点 O 为圆心的同心圆，所以只要测量误差 Δr 一定，则圆位置线误差均相等，且等于测距误差：

$$\overline{P_iP_i'}=\Delta r \tag{7.1-23}$$

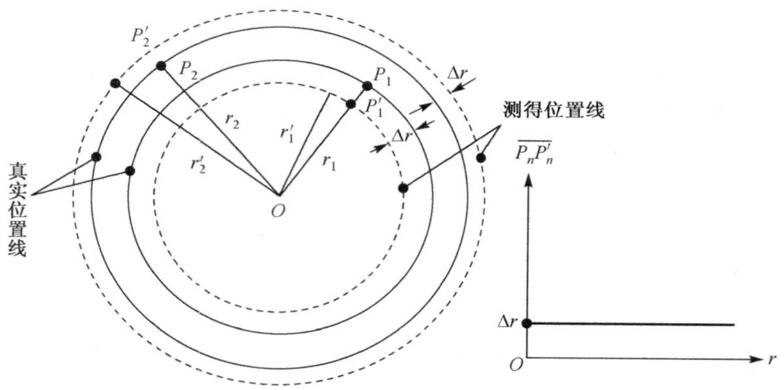

图 7.1.2　圆位置线误差特性的示意图

由此可见，圆位置线误差和运行体所在距离，或者说与系统的作用距离无关，始终等于测距误差，这是与直线位置线误差明显不同的特性。

（3）双曲线位置线误差

双曲线位置线是指在一个特定平面上，保持运行体与两个指定基准点距离差为恒定值的轨迹，这个轨迹是以这两个基准点为焦点的双曲线，因此，一切测距差系统均可以提供双曲线位置线，图 7.1.3 所示是双曲线位置线误差特性的示意图。双曲线的特点是两条距差不同的相邻双曲线之间的距离随着偏离基线 $\overline{AB}$ 的远近而不同，相距基线越远就越大，这就是双曲线的发散特性。另外，它的发散程度又与基线长度有关，通常基线越短，发散越厉害。当基线短到一定程度时，双曲线趋近于由基线中心发出的射线。因此，双曲线位置线误差特性和直线位置线误差特性有一定的类似性，即随着偏离基线距离的增大而增大。

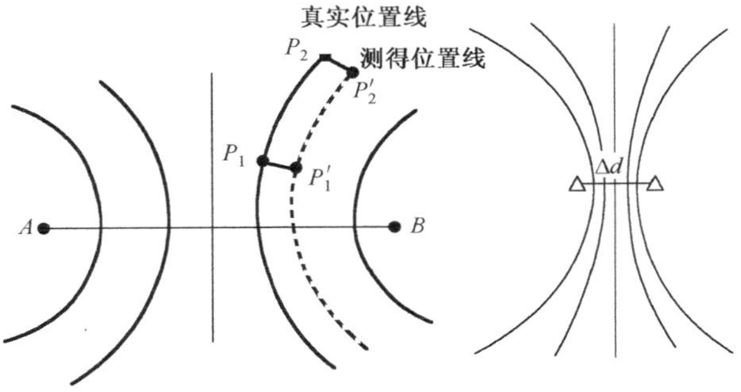

图 7.1.3　双曲线位置线误差特性的示意图

2．位置线定位误差分析

如果每条位置线误差都是正态分布的随机变量，那么由位置线误差决定的定位误差也将是一个随机变量，对这一随机变量的描述，一般采用均方误差或等概率定位误差椭圆两种方式。

（1）定位误差的均方误差表示

由 2.3.1 节可知，均方误差是评价导航精度的一个十分重要的指标，均方误差越小，导航精度越高。对于导航定位来讲，如果其定位方式是通过构建位置面或线相交求交点的方式来实现的，则位置面或线的测量误差与定位误差会存在紧密的关系。为了计算方便，下面主要以二维平面定位为例，从位置线相交的角度阐述定位均方误差。

假定用户位置 T 真值为 $X_T=(x_T,y_T)$，用户通过导航系统定位解算得到位置 $\hat{T}$ 为 $X_{\hat{T}}=(\hat{x}_T,\hat{y}_T)$。两条真实位置线为 P_1 和 P_2（在位置点附近的位置线用该点的切线表示），实际测量的两条位置线为 $P_1'=P_1+\Delta P_1$ 和 $P_2'=P_2+\Delta P_2$，两条实测位置线交点即为导航系统定位解算得到用户位置 $\hat{T}$。假定此时两条实测位置线锐夹角为 γ，几何关系如图 7.1.4 所示。

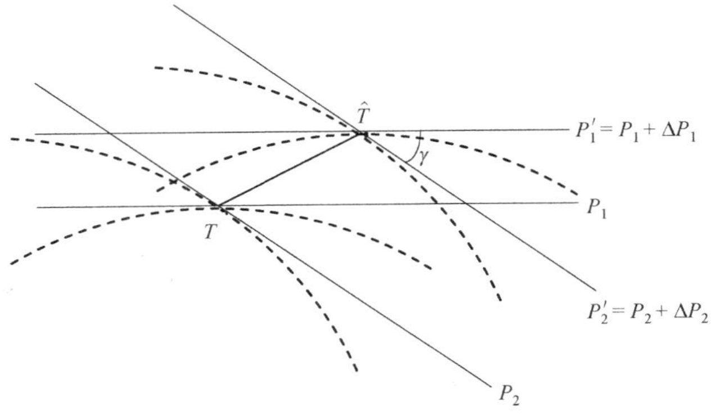

图 7.1.4　定位误差与位置线几何关系图

由定位误差的几何物理意义可知：

$$(x_T-\hat{x}_T)^2+(y_T-\hat{y}_T)^2=\delta^2 x+\delta^2 y=|T\hat{T}|^2 \tag{7.1-24}$$

式中，$T\hat{T}$ 表示连接这两点之间的线段长度；δ_x 和 δ_y 分别是导航系统定位解算在 X 坐标方向和 Y 坐标方向的定位误差。又由余弦定理可知：

$$|T\hat{T}|^2=(\Delta P_1^2+\Delta P_2^2-2\Delta P_1\Delta P_2\cos\gamma)/\sin^2\gamma \tag{7.1-25}$$

然而，通常位置线误差是服从高斯分布的随机量，同样定位误差也被认为是服从高斯分布的随机变量，则分别对式（7.1-24）和式（7.1-25）求均值。又由定位误差均方误差的定义 $\sigma_{\text{rms}}^2=E[(x_T-\hat{x}_T)^2+(y_T-\hat{y}_T)^2]$ 可知：

$$\sigma_{\text{rms}}^2=[E(\Delta P_1^2)+E(\Delta P_2^2)-2E(\Delta P_1\Delta P_2)\cos\gamma]/\sin^2\gamma \tag{7.1-26}$$

假设位置线误差的统计特性已知，P_1 位置线误差均值与方差为 μ_1、σ_1^2，P_2 位置线误差的均值与方差为 μ_2、σ_2^2，两条位置线误差的相关系数为 ρ_{12}，由均值、方差与相关系数的关系可得定位的均方误差为：

$$\sigma_{\text{rms}}^2=\frac{1}{\sin^2\gamma}[\sigma_1^2+\sigma_2^2+\mu_1^2+\mu_2^2-2(\rho_{12}\sigma_1\sigma_2+\mu_1\mu_2)\cos\gamma] \tag{7.1-27}$$

由上式可得到以下几点结论：

① 定位均方误差不仅与两条位置线误差的均值、方差、相关系数有关，而且与位置线锐夹角密切相关；

② 当位置线有偏（即位置线误差的均值不为零）时，将导致定位的均方误差增加，定位精度下降；

③ 当位置线无偏，且两条位置线不相关时，$\sigma_{\text{rms}}^2=(\sigma_1^2+\sigma_2^2)/\sin^2\gamma$，则定位的均方误差只与两条位置线误差的方差及位置线锐夹角有关。

因此为了实现准确定位，即 σ_{rms} 尽量小，除要求位置线误差小外，还希望位置线交角尽量等于 90°。

（2）定位误差的等概率误差椭圆表示

等概率误差椭圆含义为：当两条位置线误差服从零均值的联合高斯分布时，定位点等概率密度分布的轨迹是以平均定位点为中心的一簇椭圆，椭圆的长短半轴表示误差的大小，长轴方向表示最大误差的方向，短轴方向表示误差最小的方向。通常将随机定位误差落入椭圆的概率为 39.3%（有时也规定为 50%或其他的值）的那个特定误差椭圆作为特征误差椭圆。它是分析几何式导航定位误差的一种常用表示方法，不仅给出了定位误差的数值，而且给出了误差的分布方向，是一种能表达定位误差取向的向量表示法，常用来确定导航系统工作区。下面以图 7.1.4 所示的两条位置线定位方式为例阐述误差椭圆特性。

当已知 P_1 和 P_2 位置线误差 ΔP_1 和 ΔP_2 均服从零均值的高斯分布时，则位置线的交点处于图 7.1.4 所示的四边形范围内的概率分布为位置线误差 ΔP_1 和 ΔP_2 的二维联合概率分布，由于多数情况下两位置线误差是独立不相关的，两者的联合概率分布可表示为：

$$f(\Delta P_1,\Delta P_2)=f(\Delta P_1)f(\Delta P_2)=\frac{1}{2\pi\sigma_1\sigma_2}\exp\left[-\frac{1}{2}\left(\frac{\Delta P_1^2}{\sigma_1^2}+\frac{\Delta P_2^2}{\sigma_2^2}\right)\right] \tag{7.1-28}$$

所以位置线交点落在四边形中的概率可以表示为：

$$P=\iint f(\Delta P_1,\Delta P_2)\mathrm{d}\Delta P_1\mathrm{d}\Delta P_2=\iint\frac{1}{2\pi\sigma_1\sigma_2}\exp\left[-\frac{1}{2}\left(\frac{\Delta P_1^2}{\sigma_1^2}+\frac{\Delta P_2^2}{\sigma_2^2}\right)\right]\mathrm{d}\Delta P_1\mathrm{d}\Delta P_2 \tag{7.1-29}$$

若用四边形面积表示位置线误差乘积形式 $\mathrm{d}S=\mathrm{d}\Delta P_1\mathrm{d}\Delta P_2$，则式（7.1-29）表示为：

$$P=\frac{\sin\gamma}{2\pi\sigma_1\sigma_2}\iint\exp\left[-\frac{1}{2}\left(\frac{\Delta P_1^2}{\sigma_1^2}+\frac{\Delta P_2^2}{\sigma_2^2}\right)\right]\mathrm{d}S \tag{7.1-30}$$

当取位置线交点落在四边线中的概率为一个固定值 K_k 时，（特征误差椭圆积分门限通常选取 $\pm1\sigma_1$ 和 $\pm1\sigma_2$）经过复杂的推导可将式（7.1-30）（关于误差椭圆方程的推导可参考相关文献）化简为如下标准的椭圆方程：

$$\frac{\Delta P_1^2}{a^2}+\frac{\Delta P_2^2}{b^2}=1 \tag{7.1-31}$$

其中椭圆的长轴和短轴为：

$$\begin{aligned}a&=\sqrt{\frac{4K_k^2\sigma_1^2\sigma_2^2}{\sigma_1^2+\sigma_2^2-\sqrt{(\sigma_1^2+\sigma_2^2)^2-4\sigma_1^2\sigma_2^2\sin^2\gamma}}}\\ b&=\sqrt{\frac{4K_k^2\sigma_1^2\sigma_2^2}{\sigma_1^2+\sigma_2^2+\sqrt{(\sigma_1^2+\sigma_2^2)^2-4\sigma_1^2\sigma_2^2\sin^2\gamma}}}\end{aligned} \tag{7.1-32}$$

而椭圆长半轴的取向角为：

$$\varphi=\frac{1}{2}\arctan\left(\frac{\sigma_1^2-\sigma_2^2}{\sigma_1^2+\sigma_2^2}\tan\gamma\right) \tag{7.1-33}$$

φ 实际是椭圆长半轴与位置线锐夹角 γ 角平分线的夹角。

观察式（7.1-32）和式（7.1-33）可得如下结论。

① 误差落在椭圆曲线点的概率是相等的。

② 误差椭圆的长轴总是落在位置线夹角锐角的区域。

③ 误差椭圆的长轴总是靠近位置线误差小的那条位置线，即靠近精度高的那条位置线。当两条位置线误差相等时，误差椭圆长轴位于位置线锐夹角的角平分线上。

④ 当两条位置线互相垂直时，椭圆长轴位于精度较高的那条位置线上，短轴方向则与精度较低的位置线一致。若此时两条位置线的精度还相等，则等概率误差椭圆变成等概率误差圆。

⑤ 当两条位置线夹角等于 0° 或 180° 时，误差椭圆退化成两条平行的直线。

利用以上五条性质，就可以描绘出几何式导航定位系统的误差椭圆场。

一个导航定位系统在其覆盖范围内的特征误差椭圆分布，称为定位误差场或椭圆误差场，这个定位误差场直观反映了特征误差椭圆在覆盖范围内随距离和方向变化的情况。换句话说，因为椭圆误差场是由处于不同方向、不同距离位置处的一系列等概率误差椭圆构成，这些等概率误差椭圆的长、短轴代表了指定系统定位误差的大小，长轴的取向代表着最大误差分布的情况，所以能够反映出该系统定位误差随方向和距离扩散的趋势。在定位误差场中，特征误差椭圆的长半轴不大于该系统要求的定位误差情况下所对应的覆盖区，称为该定位系统的工作区。由于定位误差场具有直观反映指定系统定位误差随方向和距离扩散趋势的优点，因此为合理选择台址，使系统最佳工作区覆盖用户感兴趣的区域提供了依据，在几何定位导航系统中得到广泛应用。

（3）均方误差与等概率定位误差椭圆关系

从前面的分析可以看出，均方误差与等概率误差椭圆是可以通过位置线误差进行相互推导与分析的。为了进一步描述清楚两者之间的关系，同样以二维定位的图 7.1.4 为例讲述。

为了表示方便，定义 $\delta\boldsymbol{X}=[\delta_x,\delta_y]^{\mathrm{T}}$ 为定位误差矢量，并认为 X 轴和 Y 轴的定位误差均服从零均值的高斯分布，且相互独立，标准均方误差分别为 σ_x 和 σ_y，则用户位置所处范围为如图 7.1.5 所示的矩形区域内。由于 $\delta\boldsymbol{X}$ 联合概率分布可表示为：

$$f(\delta\boldsymbol{X})=f(\delta x)f(\delta y)=\frac{1}{2\pi\sigma_x\sigma_y}\exp\left[-\frac{1}{2}\left(\frac{\delta^2x}{\sigma_x^2}+\frac{\delta^2y}{\sigma_y^2}\right)\right] \tag{7.1-34}$$

联合概率密度函数定义了一个二维的钟形面。把括号中指数设定成一个常数就能得到恒定密度的等值线，如下式：

$$-\frac{1}{2}\left(\frac{\delta^2x}{\sigma_x^2}+\frac{\delta^2y}{\sigma_y^2}\right)=m^2 \tag{7.1-35}$$

式中，参数 m 的范围为正值，所产生的一些等值线当画在水平面上时为一些同心椭圆的集。当 $m=1$ 时所获得的椭圆叫作 1σ 特征误差椭圆（此时随机定位误差落入椭圆的概率为 39.3%）。这里 1σ 椭圆定义为概率密度函数的剖面，$\sigma=\sqrt{E\delta^2x+E\delta^2y}=\sqrt{\sigma_x^2+\sigma_y^2}=\sigma_{\mathrm{rms}}$ 即为均方误差。而 $1\sigma_{\mathrm{rms}}$ 限制范围的曲线是在每一条从原点发出的射线上距离原点均方误差为 $1\sigma_{\mathrm{rms}}$ 点的轨迹。一般来说，$1\sigma_{\mathrm{rms}}$ 限制范围曲线是一条包围 $1\sigma_{\mathrm{rms}}$ 椭圆的曲线，$1\sigma_{\mathrm{rms}}$ 椭圆包含在一个以原点为中心的宽 $2\sigma_x$ 和高 $2\sigma_y$ 的矩形中。如果椭圆的长轴和短轴与建立坐标系的 X 轴和 Y 轴是对准的，则椭圆的方程式就简化成 $(x^2/\sigma_x^2)+(y^2/\sigma_y^2)=1$。然而一般来说，联合密度函数的椭圆等值线相对 X 轴和 Y 轴是有转动的对不准的，如图 7.1.5 所示。若用 σ_a 和 σ_b 表示 $1\sigma_{\mathrm{rms}}$ 的误差椭圆的长轴和短轴，则存在如下关系：

$$\sigma_x^2+\sigma_y^2=\sigma_a^2+\sigma_b^2=\sigma_{\mathrm{rms}}^2 \tag{7.1-36}$$

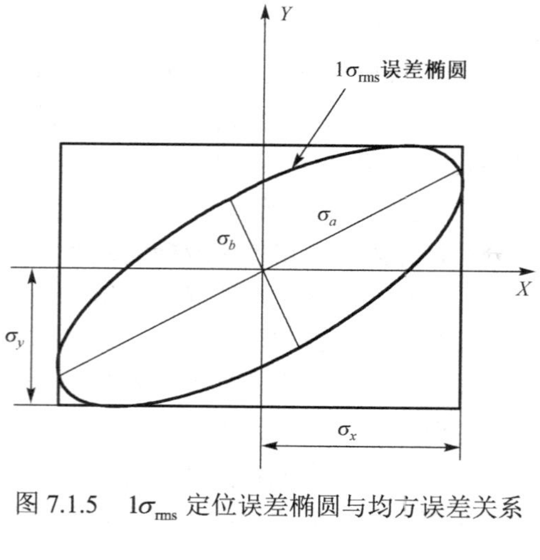

图 7.1.5 $1\sigma_{\mathrm{rms}}$ 定位误差椭圆与均方误差关系

从式（7.1-36）可以看出，均方误差与 $1\sigma_{\mathrm{rms}}$ 定位误差椭圆两者相一致，不同之处就是坐标系建立的不同。式（7.1-31）的坐标轴在两条位置线（或位置线的切线上）锐夹角和钝夹角的角平分线上，而式（7.1-36）坐标轴则定义在载体坐标系上，但两者描述的结果是一致的。然而，由于均方误差的坐标原点定义在载体上，且根据需求定义 X 轴和 Y 轴，不方便用于描绘定位误差场，而式（7.1-31）是基于位置线夹角平分线建立的定位误差椭圆方程，坐标系建立比较稳定确知，因此常采用此种方式描绘定位误差场，但需要声明的是，两者描述的结果是一致的，只不过展示的坐标系不同。

从上面的讨论可知：用均方误差方法表示定位误差，求解$1\sigma_{rms}$较简单，数值也明确，作图方便；缺点是均方误差描述的矩形区域边界非等概率点不能确切反映观测点的分布规律，尤其是当误差椭圆很扁时，用均方误差来分析定位准确性就很不利，它扩大了观测点的分布范围，模糊了其分布的方向性。因此，通常使用等概率误差椭圆描述导航系统的工作区，而工作区内的定位精度通常使用均方误差来描述。

7.2　几何导航定位

几何导航定位是利用获得的几何导航参量，在空间构建一定几何形状的位置线或位置面，通过位置线或位置面相交实现的定位。导航的几何参量包括距离 r、距离差Δr、距离和$\sum r$、高度 H、方位角θ、俯仰角ε、方向余弦(l,m,n)等。利用多普勒信息及微分差分方程法，还能够得到这些参量的各阶导数，即变化率。

7.2.1　测距导航定位

1．定位原理

测距导航定位是指运行体通过观测距离导航参量，在空间形成球位置面，利用多个球位置面求交点的方式对自身进行定位的方法。典型的测距导航定位系统如 GPS、DME/DME 系统等。

为不失去一般性，假定存在三个导航台分散部署在三个地方，它们的站址是$\boldsymbol{X}_k=(x_k,y_k,z_k)(k=1,2,3)$，测量用户相对于站址的斜距$r_k$就可以得出以站址为中心、半径为$r_k$的三个球面位置面，这三个球面位置面相交在对称于三个站址构成平面两侧空间的两个点上。对于路基导航而言，一点在地表面以上，另一点在地表面以下。显然后一种情况可以排除，这样就解决了定位模糊问题。由于地球表面不是一个平面，所以在特殊情况下用户可能进入对称平面的下面，这时应设法解出这个模糊来。下面用泰勒展开方法来得出运行体的位置矢量$\boldsymbol{X}_T=(x_T,y_T,z_T)$。

在图 7.2.1 中，用户位于 T 的位置上，其位置矢量为$\boldsymbol{X}_T=(x_T,y_T,z_T)$，而三个导航台的站址分别为$\boldsymbol{X}_k=(x_k,y_k,z_k)$，$k=1,2,3$。用户与坐标原点 O 之间的间距为$r=\sqrt{x_T^2+y_T^2+z_T^2}$，用户观测导航台测得的斜距$r_k$为：

$$r_k=\sqrt{(x_T-x_k)^2+(y_T-y_k)^2+(z_T-z_k)^2} \quad k=1,2,3 \qquad (7.2\text{-}1)$$

式中，x_k、y_k、z_k是由已知导航台的站址给出的，而r_k是对导航台实际观测获得的斜距，未知数是用户位置。

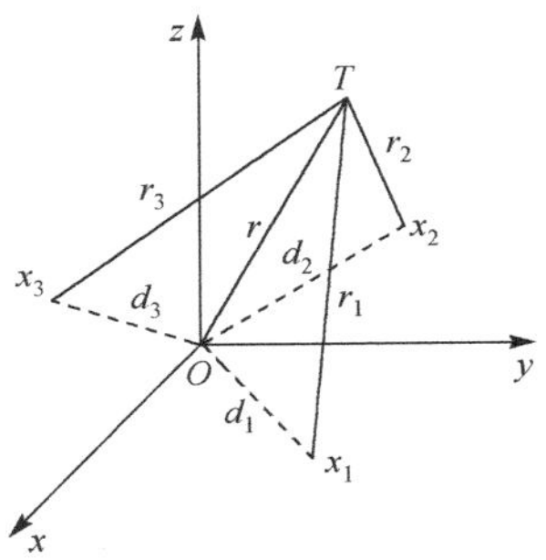

图 7.2.1　测距导航定位

依据泰勒展开的思想进行用户位置估计。

步骤 1：假设用户真实位置为(x_T,y_T,z_T)，初始估计位置为$(\hat{x}_T,\hat{y}_T,\hat{z}_T)$，初始估计位置与真值偏移误差为$\delta x$、$\delta y$和$\delta z$，则有：

$$
\begin{aligned}
x_T &= \hat{x}_T + \delta x \\
y_T &= \hat{y}_T + \delta y \\
z_T &= \hat{z}_T + \delta z
\end{aligned} \tag{7.2-2}
$$

所以式（7.2-1）的非线性方程变为：

$$r_k + \varepsilon_k = f_k[x_T, y_T, z_T] = f(\boldsymbol{X}_T) \tag{7.2-3}$$

步骤 2：针对非线性方程 $f_k(x_T, y_T, z_T)$，利用泰勒级数在 $(\hat{x}_T, \hat{y}_T, \hat{z}_T)$ 点进行展开并舍去二次项和高阶项则可得：

$$\tilde{r}_k = r_k + \varepsilon_k \approx \hat{f}_k + \left.\frac{\partial f_k}{\partial x_T}\right|_{\substack{x=\hat{x}_T\\ y=\hat{y}_T\\ z=\hat{z}_T}} \delta x + \left.\frac{\partial f_k}{\partial y_T}\right|_{\substack{x=\hat{x}_T\\ y=\hat{y}_T\\ z=\hat{z}_T}} \delta y + \left.\frac{\partial f_k}{\partial z_T}\right|_{\substack{x=\hat{x}_T\\ y=\hat{y}_T\\ z=\hat{z}_T}} \delta z \tag{7.2-4}$$

式中，$\hat{f}_k = f_k(\hat{x}_T, \hat{y}_T, \hat{z}_T)$。由此可得用户对第 k 个导航台进行距离测量时的线性化方程组为：

$$z_k = \tilde{r}_k - \hat{f}_k \approx \left.\frac{\partial f_k}{\partial x_T}\right|_{\substack{x=\hat{x}_T\\ y=\hat{y}_T\\ z=\hat{z}_T}} \delta x + \left.\frac{\partial f_k}{\partial y_T}\right|_{\substack{x=\hat{x}_T\\ y=\hat{y}_T\\ z=\hat{z}_T}} \delta y + \left.\frac{\partial f_k}{\partial z_T}\right|_{\substack{x=\hat{x}_T\\ y=\hat{y}_T\\ z=\hat{z}_T}} \delta z \tag{7.2-5}$$

为了计算方便，可将上述线性化方程组写成矩阵形式，为此做如下定义：

$$
\begin{aligned}
\boldsymbol{Z} &= [z_1, z_2, z_3]^{\mathrm{T}} \\
\delta\boldsymbol{X} &= [\delta x, \delta y, \delta z]^{\mathrm{T}}
\end{aligned} \tag{7.2-6}
$$

$$\boldsymbol{H} = \begin{bmatrix} h_{11} & h_{12} & h_{13} \\ h_{21} & h_{22} & h_{23} \\ h_{31} & h_{32} & h_{33} \end{bmatrix} = \begin{bmatrix} \dfrac{\partial f_1}{\partial x_T} & \dfrac{\partial f_1}{\partial y_T} & \dfrac{\partial f_1}{\partial z_T} \\ \dfrac{\partial f_2}{\partial x_T} & \dfrac{\partial f_2}{\partial y_T} & \dfrac{\partial f_2}{\partial z_T} \\ \dfrac{\partial f_3}{\partial x_T} & \dfrac{\partial f_3}{\partial y_T} & \dfrac{\partial f_3}{\partial z_T} \end{bmatrix}$$

则式（7.2-5）可以写成：

$$\boldsymbol{Z} \approx \boldsymbol{H} \cdot \delta\boldsymbol{X} \tag{7.2-7}$$

采用根据最小二乘估计原理，使得误差平方和最小的 $\delta\boldsymbol{X}$ 为：

$$\delta\boldsymbol{X} = (\boldsymbol{H}^{\mathrm{T}}\boldsymbol{H})^{-1}\boldsymbol{H}^{\mathrm{T}}\boldsymbol{Z} \tag{7.2-8}$$

步骤 3：依据 $\delta\boldsymbol{X}$ 判断当前估计位置是否符合给定的门限 δ_0 要求，若符合，则停止迭代，最终估计的用户位置为($\tilde{x}_T = \hat{x}_T + \delta x$， $\tilde{y}_T = \hat{y}_T + \delta y$， $\tilde{z}_T = \hat{z}_T + \delta z$)。

步骤 4：若不满足门限要求则需要进行下一步迭代。用 $\hat{x}_{T\text{new}} = \hat{x}_{T\text{old}} + \delta x$、$\hat{y}_{T\text{new}} = \hat{y}_{T\text{old}} + \delta y$、$\tilde{z}_{T\text{new}} = \hat{z}_{T\text{old}} + \delta z$ 代替对用户上次估计值，并重复步骤 2 和步骤 3。

2．定位误差分析

每个参与定位的导航台距离参量的测量误差可以通过对实验数据的统计处理而求得，在给定测距误差的条件下可以得到导航定位系统对用户的定位误差。已知测得距离参量是用户的位置矢量 $\boldsymbol{X}_T = (x_T, y_T, z_T)$ 及站址 $\boldsymbol{X}_k = (x_k, y_k, z_k), k = 1,2,3$ 的函数 f_k，则：

$$r_k = f_k(\boldsymbol{X}_T, \boldsymbol{X}_k) = \sqrt{(x_T - x_k)^2 + (y_T - y_k)^2 + (z_T - z_k)^2} \quad k = 1,2,3 \tag{7.2-9}$$

考虑导航台的站址误差时，对上式求微分可得：

$$\delta r_k = \frac{\partial f_k}{\partial x_T}\delta x + \frac{\partial f_k}{\partial Y_T}\delta y + \frac{\partial f_k}{\partial z_T}\delta z + \frac{\partial f_k}{\partial x_k}\delta x_k + \frac{\partial f_k}{\partial y_k}\delta y_k + \frac{\partial f_k}{\partial z_k}\delta z_k \quad k = 1,2,3 \tag{7.2-10}$$

其中距离参量的测量误差 δr_k 与用户位置的定位误差 $\delta \boldsymbol{X} = [\delta x, \delta y, \delta z]^{\mathrm{T}}$ 和站址误差 $\delta \boldsymbol{X}_k = [\delta x_k, \delta y_k, \delta z_k]^{\mathrm{T}}$ 有关。求出上述各个偏导数即可得：

$$\begin{aligned} \frac{\partial f_k}{\partial x_T} &= -\frac{\partial f_k}{\partial x_k} = \frac{x_T - x_k}{r_k} = h_{k1} \\ \frac{\partial f_k}{\partial y_T} &= -\frac{\partial f_k}{\partial y_k} = \frac{y_T - y_k}{r_k} = h_{k2} \quad k = 1,2,3 \\ \frac{\partial f_k}{\partial z_T} &= -\frac{\partial f_k}{\partial z_k} = \frac{z_T - z_k}{r_k} = h_{k3} \end{aligned} \tag{7.2-11}$$

这些偏导数反映了用户对应第 k 个导航台观测的方向余弦，因此得：

$$\delta_{r_k} = \frac{\partial f_k}{\partial x_T}(\delta x - \delta x_k) + \frac{\partial f_k}{\partial y_T}(\delta y - \delta y_k) + \frac{\partial f_k}{\partial z_T}(\delta z - \delta z_k) \quad k = 1,2,3 \tag{7.2-12}$$

令 $\delta \boldsymbol{r} = [\delta r_1 \quad \delta r_2 \quad \delta r_3]^{\mathrm{T}}$，$\delta \boldsymbol{X} = [\delta x \quad \delta y \quad \delta z]^{\mathrm{T}}$，则可列出下列矩阵表达式：

$$\delta \boldsymbol{r} = \boldsymbol{H}\delta \boldsymbol{X} - \begin{bmatrix} \frac{\partial f_1}{\partial x_T}\delta x_1 + \frac{\partial f_1}{\partial y_T}\delta y_1 + \frac{\partial f_1}{\partial z_T}\delta z_1 \\ \frac{\partial f_2}{\partial x_T}\delta x_2 + \frac{\partial f_2}{\partial y_T}\delta y_2 + \frac{\partial f_2}{\partial z_T}\delta z_2 \\ \frac{\partial f_3}{\partial x_T}\delta x_3 + \frac{\partial f_3}{\partial y_T}\delta y_3 + \frac{\partial f_3}{\partial z_T}\delta z_3 \end{bmatrix} = \boldsymbol{H}\delta \boldsymbol{X} - \delta \boldsymbol{X}_s \tag{7.2-13}$$

式中，矩阵 $\boldsymbol{H}$ 称为导航台观测的方向余弦矩阵，$\boldsymbol{H}$ 可表示为：

$$\boldsymbol{H} = \begin{bmatrix} h_{11} & h_{12} & h_{13} \\ h_{21} & h_{22} & h_{23} \\ h_{31} & h_{32} & h_{33} \end{bmatrix} = \begin{bmatrix} \frac{\partial f_1}{\partial x_T} & \frac{\partial f_1}{\partial y_T} & \frac{\partial f_1}{\partial z_T} \\ \frac{\partial f_2}{\partial x_T} & \frac{\partial f_2}{\partial y_T} & \frac{\partial f_2}{\partial z_T} \\ \frac{\partial f_3}{\partial x_T} & \frac{\partial f_3}{\partial y_T} & \frac{\partial f_3}{\partial z_T} \end{bmatrix} \tag{7.2-14}$$

而：

$$\delta \boldsymbol{X}_s = \begin{bmatrix} h_{11}\delta x_1 + h_{12}\delta y_1 + h_{13}\delta z_1 \\ h_{21}\delta x_2 + h_{22}\delta y_2 + h_{23}\delta z_2 \\ h_{31}\delta x_3 + h_{32}\delta y_3 + h_{33}\delta z_3 \end{bmatrix} \tag{7.2-15}$$

经变换后，可得如下表示式：

$$\boldsymbol{H}\delta \boldsymbol{X} = \delta \boldsymbol{r} + \delta \boldsymbol{X}_s \tag{7.2-16}$$

现求解用户位置的定位误差，有：

$$\delta \boldsymbol{X} = \boldsymbol{H}^{-1}[\delta \boldsymbol{r} + \delta \boldsymbol{X}_s] \tag{7.2-17}$$

令逆矩阵 $\boldsymbol{H}^{-1}=\boldsymbol{B}$ 可表示为：

$$\boldsymbol{H}^{-1}=\boldsymbol{B}=\begin{bmatrix} a_1 & a_2 & a_3 \\ b_1 & b_2 & b_3 \\ c_1 & c_2 & c_3 \end{bmatrix} \tag{7.2-18}$$

由于各导航台距离参量的测量是相互独立的，所以距离参量的测量误差之间互不相关，并假定已知距离参量的测量误差服从零均值的高斯分布，而站址误差在每次测量中则是保持不变的，站址误差各分量 δx_k、δy_k、δz_k 之间及各站址距离参量的测量误差 δr_1、δr_2、δr_3 之间也是互不相关的，则定位误差协方差矩阵可表示为：

$$\begin{aligned}\boldsymbol{P}_x &= \mathrm{cov}(\delta \boldsymbol{X}) = E[\delta \boldsymbol{X}\cdot\delta \boldsymbol{X}^{\mathrm{T}}] = \boldsymbol{B}E[\delta \boldsymbol{r}\cdot\delta \boldsymbol{r}^{\mathrm{T}}+\delta \boldsymbol{X}_s\cdot\delta \boldsymbol{X}_s^{\mathrm{T}}]\boldsymbol{B}^{\mathrm{T}} \\ &= \begin{bmatrix} \sigma_x^2 & \rho_{xy}\sigma_x\sigma_y & \rho_{xz}\sigma_x\sigma_z \\ \rho_{xy}\sigma_x\sigma_y & \sigma_y^2 & \rho_{yz}\sigma_y\sigma_z \\ \rho_{xz}\sigma_x\sigma_z & \rho_{yz}\sigma_y\sigma_z & \sigma_z^2 \end{bmatrix}\end{aligned} \tag{7.2-19}$$

式中，

$$\begin{aligned}&E(\delta \boldsymbol{r}\cdot\delta \boldsymbol{r}^{\mathrm{T}}+\delta \boldsymbol{X}_s\cdot\delta \boldsymbol{X}_s^{\mathrm{T}}) = \mathrm{diag}(E\delta^2 r_1, E\delta^2 r_2, E\delta^2 r_3)+ \\ &\mathrm{diag}(h_{11}^2\sigma_{x_1}^2+h_{12}^2\sigma_{y_1}^2+h_{13}^2\sigma_{z_1}^2, h_{21}^2\sigma_{x_2}^2+h_{22}^2\sigma_{y_2}^2+h_{23}^2\sigma_{z_2}^2, h_{31}^2\sigma_{x_3}^2+h_{32}^2\sigma_{y_3}^2+h_{33}^2\sigma_{z_3}^2)\end{aligned} \tag{7.2-20}$$

认为站址误差各个分量的方差是相同的，即 $\sigma_{x_k}^2=\sigma_{y_k}^2=\sigma_{z_k}^2=\sigma_s^2$，又由式（7.2-11）可知 $h_{11}^2+h_{12}^2+h_{13}^2=h_{21}^2+h_{22}^2+h_{23}^2=h_{31}^2+h_{32}^2+h_{33}^2=1$，故可得：

$$E(\delta \boldsymbol{r}\cdot\delta \boldsymbol{r}'+\delta \boldsymbol{X}_s\cdot\delta \boldsymbol{X}_s') = \mathrm{diag}(\sigma_{r_1}^2+\sigma_s^2, \sigma_{r_2}^2+\sigma_s^2, \sigma_{r_3}^2+\sigma_s^2) \tag{7.2-21}$$

因此，考虑导航台的站址误差后，用户定位误差的协方差矩阵为：

$$\boldsymbol{P}_x = \boldsymbol{B}\mathrm{diag}(\sigma_{r_1}^2+\sigma_s^2, \sigma_{r_2}^2+\sigma_s^2, \sigma_{r_3}^2+\sigma_s^2)\boldsymbol{B}^{\mathrm{T}} = \begin{bmatrix} \sigma_x^2 & \rho_{xy}\sigma_x\sigma_y & \rho_{xz}\sigma_x\sigma_z \\ \rho_{xy}\sigma_x\sigma_y & \sigma_y^2 & \rho_{yz}\sigma_y\sigma_z \\ \rho_{xz}\sigma_x\sigma_z & \rho_{yz}\sigma_y\sigma_z & \sigma_z^2 \end{bmatrix} \tag{7.2-22}$$

由此可得在 x_T、y_T、z_T 方向上定位误差的方差分别为 σ_x^2、σ_y^2、σ_z^2，即：

$$\sigma_x^2=\sum_{k=1}^{3}a_k^2 T_k;\quad \sigma_y^2=\sum_{k=1}^{3}b_k^2 T_k;\quad \sigma_z^2=\sum_{k=1}^{3}c_k^2 T_k \tag{7.2-23}$$

式中，$T_k=\sigma_{r_k}^2+\sigma_s^2$。这里 T_k 中测距误差 $\sigma_{r_k}^2$ 是距离参量测量误差 δr_k 的方差。站址误差在测量站址时是一个随机量，但在测量用户斜距时，则是一个固有偏置量，所以考虑站址误差时定位误差并不服从零均值的正态分布规律。在对定位数据进行平滑或滤波处理时，随机部分将由于处理而得到抑制，但偏置部分则需要另行设法了解并改善它。

对于机动导航台架设存在临时测量站址的站址误差，需要采用上述的分析方式。但通常情况下对固定导航台来讲，台站站址位置能够精确测绘得到，是认为不存在站址误差的。此时，定位误差协方差矩阵可表示为：

$$\boldsymbol{P}_x=\boldsymbol{B}\mathrm{diag}(\sigma_{r_1}^2,\sigma_{r_2}^2,\sigma_{r_3}^2)\boldsymbol{B}^{\mathrm{T}}=\boldsymbol{H}^{-1}\mathrm{diag}(\sigma_{r_1}^2,\sigma_{r_2}^2,\sigma_{r_3}^2)(\boldsymbol{H}^{-1})^{\mathrm{T}}=(\boldsymbol{H}^{\mathrm{T}}\boldsymbol{H})^{-1}\mathrm{diag}(\sigma_{r_1}^2,\sigma_{r_2}^2,\sigma_{r_3}^2) \tag{7.2-24}$$

从式（7.2-24）的定位误差公式可以看出，定位误差与用户对应各站的方向余弦有直接的关系，也就是说在不考虑导航台的站址误差时，定位误差仅与用户空间位置与导航台的站址位置构成的相对几何关系有关，通常把 $\mathrm{GDOP}=\sqrt{\mathrm{trace}(\boldsymbol{H}^{\mathrm{T}}\boldsymbol{H})^{-1}}$ 称为描述定位精度的几何精度因子（Geometric Dilution of Precisiong，GDOP），trace()是矩阵的迹函数，描述的是矩阵主对角线上各元素的总和。当考虑导航台的站址误差时，定位误差与用户对应各站的方向余弦和站址误差两个因素有关。

下面以 GPS 为例说明 GDOP 因子的物理含义。对于采用测距定位的 GPS 系统来讲，星历中播发的卫星运动参数计算得到的卫星位置即导航台位置是精确已知的，不存在站址误差。由于 GPS 需要考虑时间的影响，因此采用观测四个卫星进行定位，则此时定位误差协方差矩阵为：

$$\boldsymbol{P}_x=(\boldsymbol{H}^{\mathrm{T}}\boldsymbol{H})^{-1}\mathrm{diag}(\sigma_{r_1}^2,\sigma_{r_2}^2,\sigma_{r_3}^2,\sigma_{r_4}^2) \tag{7.2-25}$$

由于对于 GPS 接收机来讲，可以认为同一个用户接收机观测不同卫星的误差是独立同分布，所以可以认为：$\sigma_{r_1}^2=\sigma_{r_2}^2=\sigma_{r_3}^2=\sigma_{r_4}^2=\sigma_{\mathrm{USER}}^2$，得：

$$\boldsymbol{P}_x=(\boldsymbol{H}^{\mathrm{T}}\boldsymbol{H})^{-1}\mathrm{diag}(\sigma_{r_1}^2,\sigma_{r_2}^2,\sigma_{r_3}^2,\sigma_{r_4}^2)=(\boldsymbol{H}^{\mathrm{T}}\boldsymbol{H})^{-1}I\sigma_{\mathrm{USER}}^2 \tag{7.2-26}$$

又由定位误差的定义可知：$\boldsymbol{P}_x=\mathrm{cov}(\delta\boldsymbol{X})=\mathrm{diag}({\delta_{x_T}}^2,{\delta_{y_T}}^2,{\delta_{z_T}}^2,{\delta_{t_T}}^2)$，所以 GPS 定位的 GDOP 可表示为：

$$\mathrm{GDOP}=\sqrt{\mathrm{trace}(\boldsymbol{H}^{\mathrm{T}}\boldsymbol{H})^{-1}}=\sqrt{\mathrm{trace}\boldsymbol{P}_x/\sigma_{\mathrm{USER}}^2}=\frac{\sqrt{{\delta_{x_T}}^2+{\delta_{y_T}}^2+{\delta_{z_T}}^2+{\delta_{t_T}}^2}}{\sigma_{\mathrm{USER}}} \tag{7.2-27}$$

由于 GDOP 因子通过用户接收机观测卫星的方向余弦矩阵 $\boldsymbol{H}$ 表征了测距误差与定位均方误差之间的关系，因此可以通过依据 GDOP 值来选择使用能够获得较高定位精度的几何构型观测卫星。

3. 定位误差场

正如前面定位误差与等概率误差椭圆中所介绍的，定位误差场是分析几何式导航定位系统定位误差分布的常用表示方法，它直观反映了特征误差椭圆在覆盖范围内随距离、方向变化的情况，能为定位系统工作区的选定提供依据。限于篇幅，这里只给出平面测距定位的定位误差场结果。若存在 A 和 B 两个导航台进行平面测距定位，假定两导航台对距离参量的观测精度相同，由圆位置线的定位原理可知，圆位置线误差与用户和导航台的距离无关，而仅与距离参量的精度有关，因此两者位置线误差相等，依据式（7.1-32）和式（7.1-33）得出的关于误差椭圆的性质，可画出测距定位系统椭圆定位误差场分布如图 7.2.2 所示。

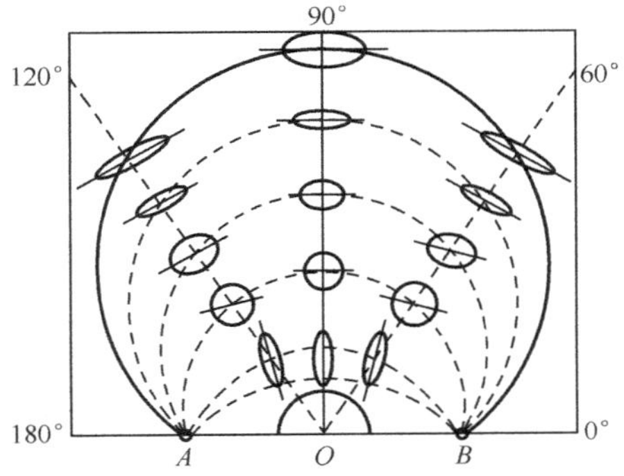

图 7.2.2　测距定位系统椭圆定位误差场

首先，确定椭圆长轴取向。根据平面测距定位的原理可知，圆位置线的夹角为其切线的交角，且两者圆位置线误差相等，由误差椭圆的性质③可知椭圆长轴在其锐夹角的平分线上，因此当位置点对基线（两导航台间连线）的张角（向 A、B 两点连线的夹角，该夹角以两条连线为半径的圆位置线夹角是互补的，即当该夹角为锐角时，位置线夹角为钝角，反之则反）为锐角时，则椭圆长轴在基线张角平分线的垂线上，若张角为钝角，则椭圆长轴在基线张角平分线上。

其次，确定等张角工作区。由 A 和 B 两个导航台构成的台站基线，可画出两导航台的工作区，分别是以基线 AB 为弦的大圆圆弧，则每一条大圆圆弧上的位置点对基线的张角是相同的，如图 7.2.2 所示。

再次，确定特征位置点。以基线 AB 的中心点为起始点，建立与 OB 夹角为 0°、60°、90°、120°、180° 的射线，这些射线与工作区内大圆弧线的交点即为需要选取的特征位置点，大圆圆弧上特征位置点对基线的张角是相等的。

最后，依据误差椭圆性质⑤，当两条位置线夹角等于 0° 或 180° 时，误差椭圆退化成两条平行的直线，因此基线方向上椭圆退化成直线；而依据性质④可知，当两条位置线互相垂直时，若两条位置线的精度还相等，则等概率误差椭圆变成等概率误差圆。如图 7.2.2 所示，从外向内第四个工作区弧线，弧线上位置线的等概率误差椭圆都变成了等概率误差圆。在 90° 方向上基线张角为锐夹角时，椭圆长轴与大圆弧线的切线一致，钝夹角时与基线张角平分线一致。其他位置点的等概率误差椭圆可依据其余性质画出。

由定位误差场分布图，能够直观地看出在 A 和 B 两个导航台覆盖区内任意点处的等概率误差椭圆的方向和半轴尺寸，将等概率椭圆长半轴等于规定数值的空间点连接起来，就可以得出限定工作区的范围。

7.2.2 测距差导航定位

1. 定位原理

利用距离差的回转双曲面位置面来定位，需要由四个导航台组成三个回转双曲面位置面，它们的相交点就能对应用户的空间位置，这种定位方法就称为测距差导航定位。

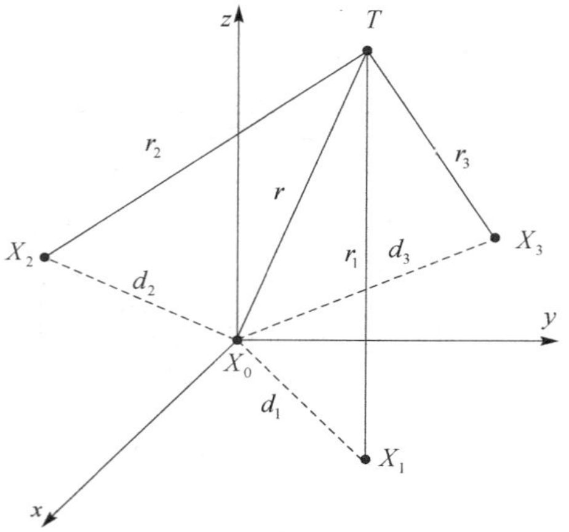

图 7.2.3 测距差导航定位系统的几何位置关系

为不失一般性，假定存在四个导航台，分为一个主站、三个副站。已知第 k 个副站的位置为 $\boldsymbol{X}_k = [x_k, y_k, z_k]^{\mathrm{T}}$，主站位于坐标原点，而用户位置真值表示为 $\boldsymbol{X}_T = [x_T, y_T, z_T]^{\mathrm{T}}$。图 7.2.3 所示描述了这种测距差导航定位系统的几何位置关系。

已知主站 0 及副站 1、2、3 对用户观测得到的距离分别为 r、r_1、r_2 及 r_3，由此可得三个距离差参量，即 $\Delta r_k = r - r_k$、$k = 1,2,3$，而副站测得的距离 $r_k^2 = (x_T - x_k)^2 + (y_T - y_k)^2 + (z_T - z_k)^2$，主站测得的距离 $r^2 = x_T^2 + y_T^2 + z_T^2$，副站离主站的距离为 $d_k = x_k^2 + y_k^2 + z_k^2$。将距离差公式平方可得：

$$r_k^2 = r^2 - 2\Delta r_k \cdot r + (\Delta r_k)^2 \tag{7.2-28}$$

由于两个 r_k^2 表示方式相同，可知：

$$x_k x_T + y_k y_T + z_k z_T - \Delta r_k r = \frac{1}{2}(d_k^2 - \Delta r_k^2);\quad k = 1,2,3 \tag{7.2-29}$$

联立 r 可得：

$$x_k x_T + y_k y_T + z_k z_T - \Delta r_k \sqrt{(x_T^2 + y_T^2 + z_T^2)} = 0.5(d_k^2 - \Delta r_k^2);\quad k = 1,2,3 \tag{7.2-30}$$

观察式（7.2-29）可知，利用上式建立的三个非线性联立方程式求解 x_T、y_T、z_T 是很困难的，因此在工程实现时，测距差导航定位系统通常选择主副站址位于同一平面内，则此时各个副站位置存在 $z_k = 0$、$k = 1,2,3$，采用这种方式部署主副站时，式（7.2-29）的非线性方程组变换为三个线性的方程组。

$$\begin{aligned} x_1 x_T + y_1 y_T - \Delta r_1 r = 0.5(d_1^2 - \Delta r_1^2) = v_1 \\ x_2 x_T + y_2 y_T - \Delta r_2 r = 0.5(d_2^2 - \Delta r_2^2) = v_2 \\ x_3 x_T + y_3 y_T - \Delta r_3 r = 0.5(d_3^2 - \Delta r_3^2) = v_3 \end{aligned} \tag{7.2-31}$$

为了计算方便，可将上述线性化方程组写成矩阵形式，为此做如下定义：

$$\boldsymbol{Z} = [x_T, y_T, r]^{\mathrm{T}}; \boldsymbol{v} = [v_1, v_2, v_3]^{\mathrm{T}}; \boldsymbol{H} = \begin{bmatrix} x_1 & y_1 & -\Delta r_1 \\ x_2 & y_2 & -\Delta r_2 \\ x_3 & y_3 & -\Delta r_3 \end{bmatrix} \tag{7.2-32}$$

则式（7.2-31）可写成：

$$\boldsymbol{HZ} = \boldsymbol{v} \tag{7.2-33}$$

由最小二乘算法，可以容易地求出 $\boldsymbol{Z} = (\boldsymbol{H}^{\mathrm{T}}\boldsymbol{H})^{-1}\boldsymbol{H}^{\mathrm{T}}\boldsymbol{v}$，又由于 $z = \sqrt{r^2 - x_T^2 - y_T^2}$，由此得到了用户的位置。

2. 定位误差分析

同样认为，参与定位的导航台副站与主站之间的距离差参量测量误差，能够通过对实验数据的统计处理而求得，在给定主副站测距差参量误差的条件下，可以得到测距差导航定位系统对用户的定位误差。假定已知测得距离差参量的用户位置矢量 $\boldsymbol{X}_T = [x_T, y_T, z_T]$，而三个副站址 $x_k = (x_k, y_k, z_k)$、$k = 1,2,3$，坐标原点放在主站，对四个导航台主站 0 及副站 1、2、3 进行观测得到的距离分别为 r、r_1、r_2 及 r_3，由此可得观测主站与副站的距离差参量的位置面方程组为：

$$\begin{aligned} \Delta r_k = r_k - r &= \sqrt{(x_T - x_k)^2 + (y_T - y_k)^2 + (z_T - z_k)^2} - \sqrt{x_T^2 + y_T^2 + z_T^2} \\ &= f_k(\boldsymbol{X}_T, x_k) - f(\boldsymbol{X}_T), \qquad k = 1,2,3 \end{aligned} \tag{7.2-34}$$

在不考虑导航台的站址误差时，对上式求微分可得：

$$\delta \Delta r_k = \left(\frac{\partial f_k}{\partial x_T} - \frac{\partial f}{\partial x_T}\right)\delta x + \left(\frac{\partial f_k}{\partial y_T} - \frac{\partial f}{\partial y_T}\right)\delta y + \left(\frac{\partial f_k}{\partial z_T} - \frac{\partial f}{\partial y_T}\right)\delta z,\quad k = 1,2,3 \tag{7.2-35}$$

其中距离差参量的测量误差 $\delta \Delta r_k$ 与用户位置的定位误差 $\delta \boldsymbol{X} = [\delta_x, \delta_y, \delta_z]^{\mathrm{T}}$ 有关。为计算方便，可将上式写成矩阵形式，为此做如下定义：

$$\delta \boldsymbol{X} = [\delta x, \delta y, \delta z]^{\mathrm{T}}, \delta \Delta \boldsymbol{r} = [\delta \Delta r_1, \delta \Delta r_2, \delta \Delta r_3]^{\mathrm{T}}$$

$$\boldsymbol{H}=\begin{bmatrix} h_{11} & h_{12} & h_{13} \\ h_{21} & h_{22} & h_{23} \\ h_{31} & h_{32} & h_{33} \end{bmatrix}=\begin{bmatrix} \dfrac{\partial f_1}{\partial x_T}-\dfrac{\partial f}{\partial x_T} & \dfrac{\partial f_1}{\partial y_T}-\dfrac{\partial f}{\partial y_T} & \dfrac{\partial f_1}{\partial z_T}-\dfrac{\partial f}{\partial z_T} \\ \dfrac{\partial f_2}{\partial y_T}-\dfrac{\partial f}{\partial x_T} & \dfrac{\partial f_2}{\partial y_T}-\dfrac{\partial f}{\partial y_T} & \dfrac{\partial f_2}{\partial z_T}-\dfrac{\partial f}{\partial z_T} \\ \dfrac{\partial f_3}{\partial x_T}-\dfrac{\partial f}{\partial x_T} & \dfrac{\partial f_3}{\partial y_T}-\dfrac{\partial f}{\partial y_T} & \dfrac{\partial f_3}{\partial z_T}-\dfrac{\partial f}{\partial z_T} \end{bmatrix} \tag{7.2-36}$$

则式（7.2-35）可以写成下式：

$$\boldsymbol{H}\delta\boldsymbol{X}=\delta\Delta\boldsymbol{r} \tag{7.2-37}$$

采用最小二乘估计算法计算伪逆（又称广义逆矩阵），可得：

$$\delta\boldsymbol{X}=(\boldsymbol{H}^{\mathrm{T}}\boldsymbol{H})^{-1}\boldsymbol{H}^{\mathrm{T}}\delta\Delta\boldsymbol{r} \tag{7.2-38}$$

由于主副站之间的距离差参量观测是相互独立的，所以距离差参量的测量误差之间是互不相关的，并假定已知距离差参量的测量误差服从零均值的高斯分布，则定位误差协方差矩阵可表示为：

$$\boldsymbol{P}_x=\mathrm{cov}(\delta\boldsymbol{X})=E[\delta\boldsymbol{X}\cdot\delta\boldsymbol{X}^{\mathrm{T}}]=(\boldsymbol{H}^{\mathrm{T}}\boldsymbol{H})^{-1}\boldsymbol{H}^{\mathrm{T}}\mathrm{cov}(\delta\Delta\boldsymbol{r})\boldsymbol{H}(\boldsymbol{H}^{\mathrm{T}}\boldsymbol{H})^{-1} \tag{7.2-39}$$

又因为：

$$\mathrm{cov}(\delta\Delta\boldsymbol{r})=E(\delta\Delta\boldsymbol{r}-\delta\Delta\boldsymbol{r}^{\mathrm{T}})=\mathrm{diag}(E\delta^2\Delta r_1,E\delta^2\Delta r_2,E\delta^2\Delta r_3)=\mathrm{diag}(\sigma_{\Delta r_1}^2,\sigma_{\Delta r_2}^2,\sigma_{\Delta r_3}^2) \tag{7.2-40}$$

因此可得测距差定位的定位误差协方差矩阵为：

$$\boldsymbol{P}_x=(\boldsymbol{H}^{\mathrm{T}}\boldsymbol{H})^{-1}\boldsymbol{H}^{\mathrm{T}}\mathrm{cov}(\delta\Delta\boldsymbol{r})\boldsymbol{H}(\boldsymbol{H}^{\mathrm{T}}\boldsymbol{H})^{-1}=(\boldsymbol{H}^{\mathrm{T}}\boldsymbol{H})^{-1}\mathrm{diag}(\sigma_{\Delta r_1}^2,\sigma_{\Delta r_2}^2,\sigma_{\Delta r_3}^2) \tag{7.2-41}$$

从式（7.2-40）的定位误差公式可以看出，定位误差与用户观测主副站的方向余弦之差有直接的关系。也就是说，在不考虑导航台站址误差时，定位误差仅与用户空间位置与主副站位置构成的相对几何关系有关，对于测距差定位来讲，可以将测距差定位几何精度因子定义为 $\mathrm{GDOP}=\sqrt{\mathrm{trace}(\boldsymbol{H}^{\mathrm{T}}\boldsymbol{H})^{-1}}$，描述了测距差定位精度与用户对主副站观测方向余弦之间的关系，这一点与测距是相同的。

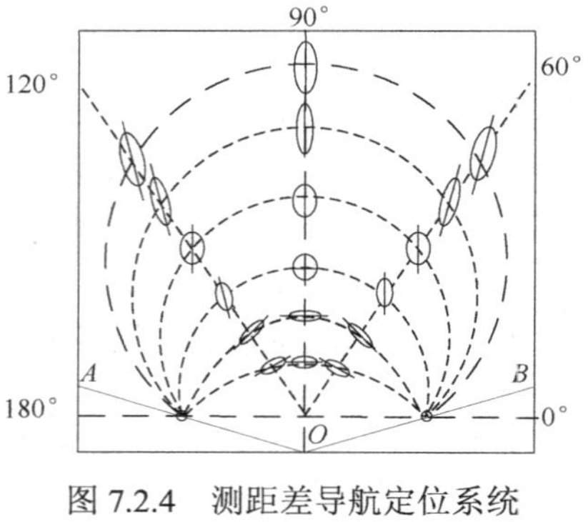

图 7.2.4 测距差导航定位系统定位误差场分布

3. 定位误差场

依据测距导航定位误差场的描述方法和步骤，可以得到平面测距差导航定位的定位误差场结果。依据式（7.1-32）和式（7.1-33）得出的误差椭圆性质，可画出测距差导航定位系统定位误差场分布如图 7.2.4 所示。

7.2.3 测角导航定位

1. 定位原理

测角导航定位是指用户利用对导航台观测的角度导航参量，在空间形成锥面位置面或平面形成直线位置线，利用多个锥面位置面或多条直线位置线交叉相交求其交点进行定位的方式。测向导航定位由于其观测的角度参量局限于 0～360° 的有界范围内，因此对角度参量的观测精度要求很高。在工程实现时很少采用这种方式定位，主要原因是这种方式定位要求用户的角度传感器精度很高，因此其定位精度提高有限。但测向定位作为几何导航定位方式的一种也有很重要的地位，如早期 GPS 计划采用测角定位。由于利用已知位置的导航台对陆地或海面航行载体进行导航定位时，在不考虑地球曲率的条件下可以在二维平面内加以讨论研究，因此为了说明测向导航定位原理及实现过程，这里主要以二维平面固定导航台的测向定位为例进行阐述。

不失一般性，假定二维平面内存在两个不同位置的测向导航台，已知两个导航台站址位置分别为 $\boldsymbol{X}_1=[x_1,y_1]$ 和 $\boldsymbol{X}_2=[x_2,y_2]$，且导航台站址精确测绘得到，认为不存在站址误差。而用户位置真值表示为 $\boldsymbol{X}_T=[x_T,y_T]$。图 7.2.5 所示为二维平面上用户对导航台进行测向导航定位的定位系统几何位置关系。定义角度顺时针方向为正方向。

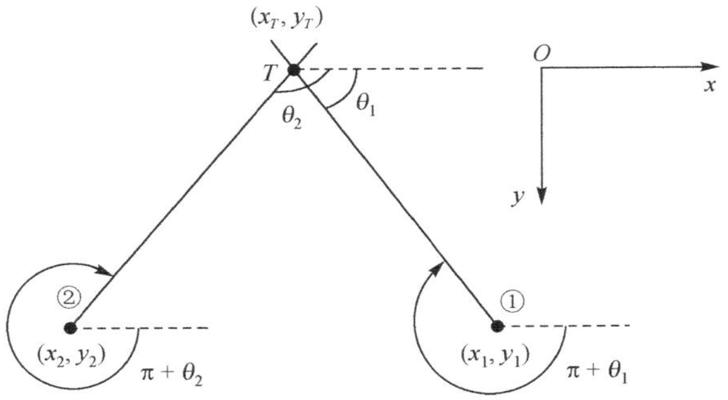

图 7.2.5　测向导航定位系统几何位置关系

由于是对角度导航参量的测量与测度需要定义基准，因此测向导航定位又可以分为两种情况：一种是角度基准已知；另一种是角度基准未知。

（1）角度基准已知时测向定位

角度基准已知时测向定位，相对比较简单。如图 7.2.5 所示为角度基准已知时二维测向定位的一般几何关系。图中 T 为用户位置，①、②处为两个已知位置的导航台。

从图 7.2.5 可以得到如下两个关系式：

$$\begin{aligned}\frac{y_T-y_1}{x_T-x_1}&=\tan(\pi+\theta_1)=\tan\theta_1=m_1\\ \frac{y_T-y_2}{x_T-x_2}&=\tan(\pi+\theta_2)=\tan\theta_2=m_2\end{aligned}\tag{7.2-42}$$

由于导航台位置 X_k 是精确已知的，而用户对导航台测得的以 x 轴为角度基准的角度参量为 θ_1 和 θ_2。若用户测量角度不存在测量误差时，则可得：

$$\boldsymbol{H}\boldsymbol{X}_T=\boldsymbol{v}\tag{7.2-43}$$

式中，

$$\boldsymbol{X}_T=[x_T,y_T]^{\mathrm{T}},\boldsymbol{v}=[y_1-m_1x_1,y_2-m_2x_2]^{\mathrm{T}};\boldsymbol{H}=\begin{bmatrix}-m_1 & 1\\ -m_2 & 1\end{bmatrix}\tag{7.2-44}$$

由于参与定位的导航台位置不同，系数矩阵 $\boldsymbol{H}$ 必然可逆，在上述情况下定位是必然可以实现的，$\boldsymbol{X}_T=\boldsymbol{H}^{-1}\boldsymbol{v}$。

然而用户对角度参量测量的误差是不可避免的，在这种情况下，式（7.2-42）的解算方法是不可能实现的，这时就需要采用泰勒级数展开的定位方法进行解算。由于其实现的原理和过程与角度基准未知情况下的位置解算是相同的，所以这里就不进行细节推导了。

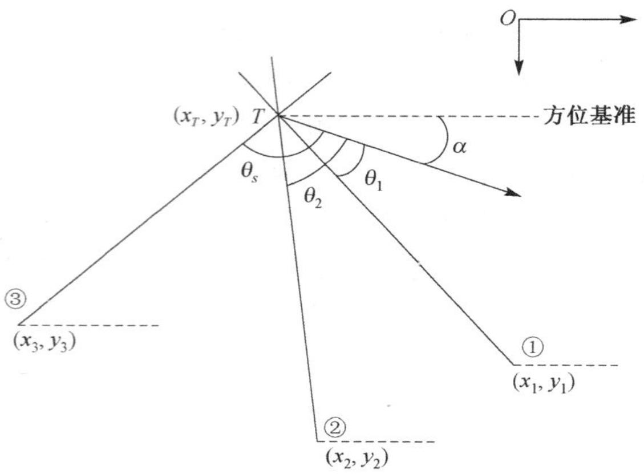

图 7.2.6 未知方位基准时的测向定位

（2）角度基准未知时测向定位

更具一般性的情况是，角度基准通常是不知道的。假定此时用户对各导航台①、②、③测得的角度是以某一假设方向为基准的，如图 7.2.6 所示，则可得如下一组关系式：

$$\frac{y_T - y_k}{x_T - x_k} = \tan(\theta_k + \alpha), \quad k = 1,2,3 \tag{7.2-45}$$

上述的联立方程式有三个未知数 x_T 、 y_T 及 α 。所以在不考虑角度测量误差的前提下，采用基准已知测向定位的思想，只要能对三个已知位置的导航台进行角度测量，联立求解就可以解出 x_T 、 y_T 以及假设方向与真实角度基准的夹角 α 。可以看出，若基准未知时测向定位只需增加一个观测站即可实现定位求解，因此在分析角度参量测量误差影响时，其实现的原理和过程与角度基准已知情况下的位置解算是相同的，不同之处就是需要增加一维观测方程。

在分析误差影响时，如何实现测向定位是更具一般性的问题，对于该问题的处理只能选用泰勒级数展开的方法进行，其推导过程与测距的泰勒级数展开方式是一致的。这里给出测角泰勒展开定位解算的示例说明基本步骤。

例 7.2-1 如图 7.2.7 所示，假定用户对四个已知导航台进行独立角度参量的观测，得四个独立测量值 $\tilde{\theta}_k; k = 1,2,3,4$ ，而这四个角度观测量的真值为 $\theta_k; k = 1,2,3,4$ 。若角度基准未知则认为 $\tilde{\theta}_k = \theta_k + \alpha + \varepsilon_k$ ，其中 ε_k 为角度参量观测误差，服从零均值的高斯分布，这里为了表示简单，以下的推导认为角度基准已知。

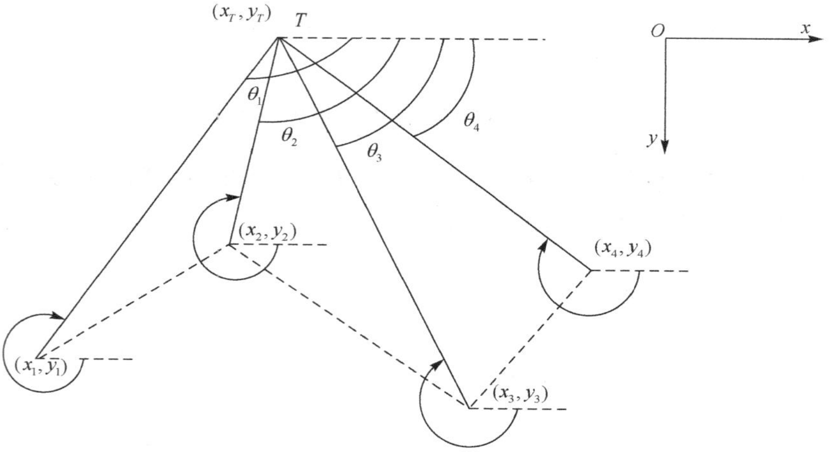

图 7.2.7 考虑角度测量误差和站址误差的测向定位几何关系图

导航台位置 $\boldsymbol{X}_k = [x_k, y_k]$，可得四个位置线方程式为：

$$\tan\tilde{\theta}_k = \frac{y_T - y_k}{x_T - x_k} \tag{7.2-46}$$

由以上关系式可得：

$$\theta_k+\varepsilon_k=\arctan\frac{y_T-y_k}{x_T-x_k}=f_k[x_T,y_T,x_k,y_k]=f_k(\boldsymbol{X}_T,\boldsymbol{X}_k) \tag{7.2-47}$$

根据泰勒展开的思想进行用户位置估计。

步骤 1：假设用户真实位置 (x_T,y_T) 初始估计位置为 $(\hat{x}_T,\hat{y}_T)$，或者利用起始时的两次定向确定的初始估计位置值 $(\hat{x}_T,\hat{y}_T)$，初始估计位置与真值偏移误差为 δx 和 δy。则有：

$$x_T=\hat{x}_T+\delta x,\quad y_T=\hat{y}_T+\delta y \tag{7.2-48}$$

所以式（7.2-47）的非线性方程变为：

$$\theta_k+\varepsilon_k=f[x_T,y_T,x_k,y_k]=f(\boldsymbol{X}_T,\boldsymbol{X}_k) \tag{7.2-49}$$

步骤 2：针对非线性方程 $f_k(x_T,y_T,x_k,y_k)$ 利用泰勒级数在 $(\hat{x}_T,\hat{y}_T)$ 点进行展开并舍去二次项和高阶项则可得：

$$\theta_k+\varepsilon_k\approx\hat{f}_k+\left.\frac{\partial f_k}{\partial x_T}\right|_{\substack{x=\hat{x}_T\\y=\hat{y}_T}}\delta x+\left.\frac{\partial f_k}{\partial y_T}\right|_{\substack{x=\hat{x}_T\\y=\hat{y}_T}}\delta y \tag{7.2-50}$$

式中，$\hat{f}_k=f_k(\hat{x}_T,\hat{y}_T,x_k,y_k)=\arctan[(\hat{y}_T-y_k)/(\hat{x}_T-x_k)]$。由此可得用户对第 k 个导航进行角度测量时的线性化方程组为：

$$z_k=\hat{\theta}_k-\hat{f}_k\approx\left.\frac{\partial f_k}{\partial x_T}\right|_{\substack{x=\hat{x}_T\\y=\hat{y}_T}}\delta x+\left.\frac{\partial f}{\partial y_T}\right|_{\substack{x=\hat{x}_T\\y=\hat{y}_T}}\delta y \tag{7.2-51}$$

为了计算方便，可将上述线性化方程组写成矩阵形式，为此做如下定义：

$$\boldsymbol{Z}=[z_1,z_2,z_3,z_4]^{\mathrm{T}};\delta\boldsymbol{X}=[\delta x,\delta y]^{\mathrm{T}};\boldsymbol{H}=\begin{bmatrix}h_{11}&h_{12}\\h_{21}&h_{22}\\h_{31}&h_{32}\\h_{41}&h_{42}\end{bmatrix}=\begin{bmatrix}\frac{\partial f_1}{\partial x_T}&\frac{\partial f_1}{\partial y_T}\\\frac{\partial f_2}{\partial x_T}&\frac{\partial f_2}{\partial y_T}\\\frac{\partial f_3}{\partial x_T}&\frac{\partial f_3}{\partial y_T}\\\frac{\partial f_4}{\partial x_T}&\frac{\partial f_4}{\partial y_T}\end{bmatrix} \tag{7.2-52}$$

则式（7.2-51）写成：

$$\boldsymbol{Z}\approx\boldsymbol{H}\cdot\delta\boldsymbol{X} \tag{7.2-53}$$

采用根据最小二乘估计原理，使得误差平方和最小 $\delta\boldsymbol{X}$ 为：

$$\delta\boldsymbol{X}=(\boldsymbol{H}^{\mathrm{T}}\boldsymbol{H})^{-1}\boldsymbol{H}^{\mathrm{T}}\boldsymbol{Z} \tag{7.2-54}$$

步骤 3：依据 $\delta\boldsymbol{X}$ 判断当前估计位置是否符合给定的门限 δ_0 要求，若符合则停止迭代，最终估计的用户位置为 $\tilde{x}_T=\hat{x}_T+\delta x$， $\tilde{y}_T=\hat{y}_T+\delta y$。

步骤 4：若不满足门限要求则需要进行下一步迭代。用 $\hat{x}_{T\text{new}}=\hat{x}_{T\text{old}}+\delta x$、$\hat{y}_{T\text{new}}=\hat{y}_{T\text{old}}+\delta y$ 代替上次估计值，并重复步骤 2 和步骤 3。

2. 定位误差

测向定位的观测方程函数 $f_k(x_T, y_T, x_k, y_k) = \arctan[(y_T - y_k)/(x_T - x_k)]$ 在考虑导航台的站址误差时，对上式求微分可得：

$$\delta\theta_k = \frac{\partial f_k}{\partial x_T}\delta x + \frac{\partial f_k}{\partial y_T}\delta y, \quad k = 1,2,3,4 \tag{7.2-55}$$

式中，$\delta\theta_k$ 为角度参量测量误差。$\delta \boldsymbol{X} = [\delta x, \delta y]^{\mathrm{T}}$ 为用户位置的定位误差。依据式（7.2-52）定义，把式（7.2-55）写成矩阵形式可得：

$$\delta\boldsymbol{\theta} = \boldsymbol{H}\delta\boldsymbol{X} \tag{7.2-56}$$

式中，$\delta\boldsymbol{\theta} = [\varepsilon_1, \varepsilon_2, \varepsilon_3, \varepsilon_4]^{\mathrm{T}}$ 是由角度参量测量误差组成的矢量；$\delta\boldsymbol{X}$ 表示用户位置误差矢量，所以可得 $\delta\boldsymbol{X} = (\boldsymbol{H}^{\mathrm{T}}\boldsymbol{H})^{-1}\boldsymbol{H}^{\mathrm{T}}\delta\boldsymbol{\theta}$。

由于各导航台角度参量的测量是相互独立的，即角度参量测量误差 ε_1、ε_2、ε_3 和 ε_4 之间是相互独立的，并认为已知角度参量测量误差服从零均值的高斯分布，则定位误差协方差矩阵可表示为：

$$\boldsymbol{P}_x = \mathrm{cov}(\delta\boldsymbol{X}) = (\boldsymbol{H}^{\mathrm{T}}\boldsymbol{H})^{-1}\boldsymbol{H}^{\mathrm{T}}\,\mathrm{cov}(\delta\boldsymbol{\theta})\boldsymbol{H}(\boldsymbol{H}^{\mathrm{T}}\boldsymbol{H})^{-1} \tag{7.2-57}$$

又由角度参量测量误差的统计特性可知，$\mathrm{cov}(\delta\boldsymbol{\theta}) = \mathrm{diag}(\sigma_{\theta_1}^2, \sigma_{\theta_2}^2, \sigma_{\theta_3}^2, \sigma_{\theta_4}^2)$，所以可得：

$$\boldsymbol{P}_x = (\boldsymbol{H}^{\mathrm{T}}\boldsymbol{H})^{-1}\mathrm{diag}(\sigma_{\theta_1}^2, \sigma_{\theta_2}^2, \sigma_{\theta_3}^2, \sigma_{\theta_4}^2) \tag{7.2-58}$$

观察式（7.2-58）可得如下结论：

定位误差与系数矩阵 $\boldsymbol{H}$ 和角度参量的测量误差方差有关，而测量误差方差取决于导航系统的性能，是无法消除和改变的，因此说定位误差的改善仅与系数矩阵 $\boldsymbol{H}$ 有关。由系数矩阵 $\boldsymbol{H}$ 定义可知，系数矩阵仅与用户与导航台的相对位置有关。因此，对于测向定位来讲，可以把测向定位的几何精度因子定义为：$\mathrm{GDOP} = \sqrt{\mathrm{trace}(\boldsymbol{H}^{\mathrm{T}}\boldsymbol{H})^{-1}}$，它描述了测角定位的精度与用户对导航台角度参量观测时构成的几何位置有关，这一点与测距、测距差都是相同的，因此说几何式导航定位其定位精度与空间的几何构型有着紧密的联系。

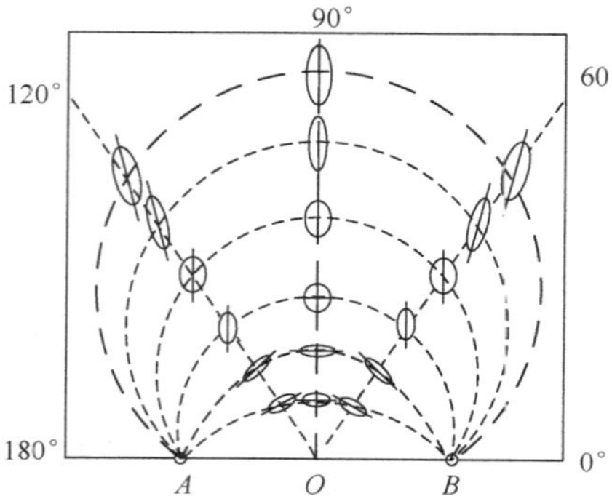

图 7.2.8 测角导航定位系统定位误差场分布

3. 定位误差场

根据测距导航定位误差场的描述方法和步骤，可以得到平面测向定位的定位误差场结果。依据式（7.1-32）和式（7.1-33）得出的误差椭圆的性质，可画出测角导航定位系统定位误差场分布，如图 7.2.8 所示。

7.2.4 复合式导航定位

前面阐述了采用测量一种导航参量进行定位的方式，而有时也采用测量两种或两种以上不同的导航参量，如角度和距离参量，或者角度和距离差参量等，构建不同类型的位置面或位置线求其交点进行定位，这种方式称为复合式导航定位。典型的复合式导航定位系统有塔康系统、精密进场雷达系统及俄制近程导航系统等。最常用的复合式导航定位方式是测角/测距混合的复合式定位，限于篇幅，这里仅对这种最常见的测角/测距复合式导航定位进行讨论，关于其他不常用的复合式导航定位原理，读者可参阅相关资料。

1. 定位原理

通常在导航台中，利用天线波束的方向性可以测得用户的方位角 β 及俯仰角 α ，构建两个锥面位置面，而利用脉冲测距等方法测得用户的斜距 r ，构建一个球面位置面，三个位置面有唯一的交点就是用户位置。若在球面坐标系中测得这三个坐标参量 r 、 β 、 α ，就可定出东北天（ENU）直角坐标系中用户的空间位置矢量 $\boldsymbol{X}_T=[x_T,y_T,z_T]^{\mathrm{T}}$ ，坐标系原点位于测量用的导航台处。由图 7.2.9 可以看出，用户的空间位置矢量的各个分量为：

$$
\begin{aligned}
x &= r\cos\alpha\cos\beta \\
y &= r\cos\alpha\sin\beta \\
z &= r\sin\alpha
\end{aligned}
\qquad (7.2\text{-}59)
$$

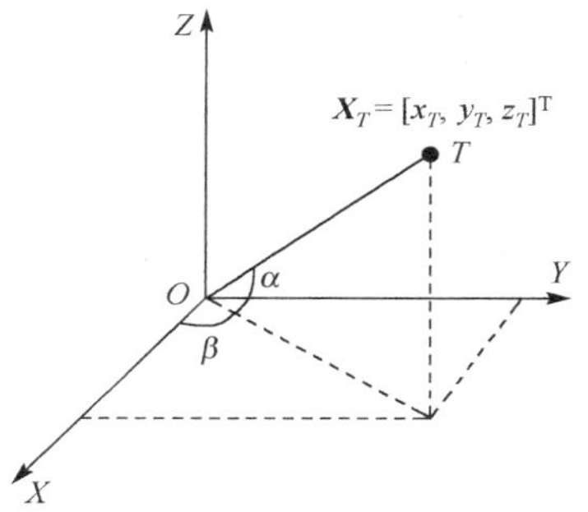

图 7.2.9 测角/测距定位的球坐标系

则用户的水平距离 $d=\sqrt{x^2+y^2}=r\cos\alpha$ 。

2. 定位误差分析

实际测量过程中导航参量的测量误差是不可避免的，必然会引入测距误差 δ_r 、测向误差 δ_β 和 δ_α ，需要分析这些测量误差引起的直角坐标系中用户位置定位误差。同时，为了分析用户在不同几何位置条件下定位误差变化，则需要把定位误差与各导航参量的测量误差联系起来。将式（7.2-59）表示为下列方程组：

$$
\begin{aligned}
x &= f_x(r,\beta,\alpha) \\
y &= f_y(r,\beta,\alpha) \\
z &= f_z(r,\beta,\alpha)
\end{aligned}
\qquad (7.2\text{-}60)
$$

对上式求微分可得：

$$
\begin{aligned}
\delta x &= \frac{\partial f_x(r,\beta,\alpha)}{\partial r}\delta r+\frac{\partial f_x(r,\beta,\alpha)}{\partial \beta}\delta\beta+\frac{\partial f_x(r,\beta,\alpha)}{\partial \alpha}\delta\alpha \\
\delta y &= \frac{\partial f_y(r,\beta,\alpha)}{\partial r}\delta r+\frac{\partial f_y(r,\beta,\alpha)}{\partial \beta}\delta\beta+\frac{\partial f_y(r,\beta,\alpha)}{\partial \alpha}\delta\alpha \\
\delta z &= \frac{\partial f_z(r,\beta,\alpha)}{\partial r}\delta r+\frac{\partial f_z(r,\beta,\alpha)}{\partial \beta}\delta\beta+\frac{\partial f_z(r,\beta,\alpha)}{\partial \alpha}\delta\alpha
\end{aligned}
\qquad (7.2\text{-}61)
$$

为了计算方便，可将上述线性化方程组写成矩阵形式，为此定义 $\delta\boldsymbol{X}=[\delta x,\delta y,\delta z]^{\mathrm{T}}$ 表示直角坐标系中的用户位置定位误差矢量，$\delta\boldsymbol{R}=[\delta r,\delta\beta,\delta\alpha]^{\mathrm{T}}$ 表示球坐标下用户对导航参量测量误差矢量，矩阵表达式为：

$$
\delta\boldsymbol{X}=\boldsymbol{H}\delta\boldsymbol{R} \qquad (7.2\text{-}62)
$$

这里的系数矩阵 $\boldsymbol{H}$ 为：

$$\boldsymbol{H}=\begin{bmatrix}h_{11} & h_{12} & h_{13}\\ h_{21} & h_{22} & h_{23}\\ h_{31} & h_{32} & h_{33}\end{bmatrix}=\begin{bmatrix}\dfrac{\partial f_x}{\partial r} & \dfrac{\partial f_x}{\partial \beta} & \dfrac{\partial f_x}{\partial \alpha}\\ \dfrac{\partial f_y}{\partial r} & \dfrac{\partial f_y}{\partial \beta} & \dfrac{\partial f_y}{\partial \alpha}\\ \dfrac{\partial f_z}{\partial r} & \dfrac{\partial f_z}{\partial \beta} & \dfrac{\partial f_z}{\partial \alpha}\end{bmatrix} \tag{7.2-63}$$

$$=\begin{bmatrix}\cos\alpha\cos\beta & -r\cos\alpha\sin\beta & -r\sin\alpha\cos\beta\\ \cos\alpha\sin\beta & r\cos\alpha\cos\beta & -r\sin\alpha\sin\beta\\ \sin\alpha & 0 & r\cos\alpha\end{bmatrix}$$

若距离、方位、俯仰角的测量误差是相互独立的，且服从零均值的高斯分布，各自测量误差的方差为σ_r^2、σ_β^2、σ_α^2，则误差矢量的方差矩阵为：$\boldsymbol{P}_R=\mathrm{cov}(\delta\boldsymbol{R})=\mathrm{diag}(\sigma_r^2,\sigma_\beta^2,\sigma_\alpha^2)$。所以可得定位误差的协方差$\boldsymbol{P}_X$为：

$$\boldsymbol{P}_X=\mathrm{cov}(\delta\boldsymbol{X})=\boldsymbol{HP}_R H^{\mathrm{T}}=\begin{bmatrix}\delta^2 x & \rho_{xy}\sigma_x\sigma_y & \rho_{xz}\sigma_x\sigma_z\\ \rho_{xy}\sigma_x\sigma_y & \delta^2 y & \rho_{yz}\sigma_y\sigma_z\\ \rho_{xz}\sigma_x\sigma_z & \rho_{yz}\sigma_y\sigma_z & \delta^2 z\end{bmatrix} \tag{7.2-64}$$

因此，通过化简公式得：

$$\begin{aligned}&\sigma_x^2=\cos^2\alpha\cos^2\beta\cdot\sigma_r^2+r^2\cos^2\alpha\sin^2\beta\cdot\sigma_\beta^2+r^2\cos^2\beta\sin^2\alpha\cdot\sigma_\alpha^2;\\ &\sigma_y^2=\cos^2\alpha\sin^2\beta\cdot\sigma_r^2+r^2\cos^2\alpha\cos^2\beta\cdot\sigma_\beta^2+r^2\sin^2\beta\sin^2\alpha\cdot\sigma_\alpha^2;\\ &\sigma_z^2=\sin^2\alpha\cdot\sigma_r^2+r^2\cos^2\alpha\cdot\sigma_\alpha^2;\end{aligned} \tag{7.2-65}$$

至此，我们就得到了测角/测距的复合式导航定位方法在直角坐标系下的用户定位位置误差。由此可以看出，定位误差精度与系数矩阵$\boldsymbol{H}$和导航参量测量误差有关。然而，系数矩阵$\boldsymbol{H}$与导航台位置无关了，这是源于被观测的导航台处于同一位置的缘故。

例 7.2-2 已知某导航台采用测距、测向复合方式进行导航定位，导航台设备的测量精度为：距离 800m、方位 0.5°、仰角 0.35°；且已知该导航台测定的飞机当前位置为 40km、方位 330°、仰角 30°。计算当前飞机在东北天站心坐标系下垂直定位的误差是多少？水平定位的误差是多少？

解：此时，β=90°－飞机方位，α=飞机仰角，根据：

$$\begin{bmatrix}\delta_{\mathrm{E}_x}\\ \delta_{\mathrm{N}_y}\\ \delta_{\mathrm{U}_z}\end{bmatrix}=\begin{bmatrix}\cos\alpha\cos\beta & -r\cos\alpha\sin\beta & -r\sin\alpha\cos\beta\\ \cos\alpha\sin\beta & r\cos\alpha\cos\beta & -r\sin\alpha\sin\beta\\ \sin\alpha & 0 & 0\end{bmatrix}\begin{bmatrix}\delta r\\ \delta\beta\\ \delta\alpha\end{bmatrix}$$

$$=\begin{bmatrix}-0.433 & -30000 & 10000\\ 0.75 & -17320.508 & -17320.508\\ 0.5 & 0 & 34641.016\end{bmatrix}\begin{bmatrix}800\\ 0.0087\\ 0.0061\end{bmatrix}=\begin{bmatrix}-546.4\\ -343.6565\\ 611.31\end{bmatrix}$$

垂直定位的误差是 611.31m，水平定位误差为：

$$\sqrt{{\delta_{\mathrm{E}_x}}^2+{\delta_{\mathrm{N}_y}}^2}=\sqrt{546.4^2+343.6565^2}=645.4864\mathrm{m}$$

3. 定位误差场

依据测距导航定位误差场的描述方法和步骤，可以得到平面复合式导航定位的定位误差场结果。测角/测距平面定位系统定位误差场如图 7.2.10 所示。由图可见，定位误差随距离增加而增加，并且由于圆位置线与直线位置线垂直，故在各个方向定位误差的分布规律均相同。

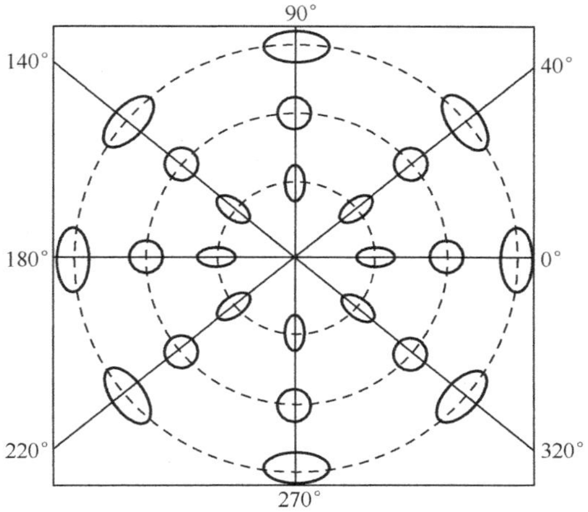

图 7.2.10　测角/测距平面定位系统定位误差场

7.3　推算导航定位

推算式导航定位就是利用测量信息进行积分/推算，获得用户的导航参量，如加速度积分获得速度、速度积分获得距离、角速度积分获得角度等，再依据测角/测距复合导航定位方式实现位置确定的方法。最具代表性的推算导航技术是可以完全自主导航的惯性导航。惯性导航在获得初始条件的基础上，完全依靠自身的加速度计和陀螺仪实现对速度、位置和姿态的推算。在陆地车辆和舰船导航系统中，基于角速率传感器和速度计（或里程仪）构建的实现二维平面导航定位的航位推算定位也是一种常用的推算导航定位方法。另外，基于多普勒频移测速的多普勒导航系统，也采用推算式的导航定位方法，它利用多普勒雷达测量飞行器相对于地球的速度，通过积分获得载体的导航参量。

在概论中已经提到了推算导航定位的概念，在国内外广泛应用的惯性导航系统和多普勒雷达导航系统等自主式导航定位系统中，基本上都是采用推算导航定位原理，本节将讨论这两种系统推算导航定位的原理。

推算导航定位需要两个基本条件：

① 必须知道推算起点的初始位置，以作为推算新的位置坐标的基础；

② 必须有速度或加速度传感器等，以提供推算用户位移必需的基本输入参量。

在惯性导航和多普勒雷达导航系统应用中，初始位置必须由其他系统提供或在运行初始时输入，而推算输入参量则是通过惯性测量传感器和多普勒效应传感器来感测，在此基础上实现推算导航定位。

7.3.1 惯性推算导航定位

惯性导航所要解决的基本问题是不断确定运行体航行中的姿态、航向、速度和位置。物体的运动和静止及其在空间的位置，是指它相对另一参照物而言的，所以研究物体的运动，必须指明它相对哪一参照物，也就是说，描述物体运动时必须预先选定一个或几个物体作为参考系。当物体对于参考系的位置有了变化时，就说明该物体发生了运动；反之，如果物体相对于参考系没有发生任何位置变化，就说明物体是静止的。

1. 基本原理

惯性导航是利用惯性测量元件测量载体相对于惯性空间的运动参数，并经计算后实施导航任务的。由加速度计测量载体的加速度，由导航计算机算出载体的速度；由陀螺仪测量载体的角运动，并经转换、处理输出载体的姿态和航向；在给定运动初始条件下，导航计算机解算出载体的位移，给出位置数据。

通常对于靠近地球表面航行的飞机来说，最主要的导航信息是相对地球的即时位置和即时速度。表述即时位置的参数是经度（λ）、纬度（φ）和高度（H），分别对应地理坐标系沿东向、北向和天向上的运动，而感测这些运动的最基本信息源是飞机的加速度矢量 $\boldsymbol{a}$ 。

2. 数理模型

如图 7.3.1 所示，设飞机以一定的加速度 a 在空中飞行，按东、北、天地理坐标系，这个加速度可以分解为水平方向上的东向加速度 a_E 和北向加速度 a_N ，以及垂直方向上的天向加速度 a_U 。

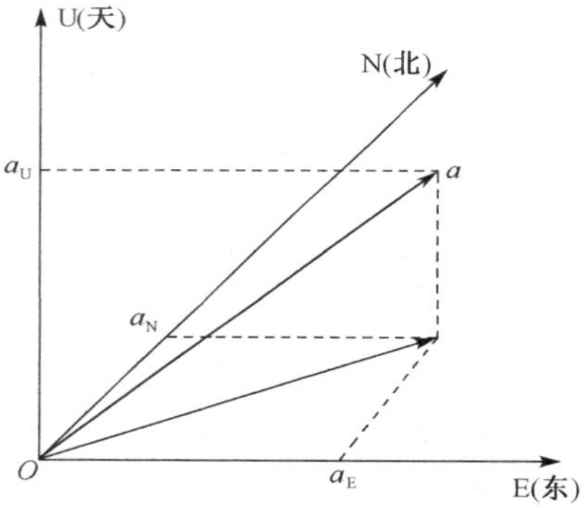

图 7.3.1 东北天地理坐标系中的加速度分量

如果在飞机上安装一个稳定平台，平台始终稳定在当地水平面上，平台上装三个加速度计：一个为北向加速度计 A_N ，它感测飞机沿北向的加速度分量 a_N ；一个为东向加速度计 A_E ，它感测飞机沿东向的加速度分量 a_E ；一个垂直加速度计 A_U ，它感测飞机沿天向的加速度分量 a_U 。将这三个方向上的加速度分量分别积分，便可得到飞机沿东、北、天三个方向上的地速分量：

$$\left.\begin{aligned} V_E &= V_{E_0} + \int_0^t a_E \mathrm{d}t \\ V_N &= V_{N_0} + \int_0^t a_N \mathrm{d}t \\ V_U &= V_{U_0} + \int_0^t a_U \mathrm{d}t \end{aligned}\right\} \tag{7.3-1}$$

式中，V_{E_0}、V_{N_0}、V_{U_0} 为飞机沿东、北、天向的初始速度。对速度分量再积分就可得三个方向上的相对起始点的距离 S_E、S_N、S_U：

$$\left.\begin{aligned} S_E &= S_{E_0} + \int_0^t V_E \mathrm{d}t \\ S_N &= S_{N_0} + \int_0^t V_N \mathrm{d}t \\ S_U = H &= H_0 + \int_0^t V_U \mathrm{d}t \end{aligned}\right\} \tag{7.3-2}$$

式中，S_{E_0}、S_{N_0}、H_0 分别是初始东向、北向距离和飞机的高度。如忽略地球半径的差异，假设地球为不旋转的圆球体，则可求出飞机所在点的经纬度：

$$\begin{aligned} \lambda &= \lambda_0 + \frac{1}{(R+H)\cos\varphi}\int_0^t V_E \mathrm{d}t \\ \varphi &= \varphi_0 + \frac{1}{R+H}\int_0^t V_N \mathrm{d}t \end{aligned} \tag{7.3-3}$$

式中，λ_0 和 φ_0 是飞机起始点经度、纬度；R 是地球半径；H 是飞机的高度。

7.3.2 多普勒雷达推算导航定位

多普勒雷达在测地速和偏流角的基础上，再附加某些推算定位的必要条件，便可以利用导航计算机进行推算定位。我们已经知道，飞机上测得的地速矢量方向只是相对于飞机轴线方向（即相对方向），这样的速度矢量还不能直接用于推算飞机的位置。要确定在航图上的方向矢量，必须确定飞机的航向角（通常采用磁航角 β_m），这个参量需要从机载的磁航向测量系统（如磁罗盘和陀螺罗盘）提供，有了飞机的磁航角 β_m 和测得的偏流角 γ（在纵轴右边为正，左边为负），以及地速实测数值，便可以相对磁北标定出地速在航图上的方向，如图 7.3.2（a）所示。

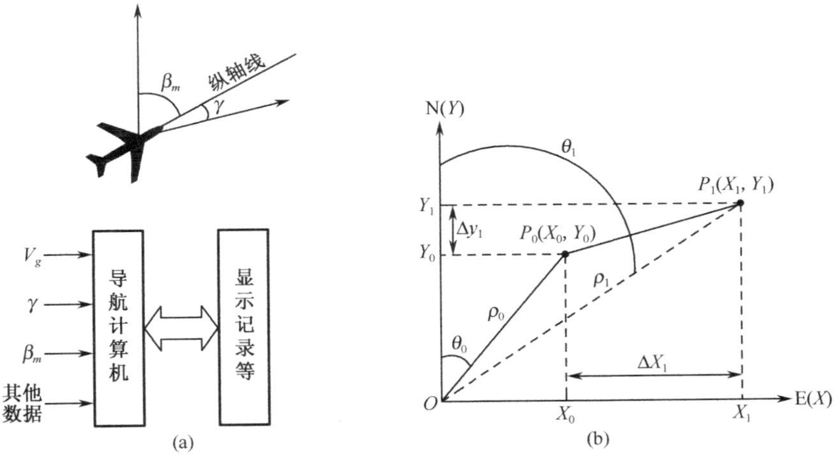

图 7.3.2 多普勒雷达系统推算导航定位示意图

另外，前面已知提到，推算定位还必须提供初始位置坐标参量和选择适合的坐标系。因为多普勒雷达导航系统是自主式导航定位系统，既可以用作近程导航，也可以用作远程导航，所以选择坐标系时应该适应这两种应用情况，用作近程导航时可选择平面极坐标系或栅格坐标系，用作远程导航时应选用地理坐标系。实际系统中有多种坐标系可供选择，并可以互相转换。因为飞机是在空中飞行的，要想确定飞机的三维坐标，还需要测高系统提供高度数据。

推算定位还必须有精确的时间基准即精确时钟，有了上述条件位置的推算便是计算机完成的任务。推算导航定位导航计算机是其不可分割的重要部分，它将完成对测量的有关处理转换、各输入参量的管理和转换、坐标转换、推算位置及迭代计算、航线位置、电子地图管理及各输出设备（显示器、打印机等）接口管理等任务，其中推算位置是最基本的。图 7.3.2（b）所示是以平面极坐标系和直角坐标系为基础的推算位置示意图，图中初始位置输入为 P_0 点，极坐标基轴方向为磁北 N（直角坐标 Y 轴），原点为 O，直角坐标 X 轴取为相对磁北的正东向（E）。则推算定位的步骤如下。

① 解算偏流角和地速，确定偏流角。

② 取磁航向角 β_m 和偏流角 γ 计算地速相对磁北向的方向，并根据地速测量值分解地速的 Y 轴分量 V_Y 和 X 轴分量 V_X。

③ 根据 V_Y 和 V_X 的值，推算在某一特定时域内（根据具体情况选择坐标原点）载体在 X 轴和 Y 轴的位移量 ΔX_1、ΔY_1，其中：

$$\Delta X_1 = \int_{t_1}^{t_2} V_X \mathrm{d}t \tag{7.3-4a}$$

$$\Delta Y_1 = \int_{t_1}^{t_2} V_Y \mathrm{d}t \tag{7.3-4b}$$

当 t_1 至 t_2 的时间较短，且在此期间 V_Y 和 V_X 值基本不变时，则：

$$\Delta X_1 \approx (t_2 - t_1)V_X \tag{7.3-5a}$$

$$\Delta Y_1 \approx (t_2 - t_1)V_Y \tag{7.3-5b}$$

④ 计算新位置 P_1 坐标：

- 根据初始位置坐标 $P_0(X_0,Y_0)$ 的 X_0、Y_0 计算新的坐标：

$$\begin{aligned} X_1 &= X_0 + \Delta X_1 \\ Y_1 &= Y_0 + \Delta Y_1 \end{aligned} \tag{7.3-6}$$

则 $P_1(X_1,Y_1)$ 可作为下次推算的初始位置。

- 根据 X_1 和 Y_1 计算极坐标参量 ρ_1 和 θ_1：

$$\begin{aligned} \rho_1 &= (X_1^2 + Y_1^2)^{1/2} \\ \theta_1 &= \arctan\left(\frac{X_1}{Y_1}\right) \end{aligned} \tag{7.3-7}$$

则可得当前飞机的极坐标位置 $P_1(\rho_1,\theta_1)$。

⑤ 重复上述步骤继续推算。

要注意的是，推算时间过长时会有积累误差，必须借助更精确的定位系统进行位置校正。另外，因为地球表面是球面，在推算时间过长的情况下，新位置和原来选定的坐标原点已经不允许再视为在一个水平面上，这时最好重新选择新的坐标原点或转换到地理坐标系中。

7.4 匹配导航定位

匹配导航定位就是利用地球物理信息对如飞行器等运行体做出实时定位的方法，是为运行体提供修正信息的一条重要技术途径。由于现代武器系统工作在高对抗的电子环境中，完全依赖各类型的无线电导航会丧失导航的自主性。为了尽可能实现导航的自主性和独立性，出现的数据库匹配定位方法逐渐受到重视。根据地标导航的原理，地球表面丘陵起伏的地形、纵横的河网、公路交叉的地图、航空港、海湾等特征地标，以及地球的磁场分布、重力场分布等都可能是提供位置信息的来源，这些信息相对独立，不随时刻、季节、天气而变化，并且难以用人工来设置伪装。利用这些地面信息来获得修正用的定位信息，就可能保持导航系统的自主、隐蔽、抗干扰性质，也有可能保持全天候、全季候工作的性质。

提高定位精度对于飞行器的安全导航有重要的意义。在远程飞行中大多数使用惯性系统来进行导航定位，它已成为导航和武器瞄准投放系统的核心。纯惯性导航系统具有自主、隐蔽、全天候、全季候、抗干扰、瞬时测量精度高等优点，但随着航程或射程的增加，惯导（惯性导航）系统中主要部件陀螺仪漂移、加速度计误差引起的位置、速度矢量的偏差，将导致显著的定位误差。若由惯导系统外部时分地或连续地引入某种位置、速度的信息并最佳地组合起来，就能提高导航定位系统的精度。

可以通过许多途径来获得外部的修正信息，例如，利用陆基或卫星导航等各种类型的无线电导航手段。为了尽可能保持纯惯导系统具有的一些优点，可以利用地球物理信息获得修正用的定位信息，以保持导航系统的自主、隐蔽、抗干扰性质，也有可能保持全天候、全季候工作的性质。

现代武器（飞机与导弹）对于对地攻击的定位精度要求很高，通常在 50m 内，甚至只有几米；武器系统工作于高对抗的电子环境中，执行着回避地空导弹、低空突防、武器投放、空空格斗、空中加油等高机动、复杂的多种任务；更重要的是要实现不依赖气象条件、可昼夜工作、寂静（低截获的概率）的导航。如何在这种复杂的环境下实现对武器系统的导航，并对目标进行精确定位，是不同于地对空“纯净背景”条件下对运行体的导航和定位问题的。传统的导航方法用于解决该问题时已经出现很大的困难，而基于地球物理信息数据库匹配技术，就可以很好地克服这些困难。近年来出现的基于数据库匹配技术的辅助惯性导航系统，就是一种适合于高精度导航的系统，具有自主性和很高的军事应用价值。

7.4.1　匹配导航定位基础

1. 基本概念

若给定飞行区域内地面的地形或地物景象图或地球地磁信息图或地球重力图（简称地图），这种地形图或地图与地理位置一般具有一一对应的位置关系，这样就可以把飞行中实时观察并录取到的一条地形轮廓或一幅地图，用对比的方法在预先存储的飞行区域内的地形图或地图上寻找其所在位置，从而确定出飞行器在录取图像时所位于的实际地理位置，这种技术称为数据库匹配定位方法。早在 20 世纪 50 年代出现的自动地貌识别与导航（ATRAN）系统，以及 50 年代后期提出的地形轮廓匹配（TERCOM）系统就是数据库匹配定位系统的典型例子。

数据库匹配定位基本上有地形匹配、地磁匹配和重力匹配（称之为一维线匹配）定位，以及地图匹配（二维面匹配）定位两种方案。图 7.4.1 所示为地形与地图匹配定位的原理。图 7.4.1（a）所示为飞行区域内的地形图及其划分成$(M \times N)$个网格的数字化地形图。地形图中每个像元（网格）中的高度值，用这个网格区域的平均高度 y_{ij} 来表示，这样数字化地形图就可以用$(M \times N)$阶的矩阵 $\boldsymbol{Y}$ 来表示，即在实际飞行中实时地用高度轮廓计（由无线电高度表和气压高度表等构成）测得高度序列，如 x_1, x_2, x_3, x_4，把它组成高度轮廓矢量 $\boldsymbol{X} = [x_1, x_2, x_3, x_4]^{\mathrm{T}}$，并设定它为实时图。把获得的实时图 $\boldsymbol{X}$ 与预存的数字地形图 $\boldsymbol{Y}$ 进行逐个位置地对照，找出 $\boldsymbol{Y}$ 图中与矢量 $\boldsymbol{X}$ 最相似的部分区域来，则这个区域的地理位置就是实际飞行器在录取高度轮廓矢量 $\boldsymbol{X}$ 时的实际地理位置，这就是地形匹配定位。假如预存的是一幅以地物灰度（或散度、辐射强度）大小表达的，网格矩阵为 $M_1 \times M_2$ 的数字化遥感实时图 $\boldsymbol{X}$，则依同理可把 $\boldsymbol{X}$ 在 $\boldsymbol{Y}$ 范围内逐个位置地进行对照，找出 $\boldsymbol{Y}$ 图中与 $\boldsymbol{X}$ 图中最相似的部分区域来，借此就可确定出飞行器在实时录取 $\boldsymbol{X}$ 图时的实际地理位置，这就是地图匹配定位，如图 7.4.1（b）所示。

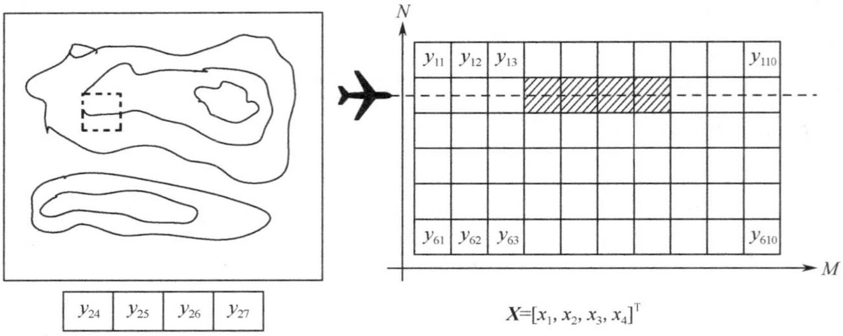

$$\boldsymbol{X}=[x_1, x_2, x_3, x_4]^{\mathrm{T}}$$

$$Y=\begin{bmatrix} y_{11} & y_{12} & \cdots & y_{110} \\ \vdots & \vdots & \vdots & \vdots \\ y_{61} & y_{62} & \cdots & y_{610} \end{bmatrix}$$

(a) 地形匹配（一维线匹配）

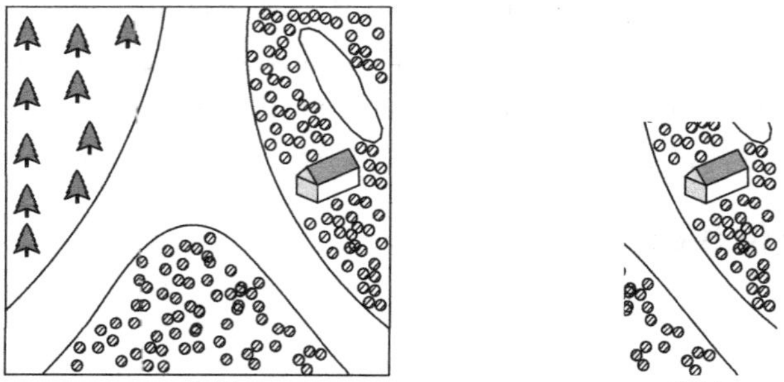

$\boldsymbol{Y}=[\cdot]$　　$\boldsymbol{X}=[\cdot]$

$$Y=\begin{bmatrix} y_{11} & y_{12} & \cdots & y_{1N} \\ y_{21} & y_{22} & \cdots & y_{2N} \\ \vdots & \vdots & \vdots & \vdots \\ y_{M1} & y_{M2} & \cdots & y_{MN} \end{bmatrix}$$

(b) 地图匹配（二维面匹配）

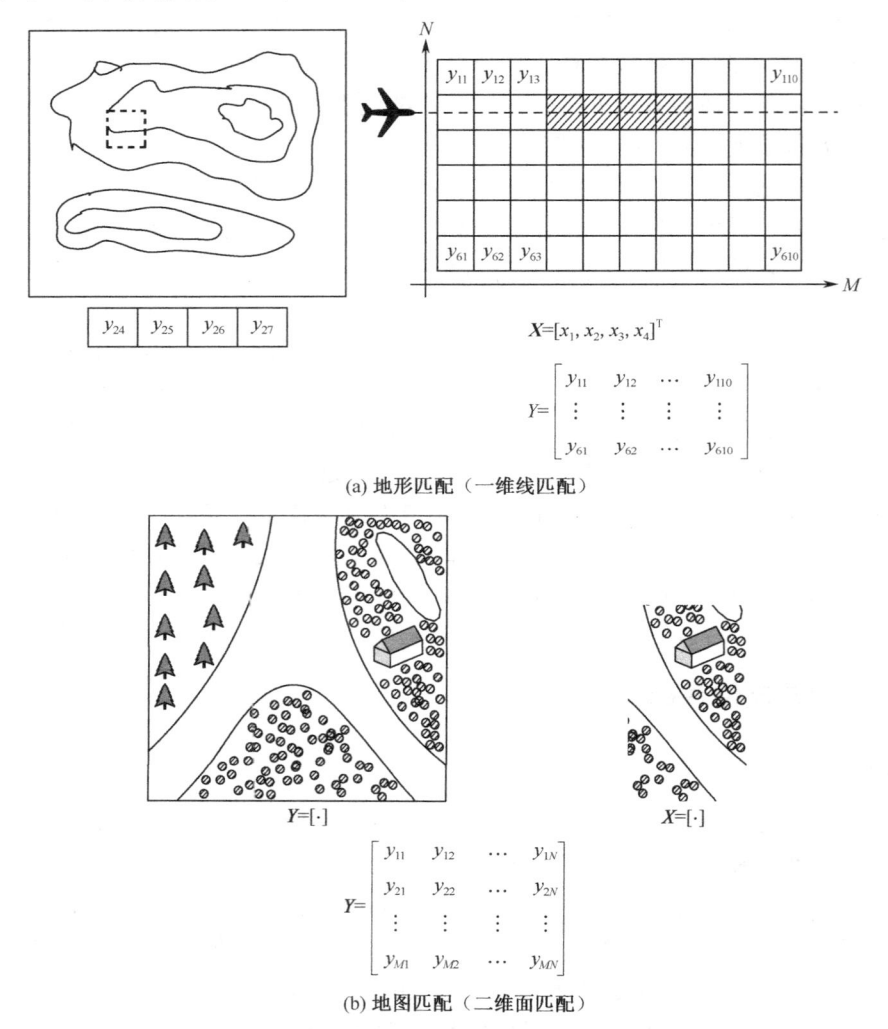

图 7.4.1　地形与地图匹配定位的原理

地形和地图匹配定位，以对比实时图 $\boldsymbol{X}$ 与基准图 $\boldsymbol{Y}$ 的相似程度进行定位的原理是一样的。两者的差别在于所利用的地面信息不同，以及录取的实时图维数不同。用作匹配定位的地球物理信息可以是多种多样的，如地磁强度、重力梯度，对应地录取这些信息的传感设备也可以是多种多样的。

2. 相似度度量

实时图 $\boldsymbol{X}$ 与基准图 $\boldsymbol{Y}$ 的对比，要用“相似度”来加以衡量。由于图像录取过程中会引入种种误差因素，因此图 $\boldsymbol{X}$ 在图 $\boldsymbol{Y}$ 中几乎寻找不出一个区域能使 $\boldsymbol{X}$ 与之完全一致。因此，图 $\boldsymbol{X}$ 在图 $\boldsymbol{Y}$ 中对应部分（或称子图、子区）进行对照比较时，只能用相似程度的大小来衡量。下面列出几种常用的相似度度量中 $\phi(l,m)$ 的算法（或称匹配算法），公式中符号的含义如图 7.4.2 所示。

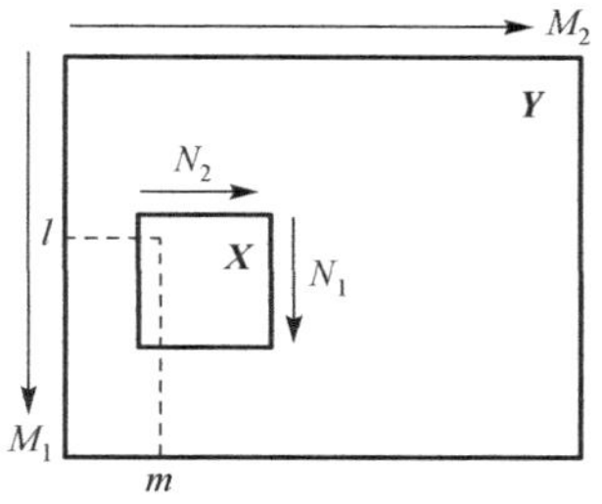

图 7.4.2　基准图 $\boldsymbol{Y}$ 和实时图 $\boldsymbol{X}$

平均绝对差（Mean Absolute Difference，MAD）算法：

$$\phi(l,m)=\frac{1}{N_1N_2}\sum_{i=0}^{N_1-1}\sum_{j=0}^{N_2-1}\left|x_{ij}-y_{i+l,j+m}\right| \tag{7.4-1}$$

均方差（Mean Square Difference，MSD）算法：

$$\phi(l,m)=\frac{1}{N_1N_2}\sum_{i=0}^{N_1-1}\sum_{j=0}^{N_2-1}(x_{ij}-y_{i+l,j+m})^2 \tag{7.4-2}$$

交叉相关（Cross Correlation，CC）算法：

$$\phi(l,m)=\frac{1}{N_1N_2}\sum_{i=0}^{N_1-1}\sum_{j=0}^{N_2-1}x_{ij}\times y_{i+l,j+m} \tag{7.4-3}$$

归一化的交叉相关（Normal Cross Correlation，NCC）算法：

$$\phi(l,m)=\frac{\sum_{i=0}^{N_1-1}\sum_{j=0}^{N_2-1}x_{ij}\times y_{i+l,j+m}}{\left[\sum_{i=0}^{N_1-1}\sum_{j=0}^{N_2-1}x_{ij}^2\right]^{1/2}\left[\sum_{i=0}^{N_1-1}\sum_{j=0}^{N_2-1}y_{i+l,j+m}^2\right]^{1/2}} \tag{7.4-4}$$

以上算法对一维和二维匹配都适用。最佳路径的目的是使相似度度量值 $\phi(l,m)$ 取得极值，使得 $\phi_{\mathrm{CC}}(l,m)$ 和 $\phi_{\mathrm{NCC}}(l,m)$ 最大，$\phi_{\mathrm{MAD}}(l,m)$ 和 $\phi_{\mathrm{MSD}}(l,m)$ 最小。MSD 和 CC 算法规范化的性能指标 $\phi(\delta x')\sigma_T^2$ 和规范化偏移距离 $\delta x'$ 之间的关系如图 7.4.3 所示（$\delta x'=\delta x/\delta x_C$，$\delta x$ 为基准图 $\boldsymbol{Y}$ 中的存储路径偏离测量途径的距离，δx_C 为地形相关长度）。采样数 L 和相关处理需要的地形轮廓长度 d_L 有关，d_L 也称组合距离，其规范化的形式为：$\beta=d_L/\delta x_C$。为了不出现错误的定位，通常取 $\beta\geqslant 4$，为了得到更好的精度，可取 $\beta\approx 10$。

实际上，由于相关处理的数据长度有限，通常 CC 算法得不到真正的最大值，因此精度不高。MSD、MAD 和 CC 三种算法的精度比较如图 7.4.4 所示，纵坐标为规范化的定位误差标准差 $\sigma_T/\delta x_C$。从图上可以看出，即使噪声为零的情况下，CC 算法也没有带有噪声的 MAD 和 MSD 算法精度高。MAD 和 MSD 相比，MSD 算法精度略高于 MAD 算法。

3. 匹配搜索

如图 7.4.2 所示，实时录取的 $\boldsymbol{X}$ 图 $(N_1\times N_2)$ 需要在 $(M_1\times M_2)$ 的基准图 $\boldsymbol{Y}$ 中逐个位置地进行相似度度量，然后选出 $\phi(l,m)$ 度量值极值所对应的位置 (l,m) 作为匹配位置，这样就需要在 G 个位置上进行相似度度量运算，即：

$$G=(M_1-N_1+1)\times(M_2-N_2+1) \tag{7.4-5}$$

次运算。实际匹配位置应该只有一个，而不匹配的位置有 $G-1$ 个，可见匹配位置的搜索最费时间。为了缩短整个匹配定位过程时间，需要研究如何快速搜索的问题，下面列举几种快速搜索的方法。

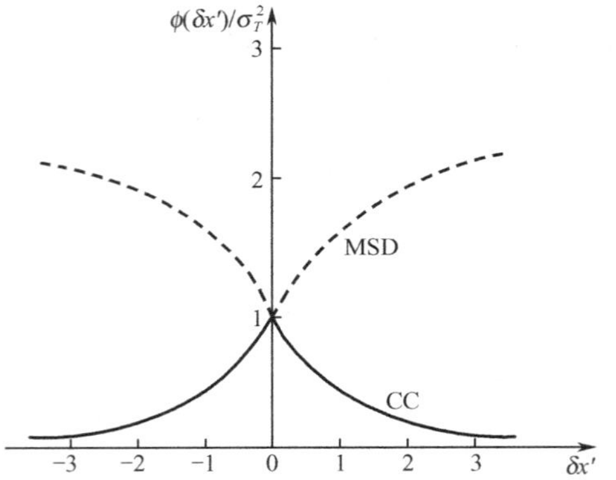

图 7.4.3　$\phi(\delta x')\sigma_T^2$ 和 $\delta x'$ 之间的关系

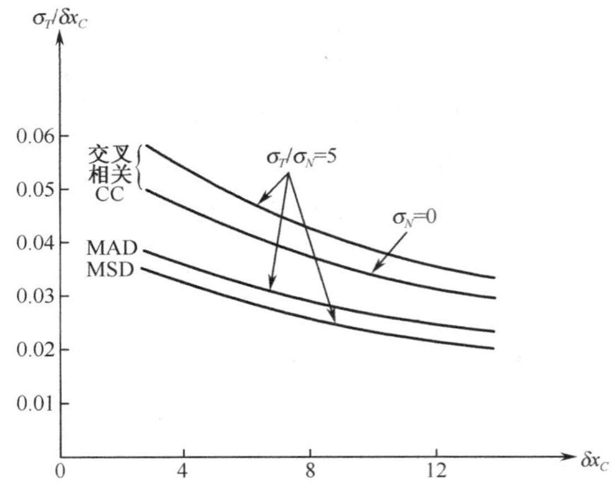

图 7.4.4　三种算法的精度比较

（1）频率域分层先粗后细搜索

把基准图 $\boldsymbol{Y}(M\times M)$ 及实时图 $\boldsymbol{X}(N\times N)$ 先通过低通滤波获得分辨率逐次下降的低分辨图像，即：

$$\begin{aligned}&\boldsymbol{Y}_k:\left(\frac{M}{2^k}\times\frac{M}{2^k}\right)\\&\boldsymbol{X}_k:\left(\frac{N}{2^k}\times\frac{N}{2^k}\right);\quad k=0,1,2,\cdots,L\end{aligned}\tag{7.4-6}$$

$k=0$ 时为原图 $\boldsymbol{Y}$ 及 $\boldsymbol{X}$，而 $\boldsymbol{Y}_k$ 及 $\boldsymbol{X}_k$ 为第 k 级低分辨图像。搜索先从第 L 级分辨率最低的图像开始，这时搜索位置数为：

$$\left(\frac{M}{2^L}-\frac{N}{2^L}+1\right)^2\tag{7.4-7}$$

显然它比 $\boldsymbol{X}$ 在 $\boldsymbol{Y}$ 中搜索的位置数 $(M-N+1)^2$ 要少近 2^{2L} 倍。利用合适的算法计算“相似度”，并只对度量值超过门限 T_L 的那些位置继续采用对应的分辨率高一级的图像 $\boldsymbol{Y}_{L-1}$ 及 $\boldsymbol{X}_{L-1}$ 进行匹配运算，再用门限 T_{L-1} 进行判决，从中找出更相似的位置来，这种过程持续到使 $\boldsymbol{X}$ 在 $\boldsymbol{Y}$ 中找到匹配位置为止。这是一种先粗后细的搜索方法，粗细由图像的分辨率，也即由图像的频谱宽窄来区分，显然它会提高搜索速度。分辨率的分级数 L 取决于图像（或预处理后的图像）本身的频谱形状及其宽度。

（2）幅值域分层先粗后细搜索

对小图 $\boldsymbol{X}$ 各像元的幅值进行二进制 n 位分层量化，利用各像元二进制幅值高位、低位的（0，1）值构成子图集 $C_1,C_2\cdots,C_n$，如图 7.4.5 所示（$n=3$），C_1 表示各像元二进制幅值编码的高位，而 C_3 则表示各像元幅值的低位。这种子图分别反映了 $\boldsymbol{X}$ 图像中幅值分布的粗细结构，利用 C_1 与大图 $\boldsymbol{Y}$ 作第一级相关匹配运算，通过门限 T_1 的判决找出相似的各个位置点，这时得下式：

$$\phi_1(l,m)=\sum_{i,j}x_{i+l,j+m}-\sum_{i,j}y_{i+l,j+m}<T_1 \tag{7.4-8}$$

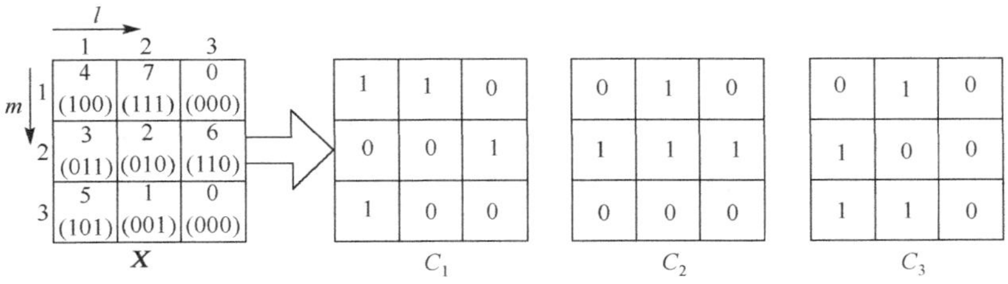

图 7.4.5　不同量化分层下的子图集

在满足 $\phi_1<T_1$ 的各个 (l,m) 位置点上，用幅值分布结构较细的 C_2 再进行第二级匹配运算，又通过门限 T_2 的判决再找出更相似的各个位置点，这时：

$$\phi_2(l,m)=\phi_1(l,m)+\frac{1}{2}\left\{\sum_{i,j}x_{i+l,j+m}-\sum_{i,j}y_{i+l,j+m}\right\}<T_2 \tag{7.4-9}$$

然后在 $\phi_2<T_2$ 的各个位置点上，再利用更细结构的 C_3 把上述过程再做一遍；同理，直到第 n 次匹配运算，找出最相似的位置点为止，这时得到的相关度量值为：

$$\phi_n(l,m)=\sum_{k=1}^{n}\frac{1}{2^{k-1}}\left\{\sum_{i,j}x_{i+l,j+m}-\sum_{i,j}y_{i+l,j+m}\right\} \tag{7.4-10}$$

设置各级门限 $T_i,i=1,2,\cdots,n$ 的目的是舍去相关性小的那些位置点；门限的取值既要保证不使匹配位置漏掉，又要尽可能缩小搜索区域。一般应取：

$$T_n>T_{n-1}>\cdots>T_2>T_1 \tag{7.4-11}$$

在第 n 级匹配过程中找出值 ϕ_n 最小的位置作为匹配位置。由于在幅值域内先粗后细进行筛选，以及匹配运算只用加减法来实现，从而使搜索运算速度获得提高。

（3）特征区域搜索

假如基准图 $\boldsymbol{Y}(M\times M)$ 中可以分成多个不同特征值（如高度均值、灰度方差）的子区，则对实时图 $\boldsymbol{X}(N\times N)$ 可先提取出这种特征值，而后只在 $\boldsymbol{Y}$ 图内对应这个特征值的子区搜索和匹配，从而缩小了搜索范围，加快了搜索速度。

（4）序贯相似度检验用于快速搜索

采用 MAD 算法时，匹配位置 (l_0,m_0) 处的度量值具有最小值 $\phi_{\min}$，显然非匹配位置 (l_i,m_i) 处的绝对差总和大于 $\phi_{\min}$，即：

$$\phi(l_i,m_i)=\sum_{i,j}\left|X_{i,j}-Y_{i+l_i,j+m_i}\right|>\phi_{\min} \tag{7.4-12}$$

根据图 $\boldsymbol{X}$ 及 $\boldsymbol{Y}$ 的统计性质，可以求出 $\phi_{\min}$ 的估值，并设置一个门限 $T=\phi_{\min}$。当图 $\boldsymbol{X}$ 在图 $\boldsymbol{Y}$ 中的某一个位置上进行对应像元的绝对差累加时，一旦累加值超过门限即可宣布它为非匹配位置，累加数 K 最大的那个位置判定为匹配位置。显然这种方法使每个非匹配位置上的计算量大大减少，从而加速了搜索过程。假如找出像元对绝对差及其逐次累加和的统计性质，并在给定匹配性能指标的条件下设计出一条单调递增的门限序列 $T(k)$，这将使匹配位置的识别速度更快，从而加速了搜索过程，如图 7.4.6 所示。

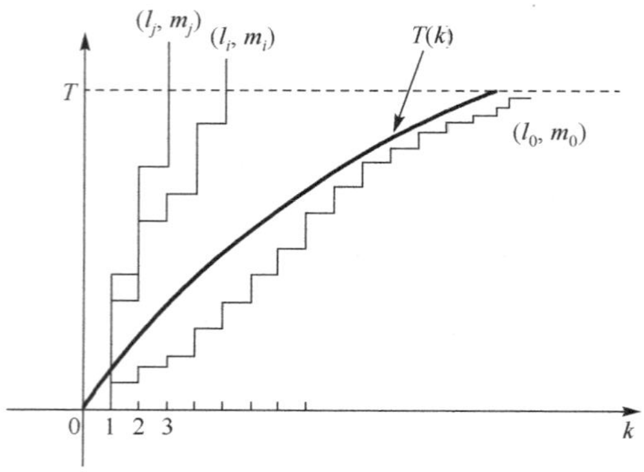

图 7.4.6　设门限 $T(k)$ 的序贯相似度检测

搜索的加速主要取决于搜索位置数的减少及度量值计算的简化快速。假如实时图对应位置的统计性质具有先验信息，则可以采用高概率区到低概率区的搜索路线，再依据匹配质量指标设定门限来判定匹配位置，从而减少搜索位置数。

4．正确匹配概率

由于基准图 $\boldsymbol{Y}$ 及实时图 $\boldsymbol{X}$ 中的各个像元值都含有随机误差分量，故在搜索过程中获得的各个相似度度量值 ϕ 都是随机量，固而获得度量值极值的事件是一个随机事件。在搜索过程中获得正确匹配的含义是在匹配位置上 ϕ 获得极值，而在 $(G-1)$ 个非匹配位置上 ϕ 都不是极值。定义正确匹配概率 $P_{\rm c}$ 为：

$$
\begin{aligned}
P_{\rm c} &= \int_{-\infty}^{\infty} p(\phi / m)\left[\int_{-\infty}^{\phi} p(\phi' / n,m)\mathrm{d}\phi'\right]^{G-1}\mathrm{d}\phi; \quad \max 算法 \\
P_{\rm c} &= \int_{-\infty}^{\infty} p(\phi / m)\left[\int_{\phi}^{\infty} p(\phi' / n,m)\mathrm{d}\phi'\right]^{G-1}\mathrm{d}\phi; \quad \min 算法
\end{aligned}
\tag{7.4-13}
$$

式中，$p(\phi / m)$ 及 $p(\phi' / n,m)$ 分别为匹配（m）位置上的度量值 ϕ 及在非匹配 (n,m) 位置上的度量值 ϕ' 的概率分布密度函数。

假设图 $\boldsymbol{Y}$ 是各态历经平稳的正态随机场 $N(0,\sigma_y^2)$，而图 $\boldsymbol{X}$ 在图 $\boldsymbol{Y}$ 中对应子区的量化噪声 n，其中噪声 n 为正态随机场 $N(0,\sigma_n^2)$，这时正确匹配概率 $P_{\rm c}$ 可用下式表达，即：

$$
P_{\rm c} = \frac{1}{2} + \frac{1}{2}\mathrm{erf}\left\{\frac{\left|\bar{\phi}_m - \bar{\phi}_{n,m}\right|}{\sigma_\phi} - K\frac{\sigma_j}{\sigma_\phi}\right\}
\tag{7.4-14}
$$

式中，$\mathrm{erf}(x) = (2\pi)^{-1/2}\int_{-x}^{x}\mathrm{e}^{-u^2/2}\mathrm{d}u$ 为误差函数；$\phi_m \sim N(\bar{\phi}_m,\sigma_\phi^2)$ 为匹配位置上的度量值，$\phi_{n,m} \sim N(\bar{\phi}_{n,m},\sigma_j^2)$ 为非匹配位置 $j \neq 0$ 上的度量值。这些度量值的均值、方差可以用 σ_y^2、σ_n^2 及图中的统计独立的像元数 N 来表达。系数 K 由下式定义，即：

$$
\mathrm{erf}(K) = 2\left[\left(\frac{1}{2}\right)^{\frac{1}{G-1}} - \left(\frac{1}{2}\right)\right]
\tag{7.4-15}
$$

由正确匹配概率 $P_{\rm c}$ 的表达式可以看出，若匹配位置与非匹配位置上的度量值均值的绝对差 $\left|\bar{\phi}_m - \bar{\phi}_{n,m}\right|$ 越大，匹配位置上度量值的 σ_ϕ^2 越小，则匹配概率 $P_{\rm c}$ 越大，因此可以使用其比值 $\left|\bar{\phi}_m - \bar{\phi}_{n,m}\right| / \sigma_\phi$ 作为匹配性能度量。概率 $P_{\rm c}$ 可以反映出所匹配位置的可信程度，有时也可使用 $\left|\bar{\phi}_m - \bar{\phi}_{n,m}\right|$ 的差值大小作为置信度的度量。

7.4.2　一维线匹配导航定位

一维线匹配导航定位主要是指利用一维信息（如地形高程、地球重力或地磁等）建立实时图，实现对基准图的匹配，而后利用匹配信息辅助惯导系统等实现的导航定位。

1. 地形高程匹配辅助导航原理

地形高程匹配辅助导航按其工作原理分类，可分为基于推广的递推卡尔曼滤波原理和基于相关分析原理两种。推广的递推卡尔曼滤波原理的典型算法为桑地亚惯性地形辅助导航（Sandia Inertial Terrain Aided Navigation，SITAN）算法；而地形高度相关的典型算法为地形轮廓匹配（Terrain Contour Matching，TERCOM）算法。

SITAN 算法是美国桑地亚国家实验室研制的桑地亚惯性地形辅助导航算法，它采用了推广的递推卡尔曼滤波算法，具有更好的实时性。

SITAN 算法的原理框图如图 7.4.7 所示。根据惯性导航系统输出的位置可在数字地图上按某种处理原则获得地形高程。惯性导航系统输出的绝对高度与地形高程之差形成了一个测量值，另外一个测量值是无线电高度表获得的载机与地面之间的高度。这两个测量值的差就是卡尔曼滤波测量方程的测量值。

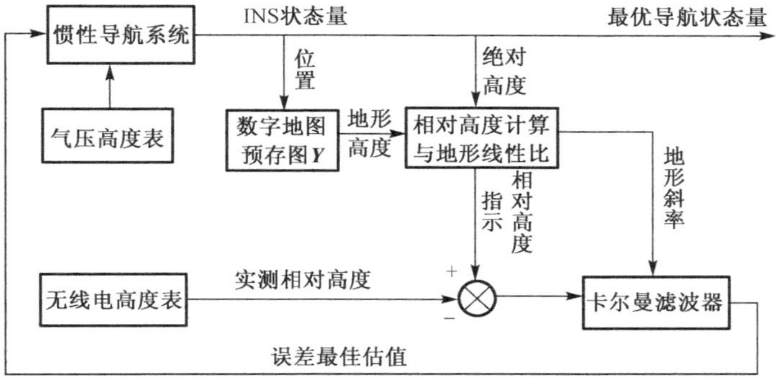

图 7.4.7　SITAN 算法的原理框图

由于地形的非线性特性导致了测量方程的非线性。采用地形随机线性化算法可实时地获得地形斜率，得到线性化测量方程的具体表达；结合惯性导航系统的误差状态方程，经卡尔曼递推算法可得导航误差状态的最佳估值，采用输出校正可修正惯性导航系统的导航状态误差，从而获得最佳导航状态。SITAN 算法较适合于具有高机动的战术飞机使用。

现代战术飞机的典型工作条件通常是在飞行大约 1h 以后从 300m 高度进入任务段，对飞机的位置精度要求为几十 m 至 100m，对速度精度要求约为 1m/s。SITAN 的功能就是对飞行器的位置与速度状态做出修正，对于导弹的应用情况在原理上类似。

下面就根据上述要求来建立系统的状态方程和测量方程，有了状态方程和测量方程之后，便可按常规的卡尔曼滤波算法对位置与速度误差状态做出最佳估计，并采用输出校正对惯性导航系统输出的位置与速度做出修正。

（1）SITAN 系统的状态方程

SITAN 系统的状态方程就是惯性导航系统的误差方程，即采用间接法直接估计惯性导航系统状态的误差。

设惯性导航系统为指北方位系统，采用东北天地理导航坐标系，取三维平台误差角 φ_E、φ_N、φ_U 及三维速度误差 δV_E、δV_N、δV_U 和三维位置误差 δL、$\delta\lambda$、δh，其中，平台误差角方程、速度误差方程和位置误差方程同本书组合导航系统的具体形式，而陀螺漂移误差模型仅考虑主要为随机一阶马尔可夫过程随机漂移 ε_r 和白噪声 ω_g 之和，加速度计误差考虑为白噪声。假定三个轴向的陀螺误差模型均相同，可得到系统的 12 阶状态矢量：

$$\boldsymbol{X}=[\varphi_{\mathrm{E}},\varphi_{\mathrm{N}},\varphi_{\mathrm{U}},\delta v_{\mathrm{E}},\delta v_{\mathrm{N}},\delta v_{\mathrm{U}},\delta L,\delta\lambda,\delta h,\varepsilon_{rx},\varepsilon_{ry},\varepsilon_{rz}]^{\mathrm{T}} \tag{7.4-16}$$

系统的状态方程为：

$$\dot{\boldsymbol{X}}=\boldsymbol{FX}+\boldsymbol{GW} \tag{7.4-17}$$

式中，$\boldsymbol{F}$ 为系统系数矩阵；$\boldsymbol{W}$ 为系统白噪声矢量；$\boldsymbol{G}$ 为噪声系数矩阵。

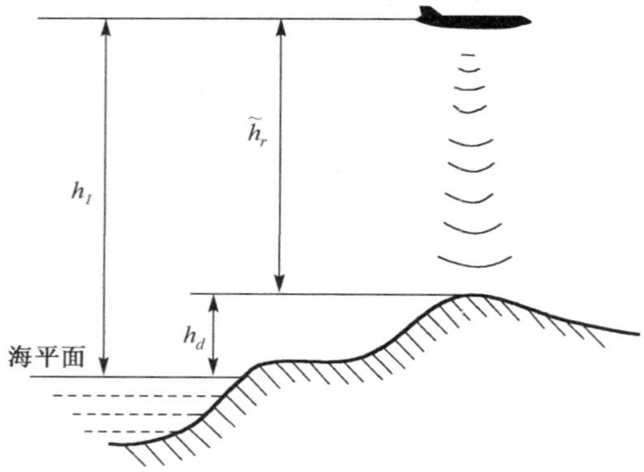

图 7.4.8 高度 h_I 、 h_d 和 $\tilde{h}_r$ 的关系示意图

（2）系统测量方程的建立

SITAN 算法的测量方程仅为高度一维，系统中有多个高度的定义如图 7.3.8 所示。

SITAN 算法利用惯性导航系统输出高度 h_I 、数字地图信息给出的地形高度 h_d 和无线电高度表测量的相对高度 $\tilde{h}_r$ 之差获得一维测量值 Z。由此可定义系统的测量方程为：

$$Z=(h_I-h_d)-\tilde{h}_r \tag{7.4-18}$$

其中，惯性导航系统指示的三维位置（东北天）为 (x_I,y_I,h_I) ，h_I 为惯性导航输出的绝对高度，这些量都含有误差。设 h 为真实绝对高度，则可得：

$$h_I=h+\delta h \tag{7.4-19}$$

地形实际高度 h_t 是位置 (x,y) 的非线性函数，记为 $h_t(x,y)$ ，而 (x,y) 为飞机的真实位置，h_t 为真实的地形高度。根据 (x_I,y_I) 从数字地图中按某种匹配原则可获得地形高度 $h_d(x_I,y_I)$ ，而：

$$h_d(x_I,y_I)=h_t(x+\delta x,y+\delta y)+\gamma_m \tag{7.4-20}$$

式中，γ_m 为数字地图制作时的测量与量化噪声。

此外，无线电高度表还可以获得测量的相对高度 $\tilde{h}_r(x,y)$ ，并有：

$$\tilde{h}_r(x,y)=h_r(x,y)+\gamma_r \tag{7.4-21}$$

式中，h_r 为真实相对高度；γ_r 为无线电高度表的测量噪声。

将式（7.4-19）、式（7.4-20）和式（7.4-21）代入式（7.4-18），可得到：

$$\begin{aligned}Z&=(h_I-h_d)-\tilde{h}_r=h_I-h_d-\tilde{h}_r\\&=(h+\delta h)-[h_t(x+\delta x,y+\delta y)+\gamma_m]-[h_r(x,y)+\gamma_r]\\&=(h+\delta h)-\left[h_t(x,y)+\frac{\partial h_t(x,y)}{\partial x}\delta x+\frac{\partial h_t(x,y)}{\partial x}\delta y+\gamma_1+\gamma_m\right]-[h_r(x,y)+\gamma_r]\\&=[h-h_t(x,y)-h_r(x,y)]+\left[-\frac{\partial h_t(x,y)}{\partial x}\delta x-\frac{\partial h_t(x,y)}{\partial y}\delta y+\delta h-\gamma_1-\gamma_m-\gamma_r\right]\end{aligned} \tag{7.4-22}$$

式中，对非线性地形函数 $h_t(x+\delta x,y+\delta y)$ 采用了一阶泰勒展开法的线性化处理；γ_1 为由此产生的线性化噪声，$\gamma_1\sim N(0,\sigma_1^2)$。式（7.4-21）中各相关真实高度的关系为：

$$h-h_t(x,y)-h_r(x,y)=0 \tag{7.4-23}$$

将式（7.4-23）代入式（7.4-22）可得：

$$Z = -\frac{\partial h_t(x,y)}{\partial x}\delta x - \frac{\partial h_t(x,y)}{\partial y}\delta y + \delta h - \gamma_1 - \gamma_m - \gamma_r \tag{7.4-24}$$

定义：

$$\frac{\partial h_t(x,y)}{\partial x} = h_x ; \frac{\partial h_t(x,y)}{\partial y} = h_y \tag{7.4-25}$$

式中，h_x 和 h_y 为地形在 x, y 方向上的斜率，并设：

$$\gamma = -(\gamma_1 + \gamma_m + \gamma_r) \tag{7.4-26}$$

为测量噪声，它由数字地图制作噪声、无线电高度表的测量噪声及地形随机线性化噪声组成。最后得到线性化的测量方程：

$$\begin{aligned} Z &= -h_x \delta x - h_y \delta y + \delta h + \gamma \\ &= -h_x R_M \delta\lambda - h_y R_N \cos L \delta L + \delta h + \gamma \\ &= \boldsymbol{HX} + \gamma \end{aligned} \tag{7.4-27}$$

式中，

$$\boldsymbol{H} = \left[0_{1\times6} \,\middle|\, -h_x R_M \quad -h_y R_y \cos L \quad 1 \,\middle|\, 0_{1\times3} \right] \tag{7.4-28}$$

地形辅助导航系统的测量方程原式为非线性方程，将其简化为线性化方程形式为式（7.4-27），此方法即为地形随机线性化技术。

2. 地形高程轮廓匹配辅助导航原理

地形轮廓匹配系统是美国 E-system 公司于 20 世纪 70 年代开始研制并于 90 年代成功使用的一种导航方法，在美国的 F-16、法国的“幻影”2000、英德法联合研制的“台风”战斗机等一些高性能的战斗机中得到广泛应用。TERCOM 技术主要应用于巡航导弹制导，美国“战斧”系列巡航导弹是成功应用 TERCOM 技术的典范，其常规对地攻击型采用惯性、地形匹配加景象匹配器制导，使其圆概率误差达到 10m 以内。从 1991 年海湾战争到 2003 年的伊拉克战争，“战斧”系列巡航导弹先后在伊拉克、阿富汗、苏丹、南联盟等多国战场上使用，发挥了巨大的威力。

TERCOM 算法的基本工作原理是在地球陆地表面上任何地点的地理坐标，都可以根据其周围地域的等高线地图或地貌来单值地确定，其原理框图如图 7.4.9 所示。惯性导航系统输出的绝对高度和无线电高度表实测相对高度相减得到地形实际测量高程，一段飞行时间后得到高程的序列数据，同时基于惯性导航系统位置信息的地形高程数据库也可以获得地形高程序列数据，获得多条地形高程序列数据后按一定的算法进行相关分析，相关效果最好的序列数据位置就是最佳匹配后的位置。

若再采用卡尔曼滤波技术，还可利用位置误差的观测量对速度误差、陀螺漂移及平台误差角做出估计，从而可对惯性导航系统的导航状态做出修正，得到最优导航状态。显然，TERCOM 算法要在获得一串地形高程序列数据后才能进行，属于后验估计或批处理方法，因此其实时性能较差。

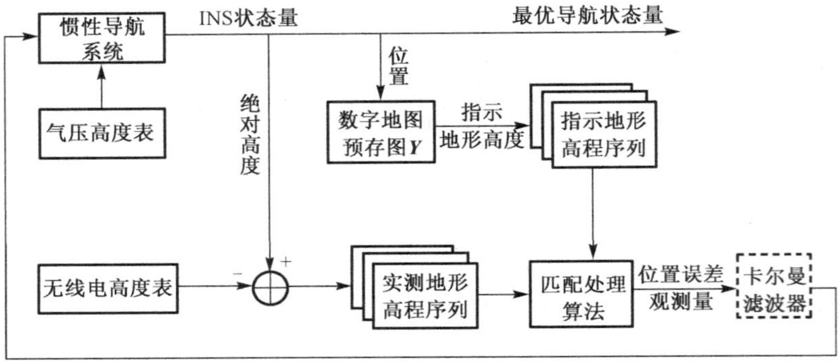

图 7.4.9　TERCOM 算法原理框图

当飞行器飞越某块已数字化了的地形时，机载无线电高度表测得飞行器离地面的相对高度 h_r，同时气压高度表与惯性导航系统相综合测得飞行器的绝对高度（或海拔，又称气压-惯性高度）h_I，h_I 与 $\tilde{h}_r$ 相减即可求出地形高度 h_d，h_I、$\tilde{h}_r$、h_d 三者的关系在图 7.4.8 中已描述。当飞行器飞行一段时间后，即可测得其真实航迹下的一串地形高程序列。将测得的地形轮廓数据与预先存储的数字地图进行相关分析，具有相关峰值的点即被确定为飞行器的估计位置，这样便可用这个位置来修正惯性系统指示的位置，如图 7.4.10 所示。在相关处理的过程中，可根据惯性导航系统确定的飞行器位置从数字高程地图数据库中调出某一特定区域的数字高程地图，数字高程地图应能包括飞行可能出现的位置序列，以保证相关分析处理得以进行。

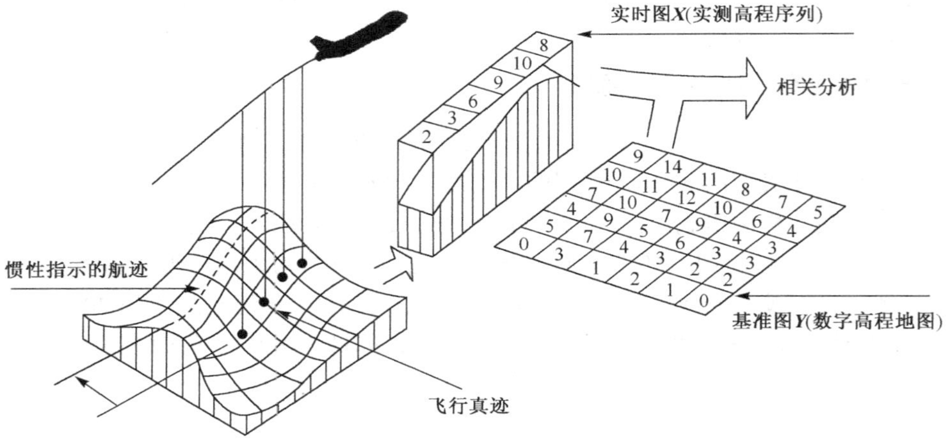

图 7.4.10　地形轮廓匹配的示意图

3. 地磁匹配辅助导航原理

由于图像匹配和地形匹配技术在某些场合存在一定的缺陷，研究地磁匹配导航制导技术具有重要的现实意义。例如，在图像匹配时，实时图 $\boldsymbol{X}$ 是低空摄取的大视角图像，而基准图 $\boldsymbol{Y}$ 是卫星遥感图，由于不同天气条件下光照不同，不同季节地表覆盖物的灰度不同，以及山地、建筑物的相互遮挡等影响，实时图和基准图之间存在较大的差异，灰度和位移特征也都有变化，影响匹配精度和可靠性。此外，当飞行器飞越海洋和平原时，其灰度和纹理等特征基本相同，无法实现图像匹配，因此利用需要稳定地形的 TERCOM 技术，在海面和平原地区无法使用。因此，在跨海制导方面，地磁匹配导航具有无比的优越性。另外，地磁匹配导航属于被动导航，隐蔽性强，不受敌方干扰。

相对于其他导航手段而言，地磁导航起步比较晚。在20世纪60年代中期，美国的E-systems公司提出了基于地磁异常等值线匹配的MAGCOM—Magnetic Contour Matching系统，70年代获得测量数据后，系统进行了离线实验。20世纪80年代初，瑞典的Lund学院对船只的地磁导航进行了实验验证，实验中将地磁强度的测量数据与地磁图进行人工比对，确定船只的位置，同时根据距离已知的两个磁传感器的输出时差，确定船只的速度。

美国目前已开发出地面和空中定位精度优于30m、水下定位精度优于500m的地磁导航系统，并计划用于提高飞航导弹和巡航鱼雷的命中率。另外，美国在导弹试验方面已开始应用地磁信息，并利用E-2飞机进行高空地磁数据测量。NASA Goddard空间中心和有关大学对水下地磁导航进行了研究，并进行了大量的地面试验。F. Goldenberg针对飞机的地磁导航系统进行了研究，将测量的地磁异常场序列与事先存储的地磁异常图实时进行相关匹配，确定飞机在地磁异常图上的经度和纬度。

俄罗斯新型机动变轨的SS-19导弹采用地磁等高线制导系统实现导弹的变轨制导，以对抗美国的反弹道导弹拦截系统。SS-19导弹再入大气层后，不是按抛物线飞行的，而是沿稠密大气层沿地磁等高线飞行的，使美国导弹防御系统无法准确预测来袭导弹的飞行弹道轨迹，从而大大增强了导弹的突防能力。

所谓地磁匹配，就是把预先规划好的航迹上末段区域某些点的地磁场特征量绘制成基准图存储在载体计算机中，当载体飞越这些点时通过地磁探测获得地磁场特征量，构成实时图 $\boldsymbol{X}$。在载体计算机中，对实时图与基准图进行相关匹配，计算出载体的实时坐标位置，供导航计算机解算导航信息。地磁匹配基本类似地形高程匹配系统，均是一维线匹配技术，区别在于地磁匹配可有多个特征量。

地磁匹配导航的基本原理框图如图7.4.11所示，导航系统主要由测量模块、匹配运算模块和输出模块组成。其实现匹配导航的过程有以下几部分。

① 在载体活动区域建立地磁场数学模型，并绘制数字网格形式的地磁基准参考图，构成基准图 $\boldsymbol{Y}$。

② 地磁传感器实时测量地磁场数据，经载体航行一段时间后，测量得到地磁特征值序列，构成实时图 $\boldsymbol{X}$。

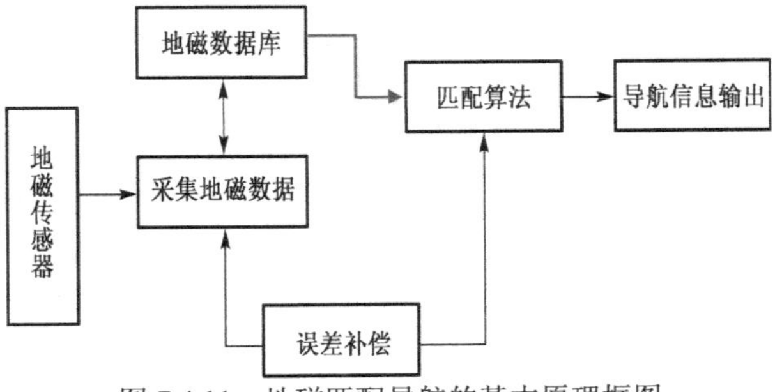

图 7.4.11　地磁匹配导航的基本原理框图

③ 运用相关匹配算法，将测量的地磁数据序列信息与数据库中的地磁图进行比较，按一定的准则判断实时图在地磁数据库中的最佳匹配位置。

④ 输出载体导航信息。

地磁匹配导航的算法实质上就是地形匹配的数字地图匹配。载体在航行过程中，将实时测量的地磁特征信息序列构成实时图，利用各种信息处理方法将实时图与地磁数据库中存储的基准图数据进行比较，按一定的准则判断两者的拟合度，确定实时图与基准图中的最相似点，即最佳匹配点。地磁匹配导航的匹配点并不是完全匹配的，只是实时图与基准图最大限度地相似，匹配算法决定匹配精度，是决定导航精度的核心因素。目前，关于地磁匹配算法主要有两类：相关度量技术（类似 TERCOM 算法）和递推滤波技术（类似 SITAN 算法）。

相关度量技术的特点是原理简单，可以断续使用，其对初始误差要求低，无误差累计，具有较高的匹配精度和捕获概率，是一种较方便灵活的匹配方式。由匹配原理可知，相关度量技术的传统算法主要分两类：一类强调它们之间的相似程度，如 CC 算法、NCC 算法；另一类强调它们之间的差别程度，如 MAD 算法、MSD 算法。在求最佳匹配点时，前一类算法应求极大值，后一类应取极小值。

递推滤波技术的特点是，需要载体在较长一段时间内连续递推滤波导航定位，对初始误差要求较高，滤波的各种误差统计模型不易获取，且滤波的发散也不易控制，目前应用较多的主要为卡尔曼滤波技术。

各种匹配算法均有各自的特点，并取得了一定的发展。不同航行载体还需要根据自身的特点合理选用匹配方式。对于水下载体、船舶、车辆等无规律运动的载体适宜采用相关度量匹配方法，对于空间飞行器等沿固定轨道有规律航行的载体则选用递推滤波的方法比较合适。随着小波理论、神经网络技术的日益成熟和完善，以及各种现代优化计算方法的广泛应用，有必要尝试新的匹配算法的研究，增强地磁匹配导航的精确性和鲁棒性。

4．重力匹配辅助导航原理

重力导航是一种利用重力敏感仪表测量实现的图形跟踪导航技术，具有精度高、不受时间限制、无须伸出水面、无辐射等特点，可最终解决潜艇导航的隐蔽性问题。但重力导航适应于在地理特征变化比较大的区域，类似于地形匹配导航，因此也可作为惯性导航的辅助手段。

多年来，美国大力发展的水下无人运行体，促进了各种水下导航方法的研发，已解决导航的完全自主性，这其中，重力辅助技术成为惯性导航系统的一个重要辅助手段。20 世纪 70 年代后期，美国计划将重力辅助技术（如重力敏感器）引入战略核潜艇导航系统中，80 年代初研制出重力敏感器系统，它由一个重力仪和三个重力梯度仪装在由陀螺稳定的平台上构成，最初是用于实时估计垂线偏差，以补偿在舒勒条件得不到满足的情况下产生的误差，后来又成功地用于无源导航和地形测量中。1982 年，精确的重力仪和重力梯度仪进行海上试验后，安装在“俄亥俄”级潜艇上。目前，潜艇采用的是以惯性导航为核心的导航系统，因惯导系统有时间累计误差，若不定期修正就会限制潜艇完成任务。现在主要采用 GPS 等方法对惯性导航系统进行校正，这些方法不是要潜艇露出或靠近水面，就是要发射信号，从而使潜艇有受到探测、被发现的危险，因此需要一种潜艇不必靠近水面又不发射信号，就能对惯性导航系统进行修正的方法，这种方法就是无源重力匹配导航。

无源重力匹配导航是利用重力敏感仪表测量实现的图形跟踪导航方式。这是一种利用地球重力场特征获取载体位置信息的导航技术，是从重力测量、重力仪异常和垂线偏差的测量与补充的基础上发展起来的。事先测量制作重力分布图，图中的各路线都有特殊的重力分布。重力分布图或称作基准图存储在导航系统中，再利用重力敏感仪器测定重力场特性来搜索期望的路线，通过人工神经网络和统计特性曲线识别法使运行体确认、跟踪或横过路线，到达某个目的点。这种方法由于不进行辐射，不使用外部坐标，所以称为无源重力导航。下面介绍重力匹配导航的关键传感器件。

重力敏感器：重力敏感器提供的重力数据可用于无源导航和地形测量，包括重力梯度仪和重力仪。重力仪测量重力异常或重力矢量的大小相对标准地球模型的偏差；重力梯度仪测量重力梯度即重力在三维上的变化率。

重力敏感系统：重力敏感系统 GSS 最初是为了补偿垂线偏差用的，最近成功地应用于无源导航和地形测量中。20 世纪 80 年代中期用的 GSS 为一个重力仪和三个重力梯度仪装在由陀螺稳定的当地水平的隔振平台上。重力仪为一个高精度、垂直安装的加速度计，重力梯度仪由安装在同一转轮上的四个加速度计组成，其输出为两组正交的梯度分量，它们在与旋转轮垂直的平面内，这样以正交方式安装的三个重力梯度仪，可提供六组实际重力梯度场分量。

加速度计重力梯度仪：直接用加速度计进行重力异常的测量。美国已经用振梁式加速度计和电磁加速度计（EMA）成功地对重力异常进行了测量。

重力技术主要功能是实时估算载体当地位置的垂线偏差，安装在弹道导弹核潜艇上的主要用途包括：①实时估算垂线偏差，用以减少 INS 的舒勒误差；②实时估算重力异常，用以初始化导弹制导系统；③用重力仪或重力梯度仪，通过与重力图匹配提供位置坐标；④作为海洋探测计划的一部分，制作垂线偏差和重力异常圈。

重力匹配导航的基本原理框图与地形高程匹配的基本原理类似，如图 7.4.12 所示。重力匹配导航通过利用重力测量值、以数字形式存储的重力图和导航仪本身的数据，可产生舰船导航仪的误差，不用定期地利用外部位置坐标就可实现限定误差的导航。修正可采用开环或闭环方式，使用修正值连续重调导航仪，使之保持在要求的导航精度内。在开环方式中，修正值只加在导航仪的输出上，优点是简单；而闭环配置可充分利用运行体运动预测能力，不仅可限定导航输出误差，而且还可以连续地估计惯性仪表误差。

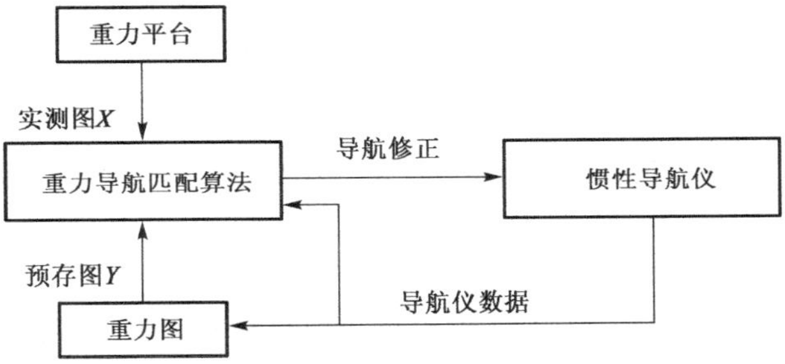

图 7.4.12　重力匹配导航的基本原理框图

根据惯性系统和重力平台的数据，无源导航算法使用四种类型的观测：第一种观测是重力异常数据；第二种观测是重力梯度数据；第三种观测是根据重力仪信号中的哥氏加速度效应计算出重力梯度相对于垂线的北向和东向分量；第四种观测是利用重力梯度仪本身的能力来测量垂线偏差。前三种经卡尔曼滤波处理，产生惯性系统误差估计的测量值。第四种观测在卡尔曼滤波器外部处理，然后将得出的修正值直接加在卡尔曼滤波器的状态矢量上。

7.4.3　二维面匹配导航定位

二维面匹配导航定位主要是指利用二维信息（如地物景象图等）建立实时图实现对基准图的匹配，而后利用匹配后信息辅助惯导系统进行的导航定位。一维线匹配技术主要是利用一维的地球物理信息变化进行匹配定位，在使用过程中存在自主性、隐蔽性等诸多优点，但同时也存在定位精度受限等缺点，特别是一维信息在环境变化不大情况下影响尤为突出，这在末段制导阶段的影响是致命的。为克服一维线匹配的缺点，可以利用二维信息通过二维面匹配技术辅助导航提高末段的定位精度。这里仅以景象匹配辅助导航为例给出二维面匹配技术辅助导航的应用。

景象匹配导航是一种自主导航方式，匹配的三要素是基准图、实时图和匹配算法。其基本原理是：预先将运行体（导弹、飞机）的航线或目标区域（末制导阶段）的数字地图信息作为基准图存入景象相关处理器，当飞经目标区时，由机载传感器（CCD 相机或高分辨率雷达或光电图像传感器）实时获取正下方地面的景象特征，并按像点尺寸、飞行高度等参数生成一定的实时图，也送入相关处理器，由匹配算法确定两者在位置或属性上的差异性，如图 7.4.13 所示。

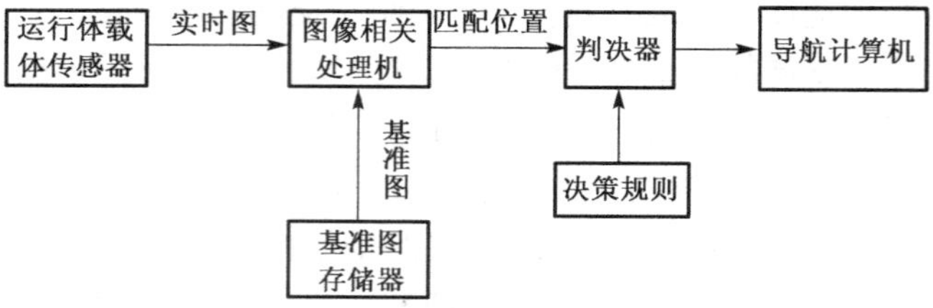

图 7.4.13　景象匹配原理框图

实时图与基准图在相关处理器中通过相关匹配比较，可以确定两者的相对位置。由于基准图的地理位置是事先知道的，因此根据实时图与它的相对位置便可得到偏离预定航线的位置偏差，这一偏差信息可用来为导弹等的控制系统提供校正信号，用以修正目标测量误差、发射的初始误差，尤其是修正随射程增加而不断增大的惯性器件积累误差，从而使导弹的命中精度理论上与射程无关，实现精确制导。

由于景象匹配定位的精度很高，可以利用这种精确的位置信息来消除惯性导航系统长时间工作的累计误差，以便大大提高惯性导航系统的定位精度，景象匹配技术具有很高的末制导精度，导弹通过中制导送至景象匹配区，利用景象匹配的定位误差对惯性导航系统进行位置修正。

目前的景象匹配技术还局限于基于灰度和特征层次上，现有的匹配算法也都存在各种缺陷，要构造如同人类视觉一样灵活、基于知识的景象匹配系统还有待进一步研究，因此人类视觉仿生技术也是当前研究的热点之一。

对于导弹成像制导中的景象匹配技术来说，所面临的主要困难如下。

① 由于导引头中预先存储的基准图是利用卫星或高空飞机所拍摄的目标图像，而实时图是导弹在低空飞行过程中所实时拍摄的目标图像，两者是在不同时间、不同地点、不同角度、不同条件、不同拍摄工具、不同拍摄方法等不同情况下所拍摄的两幅灰度图像，客观上存在景象差别、形状差别、明暗和反差差别，图像质量有很大的差别。卫星或高空飞机所拍摄的图像存在大气干扰，图像相对模糊；导弹所拍摄的图像基本上不受大气干扰，图像相对清晰。如何确保准确可靠地在基准图中找到实时图的位置，并将两幅差别很大的图像正确匹配，是一个十分困难的问题。

② 导弹的下视景象匹配定位系统要求实时获取导弹的真实偏差，而用于匹配运算的基准图和实时图的数据量一般都很大，相关匹配运算要逐点计算相关值并比较它们的大小，导致计算量非常大。因为弹上计算机运算速度有限，当运算量超过限度时就无法实时获取匹配结果，所以采取何种匹配算法才能满足实时匹配定位要求，也是一个十分困难的问题。

上述两个问题本身就是一对矛盾：将两幅存在差别的图像正确、可靠地完成匹配，需要复杂的计算过程，必然会增加匹配运算量；而实时匹配运算又必须减少匹配计算量，这就要求在两个方面权衡折中选择合适的方法，满足实时、准确、可靠的匹配要求。

7.5 小　　结

定位是实现导航的一项重要工作，是利用各种传感器获得的信息确定运行体的空间位置。定位根据运行体的自主性可分为两类：一类是非独立定位系统；另一类是独立定位系统。传统的导航定位系统多是依靠构建的多个信息源进行位置线定位的非独立定位系统，如跟踪雷达、移动基站定位等；而独立定位系统则依靠运行体自身传感器获得信息进行定位，如惯导定位、匹配定位等。非独立定位系统定位精度高，传感器容易设计实现，但其自主性、隐蔽性较差，不利于防区外导航定位；而独立定位系统存在累计误差，需要精确测量目标区域的数据，制作基准图，但其自主性、隐蔽性好，特别适合低空突防等军事应用领域。

本章从导航定位的三大领域（涉及非独立定位系统、推算定位系统和匹配定位系统）出发，阐述了应用于导航定位的原理和方法，着重介绍了利用测距、测距差和测角实现非独立定位的基本原理和相应的系统，专门介绍了多个固定导航台对运行体的定位问题。此外还介绍了推算定位的基本原理，并重点介绍了匹配定位及利用地球物理信息的组合式辅助导航技术，这些技术在飞行器进行低空潜入突防、地形跟随、地形回避等方面有着明显的优越性和很大的应用潜力。

复习和作业题 7

1．导航参量均方误差与位置线误差及等概率误差椭球三者之间的关系如何？

2．已知导航台观测的角度参量误差服从 $N(0,\sigma_a^2)$ 的正态分布，距离参量的观测误差服从 $N(0,\sigma_d^2)$ 的正态分布，计算角度参量形成的直线位置线误差分布特性和距离参量观测形成的圆位置线误差分布特性。

3．等概率误差椭圆中，椭圆长、短半轴的尺寸及长半轴的取向与哪些因素有关？画出测角定位的定位误差场。

4．对测距差系统定位误差场的物理含义进行说明。

5．根据椭圆误差场的性质画出测距测向（角）定位的椭圆误差场，并给出步骤。

6．已知测距定位的三个测距导航台在某一平面坐标系下位置为 $p_1(-10,18)$、$p_2(5,-15)$、$p_3(20,8)$，平面一点 C 对三个导航台观测的距离分别是 r_1、r_2、r_3，写出 C 点的观测方程组，试用泰勒级数展开法将观测方程线性化。

7．求解四站测距定位系统的 GDOP 的数学表达式，并结合阐述 GDOP 与测距定位均方误差的关系。

8．求解在考虑导航台站址误差的情况下，二维测向平面定位的定位协方差。

9．地形匹配定位有什么优缺点？在平坦的海洋上空能否采用该定位方法？为什么？

第 8 章　组合导航原理

随着多种导航系统的出现，相应于一种导航参量的测量可能就有多个导航系统支撑提供，这就为进一步提高导航参量的测量精度，以及提高导航系统的可靠性（包括系统的故障检测能力、容错重组能力等）提供了条件。组合导航的基本思想是利用具有互补性能的两种或两种以上的子系统，借助于计算机技术和数据融合理论，构成性能优于其中任何一个子系统的组合系统，提取各系统的误差并校正，以满足更高的导航要求。

从科学本质上来说，组合导航理论要解决两类不确定性问题：一类是导航传感器数量及运行体场景变化引起的不确定性，包括新导航参量引入及旧导航参量失效、运动模式和所处场景的突变等多种情况；另一类是测量的不确定性。由于各种原因，导航传感器所获测量集合中既有自主导航测量（如惯性导航系统的测量），也有非自主导航测量（如 GNSS、LORAN-C 等的测量），此外还存在多个导航传感器在电磁干扰下测量结果不一致甚至冲突的情形。更进一步讲，就是要解决导航信息和测量均不确定条件下，如何合理有效利用测量集来更新导航参量状态的问题，即导航数据关联问题。归根结底，是寻求提升导航系统测量过程精确性和解算结果可靠性的方法。

8.1　概　　述

8.1.1　传感器数据融合

数据融合（或称信息融合）理论是指在对多个不同传感器所获得的观测数据，进行综合处理和优化组合时所采用的方法或算法，它是整个组合导航系统中的核心关键技术，其优劣直接决定了导航系统的效率和集成信息的准确性与可靠性。在多传感器数据融合过程中，各传感器提供的数据都具有一定程度的不准确性，因此对这些具有不确定性数据的融合过程，实质上是一个非确定性推理与决策的过程。

按照信息处理的流程，可将多传感器组合系统数据融合划分为数据层、特征层和决策层三个层次。

数据层融合：首先将全部传感器的观测数据融合，然后从融合的数据中提取特征向量，并进行判断识别。

特征层融合：从各传感器提供的观测数据中提取具有代表性的特征，这些特征融合成单一的特征向量，然后运用模式识别的方法进行处理。

决策层融合：指在每个传感器对目标做出识别后，再将多个传感器的识别结果进行融合。

各层的融合方法也可概括为随机类和人工智能类两大类，随机类多传感器数据融合方法主要有：贝叶斯推理、D-S 证据理论，以及包括最大似然估计、贝叶斯估计、最优估计，卡尔曼滤波、鲁棒估计等估计理论。人工智能类多传感器数据融合方法主要有：基于神经网络的多传感器数据融合，基于模糊聚类的数据融合及专家系统等。其中，随机类多传感器数据融合算法属于经典融合算法，又可分为估计和统计两类方法；人工智能类多传感器数据融合方法也称为现代融合法，可以用信息论和人工智能来划分。

8.1.2 组合导航的概念

导航多传感器数据融合是多传感器数据融合的一个子集。自 20 世纪 60 年代以来，在组合导航系统中应用最成功的融合方法毫无疑问当属卡尔曼滤波算法。卡尔曼滤波算法是一种线性最小方差无偏估计，在计算方法上采用了递推形式，并且使用状态空间法在时域内设计滤波器，所以适用于多维随机过程的估计。从信息论的角度来看，卡尔曼滤波对数据融合技术的作用已经不仅仅是一个具体的算法，还是一种行之有效的解决方案，它在多导航传感器数据融合领域中的应用既是系统结构上的，也是具体方法上的。

卡尔曼滤波技术对组合导航系统进行最优组合有两种途径：一种是集中式卡尔曼滤波器，另一种是分散化的卡尔曼滤波，但两者估计结果的精度是相同的。

集中式卡尔曼滤波器是集中处理所有导航子系统的信息，在此过程中仅有一个卡尔曼滤波器在工作。但是该方法存在以下缺点。

① 滤波器计算量以状态维数的三次方剧增，无法满足复杂导航的实时性要求。

② 子系统的增加使故障率也随之增加，当某一个（或几个）导航传感器系统出现故障又没有及时检测出并隔离的时候，集中式卡尔曼滤波器的容错性较差，将导致整个系统被污染而无法正常工作。

③ 卡尔曼滤波器要达到最优，要求知道系统比较精确的状态方程、测量方程及系统的干扰噪声特性，但这一点在实际情况下往往是不可能的。状态方程和测量方程的不准确将导致卡尔曼滤波方法失去最优性，从而引起导航精度的降低。

为充分发挥多传感器系统信息丰富、容错性能好的优势，人们曾试图采用模型简化、降阶等手段来改进卡尔曼滤波算法。但模型简化以后得到的状态估计往往是不可靠的，特别是简化以后的系统可能使状态估计精度降低、滤波不稳定甚至发散。后来提出的并行脉动阵列结构滤波算法虽然提高了计算的实时性和稳定性，提高了计算效率，但系统仍然不具备容错性。

1978 年，Hassan 给出了一种最优的分散滤波结构，且能应用于时变系统，但各子滤波器的系统噪声和初始条件相关时，各子滤波器不能独立地给出相应的估计，并且在各子滤波器之间需要较大量的数据传递。分散滤波器的发展受到越来越多的关注，到目前为止，分散化滤波应用最多的是导航多传感器数据融合领域。

1988 年，Carlson 提出了联邦滤波理论，联邦滤波算法是一种并行两级结构的分散化滤波算法。每一种导航系统与公共的参考系统（如 INS）构成一个子系统，由一个子滤波器来处理。多种导航设备可以构成若干个子系统，然后用一个主滤波器把各个子系统的信息进行融合。在滤波过程中，根据信息分配原理将系统的过程信息合理分配给各个子滤波器和主滤波器，避免了信息的重复利用，消除了各子滤波器之间的相关性，使各子滤波器可以独立地进行局部估计，用简单的融合算法即可求出全局最优估计。

8.2 组合导航理论

8.2.1 组合导航方式

具有不同使用目的的导航设备，如惯性导航系统（Inertial Navigation System，INS）、天文导航系统（Celestial Navigation System，CNS）、嵌入式大气数据系统（Flush Air Data System，FADS），以及地形及景象匹配导航系统（Terrain and Topography Matching Navigation System，TTMNS）、全球导航卫星系统（Global Navigation Satellite System，GNSS）等是非相似导航子系统，当它们同时使用时，可提供对某一导航参数的冗余测量。在保证惯性导航可靠性的前提下，将惯性导航作为参考子系统，与其余子系统两两组成子滤波器，各子滤波器的卡尔曼滤波运算独立地并行运行，各滤波结果具有不同的精度，它们只代表整个导航系统的局部，即该导航子系统的最优。为了获得导航系统整体上的最优估计，必须将这些局部最优估计进行再处理，融合成整体上的最优估计，这一融合算法是在主滤波器中完成的。

假设各子滤波器的状态估计可表示为：

$$\hat{\boldsymbol{X}}_i=\begin{bmatrix}\hat{\boldsymbol{X}}_{ci}\\ \hat{\boldsymbol{X}}_{bi}\end{bmatrix} \tag{8.2-1}$$

式中，$\hat{\boldsymbol{X}}_i$ 表示第 i 个子滤波器的状态估计；$\hat{\boldsymbol{X}}_{ci}$ 是各子滤波器的公共状态 $\boldsymbol{X}_{ci}$ 的估计，如导航位置、速度、姿态等误差状态的估计；$\hat{\boldsymbol{X}}_{bi}$ 是第 i 个子滤波器特有的状态估计，如 GPS 误差状态的估计等。我们只对公共状态的估计进行融合以得到全局估计。

图 8.2.1 联邦滤波器的一般结构。图中使用信息分享原理，在信息分享策略、主滤波器融合信息的反馈、子/主滤波器周期的选择等方面，均可动态地采用多种不同的方式。如果要求精度最佳，则图中的反馈线闭合；如果要求系统容错能力最强，则不需要反馈。因此，联合滤波器实际上包含了一组分散滤波算法。

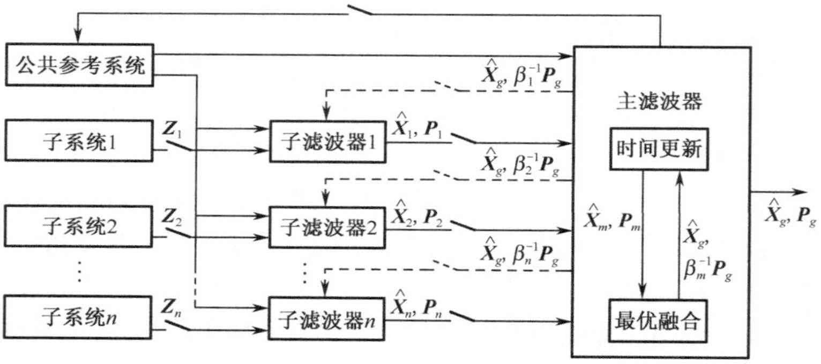

图 8.2.1 联邦滤波器的一般结构

8.2.2 信息分配准则

设 $\boldsymbol{P}_{ii}$ 和 $\boldsymbol{X}_i$ 分别表示子滤波器的方差阵和状态向量，$\boldsymbol{P}_g$ 和 $\boldsymbol{X}_g$ 分别表示主卡尔曼滤波器融合输出的全局方差阵和状态向量，$\boldsymbol{P}_m$ 和 $\boldsymbol{X}_m$ 分别表示主滤波器的方差阵和状态向量。

联邦滤波器是一种两级滤波结果，如图 8.2.1 所示，由子滤波器与主滤波器合成的全局估计 $\hat{\boldsymbol{X}}_g$ 及其相应的协方差阵 $\boldsymbol{P}_g$ 被放大为 $\beta_i^{-1}\boldsymbol{P}_g\,(\beta_i\leqslant 1)$ 后再反馈给子滤波器，以重置子滤波器的估计值。

$$\hat{\boldsymbol{X}}_i=\hat{\boldsymbol{X}}_g,\quad \boldsymbol{P}_{ii}=\beta_i^{-1}\boldsymbol{P}_g \tag{8.2-2}$$

同时主滤波器预报误差的协方差阵也可重置为全局协方差 β_m^{-1} 倍。这种反馈的结构是滤波器区别于一般分散滤波器的特点。β_i 称为“信息分配系数”，可根据信息分配原则确定。不同

的 β_i 值可以获得联邦滤波器的不同结构和特性（如容错性、精度和计算量等）。

组合导航系统中一般有两类信息。

（1）状态方程的信息

状态方程的信息量与状态方程中过程噪声的协方差阵成反比，可用过程噪声协方差阵的逆 $\boldsymbol{Q}^{-1}$ 来表示，过程噪声越弱，状态方程就越精确。此外，状态初值的信息也是状态方程的信息，可用初值估计的协方差逆 $\boldsymbol{P}^{-1}(0)$ 来表示。

（2）测量方程的信息

可用测量噪声协方差阵的逆 $\boldsymbol{R}^{-1}$ 来表示。当状态方程、测量方程及 $\boldsymbol{P}(0)$、$\boldsymbol{Q}$、$\boldsymbol{R}$ 选定后，状态估计 $\hat{\boldsymbol{X}}$ 及估计 $\boldsymbol{P}$ 误差也就完全确定了，而状态估计的信息量可用 $\boldsymbol{P}^{-1}$ 来表示。

在联邦滤波结构中，各滤波模型的过程噪声方差分配规则为：

$$\boldsymbol{Q}^{-1}=\boldsymbol{Q}_m^{-1}+\sum_{i=1}^{n}\boldsymbol{Q}_i^{-1}=\boldsymbol{Q}^{-1}\beta_m+\boldsymbol{Q}^{-1}\sum_{i=1}^{n}\beta_i=\boldsymbol{Q}^{-1}\left[\beta_m+\sum_{i=1}^{n}\beta_i\right]$$

而

$$\boldsymbol{Q}_i^{-1}=\boldsymbol{Q}^{-1}\beta_i \tag{8.2-3}$$

其中，$\beta_i(i=1,\cdots,n,m)$ 为第 i 个滤波器的信息分配系数，它必须满足：

$$\beta_m+\sum_{i=1}^{n}\beta_i=1 \tag{8.2-4}$$

状态估计信息也可同样分配：

$$\boldsymbol{P}^{-1}=\boldsymbol{P}^{-1}\beta_m+\boldsymbol{P}^{-1}\sum_{i=1}^{n}\beta_i=\boldsymbol{P}^{-1}\left(\beta_m+\sum_{i=1}^{n}\beta_i\right)$$

式（8.2-4）体现了信息守恒原理，即信息在子滤波器和主滤波器间分配时，分配前后总的信息量保持不变。

8.2.3　组合导航精度

下面按照 8.2.2 节的信息分配准则，以两个子系统组合为例，推导组合导航的精度准则。

在滤波器设计中，若子滤波器和主滤波器的解是统计独立的，各子滤波器的估计互不相关，则全局最优状态估计为局部估计的线性组合，即：

$$\hat{\boldsymbol{X}}_g=\boldsymbol{\omega}_1\hat{\boldsymbol{X}}_1+\boldsymbol{\omega}_2\hat{\boldsymbol{X}}_2 \tag{8.2-5}$$

式中，$\boldsymbol{\omega}_1$ 和 $\boldsymbol{\omega}_2$ 是待定的系数矩阵；$\hat{\boldsymbol{X}}_1$、$\hat{\boldsymbol{X}}_2$ 是两个子滤波器的最优无偏估计。设 $\boldsymbol{P}_{11}$ 为 $\hat{\boldsymbol{X}}_1$ 的误差方差阵，$\boldsymbol{P}_{22}$ 为 $\hat{\boldsymbol{X}}_2$ 的误差方差阵，$\boldsymbol{P}_{12}$、$\boldsymbol{P}_{21}$ 为 $\hat{\boldsymbol{X}}_1$ 与 $\hat{\boldsymbol{X}}_2$ 估计的协方差阵，因为 $\hat{\boldsymbol{X}}_1$、$\hat{\boldsymbol{X}}_2$ 不相关，故 $\boldsymbol{P}_{12}=\boldsymbol{P}_{21}=\boldsymbol{0}$。

若选择 $\boldsymbol{\omega}_1$、$\boldsymbol{\omega}_2$，使 $\hat{\boldsymbol{X}}_g$ 为最小方差估计，即满足以下两个条件：

① 无偏，即 $E(\boldsymbol{X}-\hat{\boldsymbol{X}}_g)=0$；

② $\hat{\boldsymbol{X}}_g$ 的估计误差协方差阵 $\boldsymbol{P}_g=E[(\boldsymbol{X}-\hat{\boldsymbol{X}}_g)(\boldsymbol{X}-\hat{\boldsymbol{X}}_g)^{\mathrm{T}}]$ 最小。

由此可知，$\hat{\boldsymbol{X}}_g$ 的全局最优估计为：

$$\hat{\boldsymbol{X}}_g = \boldsymbol{P}_g(\boldsymbol{P}_{11}^{-1}\hat{\boldsymbol{X}}_1 + \boldsymbol{P}_{22}^{-1}\hat{\boldsymbol{X}}_2) \tag{8.2-6}$$

$$\boldsymbol{P}_g = (\boldsymbol{P}_{11}^{-1} + \boldsymbol{P}_{22}^{-1})^{-1} \tag{8.2-7}$$

利用数学归纳法，可将上面的结果推广到 N 个局部估计的情况。

$$\begin{aligned} \hat{\boldsymbol{X}}_g &= \boldsymbol{P}_g \sum_{i=1}^{N} \boldsymbol{P}_{ii}^{-1}\hat{\boldsymbol{X}}_i \\ \boldsymbol{P}_g &= \left(\sum_{i=1}^{N} \boldsymbol{P}_{ii}^{-1}\right)^{-1} \end{aligned} \tag{8.2-8}$$

由式（8.2-8）可知，多导航系统组合之后，依据最小方差无偏估计准则，全局最优估计的误差要小于各子系统的局部估计误差，全局估计值要优于各子系统的每个局部估计值。

此外，由于子滤波器和主滤波器的状态向量包含公共状态 $\boldsymbol{X}_c$ 和各自的子系统的误差状态 $\boldsymbol{X}_{bi}$，而只有对公共状态才能进行数据融合以获得全局估计，各子系统的误差状态只由各自的子滤波器来估计。但公共状态和子系统的误差状态又是有交联的，设子滤波器的协方差阵可写为：

$$\boldsymbol{P}_i = \begin{pmatrix} \boldsymbol{P}_{c_i} & \boldsymbol{P}_{c_ib_i} \\ \boldsymbol{P}_{b_ic_i} & \boldsymbol{P}_{b_i} \end{pmatrix} \tag{8.2-9}$$

式中，$\boldsymbol{P}_{c_ib_i}$ 和 $\boldsymbol{P}_{b_ic_i}$ 是公共状态和子系统误差状态的交联项，在组合系统中由于信息分配和主滤波器对子滤波器的重置，公共状态的协方差阵 $\boldsymbol{P}_{c_i}$ 会得到改善，通过状态间的耦合影响，$\boldsymbol{P}_{b_i}$ 也将下降，即子系统的误差估计也会有一些改善。

8.2.4 组合系统可靠性

组合系统的容错设计是提高导航任务可靠性的重要途径。容错设计的出发点是从系统的整体设计上来提高其可靠性，而不是去提高每一个元件的运行状态，实时检测并隔离故障部件，进而采取必要措施，切掉故障部件，将正常部件重新组合起来，从而使整个系统在内部有故障的情况下仍能正常工作或降低性能但仍安全工作。下面，以两子系统组合导航为例，进行组合导航的可靠性分析。

已知当组合系统没有故障时，整体状态估计值如式（8.2-6）和式（8.2-7）所示。

当子系统 1 故障时，则 $\hat{\boldsymbol{X}}_1$ 的估计不正确，因此不将其输入主滤波器，此时，系统状态的整体估计为：

$$\hat{\boldsymbol{X}}_g = \hat{\boldsymbol{X}}_2 \tag{8.2-10}$$

失效子系统的输出可估计为：

$$\hat{\boldsymbol{Z}}_1 = \boldsymbol{H}_1\hat{\boldsymbol{X}}_g \tag{8.2-11}$$

同理，当子系统 2 故障时，系统状态的整体估计为：

$$\hat{\boldsymbol{X}}_g = \hat{\boldsymbol{X}}_1 \tag{8.2-12}$$

失效子系统的输出可估计为：

$$\hat{\boldsymbol{Z}}_2 = \boldsymbol{H}_2 \hat{\boldsymbol{X}}_g \tag{8.2-13}$$

由此可见，组合导航系统即使在某些导航系统失效的情况下也能提供可靠的、精确的导航信息。

8.3　组合导航实现

8.3.1　典型配置结构

设计联邦滤波器时，信息分配系数是至关重要的，在遵守信息守恒原则的前提下，根据不同的信息分配方案可以设计出性能（容错性、精度最优性、计算量等）不同的联邦滤波器。

1. “零化式”重置结构（Zero-Reset Mode，ZR）

信息分配系数取为 $\beta_m = 1$、$\beta_i = 0$，结构如图 8.3.1 所示。

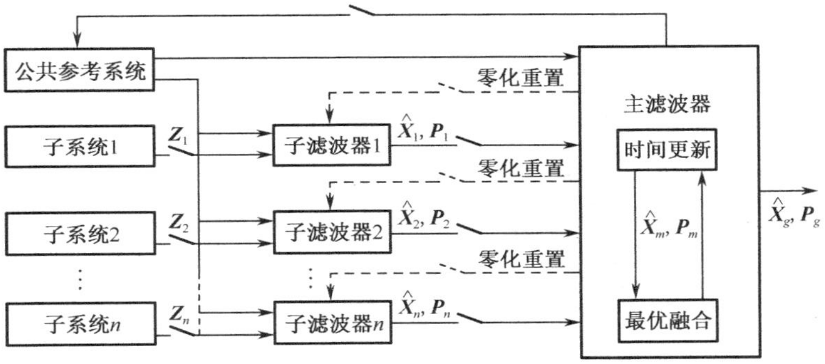

图 8.3.1　“零化式”重置结构（$\beta_m = 1$、$\beta_i = 0$）

主滤波器分配到全部（状态运动方程）信息，由于子滤波器的过程噪声协方差阵为无穷，子滤波器状态方程已没有信息，所以子滤波器实际上不需用状态方程而只用测量方程来进行最小二乘估计。因为子滤波器的测量数据已经过最小二乘估计而平滑，主滤波器的工作频率可低于子滤波器的工作频率，主滤波器可用高阶状态方程，其中包含精确的 INS 模型。实际上这时子滤波器起了“数据压缩”的作用。由于 $\beta_i^{-1}\boldsymbol{Q} \to \infty$，子滤波器的预测值 $\hat{\boldsymbol{X}}_i(k/k-1)$ 的协方差阵 $\boldsymbol{P}_i(k/k-1)$ 趋于无穷，所以不能通过新息 $[\boldsymbol{Z}_i(k) - \boldsymbol{H}_i\hat{\boldsymbol{X}}_i(k/k-1)]$ 来检测 k 时刻子系统 i 的输出 $\boldsymbol{Z}_i(k)$ 的故障。相反，主滤波器拥有了全部状态运动信息，状态方程还可用高阶精确模型，因此，$\hat{\boldsymbol{X}}_m(k/k-1)$ 的协方差阵 $\hat{\boldsymbol{P}}_m(k/k-1)$ 很小，便于用主滤波器的新息来检测子系统的故障。

此外，由于子滤波器状态信息只被重置到零（零化式重置），这样就减少了主滤波器到子滤波器的数据传输，因此数据通信量下降。各子滤波器协方差被重置为无穷，因此不需时间更新计算，计算变得简单。该结构有如下特点：

① 主滤波器分配到全部信息，故障检测和隔离能力强；

② 子滤波器状态信息只被重置到零，协方差趋于无穷，故障检测和隔离能力很差；

③ 减少了数据通信量，计算简单。

2. 有重置结构（Rescale Mode，RS）

信息分配系数取为$\beta_m = \beta_i = 1/(n+1)$，结构如图8.3.2所示。

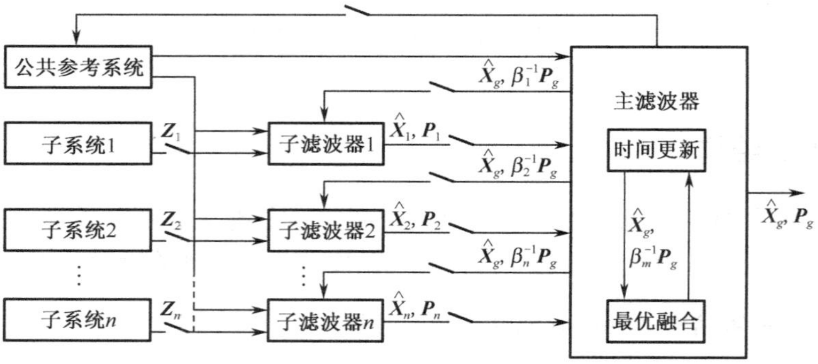

图8.3.2 有重置结构（$\beta_m = \beta_i = 1/(n+1)$）

这时，信息在主滤波器和各子滤波器之间平均分配，融合后的全局滤波精度高，局部滤波因为有全局滤波的反馈重置，其精度也提高了。用全局滤波和局部滤波的新息都能更好地进行故障检测，在某个子系统故障被隔离后，其他良好的子滤波器的估计值作为替代值的能力也提高了，但重置使得局部滤波受全局滤波的反馈影响。这样，一个子系统的故障可以通过全局滤波的反馈重置而使子系统的局部滤波也受到污染，于是容错性能下降。故障隔离后，子滤波器要重新初始化，于是要经过一段过渡时间后其滤波值才能使用，这样故障恢复能力就下降了。在这种设计中，主滤波器的模型阶次可高些，特别可采用更精确的INS模型。

这种结构的特点是：

① 主滤波器与子滤波器之间平均分配信息；

② 融合后全局滤波精度高，局部因为有全局滤波反馈，精度也提高了；

③ 子滤波器故障检测与隔离性能好；

④ 主滤波器的故障检测与隔离性能中等；

⑤ 一个子系统故障后，主滤波器受污染，隔离后必须重新初始化主滤波器。

3. 无复位结构（No-Reset Mode，NR）

信息分配系数取为$\beta_m = 0$、$\beta_i = 1/n$，结构如图8.3.3所示。

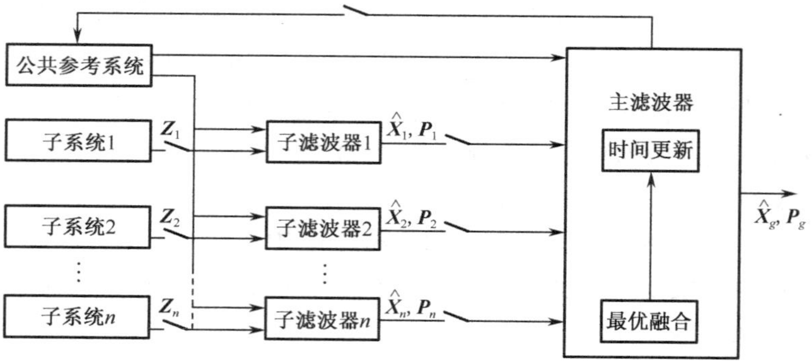

图8.3.3 无复位结构（$\beta_m = 0$、$\beta_i = 1/n$）

这种设计没有重置，系统只在初始时刻进行一次信息分配，各子滤波器独立进行滤波，在同一时刻将结果送到主滤波器进行融合，主滤波器保留融合后的结果，并根据系统方程向下递推，将递推结果作为系统输出，直到下一次合成时刻，主滤波器信息没有反馈给子滤波器，每个子滤波器信息与其他子滤波器也没有相互影响，这就提供了最高的容错性能。但由于没有全局最优估计的重置，所以局部估计的精度不高。

主滤波器状态方程无信息分配，也就是 $\beta_m^{-1}\boldsymbol{Q}$ 为无穷，不需要用主滤波器进行滤波，所以主滤波器的估计值就取为全局估计，即：

$$\hat{\boldsymbol{X}}_m = \hat{\boldsymbol{X}}_g = \boldsymbol{P}_g(\boldsymbol{P}_1^{-1}\hat{\boldsymbol{X}}_1 + \cdots + \boldsymbol{P}_n^{-1}\hat{\boldsymbol{X}}_n)$$

这种结构的特点是：

① 主滤波器状态方程无信息分配，主滤波器不需要进行滤波，所以主滤波器的估计值取为全局估计；

② 主滤波器的故障检测与隔离能力差；

③ 子滤波器的故障检测与隔离能力与第二类结构一样。

4．融合-复位结构（Fusion-Reset Mode，FR）

信息分配系数取为 $\beta_m = 0$ 、 $\beta_i = 1/n$ ，结构如图 8.3.4 所示。

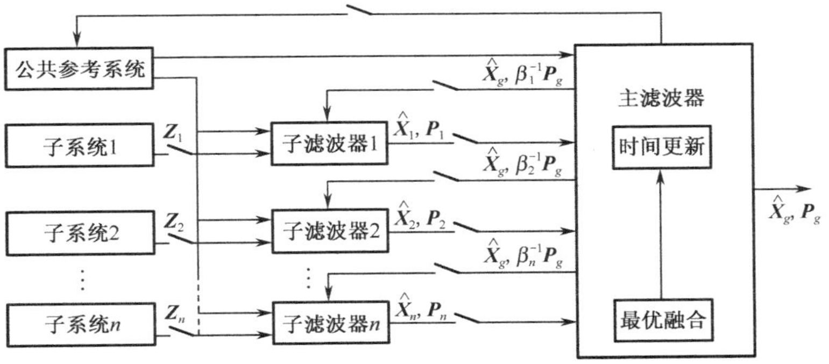

图 8.3.4 融合-复位结构（ $\beta_m = 0$ 、 $\beta_i = 1/n$ ）

这种结构与无复位结构的不同之处是主滤波器将融合后状态和分配给各子滤波器的方差分块作为融合后的信息反馈给各子滤波器。由于主滤波器对各子滤波器的校正，而提高了子滤波器的精度。在这种结构中，子滤波器必须等到主滤波器的融合结果反馈回来后才能做下一步的滤波。与第 2 类结构一样，由于重置带来了局部滤波受全局滤波的反馈影响，使容错性能下降，以及故障隔离后，子滤波器要重新初始化，故障恢复能力下降等问题。

这种结构的特点是：

① 各局部滤波器独立滤波，没有反馈重置带来的相互影响，提高了容错性能；

② 由于没有全局估计，所以局部估计精度不高。

以上 4 类结构都采用了信息分配原则，因此多个子滤波器都要根据不同的信息分配方法来重新设计。它们是当前各类组合导航系统的主用组合导航的设计方案，其差别在于信息的存储方式不同。在 NR 和 FR 结构中，子滤波器存储长期信息，主滤波器只做信息合成和短期存储；在 ZR 和 RS 结构中，子滤波器作为短期的信息收集器或数据压缩滤波器，主滤波器存储系统的长期信息。

对于当前应用的组合导航，其组合滤波器已设计好了，如果保留这个子滤波器不变，再加上一级主滤波器就可以构成“串级”（Cascaded）滤波器，这也属于联邦滤波器的一类，其原因是主滤波器使用的 INS 模型可以比已有的子滤波器所用的 INS 模型更精确，模型阶次可以更高。这种情况下可以加入新的子系统，用主滤波器来处理它们的测量信息，以此构成以下两种新类型的设计结构。

5. 有重置结构（$\beta_m=1$、$\beta_i=0$）

有重置结构（$\beta_m=1$、$\beta_i=0$）如图 8.3.5 所示。

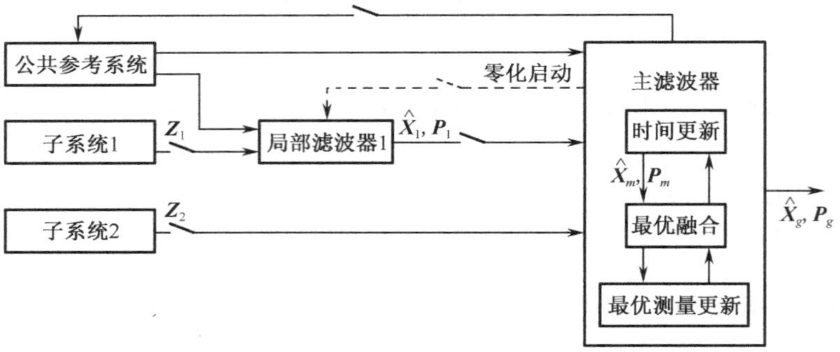

图 8.3.5 有重置结构（$\beta_m=1$、$\beta_i=0$）

这类结构中的主滤波器包含所有状态信息，而子滤波器的信息阵在每次数据融合后被重置为零，然后子滤波器再重新启动，简称为零化启动（Restart）。子滤波器起到数据压缩的作用。在融合周期内，子滤波器积累子系统数据将它“压缩”，融合周期一到就将它们输给主滤波器。主滤波器估计的测量更新用子系统 2 的数据。

这种结构的特点是：

① 主滤波器包含所有状态信息；

② 子滤波器的信息阵每次融合后重置为零；

③ 然后子滤波器再重新启动，即零化启动；

④ 子滤波器起到数据压缩作用，故障检测与隔离能力差；

⑤ 主滤波器的故障检测与隔离能力强，但是故障恢复能力差，因此要重新初始化。

6. 有重置结构（$\beta_m=\beta_i=0.5$）

有重置结构（$\beta_m=\beta_i=0.5$）如图 8.3.6 所示。

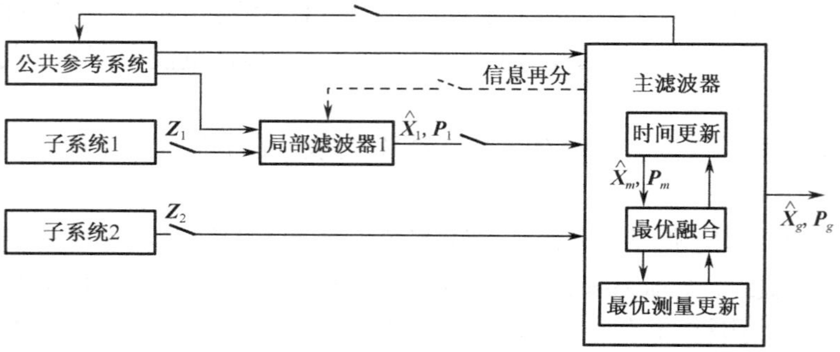

图 8.3.6 有重置结构（$\beta_m=\beta_i=0.5$）

这类设计中，$\beta_m=\beta_i=0.5$，在每次融合得到全局估计后，子滤波器的信息被重置到全局信息的一半，或其协方差阵重置为全局估计协方差阵的一倍，即 $\boldsymbol{P}_1^{-1}=\frac{1}{2}\boldsymbol{P}_g^{-1},\boldsymbol{P}_m^{-1}=\frac{1}{2}\boldsymbol{P}_g^{-1}$，这个重置过程为称为信息再分（Rescale），主滤波器的测量更新用新子系统的数据。

这种结构与无复位结构的不同之处是，主滤波器将融合后状态和分配给各子滤波器的方差分块作为融合后的信息反馈给各子滤波器。由于主滤波对各子滤波器的校正而提高了子滤波器的精度。在这种结构中，子滤波器必须等到主滤波器的融合结果反馈回来后才能做下一步的滤波。与第 2 类结构一样，由于重置带来了局部滤波受全局滤波的反馈影响，使容错性能下降，以及故障隔离后，子滤波器要重新初始化，故障恢复能力下降等。

这种结构的特点是：

① 每次信息融合后，子滤波器信息被重置到全局信息一半，协方差重置为全局估计协方差的一倍；

② 主、子滤波器的故障检测与隔离能力中等；

③ 主滤波器的故障恢复能力差，因此要重新初始化。

综上所述，可得如下结论：

① 利用融合后的全局状态和协方差去反馈重置子滤波器，可以提高子滤波器精度，但是主滤波器也因此容易受到故障子滤波器的影响；

② 如果不将融合后的全局状态和协方差去反馈重置子滤波器，那么就不会产生交叉污染，容错性能大大提高，为全局估计协方差的一倍。

8.3.2 工作性能分析

1. 运算速度分析

NR 结构不需要复位，ZR 和 RS 结构需要复位，但子滤波器在主滤波器送完状态和方差信息后立即进行处理，FR 结构也需要复位，而且必须等到主滤波器融合之后子滤波器才能得到自己的复位，进行下一步滤波。因此，从运算速度上比较，NR 最快，ZR 和 RS 较慢，FR 最慢。从计算量的大小来分析，也能得出同样的结论。

2. 可靠性分析

在组合导航的设计中，所谓“可靠性”即容错能力，包含了故障检测、故障隔离和故障恢复，在此过程中联邦滤波器起到了关键的作用，因此有必要对它的各种结构的可靠性进行更深入的分析。

NR 结构（$\beta_m=0$、$\beta_i=1/n$）具有较好的容错能力，它没有主滤波器到子滤波器的信息反馈，不存在子滤波器之间的交叉污染，故障被局限在一个子滤波器内，有利于系统的故障隔离，当检测出一个子滤波器的故障并把它隔离后，主滤波器还可用其他子滤波器的解继续进行滤波。整个系统仍能正常运转。

ZR 结构（$\beta_m=1$、$\beta_i=0$），其子滤波器的故障检测和隔离（Fault Detection and Isolation，FDI）能力很差。这是因为虽然子滤波器状态信息分配为零，协方差趋于无穷，而主滤波器拥有未发生故障前的全部信息，因此 FDI 能力强，且它还有对 INS 故障较强的 FDI 能力，但这种结构故障恢复（FR）能力中等，在有故障子系统的数据被主滤波器使用后，全局解将受到污染。尽管这时其他正常的子滤波器未被污染，但它们却只起最小二乘估计的作用，它们的解不具有“长记忆”特性，不能外推使用，因此不能用它们来使主滤波器迅速地进行故障恢复。主滤波器在故障子系统隔离后必须重新初始化，经过一段过渡时间后才能从故障中恢复。

RS 结构（$\beta_m = \beta_i = 1/(1+n)$），其子滤波器的 FDI 能力较好，主滤波器的 FDI 能力中等。在一个子系统发生故障后，主滤波器将受到它的污染，再通过重置使其他子滤波器污染，故在故障子系统被隔离后，主、子滤波器都要重新初始化，故障恢复能力与 ZR 结构及集中滤波器相同。

RF 结构（$\beta_m = 0$、$\beta_i = 1/n$），其容错性能基本与 RS 结构一样，但由于 $\beta_m = 0$，所以主滤波器 FDI 能力差。

从上述对四种联邦滤波器的分析来看，相对于集中滤波器来讲，联邦滤波器的容错性能要强得多，它具有以下优点。

① 融合周期可以长于子滤波的周期，于是在融合之前，软故障可以有较长的时间去发展到可被主滤波器检测的程度。

② 子滤波器自身的子系统误差状态是分开估计的。这些子系统的误差状态在子滤波周期内不会受其他子系统的故障影响，只有在较长的融合周期之后才会有影响。

③ 当某一个子系统的故障被检测和隔离后，其他正常的子滤波器的解仍存在（只要没有重置发生），于是利用这些正常的子滤波器的解经过简单的融合算法可立即得到全局解，因此，故障恢复的能力很强。

④ 主滤波器可以使用一个比子滤波器甚至比集中滤波器更精确的 INS 模型，这样检测 INS 故障的能力就提高了。

总的来讲，NR 结构在运算速度和容错能力方面均较好，它的缺点是精度有点低（但仍比任意一个子系统的精度高），且需要各子滤波器在同一时刻把滤波结果送入主滤波器（这一点容易做到）；ZR 和 RS 结构允许子滤波器在不同时刻把自己的结果送入主滤波器，但容错性能较差；FR 结构具有最好的精度，但容错性能差，实现起来也较复杂。

考虑到对导航系统，特别是运用于武器系统的导航系统，可靠性是第一重要的因素，没有可靠性的保证，精度就毫无意义，兼顾到实际应用中的条件限制，组合导航系统滤波方案的实现一般采用 NR 结构。

8.4 小　　结

现有组合导航理论或架构基本上以分而治之的方式处理多导航参量融合问题，在建立导航参量与测量对应关系的基础上，把多传感器组合导航问题解构为多个单传感器滤波问题（见图 8.3.1～图 8.3.6）。在算法设计上，更多的是对传统 Kalman 滤波算法适用于非线性非高斯随机的后续扩展，缺乏针对全源、全维、即插即用、随遇组合等导航本质需求的解决措施。

现有组合导航系统都是在某种场景下使用的，这里的场景指的是平台或用户以某种方式运行的一种物理环境。环境影响着组合系统可用信号的种类，如 GNSS 信号功率在室外强、室内弱，野外没有 Wi-Fi 信号等，但场景也能为组合导航解算提供重要的辅助信息。例如，飞行器在航路或起降导航时高度信息必不可少，但在跑道上滑跑时，高度信息就略显次要。

现有组合导航系统都是为一种平台在特定环境下使用而设计的，当假设的环境与实际发生背离时，往往发生问题，无法提供全兼容、互操作与互替换的解决方案。

当前，对能在不同场景中使用同一导航系统的需求不断涌现，在军事上，各型精确制导武器系统迫切需要在 GNSS 拒止环境下也能实现全自主航路导航、全地域着降引导及导航传感器按需接入、即插即用；在民用上，迫切需要寻找任意时间、任意地点一体化的组合导航系统等。这些不断涌现的新需求，都使现有导航传感器类型、数目相对固定的组合导航模式面临巨大的挑战。

由于导航传感器各自性能的不足，组合导航系统要实现全天候、全时段、全地域的高精度定位、导航与授时，就必须具有兼容大范围（全维）、多样化（全源）传感器和敏感器的能力，具有场景认知或适应能力（随遇组合），对于各种实时导航应用更易于优化，同时具有开放式导航架构（即插即用）的协同和增效能力，而这也是组合导航理论与系统的发展方向。

本章对组合导航和数据融合技术的发展和现状进行了介绍和分析，对联邦滤波算法进行了推导和证明，对联邦滤波器的结构、设计进行了分析比较，最后给出了采用联邦滤波组合导航系统的故障检测和隔离技术及其特点，讨论了系统级故障和惯性元件故障的检测和隔离技术。

复习和作业题 8

1. 数据融合与组合导航的关系是什么？
2. 组合导航的结构有哪些？
3. 简述联邦滤波各结构的基本工作原理及性能。
4. 组合导航的容错设计通过什么实现？
5. 组合导航的精度和可靠性提升是如何体现的？
6. 现有组合导航结构的不足有什么？

第9章 飞行器导航控制应用

导航和控制是飞行器完成飞行任务的重要保障，是稳定和控制飞行器以及引导飞行器沿一定航线从一处飞到另一处的技术。导航系统与控制系统交联能够实现自动导航控制，确保飞行器按预定的航线飞行或进入目标区域及返回预定机场。

航空导航控制是一种航迹控制（巡航飞行，进场着陆，地形跟随/回避等），是对飞机、导弹等飞行器质心运动进行的稳定和控制。导航系统提供飞行器的姿态、航向、实时坐标位置、应飞航线、待飞距离和对应飞行航迹线的偏离信号，飞行控制系统接收导航系统的输出信号，通过改变飞机的角运动引导飞机进入并稳定在预定的航线上。

本章以飞机为对象介绍导航控制系统的基本概念、基本工作原理及应用，阐述导航系统与自动飞行控制系统交联实现自动导航控制的过程和系统设计问题。应当说，无论采用何种导航系统，它们送给飞行控制系统的控制信号都是类同的。

9.1 概　　述

飞行器的导航控制是当前控制工程中一个专门的、重要的高技术领域。飞行器的产生和发展也伴随着飞行器控制技术的产生和发展，而新型控制技术的发展又大大促进了飞行器的发展进步。从导航控制系统发展历史来看，导航控制系统经历了纯人工操纵控制→自动驾驶辅助控制→自动飞行控制→智能自主飞行控制的发展历程，而伴随着飞行导航控制技术的不断进步，飞行器也必将经历从全人工驾驶到人主机辅、再到机主人辅、直至全程无人驾驶的发展之路。

20 世纪初，由于飞机结构简单、性能较低，所完成的任务也相对简单，飞机的操纵完全可由驾驶员独立完成，对自动控制飞行的要求并不迫切。随着飞机性能不断提高、飞行任务的不断复杂，特别是大高度、远航程的运输机和大速度、机动性能高的战斗机的出现，对于自动控制飞行的要求也就相应地增加。远航程的大型飞机不仅飞行时间长，而且还会飞经各种复杂的环境。驾驶员长时间聚精会神地驾驶飞机，精力消耗很大，身体也相当疲惫。对于远程轰炸机，飞行员既要集中精力驾驶飞机，又要忙于应付战斗。为解除驾驶员长途飞行的疲劳，并能集中精力完成战斗任务，就希望有一套能代替驾驶员的自动飞行控制设备。对于无人的飞行器就更需要自动飞行控制设备来完成它的飞行控制任务了。

最早出现的自动飞行控制设备是自动驾驶仪。自动驾驶仪是一种能够代替驾驶员稳定操纵飞机飞行状态的自动控制装置。在有人驾驶飞机上，使用自动驾驶仪是为了减轻驾驶员长时间飞行的负担，使飞机自动地按一定姿态、航向高度和马赫数飞行。飞机受到干扰后，自动驾驶仪能使它恢复原有的稳定飞行状态，因此初期的自动驾驶仪又称为自动稳定器。

自动驾驶仪组成框图及代替驾驶员示意图如图 9.1.1 所示。自动驾驶仪接收来自操纵台的飞行指令，此时驾驶员无须扳动驾驶杆和脚蹬，只要向操纵台下达飞行指令使飞机做各种动作即可。例如，按选定的俯仰角爬升或下滑、按选定的航向角或倾斜角转弯等。

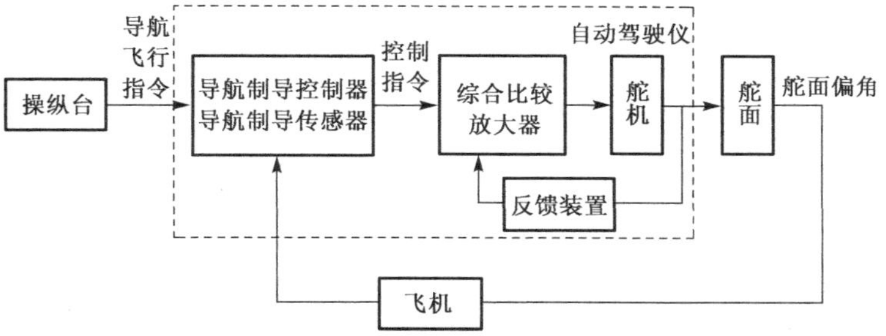

图 9.1.1 自动驾驶仪组成框图及代替驾驶员示意图

20 世纪 80 年代，随着嵌入式计算机技术和总线技术的提高，现代飞行器的控制系统将原来导航制导系统中的导航传感器或制导传感器的信息处理独立出来，而把导航、制导指令即控制信号的解算功能归入飞行控制系统中，从而使现代飞行控制系统兼具导航制导和飞行控制两大功能，诞生了“制导、导航与控制一体化”的概念，出现了典型 GNC（Guidance Navigation &Control）系统。这样可以使得传感、控制和执行的层次更为清晰，也使得传感器的信息可以获得最大化的利用，典型 GNC 系统结构如图 9.1.2 所示。

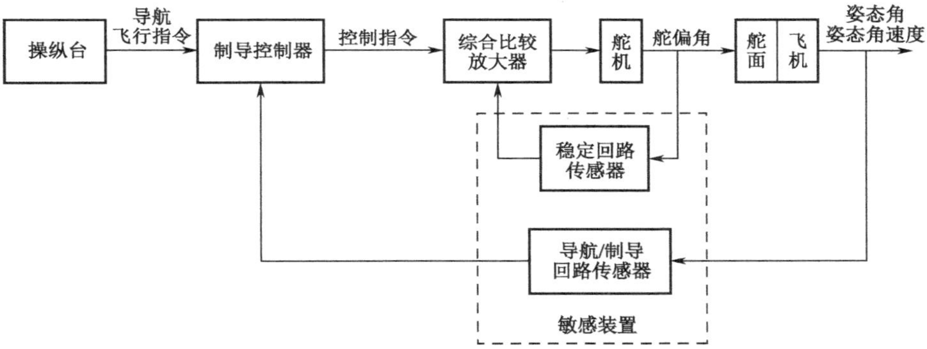

图 9.1.2 典型 GNC 系统结构

典型 GNC 系统采用内、外环两重反馈控制回路实现。外环回路是导航制导回路，该回路用于实现指令飞行。按照给定飞行轨迹生成预定导航飞行指令，或者通过无线通道实时接收导航或制导命令，或者采用其他方式产生飞行器飞行所需的导航或制导命令，这些命令一般规定了飞行器飞行的质心位置参数或姿态角参数，由此可形成系统的控制指令；内环回路是稳定控制回路，该回路用于实现稳定飞行，使飞行器在飞行过程中，在受到外部作用失去平衡后，能够自行纠正、恢复到新的平衡点。

之后，由于数字技术、信息技术和总线技术坚实的基础，研究人员可以充分利用计算机优势，在软件上下工夫，使得采用更精确的制导和导航算法及更复杂的传感器误差补偿技术成为可能，而且还有可能将人工智能技术同典型 GNC 系统相结合，新增一些传感器和增加一条闭合的外部回路，这种新的扩展系统称为智能 GNC 系统，其结构如图 9.1.3 所示。智能 GNC 系统具有在变化的不确定的环境中达到预定任务目标的能力。这里所说环境包括内部环境（故障、损坏或资源过度使用等）和外部环境（天气、障碍物或军事威胁等），即智能 GNC 系统能够利用各种传感器（红外成像导引头、合成孔经雷达、毫米波雷达等）对战场情况进行自动探测、跟踪，同时还能够对内部健康状态进行评估，根据获得的内、外信息进行比较、分析、推理、判断，达到识别目标、背景和威胁的目的，进而制定出正确的对策，实施必要的机动动作，如躲闪、规避、施放干扰、自卫、攻击等。

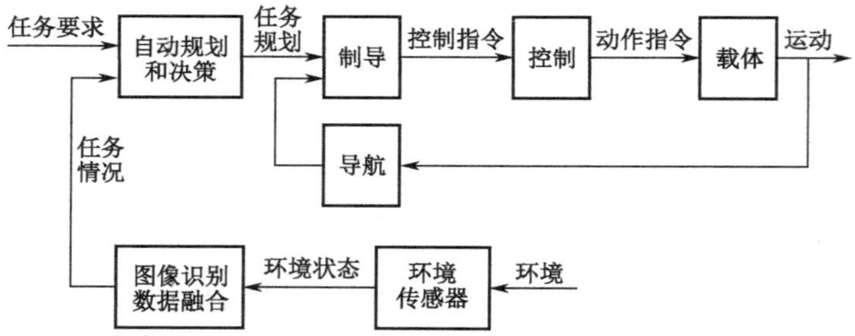

图 9.1.3 智能 GNC 系统结构

本章以典型 GNC 系统为背景说明导航控制系统的基本工作原理，其中导航传感器的基本原理已经在前面章节中做了全面的阐述，本章讨论的重点是制导和控制中的相关问题。

9.2 飞行控制原理

飞行控制系统是用来自动地实现飞行运动控制，完成各种功能任务的自动控制系统，具体地说就是在没有人直接参与的条件下，自动地控制飞行器。这种“自动”体现在两个方面：一是在受干扰情况下设法保持飞行器的姿态或位置；二是根据指令改变飞行器的姿态或空间位置。不论哪种飞行器和哪种飞行控制系统，要使它能够按照人的意愿飞行，即控制飞行器按照所给定指令的要求稳定飞行，都必须解决如下四个基本问题：①飞行指令获取；②飞行状态的实时感知；③飞行器操纵方式，即采用何种方式产生控制力和控制力矩，从而实现飞行器空间运动的控制；④飞行控制方法，即将飞行指令和飞行器运动参数，通过适当控制算法处理后，形成飞行器操纵所需的控制信号，从而实现对飞行器空间运动的有效控制。

飞行指令是指根据飞行器实际飞行参数与按照规划航线飞行时要求的预定值之偏差所形成的信号。采用飞行指令引导飞行器按预定计划航线飞向目的地的制导方式又称为方案制导。飞行指令方案制导系统实际上是一个程序控制系统，故方案制导也称程序制导，此种情况下飞行指令由飞行器上的方案机构（程序机构）生成，作为飞行控制系统的输入信号。飞行指令根据不同飞行器及不同制导方式有所不同，如导弹和飞机的飞行指令在指令内容和指令获取方式上有很大区别。

值得一提的是，当导航信息直接作用于自动飞行控制时，导航就成了制导。制导方式一般分为遥控制导、自主制导、寻的制导和复合制导。在本章中通常不加区分地使用导航制导控制的概念。

9.2.1 飞行状态描述及其实时感知

要产生飞行控制系统所需的导航或制导指令，除获取指令信息外，还需要实时获取飞行器自身的运动参数，即飞行状态参数。描述飞行器运动的参数有三个姿态角、三个角速度、两个气流角、两个线位移和一个线速度等。飞行控制系统应该能够自动测量和感知部分或全部上述参数，并进而控制这些参数。

如图 9.1.2 所示，飞行状态是通过飞机上的敏感装置获取的。在飞行控制系统中，有各种各样的敏感装置来测量飞行器飞行环境的参数、飞行运动参数和目标特性参数，这些参数可描述飞行器所处飞行环境、自身运动状态、在空间的位置及所关注目标的信息。当获得这些参数后，飞行器便可按设计者的意愿产生合适的导航、制导指令，自动地控制飞行器使其按所要求的姿态、航向和轨迹飞行，完成给定任务。因此，敏感装置就好像是飞行器的“眼睛”和“耳朵”，在飞行控制系统中起着非常重要的作用，各种敏感装置是满足高性能导航制导控制指标的基本保障。图 9.2.1 给出了飞机常用敏感装置的种类。

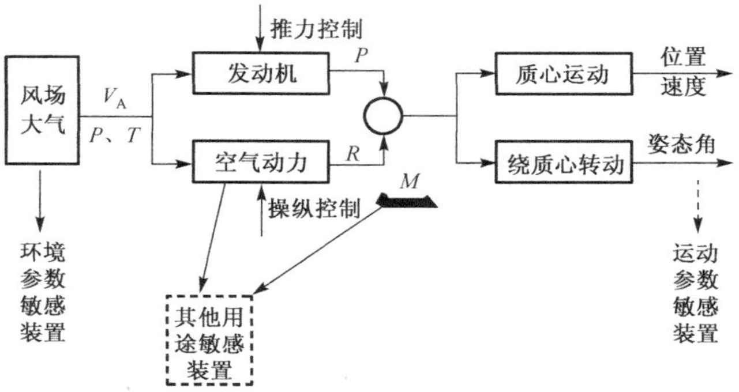

图 9.2.1 飞机常用敏感装置的种类

（1）环境参数敏感装置

飞行环境参数包括飞行器的气压高度、指示空速、真空速、马赫数、升降（垂直）速度和大气温度等，这些参数又称为大气参数数据。这些参数信号一般是基于静压、动压、温度和攻角四个原始参数测量后，直接和间接计算求得的。

（2）运动参数的敏感装置

测量飞行器运动参数的敏感装置，就是诸如姿态、位置和速度等信息的测量装置。

① 姿态角敏感装置，包括地平仪（垂直陀螺）和全姿态陀螺，它们用于测量飞行器的俯仰角、横滚角和航向角。

② 航向角传感器，包括航向陀螺仪、航向姿态系统，用于测量航向角。

③ 角速率传感器，用于测量飞行器绕三个机体轴转动的角速率。

④ 过载传感器（或称线加速度计），用于测量飞行器法向过载、侧向过载和切向过载。

（3）其他用途的敏感装置

如发动机燃烧室压力、温度等的敏感装置。

9.2.2 飞行操纵方式

飞行器的运动主要包括质心运动和绕质心的转动。质心运动遵循牛顿力学定律，是由作用在飞行器上的力来决定其运动特性的，它包括发动机推力、空气动力、控制力和重力。由于目前无法改变重力大小，所以作用在飞行器上的力只能通过改变发动机推力、空气动力和控制力等来实现，为方便计算，通常将除重力以外的合力称为控制力。控制力可分解为沿飞行矢量方向的切向力和垂直于飞行矢量方向的法向力。只要控制切向力的大小就可以控制飞行的速度，只要控制法向力的大小就可以改变飞行的方向。因此，通过改变控制力的大小和方向即可实现对飞行器质心运动的控制。绕质心的转动遵循刚体转动动力学方程，是由作用在飞行器上的力矩来决定的，这些力矩主要包括气动力矩、发动机推力偏心及偏斜引起的推力力矩和控制装置产生的力矩，一般将其分解为俯仰力矩、偏航力矩和滚转力矩。为了获得在大小和方向上所需的控制力矩，可以通过引入相应装置改变力矩大小，使飞行器围绕质心转动，从而调整飞行器在空间的角位置来实现。把这部分能够按照一定规律操纵的力矩称为控制力矩。总之，通过改变控制力和控制力矩，就可以操纵飞行器的空间运动，而各种飞行器根据自身特点形成了各具特色的控制力和控制力矩产生方案，从而形成了各种飞行操纵方式。对于一般常规飞机的操纵是通过三个舵和油门控制实现的。

1. 空气舵方式

这种方式结构相对简单，主要是在飞行器上设计多个可偏转的舵面（又称为操纵面），通过控制舵面的偏转方向和角度产生控制力矩。一般飞机有三个舵面，即升降舵、方向舵和副翼。升降舵主要控制飞机纵向平面的运动；方向舵和副翼主要控制飞机侧向平面的运动。这些舵面与相应的控制设备形成三个控制通道（如俯仰控制通道、倾斜控制通道、滚转控制通道等），这三个主要的舵面示意图如图 9.2.2 所示。

三个舵面的偏转及产生的控制力矩关系如图 9.2.3 所示。通过控制升降舵 δ_z、方向舵 δ_y 和副翼舵 δ_x 的舵机部件，来带动水平尾翼、垂直尾翼和副翼的三对活动翼面偏转，产生相应的控制力和控制力矩，从而控制飞机的空间运动。

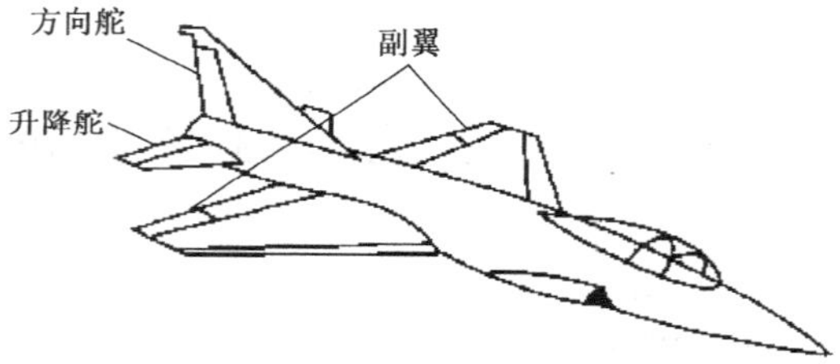

图 9.2.2 飞机主要舵面示意图

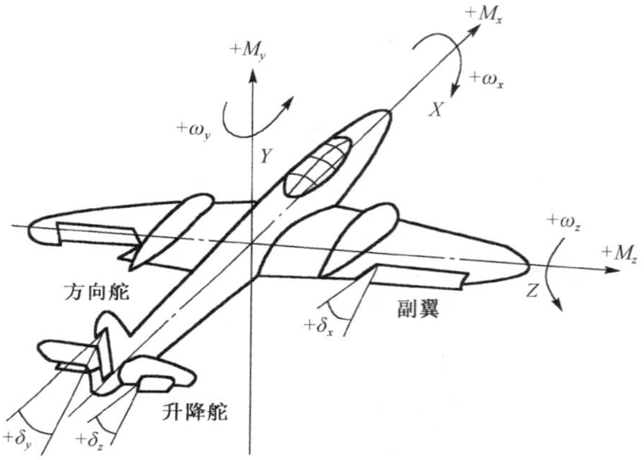

图 9.2.3 三个舵面的偏转及产生的控制力矩关系

2. 推力大小控制方式

一般是通过油门调节实现推力大小的控制。

9.2.3 飞行控制方法

飞行控制的目的有两个：①指令飞行，即导航与制导，按照给定航迹生成预定导航命令，这些命令一般规定了飞行器飞行的质心位置参数或姿态角参数，由此可形成系统的控制指令；②稳定飞行，即稳定控制。飞行器在飞行过程中，在受到外部作用失去平衡后，能够自行纠正、恢复到新的平衡点的能力。在此，外部作用包括两种情况：一是由导航与制导给出的控制指令作用后所产生的控制力和控制力矩；二是由于飞行环境所产生的干扰力和干扰力矩。因此，稳定控制保证飞行器在导航制导指令作用后或干扰作用后能够在理想的平衡状态工作。

要实现飞行控制的以上两个目的，一般采用内、外环两重反馈控制回路的控制法来实现。即在外环回路重点进行导航制导控制，从而达到指令飞行的目的；在内环回路重点进行稳定控制，从而实现稳定飞行的目标。在此，飞行控制系统的基本组成结构按典型 GNC 系统结构如图 9.1.2 所示，重画图 9.1.2 后如图 9.2.4 所示。

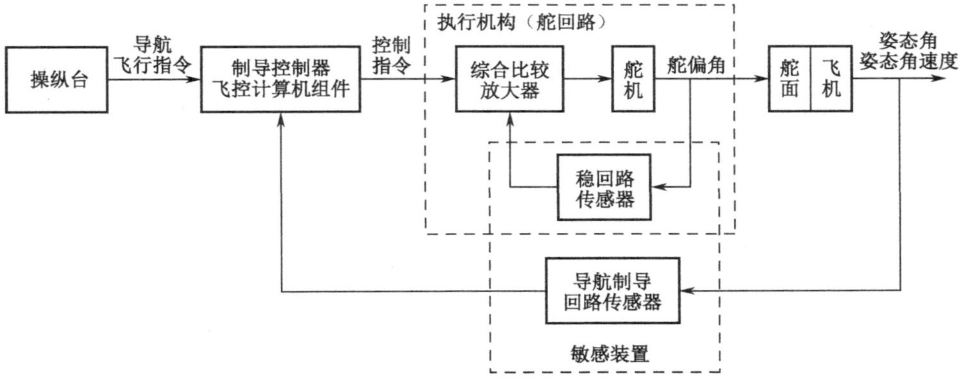

图 9.2.4　典型 GNC 系统结构应用

图 9.2.4 中一般包括如下组件。

（1）敏感装置

安装在飞行器上，是用来测量飞行器运动参数或环境参数的传感器，一般包括舵回路传感器和导航制导回路传感器。例如，垂直陀螺和航向陀螺测量俯仰角、滚转角及偏航角，速率陀螺测量角速度。

（2）执行机构

安装在飞行器上，某些部分往往和飞行器布局设计融合在一起。它一般接收制导控制器输出的控制信号，经放大、驱动后，操纵舵面或发动机控制装置等动作，从而改变空气动力或推力矢量，以便控制飞行器的飞行。

（3）飞控计算机组件

它是一套采集各种敏感装置的信息、通过综合处理形成符合各级控制装置所需控制指令的装置，由嵌入式计算机及其相应接口电路组成。

执行机构（舵回路）是飞行控制系统中不可缺少的重要组成部分。它是制导控制器的一个施力装置，根据控制器的指令产生相应的力或力矩，来操纵飞行器的舵面或推力导向机构，从而使飞行器的姿态或轨迹做出相应的变化。

执行机构通常是一个伺服回路，它由伺服放大器、舵机和反馈元件构成，因此又称舵回路或伺服机构。单通道舵回路框图如图 9.2.5 所示。图中，测速机测出舵面偏转的角速度，反馈给放大器以增大舵回路的阻尼，改善舵回路的性能。位置传感器将舵面角位置信号反馈到舵回路的输入端，从而使控制信号与舵偏角一一对应。

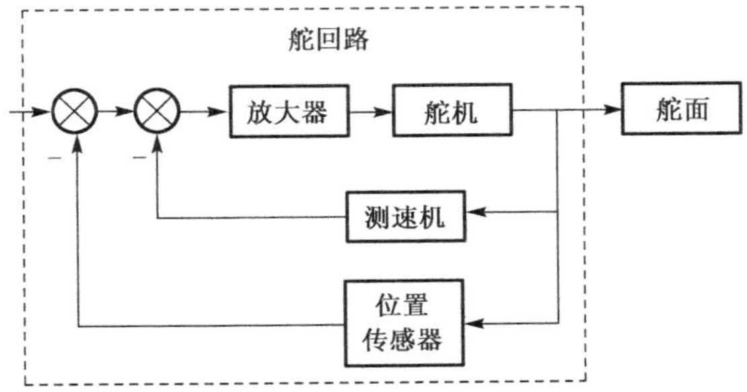

图 9.2.5　单通道舵回路框图

由于飞行控制（飞控）系统控制的飞机操纵面有三个，即升降舵（或水平尾翼平尾）、副翼和方向舵，所以飞控系统的舵回路也有三个：升降舵回路，副翼回路和方向舵回路。另外，飞控系统从控制指令产生、综合、放大，直到舵机带着舵面转动，这样一条传递途径也称为“通道”。一套完整的飞控系统，一般又由两个或三个通道组成，分别称作升降舵通道（或俯仰通道、纵向通道）、副翼通道（或倾斜通道、横向通道）、方向舵通道（或航向通道），每个通道控制装置原理相同。一般常说的飞控系统的控制规律，就是指舵回路的工作规律，实际上控制规律就是指制导控制器产生的控制指令与舵回路输出信号（三个舵面的舵偏角及油门杆位置等）的动态关系。

常用控制规律分成两种基本类型。如果舵面偏转角与控制指令成正比关系，则称比例式控制规律；如果舵面偏转角速度与控制指令成正比关系（或舵面偏转角是控制指令的积分），则称积分式控制规律。相应地将具有前一种控制规律的飞控系统称作比例式飞控系统，而将具有后一种控制规律的飞控系统称积分式飞控系统。飞控系统舵回路的控制规律本书不做阐述，有兴趣的读者可阅读相关参考文献。

9.2.4　飞机姿态控制

1. 飞机纵向姿态控制

飞机纵向姿态控制系统是对纵向平面俯仰角的稳定与控制。图 9.2.6 所示是比例式纵向姿态控制系统的原理图。

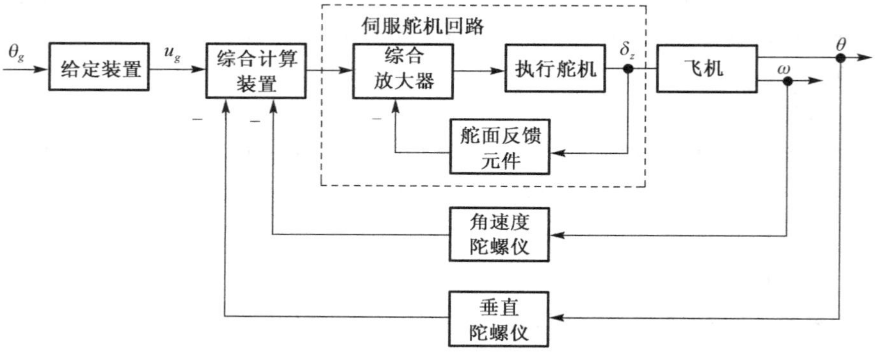

图 9.2.6　比例式纵向姿态控制系统的原理图

（1）俯仰角的稳定过程

此处及后面所述的舵偏角及力矩极性关系见图 9.2.3，并按照“正向舵偏角产生负向力矩”的原则定义。

飞机在水平直线飞行时，保持一个受力平衡状态，飞机的升力 L 和重力 G 平衡。如果飞机在某种原因之下存在一个正的初始偏角 $+\Delta\theta$ 即抬头偏差，则姿态控制系统的敏感元件垂直陀螺仪将感受到俯仰角的变化量 $+\Delta\theta$，由综合计算装置形成控制指令，通过伺服机构驱动升降舵偏转一个相应的角度 $+\delta_z$。正的舵偏角 $+\delta_z$ 将产生一个使飞机低头的负的操纵力矩 $-M_z$，由此，飞机的俯仰角将逐渐地恢复到原来的位置，从而保持给定的水平直线飞行状态。

（2）俯仰角的控制过程

飞机在水平直线飞行过程中，若想改变飞机的姿态，使其保持一个新的俯仰角爬高飞行，就必须通过纵向姿态控制系统的给定装置，给定一个正的俯仰角信号 $U_{\theta g}$，该控制信号通过综合计算装置和伺服机构，驱驶飞机升降舵面偏转一个相应的角度 $-\delta_z$，负的舵偏角 $-\delta_z$ 产生正的纵向操纵力矩 $+M_z$ 使飞机抬头。随着俯仰角的增加，将被垂直陀螺仪所感受，且送出一个负反馈信号逐渐和控制信号相平衡。当姿态角达到所要求的值后，陀螺仪的反馈信号与给定信号相等，系统达到平衡状态，飞机升降舵回到平衡位置，飞机保持在要求的新的姿态角位置爬高飞行。

2．飞机侧向姿态控制

飞机的侧向运动与纵向运动不同。侧向运动是相对于飞机纵轴 OX 轴和立轴 OY 轴两个机体轴的运动，而且相对这两个轴的转动力矩和运动又是相互交联的。当控制方向舵 δ_y 偏转时，除产生偏航力矩使飞机改变航向外，还会产生一个滚动力矩使飞机倾斜。同样，当操纵飞机副翼 δ_x 使飞机倾斜时，同时也相应地产生一个偏航力矩使飞机的航向改变。在飞机的侧向自动控制系统中必须考虑这一特点。飞机侧向运动中的这种相互交叉关系，又称协调控制关系。飞机的侧向运动控制，原理上一定要保证这种关系得到很好的协调。

（1）飞机侧向控制系统结构

飞机侧向控制系统一般由方向舵通道和副翼通道组成。每个通道和纵向控制系统一样都具有敏感元件、综合计算装置和伺服回路部分，在每个控制回路中不仅有主通道的控制信号，而且还有相互交叉的协调控制信号，如图 9.2.7 所示。

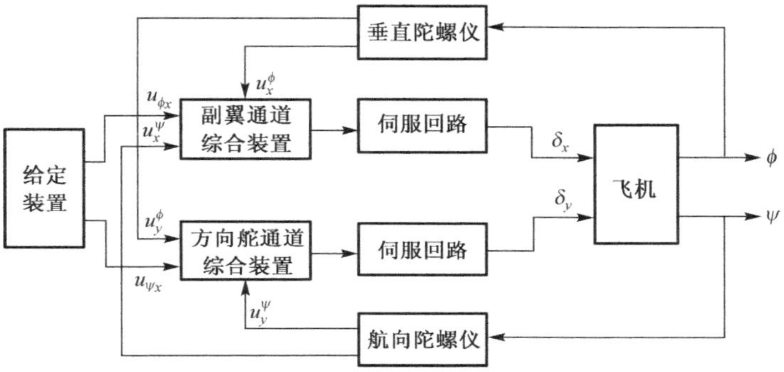

图 9.2.7　飞机侧向控制系统结构

图中 u_x^ψ 和 u_y^ϕ 即为交叉协调控制信号。图 9.2.7 表明，方向舵的偏转不仅与本通道的主控信号 u_y^ψ 有关，而且还受交叉协调控制信号 u_y^ϕ 的影响。副翼通道也同样如此，副翼的偏转与主控信号 u_x^ϕ 和交叉信号 u_x^ψ 有关。

（2）飞机侧向协调控制原理

由飞机动力学已知，要想改变飞机的运动方向，不是简单地将机头转过去就能实现的。飞机运动方向的改变必须使飞机飞行速度矢量的方向改变，否则，即使将机头转到需要的方向上，速度矢量方向未变，飞机将仍然沿着速度矢量方向运动下去，这种现象称作侧滑。如果要消除飞机的侧滑现象，就需要在机头转弯的同时使飞行速度矢量方向相应地改变，最好两者同步变化。飞机机头方向的改变，即机体纵轴方向的改变，由方向舵偏转产生的航向操纵力矩来实现。飞机飞行速度矢量方向的改变，要使飞机受到侧向力的作用才能达到，通常用控制飞机副翼使飞机倾斜产生侧力的方式来实现。因此，要使飞机在转弯过程中不出现侧滑现象，就必须使方向舵和副翼的操纵协调起来。

现在由图 9.2.8 来看飞机的侧向协调转弯是如何实现的。为使飞机由原来的航向转弯到新的航向上飞行，驾驶员通过给定装置分别给出一个偏航控制信号 $u_{\psi g}$ 和倾斜控制信号 $u_{\phi g}$。偏航控制信号 $u_{\psi g}$ 通过方向舵通道使方向舵向右偏转 δ_y，从而使机头慢慢向右转动。倾斜控制信号 $u_{\phi g}$ 通过副翼通道使飞机相应地向右倾斜，在侧力作用下使飞行速度方向也慢慢向右偏转，如图 9.2.8 所示。随着偏航角 ψ 的增加，航向陀螺仪将感受到航向的变化信号，一方面将其反馈至方向舵通道的综合装置（u_y^{ψ}），另一方面又将这一偏航信号反馈至副翼通道的综合装置，形成交叉控制信号u_x^{ψ}。同时，由于飞机的不断倾斜，水平陀螺仪也将感受到倾斜角ϕ的变化，分别将其反馈到副翼通道（u_x^{ϕ}）和方向舵通道（u_y^{ϕ}）。随着飞行航向不断向给定航向的靠近，机头的偏转速度逐渐变缓，当达到预定航向后，方向舵通道达到平衡，系统停止工作，飞机保持在新的航向上。在倾斜通道中，由于航向的不断增加，副翼偏转角将逐渐恢复中立位置，飞机的倾斜角也将逐渐恢复水平。当到达预定的航向后，飞机倾斜通道也处于平衡状态，飞机保持水平姿态，此时两个系统都达到了平衡状态，飞机在要求的新航向上稳定飞行。

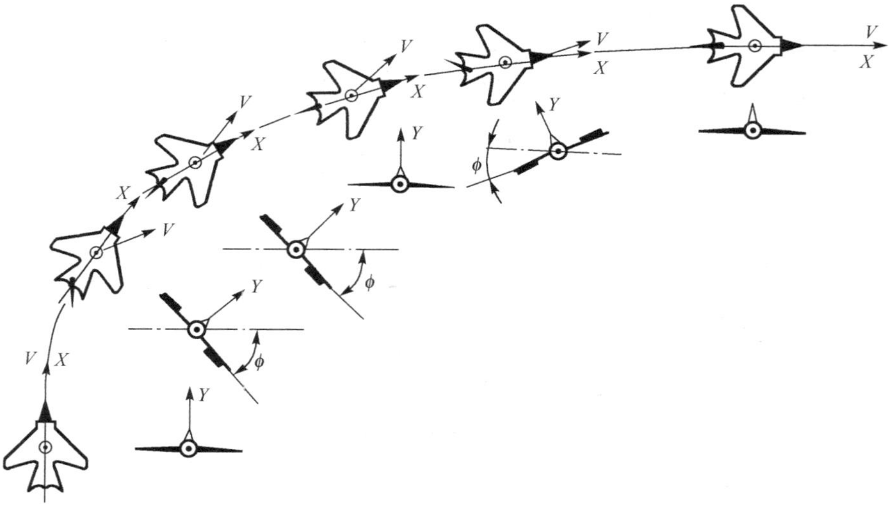

图9.2.8　飞机协调转弯控制的运动过程

应当指出，协调控制是一个十分复杂的问题。不同的控制方案协调控制过程完全不同，对于不同的飞机，应采取不同的协调控制方案。在先进的民用航空飞机和高性能的作战飞机中，飞机的侧向控制系统通常仅用一个副翼通道来实现，它充分利用了飞机本身交叉协调特点，大大简化了飞行控制系统的结构，提高了系统的可靠性。

9.2.5　飞行轨迹控制

飞机的飞行轨迹控制就是对飞机重心空间运动三个位移坐标量的控制，一般包括飞行高度控制、飞行速度控制和侧向偏离控制等。

1. 飞行高度控制

能够自动控制飞机在某一恒定高度上飞行的系统称为高度控制系统，它是飞机纵向运动轨迹控制的重要系统。飞机在编队飞行、执行轰炸任务、远距离巡航飞行，以及在进场着陆飞行的初始阶段，均需要保持飞行高度。

（1）高度控制系统的基本组成

高度控制系统是在飞机纵向姿态控制系统的基础上，再加上高度控制敏感元件而构成的，其原理如图9.2.9所示。

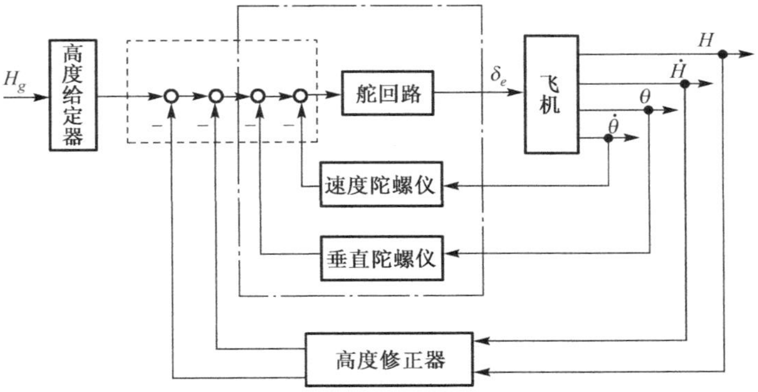

图 9.2.9　高度控制系统原理

图中虚线框内所包围的部分即是飞机纵向姿态控制系统，它是高度控制系统的内回路。

高度控制敏感元件包括高度差（给定飞行高度与实际飞行高度之差）敏感元件和高度差变化率（升降速度）敏感元件，它们通常都用气压式高度敏感元件来测量。在现代飞行控制系统中，飞行高度及其相应的变化率信号都由大气数据系统提供，而在低空或近地飞行时所需要的精确高度测量多由无线电高度表来完成。

高度给定装置是设置期望高度的信号输入装置，又称高度预选器。

（2）高度控制系统的功能任务

飞机的飞行高度控制系统有两种基本工作状态，即高度保持和高度预选，这也是高度控制系统所要完成的基本任务。

高度保持状态：系统自动保持飞机在给定的高度上飞行，不受外界条件的影响。因此，高度保持状态又称定高飞行状态或高度稳定状态。

高度预选状态：通过系统自动地改变飞机的应飞高度，使其达到预期的高度后再保持定高飞行。当飞行员通过高度预选器将高度调到所期望的高度刻度上时，飞机就自动进入爬高（或下滑）飞行状态，当趋近预选高度后就自动拉平并自动保持飞机在新的高度上平直飞行。

现在通过图 9.2.10 所示修正起始高度偏差的过程来说明高度控制系统的工作原理。图中 H_g 为给定的飞行高度，H_0 为飞机当前实际飞行的高度，$-\Delta H_0$ 为高度偏差，“－”号表示实际飞行高度低于给定高度。图中分成 6 个状态来说明定高控制过程的工作原理。

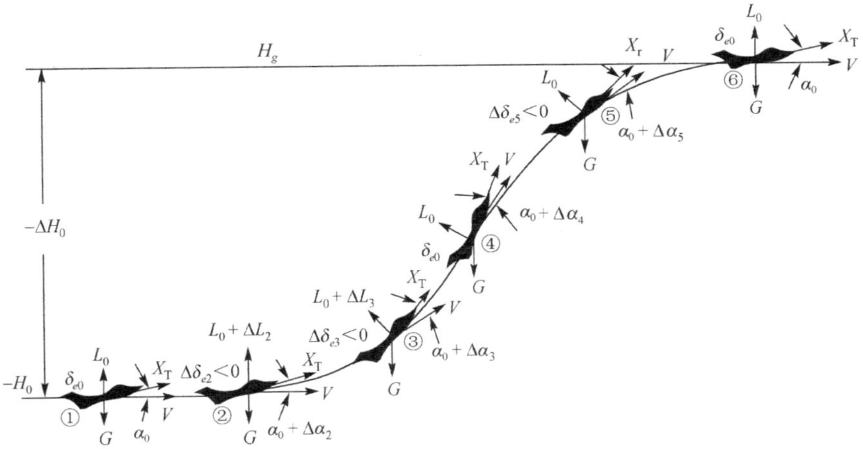

图 9.2.10　高度控制的定高控制过程示意图

① 飞机在水平直线飞行过程中突然偏离给定高度，下降 $-\Delta H_0$ 的高度（掉高度）。此时，飞机还保持原来的飞行姿态，$\theta_0=\alpha_0$，升力等于重力（$L_0=G$）。由于俯仰角 θ_0 尚未变化，控制回路仍处于平衡状态，升降舵保持在平衡的位置 δ_{e0}。

② 由于出现了 $-\Delta H_0$ 的高度偏差，高度传感器将感受到这个偏差，并送出与其成比例的高度偏差信号 $-U_{\Delta H_0}$。该信号通过舵回路使升降舵向上偏转一个相应的角度（$-\delta_{e2}$），由此使飞机产生一个抬头的力矩 M_e（δ_{e2}），飞机抬头，俯仰角增大（$\theta_2>\theta_0$），则飞机的攻角也增大（$\alpha_2>\alpha_0$），从而飞机的升力增大（$L_2>L_0$）。由于升力大于重力，则飞机开始爬升。

③ 由于飞机抬头，俯仰角增大，姿态敏感元件垂直陀螺仪将感受到一个正的俯仰角偏差信号（$\Delta\theta>0$）。在此信号作用下，升降舵将向下偏转。同时，由于飞机爬升，高度偏差减小，也使得升降舵偏角减小。二者共同作用的结果，使得俯仰角的增加速度变慢。此时的攻角将比状态②减小（$\alpha_3<\alpha_2$），升力也减小，爬升速度减慢。

④ 当飞机飞行高度的偏差信号逐渐减小并与俯仰角的不断增加达到平衡状态时，舵回路使升降舵偏角逐渐趋于平衡位置 δ_{e0}。此时飞机仍以一定的爬升角继续上升，使得高度偏差继续减小。随着攻角的减小，升力也逐渐减小，爬升速度继续降低。

⑤ 由于高度偏差 ΔH_0 的继续减小，俯仰角的增大，使得此时俯仰角的偏差信号大于高度的偏差信号，结果使得舵回路的控制信号改变极性，致使升降舵相对平衡位置向下偏转一个角度（$\delta_{e5}>0$）。从而使飞机开始低头，俯仰角将减小（$\theta_5>\theta_4$），结果攻角继续减小，升力继续减小，飞行轨迹逐渐地向下弯曲。但飞机仍以更小的爬升速度慢慢上升，使高度差 ΔH_0 越来越小。

⑥ 当高度偏差 ΔH_0 逐渐趋于 0 时，系统在俯仰角偏差 $\Delta\theta$ 信号作用下，升降舵慢慢恢复到平衡位置（$\delta_{e6}=\delta_{e0}$）。此时 $\Delta H_0=0$、$\Delta\theta=0$，飞机恢复到原来的给定高度 H_g，保持原来的飞行状态，$\theta_0=\alpha_0$，$L_6=L_0=G$，水平直线飞行。

预选高度控制过程与此相似。

2．飞行速度控制

飞行速度也是飞机飞行运动十分重要的参数。由于飞机本身质量很大，飞行速度的变化缓慢。而对于亚音速飞机来说具有较大的飞行速度稳定储备，受扰后飞行速度的变化飞行员完全来得及进行处理。特别是在巡航飞行时对飞行速度控制精度要求不高，因此对飞行速度也无多大必要进行自动控制。随着飞机性能的提高，超音速飞机的出现使得空速的稳定性下降，甚至出现扩散的浮沉运动；另外，航空运输事业的发展，机场的起降效率日益提高，加之自动着陆技术的发展，都对飞行速度的控制提出了越来越高的要求。因此，近年来飞行速度（或 M 数）的自动控制系统已成为现代飞行控制系统中必不可少的组成部分。

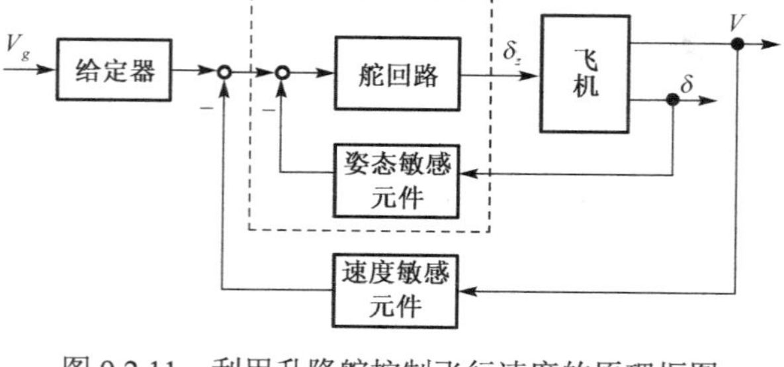

图 9.2.11　利用升降舵控制飞行速度的原理框图

所谓飞行速度控制系统就是通过升降舵或发动机的油门来实现对飞行速度自动控制的系统。通常有两种速度控制原理方案：一种是只利用升降舵控制速度；另一种是联合利用升降舵和油门控制速度。下面只对第一种方案进行介绍。

图 9.2.11 所示是只利用升降舵控制飞行速度的原理框图。它和高度控制系统很相

似，内回路是俯仰角控制回路，外回路由速度敏感元件构成速度闭环控制系统。其工作过程和原理也与高度控制系统相似。该方案的特点是结构简单易行，仅在纵向姿态控制系统的基础上再增加一个速度敏感元件即可。该系统在稳定飞行速度时不可能再自动保持俯仰角或飞行高度，因此这种系统只能用在爬升或下降到某一定高度时的速度控制过程中。在升限高度巡航飞行时也可采用该方案实现对飞行速度的控制。

3. 侧向偏离控制

飞机侧向偏离是指飞机在水平面内应飞航迹与实际飞行航迹之间的偏差距离。侧向偏离控制系统是以侧向姿态控制为内回路，再由侧向偏离 Z 为负反馈构成的航迹控制系统。侧向偏离一般通过让飞机转弯的方式来修正，所以侧向偏离的控制方法又与侧向协调转弯的控制方法一致，实现的方案有很多。利用副翼控制飞机滚转使飞机转弯，以修正侧向偏离 Z，方向舵通道仅起阻尼和协调作用，这种方案是当前应用最广的侧向偏离控制系统，其原理框图如图 9.2.12 所示。

图 9.2.13 表明飞机具有侧向偏离 Z_0 和航向初始偏差 Ψ_0 时，上述系统修正侧向偏离 Z_0 的过程。图中 AB 直线为飞机的应飞航迹，飞机重心初始位置在应飞航迹的右侧，侧向偏离 $Z_0>0$，飞机的初始航向偏角 $\Psi_0<0$。

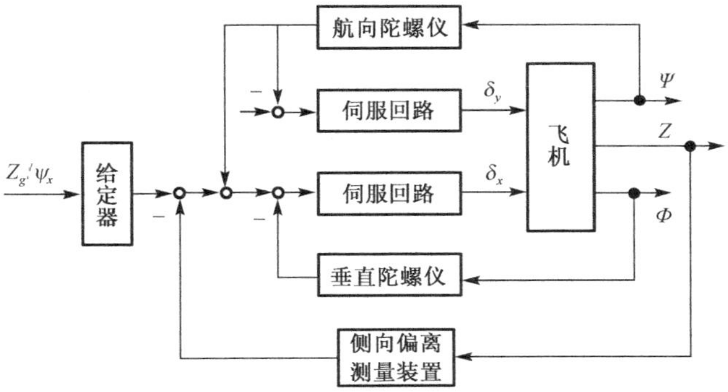

图 9.2.12　飞机侧向偏离控制原理框图

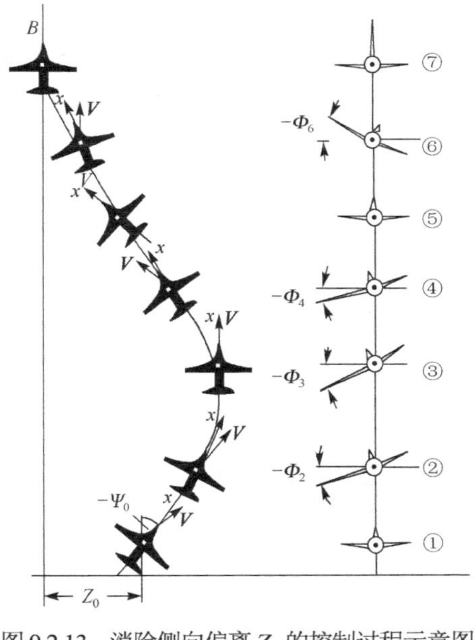

图 9.2.13　消除侧向偏离 Z_0 的控制过程示意图

① 飞机在初始位置（$Z_0>0$，$\Psi_0<0$），处于平衡状态，速度矢量与飞机纵轴一致，飞机沿纵轴方向水平直线飞行，侧向偏离系统尚未工作。

② 从离开①点起，侧向偏离控制系统就开始接通工作。由于此时 $Z_0>0$、$\Psi_0<0$，副翼将产生一个相应的正偏转角 $\delta_x>0$，使得飞机向左倾斜，直到倾斜角 Φ 达到一定值后，副翼收回中立位置（$\delta_x=0$）。飞机保持这个角 $-\Phi_2$ 左转弯，飞行速度矢量 V 也同时左偏转。飞机左转弯，使得航向偏差角 Ψ_0 减小，而速度矢量 V 在未对准应飞航迹前，总存一个垂直航迹线 AB 方向的速度分量 V_z，使得侧向偏离仍然继续增大。在此过程中，方向舵通道起协调控制作

用，来保证侧滑角基本为零，使纵轴基本一致地向左转动。

③ 飞机继续转弯，使得飞机的航向和速度矢量 $\boldsymbol{V}$ 都达到与应飞航迹方向一致。此时航向偏差角为零（$\varPsi=0$），侧向偏离达到最大值 $Z=Z_{\max}$。在 $Z>0$ 的作用下飞机继续左转（$\varPhi_3>\varPhi_2$）。

④ 由于飞机保持左倾斜左转弯的趋势飞行，使得航向角 $\varPsi$ 由零开始向正的方向增大，速度矢量地速 $\boldsymbol{V}$ 也离开 AB 方向慢慢向左偏转。在 $-V_z$ 分量的作用下，使侧向偏离由 $Z_{\max}$ 逐渐减小，副翼 δ_x 又慢慢回到中立位置，飞机左倾斜达到最大值。

⑤ 由于侧向距离 Z 逐渐减小、航向偏角逐渐增大，副翼反向偏转（$\delta_x<0$），飞机倾斜角开始慢慢减小，逐渐恢复到水平位置。此时飞机以最大的左偏航角（$\varPsi=\varPsi_{\max}>0$）平直飞行，侧向偏移距离逐渐减小。

⑥ 由于侧向偏离的逐渐减小，在最大正偏航信号作用下，又使得飞机开始右滚转，偏航角开始减小，力图与应飞航向一致，飞机也逐渐恢复水平。

⑦ 最后侧向偏离 Z 减小到零，航向角与速度矢量 $\boldsymbol{V}$ 都稳定在与应飞航迹 AB 一致的方向上，继续保持水平状态直线飞行。

以上所述是航迹控制系统修正初始侧向偏离 Z_0 的控制过程，其他状态下的工作原理过程与此相似。

9.3 导航控制系统应用

如前所述，飞控系统主要包括三个控制通道，即升降舵通道（或称俯仰通道、纵向通道）、副翼通道（或称倾斜通道、横向通道）、方向舵通道（或称航向通道），9.2 节重点介绍了这三个控制通道的构成及其在简单指令控制下如何工作。但是，实际上根据不同的规划航线、不同的飞行阶段、甚至不同的导航系统，控制指令的生成都是不同的，其生成过程也是相当复杂的。本节主要介绍大圆航线飞行、等角航线飞行及着陆引导飞行控制中的关于控制指令生成和控制过程的相关问题。9.2 节中的三个控制通道在本节中只作为指令的执行环节。

9.3.1 自动航线飞行控制

1. 航线飞行控制

航线飞行控制主要是指侧向导航控制，又称平面导航控制，是在水平面内对飞行航线偏差的控制。航线飞行主要包括两种航线飞行方式，即大圆航线飞行和等角航线飞行，也可以采取两种航线的组合，综合航线飞行方式，从控制观点出发主要是两种方式的控制律设计问题。

（1）大圆航线飞行

大圆航线飞行控制可保证飞机准确地按预定航线飞行。预定航线是连接飞机两个相邻航路点之间的一些直线，这些直线在空中是绕地球的一条圆弧线，称为大圆航线。沿大圆航线飞行是最短距离飞行，因此是最常用的导航控制飞行方式。

通常飞机飞行的航线可能由数个航路中途点构成，如图 9.3.1 所示。导航计算机依次存储这些航路点的地理坐标位置，并根据飞机的位置按顺序给出在各处飞向下一个航路点的航线。

导航计算机输出：飞机对预定航线的侧向距离 ΔZ，对预定航线的航迹误差角 $\Delta\psi_j$，地速 V_{gs}，到下一个航路点的距离 S 和待飞时间 D_T。图 9.3.2 所示为大圆航线导航控制的几何图形，图中：PL 为偏流角，是地速 ω 与机体纵轴 Ox 在水平面内投影的夹角，地速位于飞机纵轴右方为正；ψ 为飞机现时航向角，机头相对北向左偏为正；ψ_j 为飞机应飞航迹角；ΔZ 为飞机对应航线在水平面投影的侧向偏离。

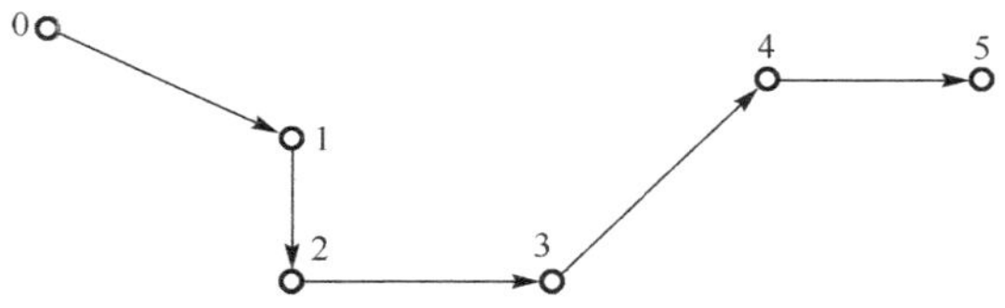

图 9.3.1　按已设航路点顺序飞行

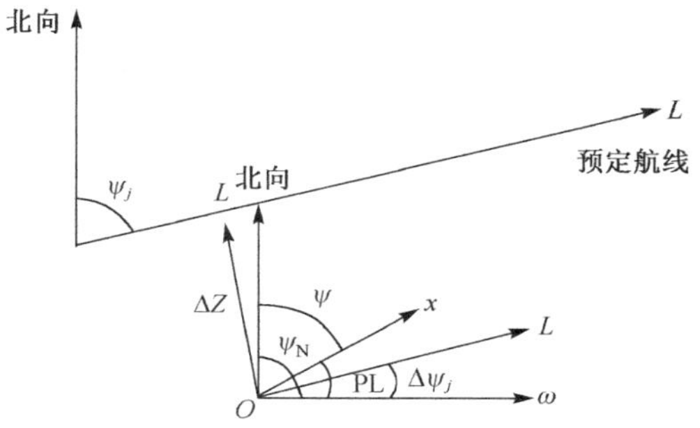

图 9.3.2　大圆航线导航控制的几何图形

由图 9.3.2 所示的几何关系，可得飞机现时的飞行航迹角：

$$\psi_{ji} = -\psi - \text{PL} \tag{9.3-1}$$

飞机对预定的航线的航迹误差角：

$$\Delta\psi_j = \psi_{ji} - (-\psi_j) = -\psi - \text{PL} + \psi_j = \Delta\psi_{ji} - \text{PL} \tag{9.3-2}$$

式中，$\Delta\psi_{ji} = \psi_j - \psi$。为了控制飞机沿预定航线飞行，必须使 $\Delta Z = 0$，$\Delta\psi_j = 0$。

（2）等角飞行

等角飞行导航控制可保证飞机准确地飞到预定航路点，而不需要使飞机回到两个航路点的连线上。为了使飞机飞向预定的航路点，应使飞机飞行的航迹方向与飞机到目标点（航路点）的连线相重合。当不考虑偏流角时，也就是使飞机的机体纵轴 Ox 转向目标航向。当考虑偏流的影响时，飞机是以朝着目标点迎着风速的方向飞行的。图 9.3.3 所示为等角飞行时各变量的几何关系。

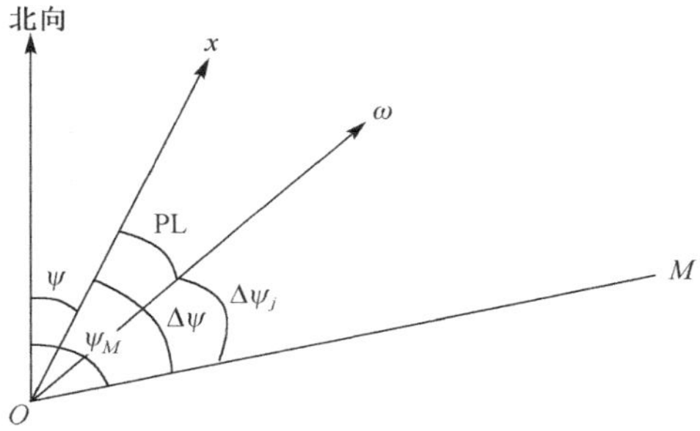

图 9.3.3　等角飞行时各变量的几何关系

由图可得飞机对目标点的航迹角误差为：

$$\Delta\psi_j = \Delta\psi - \text{PL} = \psi_M - \psi - \text{PL} \tag{9.3-3}$$

式中，$\Delta\psi$ 为飞机对目标 M 的航向偏差，机头偏左为正；ψ_M 为目标航向，对北向顺时针转为负；PL、ψ 定义同前。

等角飞行控制的目的是使 $\Delta\psi_j = 0$，由于 $\Delta\psi$ 是随飞机向前飞行而变化的，所以飞机实际上的飞行轨迹是一条螺旋形的圆弧线。

（3）航路中途点的转换控制

如图 9.3.1 所示，当飞机的航线是由几个航路中途点组成的航迹线段时，必然会存在一个在飞机飞到本段航路点时，何时和怎样飞向下一个航迹线段的问题。等角飞行的预定航线虽然不是由直线段组成的，也同样存在航路中途点的转换控制问题，并且等角飞行的末段常常转换为大圆航线控制方式。

有两种可供选择的航路点转换控制方式：一种是飞机不飞过航路中途点，而是当飞机接近航路中途点时完成航路中途点的转换，自动进行飞向下一个中途点（或目标点）的控制；另一种是过点飞行，即当飞机飞越本段航路终点后完成飞向下一个中途点（或目标点）的转换。因此，航路中途点转换的控制，或者根据飞机与航路中途点的距离 S（待飞距离或飞越距离）确定，或者根据到中途点的待飞时间或飞越后的时间 D_T 确定。转换控制应根据飞行控制系统控制律计算结果确定，由导航计算机计算给出。图 9.3.4 给出了两种航路点转换控制方式示意图。

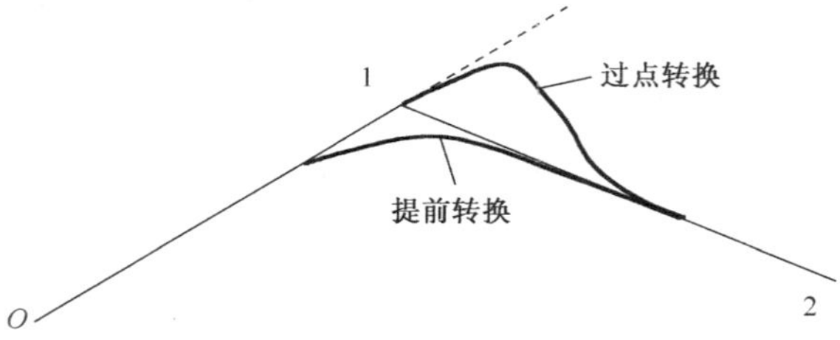

图 9.3.4　两种航路点转换控制方式示意图

2．侧向导航的控制律

侧向导航控制系统通过副翼和方向舵两个通道控制飞机在水平面的航迹运动，它以偏航角控制系统或倾斜角控制系统为内回路，其中最为典型的方案是副翼通道为主通道，以方向舵通道为辅助通道，后者只起阻尼和协调转弯作用，通过副翼控制飞机转弯以便修正飞机的航迹。图 9.3.5 给出了侧向导航控制的典型方框图。

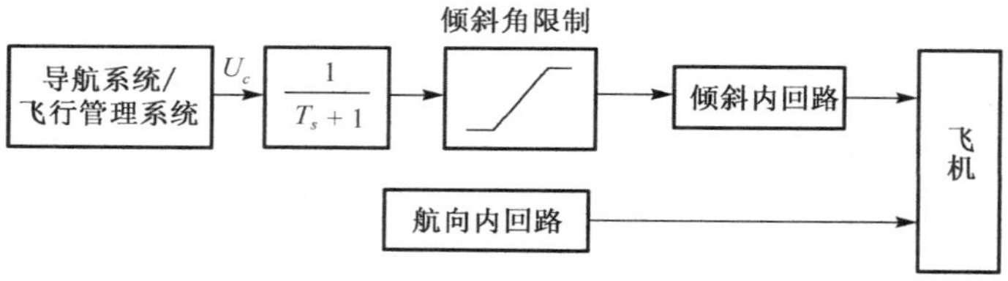

图 9.3.5　侧向导航控制的典型方框图

导航系统（或飞行管理系统）输出的侧向导航控制指令 U_c，通过惯性滤波器和倾斜角限制器后送入倾斜内回路，控制副翼偏转。惯性滤波器 $\dfrac{1}{T_s+1}$ 滤除导航指令信号 U_c 的快变信号，使飞机的转变过程平滑柔和。倾斜角限制器依据飞机的最大转弯角限制设置。导航控制信号 U_c 通常都在导航计算机内计算，但其参数的选择应根据内回路的参数确定。以下讨论不同导航控制方式下 U_c 信号的设计。

（1）大圆航线控制方式

大圆航线飞行时，侧向偏离 ΔZ 是主控制信号。当 $\Delta Z=0$ 时，要保持飞机不偏离预定航线，必须使 $\Delta\psi_j=0$。由此我们可用侧向偏离 ΔZ 和航迹角偏差 $\Delta\psi_j$ 构成导航综合控制信号 U_{c1}：

$$U_{c_1}=k_{\varphi_1}\Delta\psi_j-k_{z_1}\Delta Z \tag{9.3-4}$$

式中，k_{φ_1}、k_{z_1} 为信号的传动比，应根据倾斜角内回路的设计进行选择。

由于定义飞机偏离应飞航迹右边时 ΔZ 为正，飞机应向左转弯，而飞机机头偏离应飞航迹左边时 $\Delta\psi_j$ 为正，飞机应向右转弯，所以式（9.3-4）中两个控制变量的符号是相反的。$\Delta\psi_j$ 对 ΔZ 的变化起阻尼作用。当 ΔZ 控制过程欠阻尼时可引入 ΔZ 的变化速率，这可由 ΔZ 通过微分得到，也可采用如下方式增加其过程阻尼，如图 9.3.6 所示，飞机对预定航线侧向偏离变化速率为：

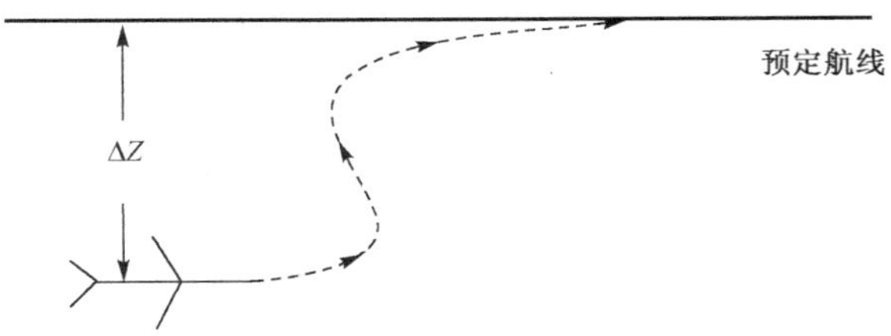

图 9.3.6　过大的 ΔZ 引起"S"形轨迹运动

$$\Delta Z' = \frac{\mathrm{d}\Delta Z}{\mathrm{d}t} = \omega \sin \Delta\psi_j \approx \frac{\omega}{57.3}\Delta\psi_j \tag{9.3-5}$$

式中，$\Delta\psi_j$ 的量纲为度，ω 为地速。由此可见，可以用 $\omega\Delta\psi_j$ 代替 ΔZ 引入控制系统增加 ΔZ 控制过程的阻尼。于是可得到第二种方案的导航控制信号：

$$U_{c_2} = k_{\varphi_2}\Delta\psi_j - k_{z_2}\Delta Z \tag{9.3-6}$$

试验证明，由式（9.3-6）控制 ΔZ 过程比式（9.3-4）给出的过程要好。不论是用 U_{c1} 或是 U_{c2} 进行控制，对 ΔZ 都必须进行限幅处理，以防止 ΔZ 过大时造成转弯角大于 90°，使 ΔZ 的修正过程产生如图 9.3.6 所示的"S"形轨迹运动。

ΔZ 的限幅可按如下方法进行初步估算：如果忽略飞机运动的惯性与延迟，则当飞机从修正 ΔZ 的转弯过程改为平飞时(或反坡度转弯开始那一瞬间)，航迹角偏差 $\Delta\psi_j$ 为最大值 $\Delta\psi_{jm}$，并且有 $U_c = 0$。由此可得到对于式（9.3-4）对应的第一种控制律方案，ΔZ 的限幅值为：

$$\Delta Z = \frac{k_{\varphi_1}}{k_{z_1}} = \left|\Delta\psi_{jm}\right| \mathrm{sign}\Delta Z\text{，当} \left|\Delta Z\right| \geqslant \frac{k_{\varphi_1}}{k_{z_1}} = \left|\Delta\psi_{jm}\right| \text{时} \tag{9.3-7}$$

对于式（9.3-6）对应的第二种控制律方案，ΔZ 的限幅为：

$$\Delta Z = \frac{k_{\varphi_2}}{k_{z_2}} = \omega\left|\Delta\psi_{jm}\right| \mathrm{sign}\Delta Z\text{，当} \left|\Delta Z\right| \geqslant \frac{k_{\varphi_2}}{k_{z_2}} = \omega\left|\Delta\psi_{jm}\right| \text{时} \tag{9.3-8}$$

在上述两式中，$\mathrm{sign}\Delta Z$ 表示取 ΔZ 的符号；通常，$\Delta\psi_{jm} \leqslant 60°$。可见，当所期望的最大修正转弯角确定后，$\Delta Z$ 的限幅即可确定。

（2）等角飞行控制方式

由式（9.3-3）可知，等角飞行控制是对偏离目标航向误差的控制，相当于对给定航向转弯控制过程，可按航向角的稳定与控制过程进行设计。但是，给定航向为一给定的固定值，而目标航向是连接飞机重心与目标点的直线相对北向的偏角，是随着飞机相对于目标点的运动而变化的。当飞机接近目标点时，其重心运动引起目标航向的变化更为灵敏。因此，采用给定航向转弯的控制律对目标航向进行控制，当飞机接近目标点时有可能产生修正过程来回摆动的现象。为了防止出现这种现象，可增大系统的阻尼，或者用飞机到目标点的距离对航向偏差信号进行"流感"控制。对等角飞行的自动导航控制过程，也常常采用当飞机到目标点小于一定距离后转换为按预定航线飞行，以保证飞机能准确地飞过航路中途点，并克服等角飞行接近目标点时的摆动现象。

（3）航路中途点的切换控制

当飞机飞近航路中途点时（过点或不过点），应自动切换到飞向下一个中途点的导航控制过程。最为简单的切换控制是根据飞机与中途点的距离（待飞距离或过点距离），当飞机距导航中途点的待飞距离小于某一值（不过点提前切换）时，或者飞过中途点某一距离后（过点飞行），自动切换为按对下一段航线偏差或航迹角偏差进行控制。显然这种方式不能适应两段航线的预定航迹角变化较大的情况。当两段航线之间的转弯角较大时，会使飞机切换到下一段航线的控制过程产生较大的超调。

为了克服按飞机与导航中途点的距离为一固定值进行切换的缺点，可根据飞机的速度和两段航线之间的转折角的大小决定切换的时间。如某机自动导航方式为大圆航线导航控制，不过点提前向下一段航线导航控制切换，切换时间选用如下经验公式计算：

$$D_{\hat{T}} = k\omega \tan\left|\frac{\psi_{ji+1}-\psi_{ji}}{2}\right| + C \tag{9.3-9}$$

式中，ω为地速，以 m/s 计；ψ_{ji}为飞机当前的预定航迹角；ψ_{ji+1}为飞机下一段航线的预定航迹角；k、C为根据飞机的实际能力（倾斜角限制、转弯能力等）和经验计算选取的常系数和常数，本例中$k = 0.17674$，$C = 12$。当飞机到航路中途点的待飞时间小于某一给定值时，开始按式(9.3-9)计算$D_{\hat{T}}$，并将D_T与$D_{\hat{T}}$进行比较。在本例中，$D_T \leqslant 150\text{s}$开始计算$D_{\hat{T}}$，并且当$D_{\hat{T}} \geqslant 120\text{s}$时，按$D_{\hat{T}} = 120\text{s}$进行航线的转换；当$D_{\hat{T}} < 120\text{s}$时，则按$D_T = D_{\hat{T}}$时进行航线的转换。

按式（9.3-9）计算的航路中途点转换时间，由于考虑了飞行速度和两段航线转折角的影响，飞机切换进入下一段航线的超调比较小。

在控制律设计时，为了改善飞机修正ΔZ进入应飞航线的过程，可根据ΔZ改变倾斜角的限幅值，即：当ΔZ较大时，飞机倾斜角大，飞机以较小的转弯半径转弯；而当ΔZ较小时，滚转角限幅值小，飞机以较大的转弯半径平缓地进入应飞航线，如图 9.3.7 所示。

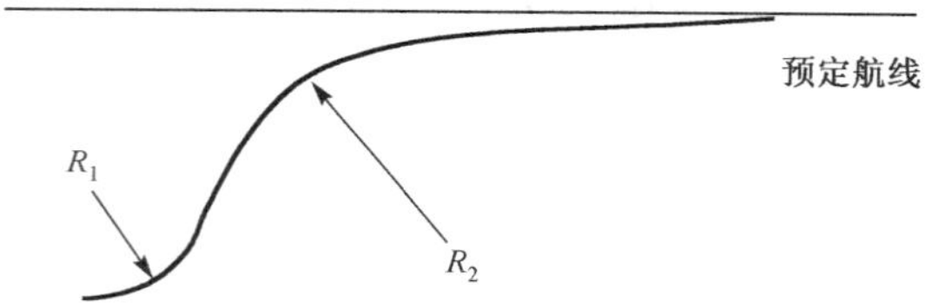

图 9.3.7 根据ΔZ改变飞机的转弯半径

9.3.2 自动进近与着陆飞行控制

常用的飞机着陆引导系统包括仪表着陆系统（ILS）、微波着陆系统（MLS）和全球导航卫星系统（GNSS）。自动进近导航控制系统接收着陆引导系统的引导信号而生成控制指令。

1. 使用 ILS 自动进场着陆

（1）仪表着陆系统（ILS）

ILS 的地面设备由两部分组成：第一部分是航向信标（LOC），它安装在跑道终点以外的跑道中线延长线上，距跑道终点为 500～1000m；第二部分是下滑信标（GS），它安装在跑道入口处的侧面，距跑道入口约为 300m。虽然 LOC 提供的是水平方位引导、GS 提供的是俯仰方向的下滑引导，但其运行方式是基本一样的。这两种设备分别向飞机着陆方向连续发射两个调制频率分别为 90Hz 和 150Hz 的高频无线电调幅波（LOC 的载波频率范围一般为 108～112MHz，GS 的载波频率范围一般为 329～335MHz）。两个波瓣相交部分构成等强信号线，分别为航向航道中心线和下滑航道中心线，因此可以利用 90Hz 和 150Hz 两个信号强度相等来确定飞机在方向和标高两个平面里的进场航线。如果信号强度不相等，则意味着飞机飞出了这个航道，其偏差信号显示在飞行指引仪表上或送给自动驾驶仪，由驾驶员按仪表指引进行控制或由自动驾驶仪进行自动进场着陆控制。

除了 LOC 和 GS 外，为了指示飞机相对于跑道入口处的精确距离，在飞机进场航道的地面上还设置了远、中、近三个指点信标，飞机飞越其上空时，由接收机给出灯光和声响信号，提醒飞行员校核飞机的高度和航向。

典型 ILS 航道的几何图形如图 9.3.8 所示。其中，对航道中心的偏离信号用微安（μA）表示，规定在±150μA 的扇形区内，偏差信号的变化与偏差角度成正比。

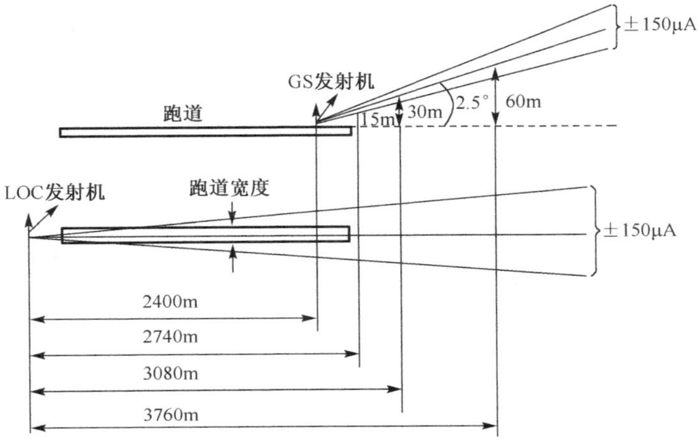

图 9.3.8　典型 ILS 航道的几何图形

（2）使用 ILS 自动进场着陆的横侧向控制系统

使用 ILS 自动进场着陆的横侧向控制过程，包括 LOC 航道的截获过程、LOC 航道跟踪过程和飞机落地时消除偏流的修正转弯过程（Decrab maneuver）。

① LOC 航道的截获过程

使用 ILS 自动进场时，首先要使飞机截获 ILS 航向信标发射的航道信号，并按照 LOC 信号提供的飞机对跑道中线的偏离，自动引导飞机进入跑道中线延长线，这一控制过程称为 LOC 航道的截获过程。图 9.3.9 给出了 LOC 截获控制的几何图形。

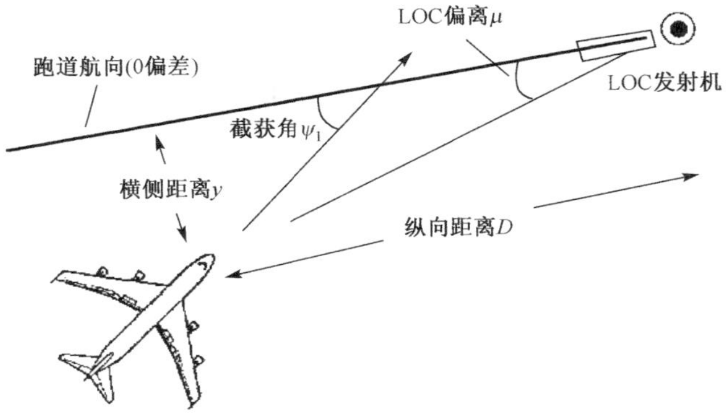

图 9.3.9　LOC 截获控制的几何图形

通常利用预选航向把飞机航向控制到相对于跑道航向的某一角度上（称为截获角），飞机即以这一截获角飞向跑道中线延长线。当 LOC 接收机给出的航道偏差信号小于给定值时，产生 LOC 的截获。这时，相对于跑道的航向偏差信号和反映对跑道中线延长线偏离的航道偏差信号加入滚转通道，同时断开预选航向信号，在跑道航向偏差和航道偏差信号的控制下，飞机将进入并稳定在跑道中线延长线和跑道航向上。当有侧风时，飞机将保留一定的航向偏差，以便使飞机的航迹稳定在跑道中线延长线上。

图 9.3.10 给出了 LOC 控制系统的基本结构及两种结构图，它是针对某飞机设计的两种控制方案。图中，倾斜内回路是由倾斜角和倾斜角速率反馈构成的倾斜角控制与稳定回路。作为 LOC 航道截获与跟踪控制器的航向航道耦合器，其输出信号通过指令模型和倾斜角限制器形成倾斜控制指令加入倾斜内回路。指令模型和倾斜角限制器的设计将在 LOC 航道的跟踪过程中予以介绍，下面按不同控制阶段对系统的结构设计予以说明。

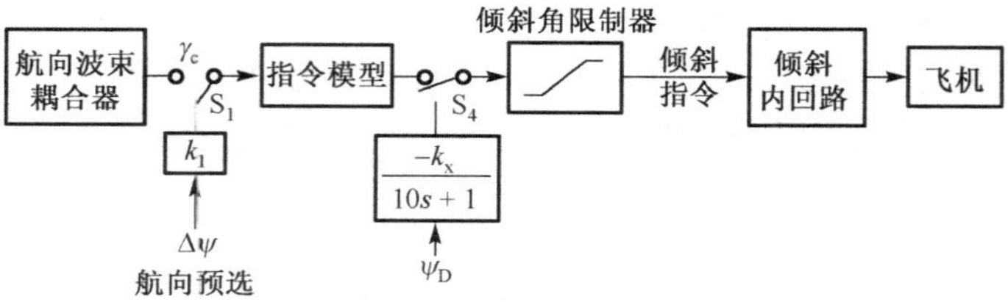

(a) 系统基本结构

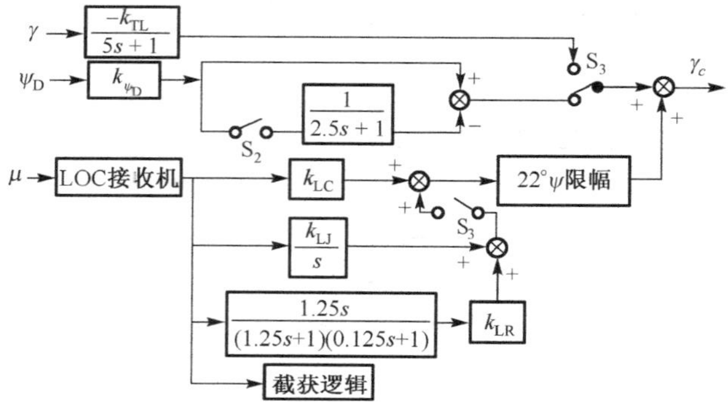

(b) 耦合器方案之一

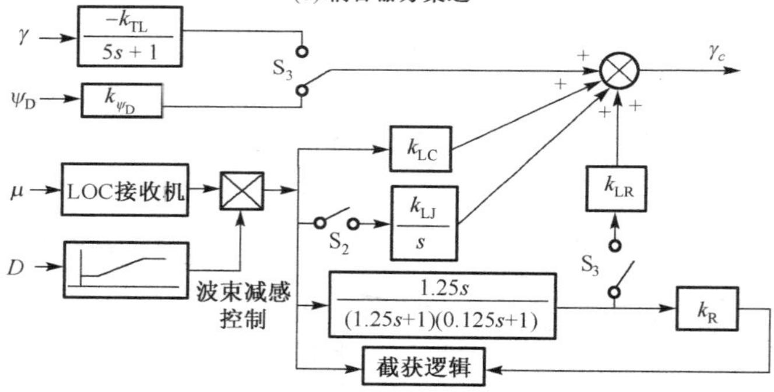

(c) 耦合器方案之二

图 9.3.10 LOC 控制系统的基本结构及两种结构图

LOC 截获的逻辑可能是极其复杂的。由于 LOC 航道信号灵敏度随着接近航向信标而逐渐增强，因此，截获过程的动态过程将与截获点距航向信标的距离和截获角以及风向、风速有关。图 9.3.10 给出了两种不同的截获逻辑。

方案一截获的条件是：当飞机进入航道信号的非饱和区（$\mu \leqslant 150\mu A$）时，就产生航向信标截获过程的切换。这种方案由于截获切换发生得较早，对于大角度进入和顺风进入较为有利，主要是可减小截获过程的初始超调。但是对于截获角比较大的情况，由于截获过程发生得较早，航道偏差信号较强，飞机相对跑道的航向偏差信号 ψ_D 较小，其综合控制结果可能是飞机以较大的坡度滚转，使 ψ_D 向增大的方向变化，这容易使驾驶员产生心理上的错觉。为此可采取两点措施：第一项措施是对航道偏差控制信号的幅值加以限制，图 9.3.10（b）所示的方案中限制航道偏差信号的幅值不超过 22°的航向偏差信号，这就使得当截获角大于 22°时，截获过程切换后，飞机先按跑道航向偏差 ψ_D 进行修正，当 $\psi_D < 22°$ 后，航道偏差信号才在滚转通道起主导作用；第二项措施是在使用中对飞机进场的截获角加以限制，通常采用 45°～60°的截获角。

方案二采用航道偏差和航道速率的混合信号作为截获逻辑控制，当 $\mu + K_R$ 、$\mu \leqslant 10\mu A$ 时，产生截获切换。在截获条件下航道偏差信号 μ 是随着飞机接近跑道中线延长线而减小的。截获角大时，μ 强，截获切换发生得早；截获角小时，μ 相对较小，截获切换发生得相对晚一些。距离航向信标较近时，随着航道偏差信号灵敏度的增强，其速率信号也增强。因此，这种方案可使飞机截获 LOC 航道的控制过程随截获角不同而不同，适用于不同的截获角。除此之外，在截获逻辑中还可以加进飞机距机场的距离和风速、风向等因素。

表 9.3.1 给出了不同截获距离 D（截获点到航向信标的距离）、不同的截获角、顺交叉风情况下，针对某型飞机的两种截获方案的仿真结果。第一种方案在小截获角出现向增大 ψ_D 的负坡度。

表 9.3.1　两种方案截获方案的仿真结果

到航向信标的距离 D(km)		24.3					18.3					14.8			
截获角 ψ_1（°）		12	45	45	90	90	12	45	45	90	90	12	45	45	90
风速（m/s）		0	0	15.4	0	15.4	0	0	15.4	0	15.4	0	0	15.4	0
初始超调（μA）	方案一	26	26	53	61	135	21	13	53	128		16	0	75	202
	方案二	10	10	45	85	153	12	0	51	142		13	14	88	217
最大倾斜角（°）	方案一	−9.4	24.2	28	31	31	−9.2 +7.8	27.7	30	31		−10.3 10	29.5	30.7	31
	方案二	5.7	29	29.5	30.5	30.5	5	29.5	30	30.6		4.3	30.5	31	31

② LOC 航道的跟踪过程

飞机在截获航向信标航道后，由航道偏差信号 μ 把飞机控制并稳定在跑道中线延长线上，直至接地前进行抗偏流机动时为止，这一段的控制过程称为 LOC 航道的跟踪过程。有关规范对跟踪过程的前期和末期提出了不同的控制精度要求，耦合器也应有所不同。为叙述方便，我们把跟踪过程划分为初始跟踪与末端跟踪。

规范中规定只要满足下列条件，就认为系统处于跟踪模态：航向信标航道误差不大于 1°（75μA），航向信标航道速率不大于 0.025°/s（2μA）。在图 9.3.10 给出的系统中，采用如下初始跟踪模态和末端跟踪模态的转换方案。

方案一：$\psi_D \leqslant 17.5°$，且 $\mu \leqslant 60\mu A$，S_2 转换，下滑信标截获时，S_3 转换。

方案二：$\gamma \leqslant 3°$，且 $\mu \leqslant 70\mu A$，S_2 转换，下滑信标截获时，S_3 转换。

比较图 9.3.10 所示的两种耦合器结构方案可以看出，除初始跟踪过程方案一采用航向清洗器，而方案二采用航道偏差积分信号，并且有航道减感控制外，其他控制结构基本相同。

航道偏差信号 μ 是航向信标跟踪控制的主信号。为了提供系统的阻尼，改善系统的稳定性，同时提高系统的跟踪控制精度，通常对航道偏差信号 μ 采用比例、积分和微分的 PID 控制。引入航道偏差积分信号可以提高系统对航道的跟踪精度。当有常值侧风时，它将把由于风引起的误差减小到零。当存在剪切风时，积分信号将使飞机稳定于一固定的侧向偏离，这个偏差将随积分信号的增益增大而减小。而积分信号增益的增大会引起截获和初始跟踪状态航道阶跃干扰过程过调的加大，因此积分增益的增大是有限的。由于末端跟踪的精度要求很高，所以通常都要加入积分信号。考虑到这一点，方案二在初始跟踪过程就采用积分信号，而省去了航向清洗器。除增益控制外，积分器的投入时间应选择在截获过程基本稳定之后，否则会使飞机在稳定到航道中心之前，由于积分器有一较大输出而使飞机产生一个长时间的慢过调。

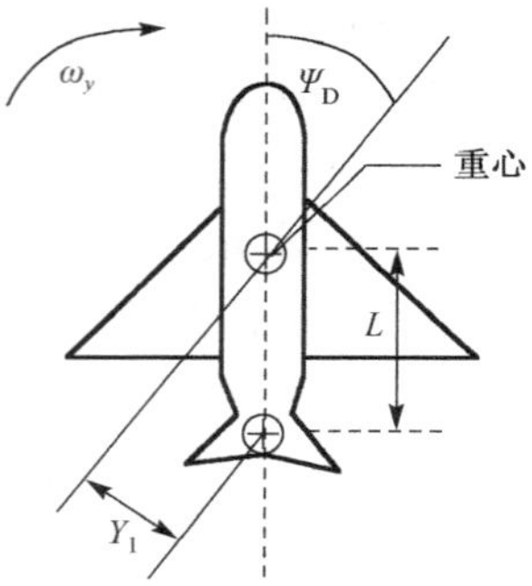

图 9.3.11　LOC 天线侧向偏离图

引入航道偏差角速率信号对增加系统的阻尼、提高系统的稳定性是十分必要的，特别是在末端跟踪阶段，微分信号的引入是不可缺少的。为了减小无线电噪声电平对微分器输出的影响，通常采用图 9.3.10 所示的低通微分网络。它在低频段近似为微分环节，而在高频段成为惯性环节，无微分作用。

LOC 接收机天线一般安装在飞机垂尾上，如图 9.3.11 所示。当飞机对跑道航向的偏差角ψ_D不大时，LOC 接收机天线对跑道的侧向偏离速度可以表达为：

$$Y_t = -\omega_y L + Y_{CG} \tag{9.3-10}$$

式中，Y_t为 LOC 天线的侧向偏离速度；L为 LOC 天线到飞机重心的距离；Y_{CG}为飞机重心的侧向偏离速度。

由式（9.3-10）可见，偏航角速度ω_y是构成 LOC 天线侧向偏离速度（即航道偏差速度）的一个组成部分。因此，引入经清洗器清洗的航道偏差信号ψ_D可对航迹起一种航道偏差的阻尼作用。另一方面，由于清洗器"洗除"了稳态的ψ_D信号，所以当存在常值侧风时，就能让飞机在跟踪 LOC 航道中心时带有一定的偏航角飞行，以消除侧风的影响，使稳态航道偏差为零。耦合器方案一在初始跟踪阶段采用清洗的ψ_D信号，可以起到方案二加入航道偏差积分信号相同的效果。考虑到末端跟踪必须加入航道偏差积分，方案二在初始跟踪就加入这一积分信号，而未采用航向清洗器。

引入倾斜滞后的信号$\dfrac{k_{\gamma L}}{5s+1}\gamma$代替航向信号作为航道偏离的阻尼信号，其优点在于：当存在变化的侧向剪切风时，使飞机的风标运动较为有利。航向信号倾向于抵抗风标运动，而滞后的倾斜角则不会这样。无论是在常值风还是剪切风作用下，采用倾斜滞后信号均可使航道偏差角的静差为零。因此，在末端跟踪阶段引入了倾斜滞后信号取代ψ_D信号。

随着飞机接近跑道，LOC 航道信号逐渐收敛，航道偏差信号增强。为了适应这种变化，需要进行航道增益减感控制，如图 9.3.10（c）所示的方案二。进行航道减感控制需要知道飞机到航向信标的距离D，使用无线电高度表和下滑航道的几何图形（见图 9.3.8）可以对D进行估算。与下滑信标台相比，由于航向信标安装在跑道终点之外，且航道相对较宽，其航道减感控制比下滑信号要容易些。

航向航道耦合器的输出先后通过指令模型和倾斜角限制器。指令模型的作用有：①对由于系统模态转换（如截获模态的接通，初始跟踪和末端跟踪的投入等）而引起的信号变化予以软化，尽量减小转换瞬态；②限制飞机的滚转角速度，根据飞机本身的性能决定其限幅值，并使之满足系统要求。通常限幅值随跟踪状态变化，末端跟踪状态不允许飞机有大的滚转机动，如某飞机在末端跟踪的滚转角速度限制为 4°/s。

满足上述要求的指令模型可以由带速度限幅和反馈回路的积分器构成。倾斜角限制器则根据不同的阶段对飞机的最大倾斜角进行限制。一般飞机进场着陆的最后阶段倾斜角的限制只有几度。

③ 消除偏流修正转弯机动。

如前所述，飞机在进场下滑过程中，由于侧风的影响，飞机将带有一定的偏流角飞行，即飞机的机头方向不是对准跑道方向的（不考虑侧滑的影响）。如果飞机以这种方式落地，因为机头方向与地速方向不一致，且机身长、机轮窄，飞机落地时将会产生一个使机头方向摆正的自动恢复力矩。在侧风小因而偏流角也比较小时，这是允许的。但是，以大的偏流角接地会使机轮轴上产生的侧向力超过可接受的范围，因而导致危险的事故发生。所以，通常驾驶员在人工操纵飞机落地之前的瞬间，都要根据偏流角（或航道偏差角）的大小蹬舵以使机头摆正，同时反向压驾驶杆/盘（与协调转弯动作方向相反），以便抵消蹬舵转弯时侧滑角在两侧机翼上产生的不对称升力，避免单轮接地造成的危险动作，这种机动简称抗偏流机动。

图 9.3.12 给出了蹬舵转弯引起的滚转力矩。由图可见，左蹬舵时产生左滚转力矩，抵消这一力矩需要向右压驾驶杆/盘。

对于精密自动着陆系统，必须具有与上述动作相应的自动消除偏流的控制装置。消除偏流转弯机动（Decrab maneuver）实际上是要求飞机做一个平面航向运动，以方向舵控制为主，辅之以副翼的控制动作。图 9.3.13 给出了方向舵消除偏流控制系统结构，副翼通道的控制结构见图 9.3.10。

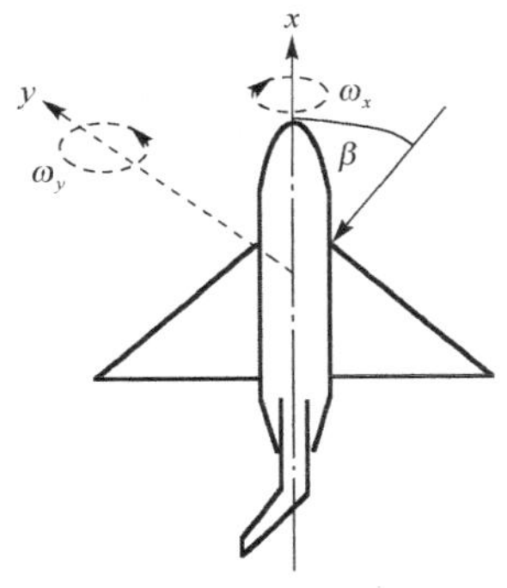

图 9.3.12　蹬舵转弯引起的滚转力矩

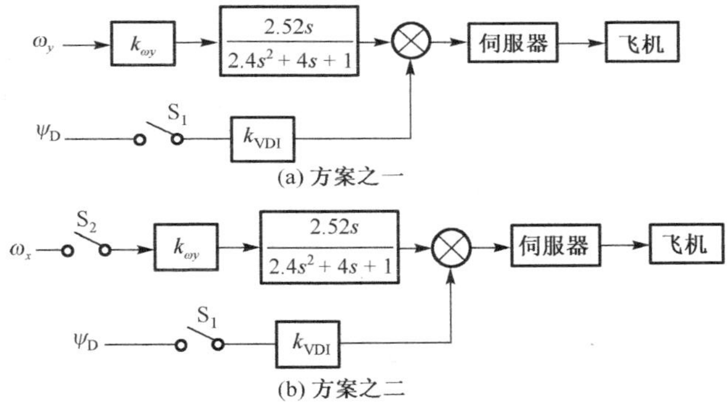

图 9.3.13　方向舵消除偏流控制系统结构

由图 9.3.13 可见，一般情况下，方向通道为一般的偏航阻尼结构。在消除偏流机动时，开关 S_1 动作，把航道偏差信号 ψ_D 直接输入方向舵伺服器，使方向舵偏转一个与 ψ_D 成比例的角度，此时，可以保留偏航角速度反馈信号，如图 9.3.13（a）所示，也可以断开偏航角速度反馈信号，如图 9.3.13（b）所示。

消除偏流转弯机动时，副翼通道航道耦合器已经断开（S_1 动作），而加入一个经滞后的反向航道偏差信号，如图 9.3.13（a）所示，或者把方向舵伺服器的输出经滞后交联传输到副翼伺服器，通过反向的 ψ_D 使副翼产生反压坡度的动作，用于抵消侧滑产生的滚转力矩。

抗偏流机动（S_1 动作）应在尽可能低的高度上进行，以免飞机被风吹偏离跑道。S_1 切换逻辑可用无线电高度控制，确定 S_1 切换时的离地高度后，即可根据飞机的飘落速度确定飞机的落地时间。而抗偏流控制器的结构参数需按抗偏流机动时间通过仿真予以确定，以保证飞机的倾斜角变化及落地时的航道误差和侧向偏离满足规范要求。

④ 滑跑控制。

对于精密自动着陆，飞机落地后还应包括自动地面滑跑控制或根据平显进行地面滑跑导引。对于自动滑跑控制，应根据 LOC 航道偏差利用尚有效的方向舵进行修正。

（3）使用 ILS 自动进场着陆的纵向控制系统

使用 ILS 自动进场着陆的纵向控制过程包括 GS 下滑道截获过程、GS 下滑道跟踪过程和自动拉平控制过程。以下按自动下滑控制系统和自动拉平着陆系统两部分进行叙述。

① 自动下滑控制系统。

飞机对下滑航道的跟踪首先是从 GS 截获过程开始的。图 9.3.14 给出了下滑和自动着陆几何图形。

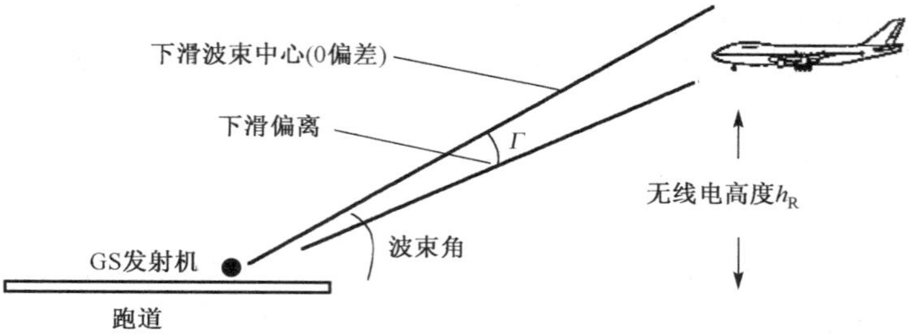

图 9.3.14　下滑和自动着陆几何图形

GS 截获可以从下滑道上边或下边截获，但应只在 LOC 航道截获以后才发生。通常飞机在截获 GS 下滑道之前先在 300～500m 上空做定高飞行，在 LOC 截获后，当飞机进入 GS 下滑道区域的一定范围，GS 接收机接收到的对下滑航道中心线的偏离信号 Γ 小于一定值时，产生 GS 截获。与 LOC 截获一样，GS 截获的逻辑可能是极其复杂的，在控制律的设计中，需要结合下滑耦合器的结构配置，通过系统仿真予以确定。图 9.3.15 给出了下滑控制回路的基本结构，图 9.3.16 给出了某机控制律设计采用的 GS 下滑道截获的集中对比方案。

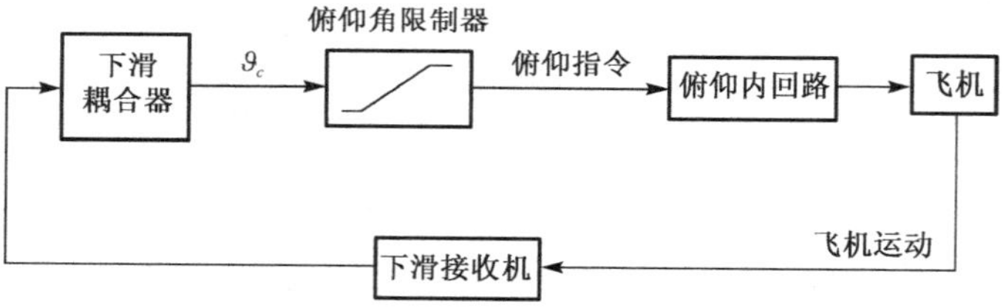

图 9.3.15　下滑控制回路的基本结构

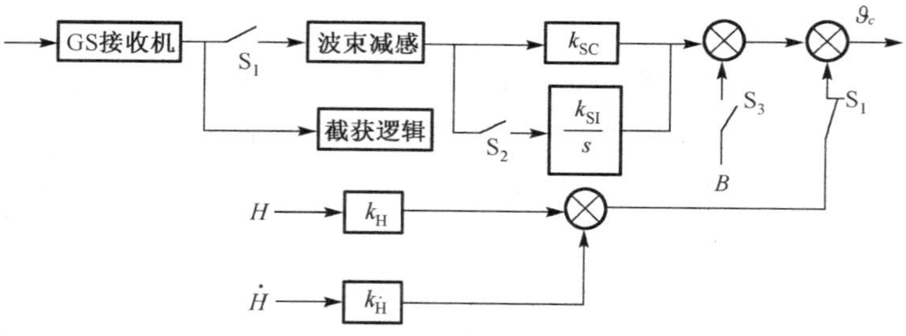

图 9.3.16　GS 下滑道截获的集中对比方案

与 LOC 截获和跟踪控制的基本结构相比，图 9.3.15 给出的下滑控制回路中，俯仰内回路是由俯仰角和俯仰角速度反馈构成的俯仰角控制与稳定回路，下滑耦合器的输出通过俯仰角限制器加入俯仰内回路。为了保证乘客的舒适性，可对机动控制的俯仰指令速率进行限制。

图 9.3.16 给出的 GS 下滑道截获方案中，可以概括为如下几种情况（仅对从下滑道下边截获的情况）。

方案一：当 $\Gamma \leqslant 0.16°$（35μA），在 S_1 转换（断开高度保持，按 Γ 偏差控制）；

方案二：截获逻辑与方案一相同，在 S_1 动作的同时，S_3 动作，加入一个常值低头电压 B（等于下滑轨迹倾角）；

方案三：同方案二，但 B 为随时间衰减的低头电压。

表 9.3.2 给出三种方案下 GS 下滑道截获过程的仿真结果。可见，在 GS 下滑道截获时加入一低头控制电压（等于下滑轨迹倾角），有利于减小截获过程的超调，缩短进入下滑航道稳定跟踪过程的时间。低头控制电压的加入还有利于减小下滑航道跟踪的静差。

表 9.3.2　GS 下滑道截获过程的仿真结果

过程指标	Γ 角第一个超调（°）	$\Delta\theta_m$（°）	Γ 角进入 10μA(0.46°) 时间（s）
方案一	0.135	4.6	25
方案二	≈0	2.98	8
方案三	0.09	3.9	27

与 LOC 航道跟踪控制过程相同，在 GS 下滑道跟踪控制过程中，为了消除静差，需要加入积分控制信号，积分控制信号投入（S_2 闭合）的时间可通过仿真确定，以不使截获过程和跟踪时的受扰稳定过程产生大的过调为原则。当系统的阻尼比较小时可加入航道偏差的微分信号。

与 LOC 跟踪控制过程相比，GS 下滑道跟踪过程中的航道减感控制更为重要，这是因为 GS 下滑道等强信号区较窄，GS 下滑道跟踪控制过程飞机距离下滑信标较近，造成 GS 下滑道偏差信号随着飞机接近跑道增强得更为显著的缘故。

② 自动拉平着陆系统。

仅有下滑耦合器的自动下滑控制系统不能控制飞机完成自动着陆。这是因为在飞机进近过程中，尽管驾驶员已通过放起落架、襟翼等动作使飞机得到合适的着陆气动外形，并把飞行速度从巡航速度减小到着陆进场速度（一般为 70～85m/s），但是，如果飞机继续以 2.5°的轨迹倾角下滑，飞机下降的垂直速度为–3～–3.7m/s，而飞机着地时允许下降速度仅为–0.3～–0.6m/s，显然这是不允许的。因此，需要仿照驾驶员操纵飞机着陆的动作，对飞机进行自动拉平着陆控制。

自动拉平控制一般在飞机下滑到跑道端头的跑道门槛处（离地高 15m）开始，此时自动飞行控制系统依据无线电高度表提供的离地高度信号由下滑转为高度按指数曲线衰减的自动拉平控制。飞机的拉平轨迹如图 9.3.17 所示。

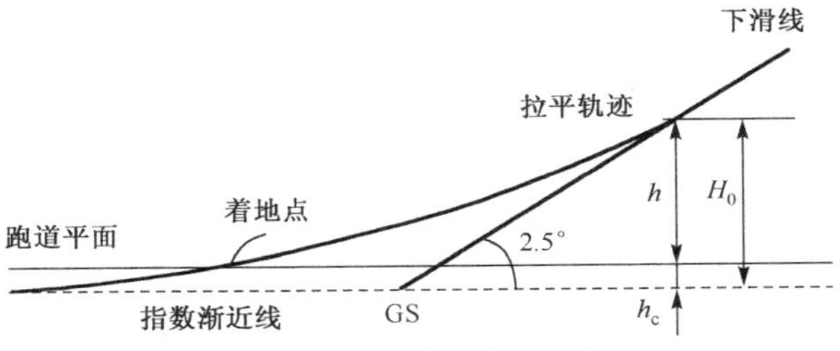

图 9.3.17　飞机的拉平轨迹

为满足图 9.3.17 所示的拉平轨迹，高度方程应为：

$$\dot{H}(t) = -\frac{1}{\tau}H(t) \tag{9.3-11}$$

或

$$H(t) = H_0 \mathrm{e}^{-\frac{t}{\tau}} \tag{9.3-12}$$

式中，H_0 为拉平开始时的高度；τ 为指数曲线的时间常数。由于指数曲线衰减到靠近其渐近线的时间和距离是无限长的，因此图 9.3.17 中的拉平轨迹的渐近线不选用跑道平面，而是低于跑道平面某一高度 h_c，这样：

$$\dot{H} = -\frac{H}{\tau} = -\frac{1}{\tau}(h + h_c) = -\frac{h}{\tau} + \dot{H}_{\mathrm{jid}} \tag{9.3-13}$$

式中，$\dot{H}_{\mathrm{jid}} = -\dfrac{h_c}{\tau}$ 为规定的飞机接地速度。在已知 $\dot{H}_{\mathrm{jid}}$ 及 τ 的情况下，即可求出 h_c 值和飞机拉平的距离。时间常数 τ 的选取应使飞机从下滑轨迹到拉平轨迹的切换光滑，同时应综合考虑拉平的距离、拉平时飞机的迎角和俯仰角变化，以及在风扰动情况下飞机主轮接地点的纵向散布等因素，通常选取 $\tau = 2 \sim 5\mathrm{s}$。

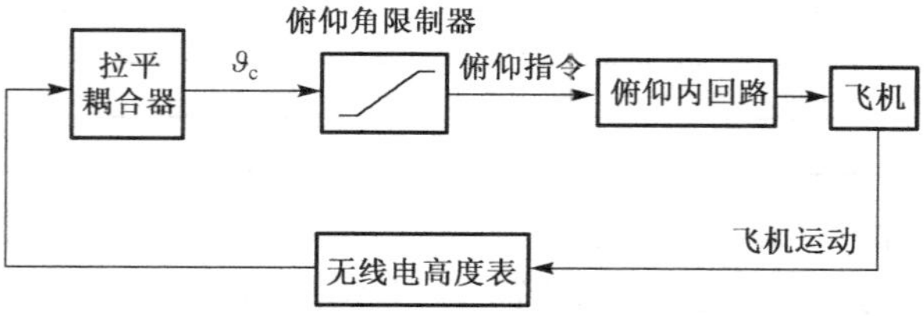

图 9.3.18　自动拉平系统的基本结构

从式（9.3-13）不难看出，自动拉平控制系统应是一个与离地高度成比例的速度控制系统。将图 9.3.15 中的下滑接收机和下滑耦合器分别代换为无线电高度表和拉平耦合器，我们就得到了图 9.3.18 所示的自动拉平控制系统的基本结构。

其俯仰内回路仍是俯仰角控制与稳定回路。拉平耦合器主控信号为 $-\dfrac{h}{\tau}$，反馈信号为升降速度信号 $\dot{h}$（无线电高度变化速率，也可采用气压高度变化速率信号 $\dot{H}$）。拉平耦合器的基本结构如图 9.3.19 所示。为了消除地面粗糙度产生过大的升降速度变化和升降速度噪声的影响，对升降速度反馈信号需要经过限幅处理和惯性滤波。

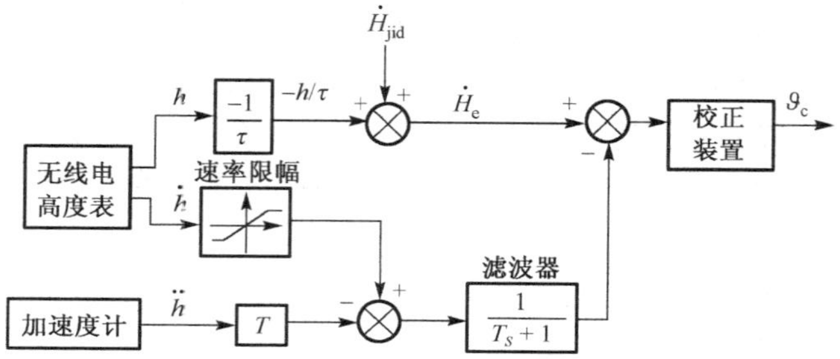

图 9.3.19　拉平耦合器的基本结构

为了消除滤波器产生的延时影响，可采用加速度反馈信号 $\ddot{h}$（来自法向加速度传感器）进行补偿，构成互补滤波，互补滤波后输出的升降速率没有惯性延时：

$$(\dot{h} + T\ddot{h})\frac{1}{T_s + 1} = (\dot{h} + T_s\dot{h}) + \frac{1}{T_s + 1} = \dot{h} \tag{9.3-14}$$

上述信号综合后经校正装置产生俯仰控制指令 θ_0 加入俯仰角限制器，形成俯仰指令控制飞机拉平。校正装置中可加入积分控制器以减小稳态误差，同时可根据改善系统动态性能的需要加入的校正网络。

（4）自动着陆控制的复杂因素

上边介绍了使用 ILS 进行自动进场着陆的系统设计。在实际工程实践中，为了在所有条件下满足起落架接地点的散布概率和安全可靠性的要求，还应考虑其他许多复杂因素，主要有：

① 跑道的倾斜和接近跑道门槛处地形变化的影响；

② 从下滑到高度控制（拉平）过程的平滑过渡；

③ 需要计算起落架的高度，而起落架的高度是随俯仰变化的；

④ 为了安全可能需要引入具有抬头装置的俯仰配平系统；

⑤ 必须防止尾部触地、头部触地、翼尖触地和带过大的偏流角和/或带有较高的速度接地；

⑥ 必须提供对前轮接地的控制；

⑦ 对于 IIIb 类着陆必须包括滑跑控制；

⑧ 为满足着陆可靠性所需要的余度等级要求。

对上述诸因素在系统控制律设计中必须仔细分析，并通过仿真予以验证。

2. 使用 GNSS 自动进场着陆

与使用 ILS 进场着陆控制不同，使用 GNSS 不需要地面引导站，它完全是基于飞机导出数据的自主式进场着陆控制系统。系统设计的首要任务是根据不同机型的要求构筑一条理想的进场和下滑线，可以是一条从任意方位、分阶段沿曲线方式进入并对准跑道的线，下滑角度也可以根据不同的飞机而不同，甚至可分为几个不同角度的下滑段。由 GNSS 接收机得到的飞机定位数据，分别在水平剖面和垂直剖面上与理想进场着陆轨迹线比较，得到横向和纵向两个方向的偏差信号，分别控制飞机进行横向和纵向机动，使其沿理想的进场着陆轨迹飞行。因此，在确定了进场着陆轨迹后，前阶段的控制完全类似于平面导航和垂直导航控制。对于后一阶段拉平着陆的控制，可以仍然按对理想轨迹的偏差进行控制。

9.4　小　　结

本章围绕飞行器的导航控制应用问题，从认识导航控制系统的结构出发，以飞行器典型导航控制方法为实例，从航线飞行的侧向控制和进场着陆的垂向控制，说明了飞机姿态、轨迹控制的基本原理。通过介绍自动航线飞行控制和自动进近着陆飞行控制过程，给出了实现控制的具体要求以及应解决的实际问题，体现了运行体的控制实现与导航信息的实际关系，展示了导航与控制的紧密联系。

复习和作业题 9

1．导航控制系统的敏感装置主要包括哪几类？

2．简述飞行器协调转弯控制原理。

3．什么是大圆航线飞行和等角飞行？阐述这两者飞行的不同之处。

4．请分析不同大圆航线和等角飞行的导航控制方式下，对侧向导航控制指令信号的设计要求的不同之处，并给出原因。

5．自动进场与自动着陆系统的性能要求是什么？分析使用 ILS 自动进场着陆时纵向控制系统的基本原理。

附录 A　导航术语中英对照表

类　　别		中　　文	英　　文
通用术语	导航、导航设备和导航数据	导航	navigation
		航空导航	air navigation
		地面导航	land navigation
		船舶导航	marine navigation
		极区导航	polar navigation
		进场（港）导航	approach navigation
		无线电导航	radio navigation
		卫星导航	satellite navigation
		惯性导航	inertial navigation
		天文导航	celestial navigation
		网格（格网）导航	grid navigation
		区域导航	area navigation
		导航设备	navigational aid
		自主导航设备	self-contained navigation aid
		陆基导航设备	ground-based navigation aid
		动基导航设备	moving-base navigation aid
		空中导出导航数据	air-derived navigation data
		运行体导出导航数据	vehicle-derived navigation data
		空间基准导航数据	space-referenced navigation data
		地面导出导航数据	ground-derived navigation data
		地面基准导航数据	ground-referenced navigation data
		动基导出导航数据	moving-base-derived navigation data
		动基基准导航数据	moving-base-referenced navigation data
	地理参数	地理纬度	geographic latitude（geodetic latitude）
		地心纬度	geocentric latitude
		伪纬度	pseudo-latitude
		伪经度	pseudo-longitude
		铅垂线	plumb-bob vertical
		表观垂线	apparent vertical

续表

类　　别		中　　文	英　　文
通用术语	地理参数	地心垂线	geocentric vertical
		地理垂线	geographic vertical
		大地水准面	geoid
		质量引力垂线	mass-attraction vertical
		当地垂线	local vertical
		表观水平线	apparent horizon
		子午线	meridian
		大圆	great circle
		本初子午线	prime meridian
		极区	polar regions
		当地水平面	local level
		恒向线	rhumb 1ine
		东西距	departure
		纬差	different latitude（D'lat）
		收敛角	conversion angle
		半收敛角	half convergence
	定位要素	导航参数	navigation parameter
		指向	sense
		定边	sensing
		导航坐标	navigation coordinate
		几何因子	geometrical factor
		等磁差线	isogonal
		基准线	reference line
		网格（格网）	grid
		网格磁差	grid variation（grivation）
		格网磁差	grid variation（grivation）
		等网格（格网）磁差线	isogriv
		网格（格网）收敛角	grid convergence
		测地线（大地线）	geodesic
		等方位线	curve of constant bearing
		径向线	radial
		方向	direction
		基准方向	reference direction
		北	north
		真北	true north

续表

类　别		中　文	英　文
通用术语	定位要素	磁北	magnetic north
		网格（格网）北	grid north
		罗北	compass north
		方位	azimuth（bearing）
		真方位	true bearing
		磁方位	magnetic bearing
		相对方位	relative bearing
		舷角	relative bearing
		网格（格网）方位	grid bearing
		罗方位	compass bearing
		航向	course
		真航向	true course
		磁航向	magnetic course
		网格（格网）航向	grid course
		罗航向	compass course
		航线	course line
		首向	heading
		真首向	true heading
		磁首向	magnetic heading
		网格（格网）首向	grid heading
		罗首向	compass heading
		航迹	track
		航迹角	track angle
		路径	path
		偏流	drift
		偏流角	drift angle
		偏流修正角	drift correction angle
		风压差	leeway angle
		斜距	slant distance
		海拔	altitude
		相对高度	height
		地速	ground speed
		空速	air speed
		真空速	true air speed（TAS）
		风速	wind speed
		马赫数	Mach number

续表

类　别		中　文	英　文
通用术语	位置和误差	位置	position
		位置线	line of position（LOP）
		位置面	surface of position
		交角	angle of cut
		假定位置	assumed position
		估算位置	estimated position
		最大概率位置	most probable position
		随机误差	random errors
		圆误差（误差圆）	circle of error
		圆概率误差	circular probable error（CPE）
		工作距离	operating range
		工作区	service area
	姿态	姿态	attitude
		纵轴	longitudinal axis（x—axis）
		横轴	transverse axis（y—axis）
		垂直轴	vertical axis（z—axis）
		横滚（横摇）	roll
		横滚角（横摇角）	roll angle
		偏航	yaw
		偏航角	yaw angle
		侧滑角	yaw angle
		俯仰（纵摇）	pitch
	其他	运行体	vehicle（craft）
		航图（海图）	chart
无线电导航	一般术语	无线电定位	radio location
		无线电测向	radio direction finding
		无线电测距	radio range finding
		航道抖动	course roughness
		航道抖动	roughness
		航道扇摆	course scalloping（scalloping）
		航道弯曲	bend
		航道弯曲幅值	bend amplitude
		航道弯曲频率	bend frequency
		航道弯曲递减因子	bend reduction factor
		航道位移灵敏度	displacement sensitivity

续表

类　别		中　文	英　文
无线电导航	一般术语	航道角位移灵敏度	angular displacement sensitivity
		航道曲率	on-course curvature
		航道灵敏度	course sensitivity
		航道灵敏度弱化	course softening
		航道宽度	course width
		航道线偏差	course-line deviation
		静锥区	cone of silence
		静寂区	zone of silence
		天波干扰	sky-wave contamination
		天波修正	sky-wave correction
		闪烁	blinking
		极化误差	polarization error
		电离层误差	ionospheric error
		传播误差	propagation error
		多径传播	multipath
		多径传播误差	multipath error
		折射误差	refraction error
		波束误差	beam error
		近场效应误差	proximity effect error
		同步误差	synchronization error
		地形误差	terrain error
		场地误差	site error
		夜间效应	night effect
		等相位区	equiphase zone
	测向	全方位	omnibearing
		波瓣转换法	lope switching
		方位误差	bearing error
		环形天线装凋误差	loop alignment error
		四分圆（象限）误差	quadrantal error
		八分圆误差	octantal error
		方位误差曲线	bearing error curve
		无线测向仪	radio direction finder（RDF）
		自动测向仪	automatic direction finder（ADF）
		无线电罗盘	radio compass
		手动测向仪	manual direction finder

续表

类　别		中　文	英　文
无线电导航	测向	声响测向仪	aural direction finder
		天线效应	antenna effect
		测向灵敏度	DF sensitivity
		测向方位灵敏度	DF bearing sensitivity
		模糊度	blur
		零位	null
		全方位选择器	omnibearing selector
		向背台指示器	to-from indicator
		全方位指示器	omnibearing indicator（OBl）
		无线电磁指示器	radio magnetic indicator（RMl）
		航道偏差指示器	course deviation indicator
	测距 测距—测向	测距器	distance measuring equipment（DME）
		无线电高度表	radio altimeter
		全方位测向—测距设备	omnibearing—distance facility
		伏塔克	Vortac
		肖兰	Shoran
		最小接收高度	minimum reception altitude（MRA）
	测距差	双曲线系统	hyperbolic system
		台卡	Decca
		罗兰	Loran
		奥米伽	Omege
		康索尔	Consol
		康索兰	Consolan
		台链	chain
		三角形链	triplet
		星形链	star chain
		主台	master station
		副台	slave station
		基线	base 1ine
		基线延迟	baseline delay
		中心线	center 1ine
		绝对延迟	absolute delay
		编码延迟	coding delay
		罗伦线	Lorhumb line

续表

类　　别		中　　文	英　　文
无线电导航	测距差	A 迹线	A-trace
		B 迹线	B-trace
		差分位置	differential position
		巷	lane
		巷识别	lane-identification
		识别计	lane-indentification metre
		台卡计	decometre
		交叉干扰信号	ghost signal
		基本重复频率	basic repetition frequency
		特殊重复频率	specific repetition frequency
		导出包络	derived envelop
		导出脉冲	derived pulse
		天波同步误差	sky-wave station error
		差奥米伽系统	differential omega system
	信标	信标	beacon
		无线电信标	radio beacon
		无方向信标	nondirectional beacon（NDB）
		全向信标	omnidirectional range
		雷达信标	radar beacon
		雷康	racon
		伏尔	VOR
		多普勒伏尔	Doppler VOR
		基准调制	reference modulation
		可变调制	variable modulation
	卫星导航	轨道	orbit
		远地点	apogee
		近地点	perigee
		导航卫星	navigational satellite
		同步卫星	synchronous satellite
		全球定位系统	global positioning system（GPS）
		子午仪卫星定位系统（子午仪）	Transit
	航空器着陆	着陆设备	landing aids
		仪表着陆系统	instrument landing system（ILS）
		微波着陆系统	microwave landing system（MLS）

续表

类　别		中　文	英　文
无线电导航	航空器着陆	航向信标	localizer
		等信号航向信标	equisignal localizer
		相位航向信标	phase localizer
		反向航道	back course
		航道线性度	course linearity
		航道扇区	course sector
		航道扇区宽度	course sector width
		前向航道扇区	front course sector
		反向航道扇区	back course sector
		半航道扇区	half course sector
		下滑信标	glide slope facility（glide path beacon）
		下滑道扇区	glide slope（path）sector
		半下滑道扇区	half glide path sector
		零基准下滑天线	null-reference glide slope
		边带基准下滑天线	sideband-reference glide slope
		M 阵列下沿天线	M-array glide slope
		进场路径	approach path
		下沿道	glide path
		下滑面	glide slope
		下滑角	glide slope（path）angle
		下滑位移	glide slope deviation
		指点信标	marker
		外指点信标	outer marker
		中指点信标	middle marker
		内指点信标	inner marker
		仪表着陆系统基准点	ILS reference point
		跑道视距	runway visual range（RVR）
		决断门	decision gate
		调制度差	difference in depth modulation（DDM）
		余隙	clearance
		余隙扇区	clearance sector
		低余隙点	low clearance point
		低余隙区	low clearance area
		微波着陆系统基准点	MLS datum point

续表

类　别		中　文	英　文
无线电导航	航空器着陆	微波着陆系统进场基准点	MLS approach reference datum
		最低下滑道	minimum glide path
		覆盖扇区	coverage sector
		比例引导扇区	proportional guidance sector
		余隙引导扇区	clearance guidance sector
		平均航道误差	mean course error
		平均下滑道误差	mean glide path error
		航道跟随误差	patch following error
		航道跟随噪声	path following noise（PFN）
		控制运动噪声	control motion noise（CMN）
		波束中心	beam center
		波束宽度	beam width
		精密测距器	precision DME（DME/P）
	空中交通管制	场面探测雷达	airport surface detection equipment（ASDE）
		精密进场雷达	precision approach radar（PAR）
		监视雷达	surveillance radar
		机场监视雷达	airport surveillance radar（ASR）
		航路监视雷达	air-route surveillance radar（ARSR）
		二次监视雷达	secondary surveillance radar（SSR）
		地面指挥进场系统	ground-controlled approach（GCA）
		空中交通管制	air traffic control
	雷达导航	航行雷达	navigational radar
		地形跟踪雷达	terrain following radar
		地形回避雷达	terrain avoidance radar
		多普勒雷达	Doppler radar
		脉冲多普勒雷达	pulse-Doppler radar
		机载多普勒雷达	airborne Doppler radar
		多普勒导航仪	Doppler navigator
		雅努斯系统	Janus system
		自动雷达标绘仪	automatic radar plotting aids（ARPA）
		应答信号	reply
		应答器	transponder
		跨波段应答器	cross-band transponder
		应答效率	transponder reply efficiency

续表

类 别		中 文	英 文
无线电导航	雷达导航	询问信号	interrogation
		询问一响应器	interrogator-responsor
		询问器	interrogator
		响应器	responsor
		地图比较仪	chart comparison unit
		动图显示器	moving-map display
仪器仪表导航	一般术语	消磁	degaussing
		显示	display
		风向仪	vane
		云高计	ceilometer
		磁强计	magnetometer
		磁偏计	declinometer
		水深温度计	bathythermograph
		人工水平仪	artficial horizon
		磁罗经自差	magnetic deviation（compass deviation）
		磁倾角	magnetic dip
		磁差	magnetic variation
		稳定部件	stable element
		倾斜仪	clinometer
		两用倾斜仪	inclinometer
		仪表误差	instrumental error
		滞后	lag
		警旗	flag alarm
		标度线	reticle
	罗经（罗盘）	罗经（罗盘）	compass
		磁罗经（罗盘）	magnetic compass
		磁罗经（罗盘）自差曲线	compass deviation curve（deviation curve）
		陀螺罗经	gyrocompass
		摆式罗经	pendulous（gyrocompass）
		电磁控罗经	electromagnetic control compass
		平台罗经	stabilized gyrocompass
		主罗经（主示罗）	master compass
		分（复示）罗经	compass repeater
		速度误差	speed error

续表

类别		中文	英文
仪器仪表导航	罗经（罗盘）	加速度误差（冲击误差）	acceleration error（ballistic deflection error）
		纬度误差	latitude error
	计程仪	计程仪	log
		电磁计程仪	electromagnetic log
		水压计程仪	pressure log
		水压计程仪	pitometer log
		拖曳式计程仪	towing log
		相对计程仪	speed though the water log
		绝对计程仪	speed over the ground log
		多普勒计程仪	Doppler log
		声相关计程仪	acoustic correlation log
	自动操舵（驾驶）仪	自动操舵（驾驶）仪	autopilot
		自动操舵（驾驶）耦合器	autopilot coupler
	光学测量仪	光学跟踪器	optical tracker
		合像式测距仪	coincidence type rangefinder
		光学方位仪	optical azimuth device
		光学测距仪	optical rangefinder
		自动测角仪	odolite
	潜望镜	潜望镜	periscope
		导航潜望镜	navigation periscope
		天文导航潜望镜	celestial navigation periscope
	六分仪	六分仪	sextant
		星体跟踪仪	astrotracker（star tracker）
		眼高差	dip
		陀螺六分仪	gyro sextant
		航海六分仪	marine sextant
		摆式六分仪	pendulum sextant
		潜望六分仪	periscopic sextant
		射电六分仪	radiometric sextant
	飞行仪表	飞行仪表	flight instrument
		平视显示器	head-up display （HUD）
		气压高度表	barometric altimeter
		空速表	air-speed indicator（ASI）
		真空速表	true air-speed indicator

续表

类　别		中　文	英　文
仪器仪表导航	飞行仪表	马赫数表	machmeter
		大气数据系统	air data system
		半自动飞行检验	semiautomatic flight inspection（SAFI）
		自动飞行控制系统	automatic flight control system（AFCS）
惯性导航	一般术语	惯性空间	inertial space
		重力加速度单位 m/s^2	gravitational acceleration unit（g）
		施矩速率	torquing rate
		初始条件	initial condition
		对准	alignement
		初始对准	initial alignment
		平台调平	platform erection
		陀螺罗经法对准	gyrocompass alignment
		传递对准	transfer alignment
		轴线对准	boresighting
		舒勒调谐	Schuler tuning
		惯性导航系统重调	reset on inertial navigation systems
		哥氏加速度	Coriolis acceleration
		哥氏修正	Coriolis correction
		地球速率修正	earth's rate correction
	设备	惯性导航系统	lnertia navigation system（INS）
		几何式惯性导航系统	geometric inertial navigation system
		半解析式惯性导航系统	semi-analytic inertial navigation system
		解析式惯性导航系统	analytic inertial navigation system
		捷联式惯性导航系统	strapped-down inertial navigation system
		惯性测量装置	inertial measurement unit（IMU）
		稳定平台	stable platform
		常平架	gimbal
	陀螺仪	陀螺仪	gyroscope（gyro）
		自由陀螺仪	free gyro
		自由转子陀螺仪	free—rotor gyro
		单自由度陀螺仪	single degree freedom gyro
		二自由度陀螺仪	two degree freedom gyro
		液浮陀螺仪	floated gyro
		激光陀螺仪	laser gyro

续表

类别		中文	英文
惯性导航	陀螺仪	静电陀螺仪	electrically suspended gyro（ESG）
		动力调谐陀螺仪	dynamically tuned gyro（DTG）
		速率陀螺仪	rate gyro
		速率积分陀螺仪	rate-integrating gyro
		重积分陀螺仪	double-integrating gyro
	加速度计	加速度计	accelerometer
		线加速度计	linear accelerometer
		角加速度计	angular accelerometer
		力平衡加速度计	force balance accelerometer
		积分加速度计	integrating accelerometer
		振弦加速度计	vibrating string accelerometer
		摆式加速度计	pendulous accelerometer
		重积分加速度计	double integrating accelerometer
		液浮摆式加速度计	liquid suspension pendulous accelerometer
		挠性加速度计	flexure accelerometer
		气浮加速度计	gas-bearing accelerometer
		静电加速度计	electrostatiC support accelerometer
		磁悬浮加速度计	magnetic suspension accelerometer
		压电加速度计	piezoelectric accelerometer
		单轴加速度计	single axis accelerometer
		双轴加速度计	two axis accelerometer
		三轴加速度计	three axis accelerometer
		振梁加速度计	vibrating beam accelerometer
天文导航	一般术语	导航天文学	navigational astronomy
		天文历年	almanac
		天文罗经	astrocompass
		天罗经	sky compass
		天文经纬仪	celestial theodolite
		天球赤道	celestial equator（equinoctial）
		赤纬	declination
		天顶	zonith
		春分点	vernal equinox（First point of Aries）
		测者子午圈	observer's meridian circle
		时角	hour angle
		格林尼治时角	Greenwich hour angle（GHA）

续表

类　别		中　文	英　文
天文导航	一般术语	地方时角	local hour angle（LHA）
		恒星时角	sidereal hour angle（SHA）
		曙暮光（晨昏朦影）	twilight
		高度视差	parallax in altitude
		北极星高度补偿角	Q-correction
		截距	intercept
水声、浮标灯光导航	水声	声呐	sonar，sofar
		水听器	hydrophone
		回声深测	echo sounding（ES）
		回声测深仪	echo sounder（acoustical depth finder）
		声波测深仪	sonic depth finder
		超声波测深仪	ultrasonle depth finder
		无线电一声测距	radio一acoustic ranging
	浮标	浮标	buoy
		组合浮标	combination buoy
		危险浮标	danger（hazard） buoy
		灯浮标	Lighted buoy
		无线电信标浮标	radio-beacon buoy
		声触发浮标	sono buoy（sono-radio buoy）
		音响浮标	sound buoy
		气象转发浮标	transobuoy
	灯光	航行灯	navigation lights
		航空灯	aeronautical light
		进场灯	approach lights
		边界灯	boundary lights
		跑道灯	runway lights
		障碍灯	obstruction light
		灯信标	lighted（light） beacon
		机场位置灯信标	aerodrome location beacon
		危险灯信标	hazard beacon
组合导航	一般术语	组合导航	integrated navigation
		卡尔曼滤波器	Kalman filter
		卡尔曼周期	Kalman cycle
	设备	多普勒-惯性组合导航系统	Doppler-inertial integrated navigation system

续表

类　　别		中　　文	英　　文
组合导航	设备	罗兰-惯性组合导航系统	Loran-inertial integrated navigation system
		天文-惯性组合导航系统	celestial-inertia integrated navigation system
		惯性-天文-多普勒组合导航系统	inertial-celestial-Doppler integrated navigation system
		惯性-多普勒-罗兰组合导航系统	inertial-Doppler-Loran integrated navigation system
		惯性-测距器组合导航系统	inertial-DME radar integrated navigation system
		GNSS/INS 组合导航设备	GNSS/INS integrated navigation equipment
		卫星导航-惯性组合导航系统	GNSS -inertial integrated navigation system
		卫星导航-多普勒组合导航系统	GNSS -Doppler integrated system
		卫星导航-罗兰 C 组合导航系统	GNSS -Loran C integrated navigation system
		混合导航系统	hybrid navigation system
	地形辅助导航	景象地图	image map
		地形辅助导航系统	terrain aided navigation (TAN) system
		地形轮廓匹配导航系统	terrain contour matching (TERCOM) navigation system
		景象匹配地形辅助导航系统	image matching terrain aided navigation system

附录 B　随机过程与噪声

根据导航系统的工作原理不同，导航误差具有各自特有的性质，但这些误差均认为是一个关于时间的随机函数，即在每一个时刻上的样本均是随机变量。而产生导航误差的诱因主要来自描述用户运动过程不够准确的力学系统噪声，以及导航参量实测过程中产生的测量噪声，这些噪声的存在，使得导航系统获得导航参量的量测实际上是一个随机过程。

B.1　随机过程的统计描述

自然界中事物的变化过程可以分成为两类。一类是其变化过程具有确定的形式，或者说具有必然的变化规律，其变化过程基本特征可以用一个或几个时间 t 的确定函数来描述，这类过程称为确定性过程。例如，电容通过电阻放电时，电容两端的电压随时间的变化就是一个确定性函数。但另一类事物的变化过程就复杂多了，它没有确定的变化形式，也就是说，每次对它的测量结果没有一个确定的变化规律，用数学语言来说，这类事物变化的过程不可能用一个或几个时间 t 的确定函数来描述，这类过程称为随机过程。

1．概率分布函数和概率密度函数

在某一固定的时刻 t_1，随机过程 $X(t)$ 的取值就是一个一维随机变量 $X_1(t)$，根据概率论的知识，它的一维概率分布函数为：

$$F_1(x_1,t_1)=P[X(t_1)\leqslant x_1] \tag{B-1}$$

设上式对 x_1 的偏导数存在，这时一维概率密度函数可以定义为：

$$f_1(x_1,t_1)=\frac{\partial F_1(x_1,t_1)}{\partial x_1} \tag{B-2}$$

式（B-1）和式（B-2）描述了随机过程 $X(t)$ 在特定时刻 t_1 的统计分布情况，但它们只是一维概率分布函数和概率密度函数，仅描述了随机过程在某个时刻上的统计分布特性，并没有反映出随机过程在不同时刻取值间的关联程度。因此，有必要再研究随机过程 $X(t)$ 的二维分布。

设随机过程 $X(t)$ 在 $t=t_1$ 时，$X(t_1)\leqslant x_1$，与此同时在 $t=t_2$ 时，$X(t_2)\leqslant x_2$，则随机过程 $X(t)$ 的二维概率分布函数可以表示为：

$$F_2(x_1,x_2;t_1,t_2)=P[X(t_1)\leqslant x_1,X(t_2)\leqslant x_2] \tag{B-3}$$

设上式对 x_1 和 x_2 的二阶偏导数存在，这时二维概率密度函数可以定义为：

$$f_n(x_1,x_2;t_1,t_2)=\frac{\partial^2 F_n(x_1,x_2;t_1,t_2)}{\partial x_1\partial x_2} \tag{B-4}$$

为了更加充分地描述随机过程 $X(t)$，就需要考虑随机过程在更多时刻上的多维联合分布函数，这时随机过程 $X(t)$ 的 n 维概率分布函数为：

$$F_n(x_1,\cdots,x_n;t_1,\cdots,t_n)=P[X(t_1)\leqslant x_1,\cdots,X(t_n)\leqslant x_n] \tag{B-5}$$

设上式对 $x_1,\cdots,x_n$ 的偏导数存在，这时 n 维概率密度函数可以定义为：

$$f_n(x_1,\cdots,x_n;t_1,\cdots,t_n)=\frac{\partial^n F_n(x_1,\cdots,x_n;t_1,\cdots,t_n)}{\partial x_1\cdots\partial x_n} \tag{B-6}$$

显然，随着 n 的增大，对随机过程 $X(t)$ 的统计特性的描述也越充分，但问题的复杂性也随之增加。实际上，在工程应用当中掌握二维分布函数就已经足够了。

在随机过程的统计描述中，除可以用概率分布函数来描述外，还可以利用随机过程的数字特征进行描述，因为这些数字特征可以较容易地用实验方法来确定，从而更简捷地解决实际工程问题。随机过程的数字特征包括数学期望、方差和相关函数，它们是由概率论中随机变量的数字特征的概念推广而来的，但不再是确定的数值，而是确定的时间函数了。

2. 随机过程 $X(t)$ 的数学期望 $m(t)$

对某个固定的时刻 t，随机过程 $X(t)$ 的一维随机变量的数学期望可以表示为：

$$m(t)=E\{X(t)\}=\int_{-\infty}^{\infty}xf_1(x;t)\mathrm{d}x \tag{B-7}$$

显然数学期望 $m(t)$ 是一个依赖于时间 t 变化的函数。随机过程 $X(t)$ 的数学期望 $m(t)$ 是一个平均函数，表明随机过程 $X(t)$ 的所有样本都围绕着 $m(t)$ 变化。有时数学期望又被称为统计平均值或均值。

3. 随机过程的方差 $\sigma^2(t)$

为了描述随机过程 $X(t)$ 的各个样本对数学期望的偏离程度，可以引入随机过程的方差这个数字特征量。具体定义为：

$$\sigma^2(t)=E\{[X(t)-m(t)]^2\}=\int_{-\infty}^{\infty}[x(t)-m(t)]^2 f_1(x;t)\mathrm{d}x \tag{B-8}$$

由式（B-7）和式（B-8）可知，随机过程的数学期望和方差都只与随机过程的一维概率密度函数有关。因此，它们只是描述了随机过程在各时间点的统计性质，而不能反映随机过程在任意两个时刻之间的内在联系。为了定量地描述随机过程的这种内在联系的特征，即随机过程在任意两个不同时刻上取值之间的相关程度，可以引入自相关函数的概念。具体定义如下：

$$R_X(t_1,t_2)=E\{X(t_1)X(t_2)\}=\int_{-\infty}^{\infty}\int_{-\infty}^{\infty}x_1\cdot x_2\cdot f_2(x_1,x_2;t_1,t_2)\mathrm{d}x_1\mathrm{d}x_2 \tag{B-9}$$

式中，t_1、t_2 为任意两个时刻。

有时，也可以用自协方差函数来描述随机过程内在联系特征，它定义为：

$$\begin{aligned}C_X(t_1,t_2)&=E\{[X(t_1)-m(t_1)][X(t_2)-m(t_2)]\}\\&=\int_{-\infty}^{\infty}\int_{-\infty}^{\infty}[x_1-m(t_1)]\cdot[x_2-m(t_1)]\cdot f_2(x_1,x_2;t_1,t_2)\mathrm{d}x_1\mathrm{d}x_2\end{aligned} \tag{B-10}$$

显然，自相关函数和自协方差函数有如下关系：

$$C_X(t_1,t_2)=R_X(t_1,t_2)-m(t_1)\cdot m(t_2) \tag{B-11}$$

相关函数的概念也可以引入到两个随机过程中，用来描述它们之间的关联程度，这种关联程度称为互相关函数。设有随机过程 $X(t)$ 和 $Y(t)$，那么它们的互相关函数为：

$$R_{XY}(t_1,t_2)=E\{X(t_1)Y(t_2)\}=\int_{-\infty}^{\infty}\int_{-\infty}^{\infty}x\cdot y\cdot f_2(x,y;t_1,t_2)\mathrm{d}x\mathrm{d}y \tag{B-12}$$

式中，$f_2(x,y;t_1,t_2)$ 为过程 $X(t)$ 和 $Y(t)$ 的二维联合概率密度函数。

B.2 平稳随机过程

随机过程的种类有很多，但在工程中广泛应用的是一种特殊类型的随机过程，即平稳随机过程。所谓平稳随机过程，是指它的任何 n 维分布函数或概率密度函数与时间起点无关。也就是说，如果对于任意的正整数 n 和任意实数 $t_1,t_2,\cdots,t_n$ 和 τ，随机过程 $X(t)$ 的 n 维概率密度函数满足：

$$f_n(x_1,\cdots,x_n;t_1,\cdots,t_n)=f_n(x_1,\cdots,x_n;t_1+\tau,\cdots,t_n+\tau) \tag{B-13}$$

则称 $X(t)$ 是平稳随机过程。

特别地，对一维分布有：

$$f_1(x,t)=f_1(x,t+\tau)=f_1(x) \tag{B-14}$$

对二维分布有：

$$f_2(x_1,x_2;t_1,t_2)=f_2(x_1,x_2;t_1+\Delta t,t_2+\Delta t)=f_2(x_1,x_2;\tau) \tag{B-15}$$

式中，$\tau=t_2-t_1$。表明平稳随机过程的二维分布仅与所取的两个时间点的间隔 τ 有关。或者说，平稳随机过程具有相同间隔的任意两个时间点之间的联合分布保持不变。根据平稳随机过程的定义，可以求得平稳过程 $X(t)$ 的数学期望、方差和自相关函数：

$$E\{X(t)\}=\int_{-\infty}^{\infty}xf_1(x)\mathrm{d}x=m \tag{B-16a}$$

$$E\{[X(t)-m(t)]^2\}=\int_{-\infty}^{\infty}[x-m]^2f_1(x)\mathrm{d}x=\sigma^2 \tag{B-16b}$$

$$R_X(t,t+\tau)=\int_{-\infty}^{\infty}\int_{-\infty}^{\infty}x_1\cdot x_2\cdot f_2(x_1,x_2;\tau)\mathrm{d}x_1\mathrm{d}x_2=R_X(\tau) \tag{B-16c}$$

可见，平稳过程的数字特征变得简单了，数学期望和方差是与时间无关的常数，自相关函数只是时间间隔 τ 的函数。这样可以进一步引出另一个非常有用的概念：若一个随机过程的数学期望与时间无关，而其相关函数仅与 τ 有关，则称这个随机过程是广义平稳的；相应地，由式（B-13）定义的过程称为严格平稳或狭义平稳随机过程。

对于平稳随机过程而言，相关函数是一个重要的函数，这是因为，一方面平稳随机过程的统计特性，可通过相关函数来描述；另一方面，相关函数还揭示了随机过程的频谱特性。为此，有必要了解平稳随机过程相关函数的一些性质。

（1）$R(\tau)$ 是偶函数

证明：根据定义 $R(\tau)=E\{X(t)X(t+\tau)\}$，令 $t'=t+\tau$，则 $t=t'-\tau$，代入上式中，有：

$$R(\tau)=E\{X(t)X(t+\tau)\}=E\{X(t'-\tau)X(t')\}=R(-\tau)$$

证毕。

（2）$R(\tau) \leqslant R(0)$

证明：显然有 $E\{[X(t) \pm X(t+\tau)]^2\} \geqslant 0$，展开后可以得到：

$$\begin{aligned} E\{[X(t) \pm X(t+\tau)]^2\} &= E\{X^2(t)\} \pm 2E\{X(t)X(t+\tau)\} + E\{[X(t+\tau)]^2\} \\ &= 2[R(0) \pm R(\tau)] \geqslant 0 \end{aligned}$$

则有 $|R(\tau)| \leqslant R(0)$，证毕。

（3）$R(\tau)$ 与协方差函数、数学期望、方差的关系

$$C(\tau) = E\{[X(t)-m] \cdot [X(t+\tau)-m]\} = R(\tau) - m^2 \tag{B-17}$$

从物理意义来讲，随机过程在相距非常远的两个时间点上的取值毫无关联性可言。因此，$C(\infty) = 0$，这时利用式（B-17）就可以得到：

$$\lim_{\tau \to \infty} R(\tau) = m^2 \tag{B-18}$$

进一步可以得到：

$$C(0) = \sigma^2 = R(0) - m^2 = R(0) - R(\infty) \tag{B-19}$$

（4）$P(\omega)$ 和 $R(\tau)$ 为傅里叶变换对

自相关函数 $R(\tau)$ 是在时域上对平稳随机过程的描述，而在频域上则可以利用功率谱密度 $P(\omega)$ 进行分析和描述。可以证明，$P(\omega)$ 和 $R(\tau)$ 为傅里叶变换对，即：

$$R(\tau) = \frac{1}{2\pi}\int_{-\infty}^{\infty} P(\omega)\mathrm{e}^{\mathrm{j}\omega\tau}\mathrm{d}\omega, \quad P(\omega) = \int_{-\infty}^{\infty} R(\tau)\mathrm{e}^{-\mathrm{j}\omega\tau}\mathrm{d}\tau \tag{B-20}$$

当随机过程 $X(t)$ 经过传输函数为 $H(\omega)$ 的系统后，可以证明，系统输出平稳过程 $Y(t)$ 的功率谱是输入平稳过程的功率谱与系统传输函数模的平方乘积，即：

$$P_Y(\omega) = H^*(\omega) \cdot H(\omega) \cdot P_X(\omega) = |H(\omega)|^2 \cdot P_X(\omega) \tag{B-21}$$

B.3　高斯随机过程

高斯随机过程简称为高斯过程（正态过程），它在工程技术中应用得最为广泛。所谓高斯过程是指它的任意 n 维（$n = 1,2,\cdots$）概率密度函数，可以表示为：

$$f_n(x_1,\cdots x_n;t_1,\cdots t_n) = \frac{1}{(2\pi)^{\frac{n}{2}}\sigma_1\cdots\sigma_n|\rho|^{\frac{1}{2}}}\exp\left[\frac{-1}{2|\rho|}\sum_{j=1}^{n}\sum_{k=1}^{n}|\rho|_{jk}\left(\frac{x_j - m_j}{\sigma_j}\right)\left(\frac{x_k - m_k}{\sigma_k}\right)\right] \tag{B-22}$$

式中，$m_k = E\{x(t_k)\}$；$\sigma_k^2 = E\{[X(t_k) - m_k]^2\}$；$|\rho|$ 为相关系数矩阵的行列式：

$$|\rho| = \begin{bmatrix} 1 & \rho_{12} & \cdots & \rho_{1n} \\ \rho_{21} & 1 & \cdots & \rho_{2n} \\ \vdots & \vdots & \vdots & \vdots \\ \rho_{n1} & \rho_{n2} & \cdots & 1 \end{bmatrix}$$

$$\rho_{jk} = \frac{E\{[X(t_j) - m_j] \cdot [X(t_k) - m_k]\}}{\sigma_j \sigma_k}$$

$|\rho|_{jk}$ 是行列式中元素 ρ_{jk} 所对应的代数余因子。

高斯过程具有下面几个重要性质。

① 由式（B-22）可以看到，高斯过程的 n 维分布完全由各个随机变量的数学期望、方差及两两之间的相关函数所决定。因此，对于高斯过程来说，只要研究它的数字特征就可以了。

② 由上面的特点可以看出，如果高斯过程是广义平稳的，即数学期望、方差与时间无关，相关函数仅取决于时间间隔，而与时间起点无关。那么，高斯过程的 n 维分布也与时间起点无关。因此，广义平稳的高斯过程也是严格平稳的。

③ 如果高斯过程在不同时刻的取值是不相关的，即有 $\rho_{jk}=0, j\neq k$，而 $\rho_{jk}=1, j=k$，那么，式（B-22）就变为：

$$f_n(x_1,\cdots x_n;t_1,\cdots t_n)=\frac{1}{(2\pi)^{\frac{n}{2}}\prod_{j=1}^{n}\sigma_j}\exp\left[-\sum_{j=1}^{n}\frac{(x_j-m_j)^2}{2\sigma_j^2}\right]$$
$$=\prod_{j=1}^{n}\frac{1}{\sqrt{2\pi}\sigma_j}\exp\left[-\frac{(x_j-m_j)^2}{2\sigma_j^2}\right]=f(x_1,t_1)\cdot f(x_2,t_2)\cdots f(x_n,t_n) \tag{B-23}$$

这就是说，如果高斯过程中的随机变量之间互不相关，则它们也是统计独立的。

④ 可以证明，如果一个线性系统的输入随机过程是高斯的，那么线性系统的输出过程仍然是高斯的。

B.4　噪　　声

在导航参数处理过程中，通常假设力学系统噪声和测量噪声均为白噪声，但在实际应用中常会遇到这些测量噪声或过程噪声为有色噪声的情形，本节将在讨论白噪声和有色噪声基本概念的基础上，探讨它们之间的相互转换。

1. 白噪声

所谓白噪声是指它的功率谱密度函数 $P(\omega)$ 在整个频率域服从均匀分布的噪声，因为它类似于光学中包括全部可见光频率在内的白光，所以称之为白噪声，凡是不符合上述条件的噪声就称为有色噪声。而理想的白噪声功率谱密度通常被定义为：

$$P_n(\omega)=\frac{n_0}{2}\quad(-\infty<\omega<\infty) \tag{B-24}$$

式中，n_0 是常数，单位是 W/Hz。

根据式（B-24）可以求得白噪声的自相关函数为：

$$R(\tau)=\frac{1}{2\pi}\int_{-\infty}^{\infty}\frac{n_0}{2}\mathrm{e}^{\mathrm{j}\omega\tau}\mathrm{d}\omega=\frac{n_0}{2}\delta(\tau) \tag{B-25}$$

可见，白噪声的自相关函数仅在 $\tau=0$ 时才不为零；而对于其他任意的 τ，自相关函数都为零。这说明，白噪声只有在 $\tau=0$ 时才相关，而它在任意两个时刻上的随机变量都是不相关的。白噪声的自相关函数及其功率谱密度如图 B.1 所示。当白噪声的分布 $f_n(x_1,\cdots x_n;t_1,\cdots t_n)$ 服从正态分布，则称这种白噪声为高斯白噪声。

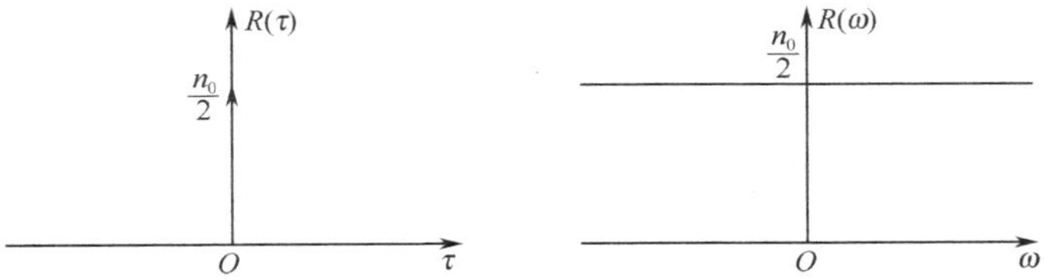

图 B.1　白噪声的自相关函数及其功率谱密度

有色噪声功率谱是随频率变化而改变的，通常有色噪声可看作某一线性系统在白噪声驱动下的响应，因此，有色噪声建模可以认为是对该线性系统的构建过程，常用方法包括频域法和时域法。

2. 有色噪声的频域法产生

白噪声 $X(t)$ 是一个不相关的随机过程，如果已知输出随机过程 $Y(t)$ 的功率谱密度，就可以设计一个频域滤波器，把不相关的白噪声 $X(t)$ 变成相关的随机过程 $Y(t)$，这种方法通常称为滤波法，由于整个变换过程是在频域内完成的，因此，有时也称为频域法。

当白噪声 $X(t)$ 通过滤波器时，输出 $Y(t)$ 的功率谱密度函数可以表示为：

$$P_Y(\omega) = P_X \cdot |H(\omega)|^2 = \sigma_X^2 \cdot |H(\omega)|^2 \tag{B-26}$$

为了简化分析，假设 $P_X = \sigma_X^2 = 1$，就有：

$$P_Y(\omega) = \sigma_X^2 \cdot |H(\omega)|^2 = |H(\omega)|^2 \tag{B-27}$$

由式（B-27）可知，只要精心选择滤波器的传输函数，就会得到所希望输出的功率谱密度。因此，将式（B-27）的频域描述转换成复频域上描述，即 $s = \mathrm{j}\omega$，这时：

$$|H(s)|^2 = H(s) \cdot H(-s) \tag{B-28}$$

选择 $H(s)$ 作为滤波器的传输函数，为了保证该滤波器因果并且稳定，则 $H(s)$ 的所有极点都应当位于以虚轴为中心的 s 左半平面，下面通过实例进行说明。

例 B-1　设计一个滤波器，利用该滤波器能够产生具有均值为 0，功率谱密度为式（B-28）的随机过程，其中 $\alpha > 0$。

$$P_Y(\omega) = \frac{\omega^2}{\alpha^2 + \omega^2} \tag{B-29}$$

解： 假设输入滤波器的随机过程已经产生，它是一个均值 0，功率谱密度 $P_X(\omega) = 1$ 的白噪声。根据题目所给定的条件，结合式（B-27），则滤波器传输函数模的平方可以写成：

$$|H(\mathrm{j}\omega)|^2 = \frac{\omega^2}{\alpha^2 + \omega^2}$$

令 $s = \mathrm{j}\omega$，得：

$$|H(s)|^2 = \frac{-s^2}{\alpha^2 - s^2} = \left(\frac{s}{s+\alpha}\right) \cdot \left(\frac{s}{s-\alpha}\right)$$

由于 $\alpha > 0$，为了保证该滤波器因果并且稳定，则：

$$H(s) = \frac{s}{s+\alpha}, \quad H(\mathrm{j}\omega) = \frac{\mathrm{j}\omega}{\mathrm{j}\omega + \alpha} \tag{B-30}$$

式中，$\omega = 2\pi f$。

一旦得到了式（B-30）所示的滤波器传输函数，就可以利用各种技术手段进行滤波器的设计与实现。

3．有色噪声（序列）的时域法产生

时域法通常采用 ARMA 过程来构建离散的时间模型，即：

$$Y(n)=\underbrace{\sum_{r=0}^{M}b_r X(n-r)}_{\text{滑动平均部分}}-\underbrace{\sum_{k=1}^{N}a_k Y(n-k)}_{\text{自回归部分}} \tag{B-31}$$

其中，$X(n)$ 为输入模型的不相关白噪声序列，假设其均值为零，方差为 σ_X^2；$Y(n)$ 为希望产生的相关高斯序列，$Y(n-k)$ 为回归序列；b_r 和 a_k 表示 ARMA(*N*,*M*)模型的参数，它们确定了随机序列 $Y(n)$ 的输出形式。将式（B-31）经 Z 变换后，可以得到模型系统函数：

$$H(z)=\frac{\sum_{r=0}^{M}b_r Z^{-r}}{1+\sum_{k=1}^{N}a_k Z^{-k}}=\frac{B(z)}{A(z)} \tag{B-32}$$

因此，所希望产生的有色噪声功率谱为：

$$P_Y(\omega)=P_X\cdot\left|H(\omega)\right|^2=\sigma_X^2\cdot\left|\frac{B(\omega)}{A(\omega)}\right|^2 \tag{B-33}$$

也就是说，通过确定 ARMA(*N*,*M*)模型的参数 b_r 和 a_k，就可以产生相应的有色噪声序列，而计算模型的参数 b_r 和 a_k 则可以通过求解著名的 Yule-Walker 方程得到。

4．有色噪声的白化处理

将有色噪声（序列）转化为白噪声（序列）的方法，被称为有色噪声的白化处理。分析上述有色噪声（序列）的产生方法可以看到，频域法和时域法实际上都是线性变换法，因此，只要采取类似的方法，也就是说，只要得到该线性系统传输函数 $G(\omega)=H^{-1}(\omega)$，就可以实现有色噪声的白化处理。

参考文献

[1] 张忠兴，等. 无线电导航理论与系统[M]. 西安：陕西科学技术出版社，1999.

[2] 李跃，等. 导航与定位—信息化战争的北斗星[M]. 北京：国防工业出版社，2008.

[3] 边少锋，等. 卫星导航系统概论[M]. 北京：电子工业出版社，2005.

[4] Elliott D. Kaplan. GPS 原理与应用[M]. 邱致和，等译. 北京：电子工业出版社，2004.

[5] 胡小平. 自主导航理论与应用[M]. 北京：国防科技大学出版社，2002.

[6] 周其焕，等. 现代飞机电子设备知识丛书[M]. 北京：国防工业出版社，1992.

[7] 陈克伟，等. 未来空天军事导航[M]. 北京：解放军出版社，2009.

[8] 陈高平，等. 无线电导航原理[M]. 西安：陕西科学技术出版社，2009.

[9] 马存宝. 民机通信导航与雷达[M]. 西安：西北工业大学出版社，2004.

[10] 常显奇. 军事航天学[M]. 北京：国防工业出版社，2005.

[11] 周永强，等. 舰船导航系统[M]. 北京：国防工业出版社，2006.

[12] 袁建平，等. 卫星导航原理与应用[M]. 北京：中国宇航出版社，2003.

[13] 黄智刚，等. 无线电导航原理与系统[M]. 北京：北京航空航天大学出版社，2007.

[14] 倪金生. 导航定位技术理论与实践[M]. 北京：电子工业出版社，2007.

[15] 徐绍铨. GPS 测量原理与应用[M]. 武汉：武汉大学出版社，2001.

[16] 孙仲康，等. 单多基地有源无源定位技术[M]. 北京：国防工业出版社，1996.

[17] 魏光顺. 无线电导航原理[M]. 南京：东南大学出版社，1989.

[18] 洪伦耀. 航空无线电导航原理. 中国人民解放军空军通信学校，1985.

[19] 范平志，等. 蜂窝网无线定位[M]. 北京：电子工业出版社，2002.

[20] 干国强，等，导航与定位[M]. 北京：国防工业出版社，2000.

[21] 孙仲康，等. 定位导航与制导. 北京：国防工业出版社，1988.

[22] J. C. Liberti, T. S. Rappaport. 无线通信中的智能天线[M]. 马凉，等译. 北京：机械工业出版社，2002.

[23] 杨维. 移动通信中的阵列天线技术[M]. 北京：清华大学出版社，北京交通大学出版社，2005.

[24] 刘基余. GPS 卫星导航定位原理与方法[M]. 北京：科学出版社，2006.

[25] J. Caffery. Wireless Location in CDMA Cellular Radio Systems. Kluwer Academic Publishers, Boston, 1999.

[26] Caffery. A new approach to the geometry of TOA location. IEEE Vehicular Technology Conference, 2000: 1943-1949.

[27] T. Chan, K. C. Ho. A simple and efficient estimator for hyperbolic location. IEEE Transaction on Signal Precessing, 1994.

[28] 吴苗，等. 无线电导航原理及应用[M]. 北京：国防工业出版社，2008.

[29] 刘建业，等. 导航系统理论与应用[M]. 西安：西北工业大学出版社，2010.

[30] 吴德伟，等. 航空无线电导航系统[M]. 北京：电子工业出版社，2010.

[31] Elliott D. Kaplan. GPS 原理与应用（第二版）[M]. 寇艳红，译. 北京：电子工业出版社，2008.

[32] 秦永元. 惯性导航[M]. 北京：科学出版社，2006.

[33] 韩崇昭. 信息融合（第二版）[M]. 北京：科学出版社，2008.
[34] 张宗麟. 惯性导航与组合导航[M]. 北京：航空工业出版社，2000.
[35] 胡小平. 自主导航理论与应用[M]. 长沙：国防科技大学出版社，2002.
[36] 吴俊伟. 惯性技术基础[M]. 哈尔滨：哈尔滨工程大学出版社，2002.
[37] 艾佛里尔 B. 查特菲尔德. 高精度惯性导航基础[M]. 武凤德，等译. 北京：国防工业出版社，2002.
[38] 刘兴堂，等. 现代导航、制导与测控技术[M]. 北京：科学出版社，2010.
[39] 袁书明，等. 导航系统应用数学分析方法[M]. 北京：国防工业出版社，2013.
[40] 冯永浩，等. 无线电导航原理[C]. 空军工程大学信息与导航学院，2009.
[41] 安疏英，等. 光电探测与信号处理[M]. 北京：科学出版社，2010.
[42] 石章松，等. 目标跟踪与数据融合理论及方法[M]. 北京：国防工业出版社，2010.
[43] 谢钢. GPS 原理与接收机设计[M]. 北京：电子工业出版社，2009.
[44] 张国良，等. 组合导航原理与技术[M]. 西安：西安交通大学出版社，2008.
[45] 章燕申，等. 高精度导航系统[M]. 北京：中国宇航出版社，2005.
[46] 杨元喜. 自适应动态导航定位[M]. 北京：测绘出版社，2006.
[47] 刘锋，等. 多传感器导航系统[M]. 北京：海潮出版社，2001.
[48] 高宪军，等. 航空无线电导航系统[M]. 吉林：吉林科学技术出版社，2007.
[49] 李言俊，等. 景象匹配与目标识别技术[M]. 西安：西北工业大学出版社，2009.
[50] 杨晓东，等. 地磁导航原理[M]. 北京：国防工业出版社，2009.
[51] 刘徐德，等. 地形辅助导航系统技术[M]. 北京：电子工业出版社，1994.
[52] 武凤德. 无源重力导航技术[C]. 全国首届水下导航应用技术研讨会，2005.